MATLAB®

AMOS GILAT, Ph.D., é professor do Departamento de Engenharia Mecânica da The Ohio State University. Seus temas de pesquisa de maior interesse são na área de mecânica dos materiais, incluindo mecânica experimental e relações constitutivas para deformação plástica e falha de materiais.

G463m Gilat, Amos
MATLAB com aplicações em engenharia / Amos Gilat ; tradução: Rafael Silva Alípio ; revisão técnica: Antonio Pertence Júnior. – 4. ed. – Porto Alegre : Bookman, 2012.
xii, 417 p. ; 25 cm.

ISBN 978-85-407-0186-1

1. Engenharia – MATLAB. 2. Computação – Programa – MATLAB. I. Título.

CDU 62:004.4MATLAB

Catalogação na publicação: Ana Paula M. Magnus – CRB 10/2052

AMOS GILAT
Departamento de Engenharia Mecânica
The Ohio State University

MATLAB®

COM APLICAÇÕES EM ENGENHARIA
4.ed.

Tradução:
Rafael Silva Alípio
Engenheiro Eletricista pelo Centro Federal de Educação Tecnológica de Minas Gerais (CEFET-MG)
Mestre em Modelagem Matemática e Computacional pelo CEFET-MG

Consultoria, supervisão e revisão técnica desta edição:
Antonio Pertence Júnior
Mestre em Engenharia pela UFMG
Professor da Universidade Fumec
Membro da Sociedade Brasileira de Matemática (SBM)
Membro do MATLAB ACCESS GROUP desde 1993

2012

Obra originalmente publicada sob o título
MATLAB: An Introduction with Applications, 4th Edition
ISBN 9780470767856 / 0470767855

Copyright©2011 John Wiley & Sons,Inc.
All rights reserved.
This translation published under license.

Capa: *Rogério Grilho*

Preparação de original: *Amanda Jansson Breitsameter*

Coordenadora editorial: *Denise Weber Nowaczyk*

Projeto e editoração: *Techbooks*

Reservados todos os direitos de publicação, em língua portuguesa, à
BOOKMAN EDITORA LTDA., uma empresa do GRUPO A EDUCAÇÃO S.A.
Av. Jerônimo de Ornelas, 670 – Santana
90040-340 – Porto Alegre – RS
Fone: (51) 3027-7000   Fax: (51) 3027-7070

É proibida a duplicação ou reprodução deste volume, no todo ou em parte, sob quaisquer
formas ou por quaisquer meios (eletrônico, mecânico, gravação, fotocópia, distribuição na Web
e outros), sem permissão expressa da Editora.

Unidade São Paulo
Av. Embaixador Macedo Soares, 10.735 – Pavilhão 5 – Cond. Espace Center
Vila Anastácio – 05095-035 – São Paulo – SP
Fone: (11) 3665-1100   Fax: (11) 3667-1333

SAC 0800 703-3444 – www.grupoa.com.br

IMPRESSO NO BRASIL
PRINTED IN BRAZIL
Impresso sob demanda na Meta Brasil a pedido de Grupo A Educação.

Prefácio

O MATLAB® é um software bastante popular em computação técnica e científica, usado no mundo inteiro por estudantes, engenheiros e cientistas em universidades, institutos de pesquisa e indústrias. A razão dessa popularidade deve-se ao poder e à facilidade de utilização do software. Os calouros podem pensar nele como a próxima ferramenta a ser utilizada após a calculadora científica, tão comum no Ensino Médio.

Este livro foi escrito seguindo um roteiro de muitos anos ensinando o software numa disciplina introdutória para calouros do curso de engenharia. O objetivo era escrever um livro que ensinasse o software de um modo amigável, sem intimidações. Sendo assim, o livro foi escrito numa linguagem simples, informal e direta. Em muitas partes, ao invés de um texto longo, preferiu-se apresentar uma lista de itens que detalham os aspectos mais importantes de tópicos específicos. O livro incorpora inúmeros exemplos da matemática, ciências e engenharia, que os iniciantes do MATLAB® encontram nos cursos introdutórios.

Esta quarta edição do livro foi atualizada para incorporar recursos do MATLAB 7.11 (Versão 2010b). Outras modificações/alterações desta edição são: o capítulo de programação no MATLAB (agora Capítulo 6) é introduzido antes das funções (agora Capítulo 7); a aplicação do MATLAB em cálculo numérico (agora Capítulo 9) vem depois do capítulo que trata de polinômios, ajuste de curvas e interpolação (Capítulo 8). Os dois últimos capítulos abordam gráficos 3-D (Capítulo 10) e matemática simbólica (Capítulo 11). Adicionalmente, os problemas no fim dos capítulos foram revisados. Há muitos mais problemas no fim de cada capítulo, e aproximadamente 80% são novos ou diferentes daqueles das edições anteriores. Além disso, os problemas cobrem uma ampla gama de tópicos dentro da matemática, ciências exatas e engenharias.

Gostaria de expressar meus agradecimentos a muitos dos meus colegas da Universidade do Estado de Ohio. Os professores Richard Freuler, Mark Walter, Walter Lampert e o Dr. Mike Parke pela leitura e pelas sugestões sobre as várias seções que compõem o livro. Também ao envolvimento e suporte dos professores Robert Gustafson e John Demel e Dr. John Merrill do Programa do Primeiro Ano de Engenharia da Universidade do Estado de Ohio. Agradecimentos especiais ao professor Mike Licthensteiger (OSU) e à minha filha Tal Gilat (Universidade Marquette), revisores tão cuidadosos do livro, e pelas valiosas críticas e comentários.

Quero expressar minha gratidão a todos que leram e ajudaram na revisão do livro, incluindo Betty Barr, University of Houston; Andrei G. Chakhovskoi, University of California, Davis; Roger King, University of Toledo; Richard Kwor, University of Colorado at Colorado Springs; Larry Lagerstrom, University of California, Davis; Yueh-Jaw Lin, University of Akron; H. David Sheets, Canisius College; Geb Thomas, University of Iowa; Brian Vick, Virginia Polytechnic Institute and State University; Jay Weitzen, University of Massachusetts, Lowell e Jane Patterson Fife, The Ohio State University. Agradeço ainda ao apoio de Daniel Sayre, Ken Santor e Katie Singleton, da Wiley & Sons, que auxiliaram na produção desta quarta edição.

Espero que o livro seja útil e que os usuários do MATLAB® possam apreciá-lo.

Amos Gilat
Columbus, Ohio
Novembro, 2010
Gilat.1@osu.edu

Aos meus pais Schoschana e Haim Gelbwacks

Sumário

Introdução 1

Capítulo 1   Iniciação ao Ambiente do MATLAB   5
       1.1   Iniciando o MATLAB, janelas do MATLAB   5
       1.2   Trabalhando na janela Command Window   9
       1.3   Operações aritméticas com escalares   11
             1.3.1   Ordem de precedência   11
             1.3.2   Utilizando o MATLAB como uma calculadora   12
       1.4   Formato de exibição de dados numéricos   13
       1.5   Funções matemáticas elementares nativas do MATLAB   14
       1.6   Declarando variáveis escalares   16
             1.6.1   O operador de atribuição   16
             1.6.2   Regras quanto ao uso de nomes de variáveis   19
             1.6.3   Variáveis predefinidas e palavras-chave   19
       1.7   Comandos úteis no manuseio de variáveis   20
       1.8   Programas ou Script Files   20
             1.8.1   Informações sobre os Scripts Files   21
             1.8.2   Criando e salvando um Script File   21
             1.8.3   Rodando (executando) um Script File   22
             1.8.4   Diretório atual (current folder)   22
       1.9   Exemplos de aplicações do MATLAB   24
       1.10   Problemas   27

Capítulo 2 Criando Arranjos 35

2.1 Criando um arranjo unidimensional (vetor) 35
2.2 Criando um arranjo bidimensional (matriz) 38
    2.2.1 Os comandos `zeros`, `ones` e `eye` 40
2.3 Observações quanto ao uso de variáveis no MATLAB 41
2.4 O operador de transposição 41
2.5 Referência a um elemento do arranjo 42
    2.5.1 Vetor 42
    2.5.2 Matriz 43
2.6 Dois pontos (:) referenciando elementos de arranjos 44
2.7 Adicionando elementos às variáveis declaradas 46
2.8 Deletando elementos 48
2.9 Funções nativas para manipulação de arranjos 49
2.10 Strings e Strings como variáveis 53
2.11 Problemas 55

Capítulo 3 Operações Matemáticas com Arranjos 63

3.1 Adição e subtração 64
3.2 Multiplicação de arranjos 65
3.3 Divisão de arranjos 68
3.4 Operações escalares envolvendo elementos de matrizes (operações elemento por elemento) 72
3.5 Usando arranjos em funções nativas do MATLAB 75
3.6 Funções nativas para avaliação de arranjos 75
3.7 Geração de números aleatórios 77
3.8 Exemplos de aplicações do MATLAB 80
3.9 Problemas 86

Capítulo 4 Utilizando Scripts (Programas) e Gerenciando Dados 95

4.1 A área de trabalho (workspace) do MATLAB e a janela workspace 96
4.2 Entradas em um programa 98
4.3 Comandos de saída 100
    4.3.1 O comando `disp` 101
    4.3.2 O comando `fprintf` 103
4.4 Os comandos `save` e `load` 111
    4.4.1 O comando `save` 111
    4.4.2 O comando `load` 112
4.5 Importando e exportando dados 114
    4.5.1 Comandos para importação e exportação de dados 114
    4.5.2 Utilizando o assistente de importação 116
4.6 Exemplos de aplicação do MATLAB 118
4.7 Problemas 123

Capítulo 5	**Gráficos Bidimensionais 133**	
	5.1	O comando `plot` 134
		5.1.1 Gráfico de uma tabela de dados 138
		5.1.2 Gráfico de uma função 138
	5.2	O comando `fplot` 140
	5.3	Plotando vários gráficos em uma mesma figura 141
		5.3.1 Utilizando o comando `plot` 141
		5.3.2 Utilizando os comandos `hold on` e `hold off` 142
		5.3.3 Utilizando o comando `line` 143
	5.4	Formatando um gráfico 144
		5.4.1 Formatando um gráfico utilizando comandos 144
		5.4.2 Formatando um gráfico na janela *Figure Window* 148
	5.5	Gráficos com eixos logarítmicos 149
	5.6	Gráficos com barras de erro 150
	5.7	Gráficos especiais 152
	5.8	Histogramas 153
	5.9	Gráficos polares 156
	5.10	Múltiplos gráficos na mesma janela de saída 157
	5.11	Múltiplas janelas *Figure Window* 158
	5.12	Exemplos de aplicação do MATLAB 159
	5.13	Problemas 163
Capítulo 6	**Programando no MATLAB 173**	
	6.1	Operadores lógicos e relacionais 174
	6.2	Sentenças condicionais 182
		6.2.1 A estrutura `if-end` 182
		6.2.2 A estrutura `if-else-end` 184
		6.2.3 A estrutura `if-elseif-else-end` 185
	6.3	A sentença `switch-case` 187
	6.4	Laços (*loops*) 190
		6.4.1 Laços `for-end` 190
		6.4.2 Laços `while-end` 195
	6.5	Laços aninhados e sentenças condicionais aninhadas 198
	6.6	Os comandos `break` e `continue` 200
	6.7	Exemplos de aplicação do MATLAB 200
	6.8	Problemas 210
Capítulo 7	**Funções 221**	
	7.1	Criando uma função no MATLAB 222
	7.2	Estrutura de uma função 223
		7.2.1 Linha de definição (declaração) da função 224
		7.2.2 Argumentos de entrada e saída 224

7.2.3 Linha de descrição da função (linha H1) e linhas de comentários (ajuda) 226
7.2.4 Corpo da função 226
7.3 Variáveis locais e globais 227
7.4 Salvando uma função 227
7.5 Chamando uma função 228
7.6 Exemplo de funções simples 229
7.7 Comparação entre programas (script files) e funções (function files) 231
7.8 Funções anônimas (anonymous function) e inline 231
7.8.1 Funções anônimas (anonymous functions) 232
7.8.2 Funções inline 235
7.9 Função-função (function function) 236
7.9.1 Usando identificadores de função (function handles) para passar uma função para uma função-função 237
7.9.2 Usando o nome da função para passar uma função para uma função-função 240
7.10 Subfunções 242
7.11 Funções aninhadas 244
7.12 Exemplos de aplicação do MATLAB 246
7.13 Problemas 250

Capítulo 8 Polinômios, Ajuste de Curvas e Interpolação 263

8.1 Polinômios 263
8.1.1 Valor numérico de um polinômio 264
8.1.2 Raízes de um polinômio 265
8.1.3 Adição, multiplicação e divisão de polinômios 267
8.1.4 Derivadas de polinômios 268
8.2 Ajuste de curvas 269
8.2.1 Ajuste de curvas com polinômios – A função `polyfit` 270
8.2.2 Ajuste de curvas com outras funções 273
8.3 Interpolação 276
8.4 A interface Basic Fitting 279
8.5 Exemplos de aplicação do MATLAB 282
8.6 Problemas 289

Capítulo 9 Aplicações em Cálculo Numérico 297

9.1 Resolvendo uma equação com uma variável 297
9.2 Encontrando o máximo ou o mínimo de uma função 300

9.3 Integração numérica 302
9.4 Equações diferenciais ordinárias 305
9.5 Exemplos de aplicação do MATLAB 309
9.6 Problemas 316

Capítulo 10 Gráficos Tridimensionais 325

10.1 Curvas no espaço 325
10.2 Malhas e superfícies 327
10.3 Gráficos 3-D especiais 333
10.4 O comando `view` 335
10.5 Exemplos de aplicação do MATLAB 338
10.6 Problemas 343

Capítulo 11 Matemática Simbólica 349

11.1 Objetos simbólicos e expressões simbólicas 350
    11.1.1 Criando objetos simbólicos 351
    11.1.2 Criando expressões simbólicas 352
    11.1.3 O comando `findsym` e a variável simbólica padrão (default) 355
11.2 Modificando a forma de uma expressão simbólica existente 356
    11.2.1 Os comandos `collect`, `expand` e `factor` 356
    11.2.2 Os comandos `simplify` e `simple` 358
    11.2.3 O comando `pretty` 360
11.3 Resolvendo equações algébricas 360
11.4 Diferenciação 366
11.5 Integração 367
11.6 Resolvendo uma equação diferencial ordinária 368
11.7 Plotando expressões simbólicas 371
11.8 Cálculos numéricos com expressões simbólicas 374
11.9 Exemplos de aplicação do MATLAB 378
11.10 Problemas 386

Apêndice Lista de Caracteres, Comandos e Funções 395

Respostas dos Problemas Selecionados 403

Índice 413

Introdução

O MATLAB® é uma linguagem poderosa em termos de computação técnica. O nome MATLAB® vem da elisão das palavras MATrix LABoratory. Isto se deve à base operacional do software, que são as matrizes. O MATLAB® é bastante versátil em cálculos matemáticos, modelagens e simulações, análises numéricas e processamentos, visualização e gráficos, desenvolvimentos de algoritmos, etc.

Atualmente, o MATLAB® é largamente utilizado nas universidades e faculdades nos cursos introdutórios ou avançados de matemática, ciências e, especialmente, nas engenharias. Na indústria, o software alcançou o status de ferramenta de pesquisa, projeto e desenvolvimento. O pacote padrão do MATLAB possui ferramentas (funções) comuns a diversas áreas do conhecimento. Além disso, disponibiliza uma série de ferramentas adicionais (os toolboxes) que formam uma coleção de programas especiais projetados (e dedicados!) para resolver problemas específicos. Dentre os toolboxes mais utilizados pode-se citar: processamento de sinais, cálculos simbólicos (literais), sistemas de controle, lógica fuzzy, etc.

Até recentemente, a maioria dos usuários do MATLAB era formada de pessoas que possuíam bastante conhecimento de linguagem de programação, como FORTRAN e C, e migravam naturalmente para o MATLAB, à medida que o software tornava-se popular. Consequentemente, a maior parte da literatura a respeito do MATLAB assumia que o leitor já conhecia certas nuances sobre programação de computadores. Os livros sobre o MATLAB traziam tópicos (ou aplicações) avançados, dedicados a certos campos de pesquisa. Entretanto, nos últimos anos, o MATLAB foi-se desvinculando desses pré-requisitos e sendo adotado nos cursos introdutórios das universidades como o primeiro (e, às vezes, o único!) programa de computador ensinado. Para esses estudantes, fez-se necessário introduzir um livro no universo acadêmico que ensinasse o MATLAB sem pressupor conhecimentos sobre programação de computadores.

O propósito deste livro

MATLAB com Aplicações em Engenharia é indicado aos estudantes que estão iniciando o uso do MATLAB e têm pouca, ou nenhuma, experiência em programação de computadores. Pode ser utilizado como livro-texto num curso introdutório para calouros dos cursos de engenharia ou em *workshops* sobre o MATLAB. Este livro também pode servir como requisito básico nos cursos avançados nas ciências e engenharias, quando o MATLAB é tão simplesmente uma ferramenta para solução de problemas. Também pode ser utilizado nos estudos autônomos sobre o MATLAB. Além disso, o livro serve como referência adicional, ou como um segundo livro, nos cursos em que o MATLAB é adotado, mas o professor não dispõe de tempo para explicar certos detalhes do software.

Tópicos abordados

O MATLAB é um programa imenso; assim, é impossível cobrir todos os aspectos num só livro. Este livro foca, primeiramente, os fundamentos do MATLAB. Uma vez sólidos todos os fundamentos, acredito que os estudantes sentir-se-ão capazes de aprender tópicos avançados, muitas vezes auxiliando-se apenas no menu Help.

Neste livro, a ordem dos capítulos foi escolhida cuidadosamente, baseada nos muitos anos de experiência no ensino do MATLAB num curso introdutório de engenharia. Os tópicos vão sendo apresentados de modo a permitir ao estudante seguir o livro capítulo por capítulo. Cada tópico abordado é esgotado (até a profundidade desejada) e utilizado nos capítulos seguintes.

O Capítulo 1 descreve as funcionalidades e características básicas do MATLAB, preparando o estudante para o que é mais elementar no MATLAB: operações aritméticas simples com escalares, assim como uma calculadora. Os script files são introduzidos no final do capítulo. Eles permitem que o estudante escreva, salve e execute programas simples no MATLAB. Os dois capítulos seguintes são dedicados aos arranjos (vetores e matrizes). O elemento funcional básico do MATLAB é um arranjo que não requer dimensionamento. Esse conceito, que faz do MATLAB um programa muito poderoso, pode parecer um tanto difícil de ser compreendido para os estudantes que possuem apenas um conhecimento e experiência básica com álgebra linear e análise vetorial. Por outro lado, o livro foi escrito com um cuidado tal que a conceituação de arranjos é introduzida gradualmente e em detalhes. O Capítulo 2 descreve como criar arranjos e o Capítulo 3 aborda as operações matemáticas com eles.

Após os fundamentos, tópicos mais avançados sobre os script files e entrada e saída de dados são apresentados no Capítulo 4. O Capítulo 5 aborda a criação e manipulação de gráficos 2-D. As técnicas de programação no MATLAB são introduzidas no Capítulo 6, incluindo estruturas de controle com sentenças condicionais e laços. As funções personalizadas, funções anônimas e funções-funções são detalhadas no Capítulo 7. A apresentação das funções é intencionalmente separada do tema script files (programas), pois facilita a compreensão dos estudantes sem conhecimentos prévios de conceitos similares (funções e programas) em outros programas de computador.

Os três últimos capítulos abordam temas mais avançados. O Capítulo 8 descreve como o MATLAB pode ser utilizado em cálculos com polinômios e no ajuste e na interpolação de curvas. O Capítulo 9 aborda aplicações do MATLAB no Cálculo Numérico. Nesse capítulo são resolvidas equações não lineares, determinado o máximo ou mínimo de funções, feitas integrações numéricas e encontradas as soluções de equações diferenciais ordinárias de primeira ordem para um problema de valor inicial (PVI). A criação de gráficos 3-D, extensão natural do capítulo sobre gráficos 2-D, é abordada no Capítulo 10. O Capítulo 11 cobre em detalhes o uso do MATLAB em operações simbólicas.

A estrutura típica de um capítulo

Em cada capítulo, os tópicos são introduzidos gradualmente, de modo a facilitar a compreensão por parte do leitor. O uso do MATLAB é demonstrado extensivamente no texto e nos exemplos. Alguns dos exemplos mais extensos nos Capítulos 1-3 foram intitulados tutoriais. Cada utilização do MATLAB foi impressa sobre um fundo cinza. Explicações adicionais aparecem dentro de caixas de texto num fundo branco. A ideia é que o leitor execute as demonstrações e os tutoriais de modo a adquirir experiência com o software. Além disso, cada capítulo traz uma lista formal de problemas exemplo que, em síntese, são aplicações do MATLAB na matemática, ciências e engenharias. Cada exemplo começa com o enunciado do problema e termina com uma solução detalhada. Às vezes, foram colocados problemas exemplo no meio dos capítulos. Todos os capítulos (exceto o Capítulo 2) têm uma seção de problemas exemplo. Deve ser mencionado que o modo de solucionar um problema no MATLAB não é único. As soluções dadas nos exemplos foram escritas de modo a facilitar o acompanhamento da solução. Isto significa que, muitas vezes, o problema poderia ser resolvido escrevendo um programa menor (mais simples) ou, em algumas situações, um programa mais complicado. Os estudantes são encorajados a escrever suas próprias soluções e comparar os resultados finais. No final de cada capítulo, há um conjunto de problemas propostos. Estão incluídos problemas genéricos da matemática, ciências e problemas das diferentes disciplinas da engenharia.

Matemática simbólica

O MATLAB é um software para cálculos numéricos. Entretanto, as operações matemáticas simbólicas podem ser executadas se o toolbox Symbolic Math estiver instalado. O Symbolic Math toolbox está disponível na versão do software para o estudante e pode ser instalado no pacote padrão.

Hardware e software

O programa MATLAB, como a maioria dos softwares, sofre atualizações contínuas e novas versões são disponibilizadas frequentemente. A versão do MATLAB seguida neste livro é a 7.11, Release 2010b. Deve ser enfatizado, porém, que este livro trata dos fundamentos do MATLAB, os quais permanecem inalterados de uma versão para a outra. O livro aborda o MATLAB para Windows, mas quase tudo permanece o mesmo em máquinas rodando o MATLAB para Mac, Linux, Unix, etc. Por último, assume-se que o usuário já possui o MATLAB instalado no computador e que ele saiba manusear a máquina.

A ordem dos tópicos no livro
É provavelmente impossível escrever um livro-texto no qual todos os assuntos são apresentados numa sequência que agrade a todos. A ordem dos tópicos neste livro é tal que os fundamentos do MATLAB são desenvolvidos primeiramente (arranjos e suas operações), e, conforme mencionado anteriormente, cada tópico vai sendo abordado numa seção apropriada, possibilitando a utilização de referências. A ordem dos tópicos nesta quarta edição é um pouco diferente da ordem nas edições anteriores. Os fundamentos de programação no MATLAB são introduzidos antes do tópico funções personalizadas. Isso permite que tais fundamentos de programação sejam utilizados no desenvolvimento de funções mais complexas e robustas. Também, aplicações do MATLAB em Cálculo Numérico (agora Capítulo 9; nas edições anteriores Capítulo 10) seguem o Capítulo 8, que trata de polinômios, ajuste de curvas e interpolação.

Capítulo 1

Iniciação ao Ambiente do MATLAB

Este capítulo inicia descrevendo as principais características e propósitos das diferentes janelas do MATLAB. Após, a janela Command Window é introduzida em detalhes. Este capítulo mostra também como usar o MATLAB para realizar operações aritméticas com números de um modo bastante parecido com as operações realizadas em uma calculadora de mão (isso inclui a utilização de algumas funções matemáticas elementares). O capítulo também mostra como declarar variáveis escalares (através do operador de atribuição) e como utilizar essas variáveis em cálculos numéricos. Finalmente, na última seção do capítulo é apresentada uma introdução aos arquivos scripts (script files). Nessa seção mostra-se como escrever, salvar e executar programas simples no MATLAB.

1.1 INICIANDO O MATLAB, JANELAS DO MATLAB

Assumindo que o software encontra-se instalado e inicializado no computador do usuário, as janelas abertas são semelhantes àquelas mostradas na Figura 1-1. Essa figura contém quatro pequenas janelas: Command Window, Current Folder Window, Workspace Window e Command History Window. Este é o modo de abertura padrão (default) do MATLAB, que apresenta quatro das várias janelas do MATLAB. A lista completa das janelas do MATLAB com os respectivos propósitos está resumida na Tabela 1-1. O botão **Start**, no canto esquerdo inferior da tela, pode ser utilizado para acessar qualquer ferramenta e propriedade do MATLAB.

Quatro dessas janelas – Command Window, Figure Window, Editor Window e Help Window – serão usadas extensivamente ao longo do livro e são brevemente descritas nas páginas seguintes. Descrições mais detalhadas estão incluídas nos capítulos em que se faz uso específico de cada uma dessas janelas. As janelas Command History Window, Current Folder Window e Workspace Window são descritas nas Seções 1.2, 1.8.4 e 4.1, respectivamente.

Command Window: a principal janela do MATLAB é a Command Window. É ativada sempre que o MATLAB é inicializado. Muitas vezes, é conveniente mantê-la aberta sem as demais. Isso pode ser feito fechando todas as outras (clique no **x** no canto direito superior da janela que você deseja fechar) ou, então, escolhendo a opção **Desktop Layout** no menu **Desktop** da barra de ferramentas e selecionando no submenu a opção **Command Window Only**. A Seção 1.2 descreve em detalhes como trabalhar na janela Command Window.

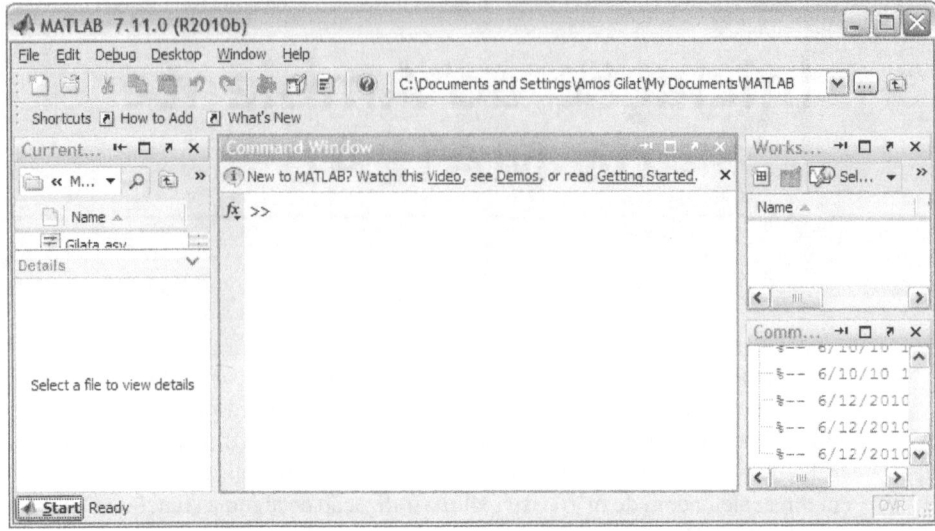

Figura 1-1   Modo de abertura padrão do MATLAB.

Tabela 1-1   Janelas do MATLAB

Janela	Propósito
Command Window	Janela principal, inicialização de variáveis e execução de programas.
Figure Window	Apresenta o(s) resultado(s) dos comandos gráficos.
Editor Window	Permite a edição e a depuração de programas (script files) e funções.
Help Window	Ajuda na utilização do programa.
Command History Window	Apresenta o histórico dos comandos mais recentes digitados na janela Command Window.
Workspace Window	Disponibiliza informação sobre as variáveis que estão em uso.
Current Folder Window	Exibe os arquivos presentes no diretório ou pasta atual.

Figure Window: a janela Figure Window é aberta toda vez que um comando gráfico é executado. Ela exibe o(s) gráfico(s) criado(s) por esse(s) comando(s). A Figura 1-2 mostra um exemplo de gráfico na janela Figure Window. Uma descrição mais detalhada dessa janela é apresentada no Capítulo 5.

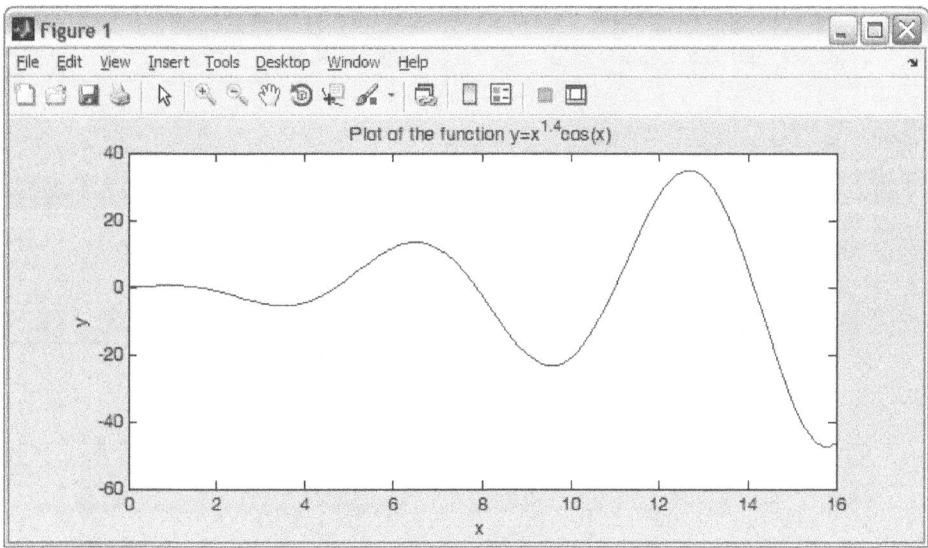

Figura 1-2 Exemplo de uma janela Figure Window.

Editor Window: a janela Editor Window é usada para escrever e editar programas. É possível abri-la a partir do menu **File**. Um exemplo de uma janela Editor Window é mostrado na Figura 1-3. Mais detalhes sobre essa janela são apresentados na Seção 1.8.2, em que ela é usada para escrever programas (script files), e no Capítulo 7, em que ela é usada para escrever funções.

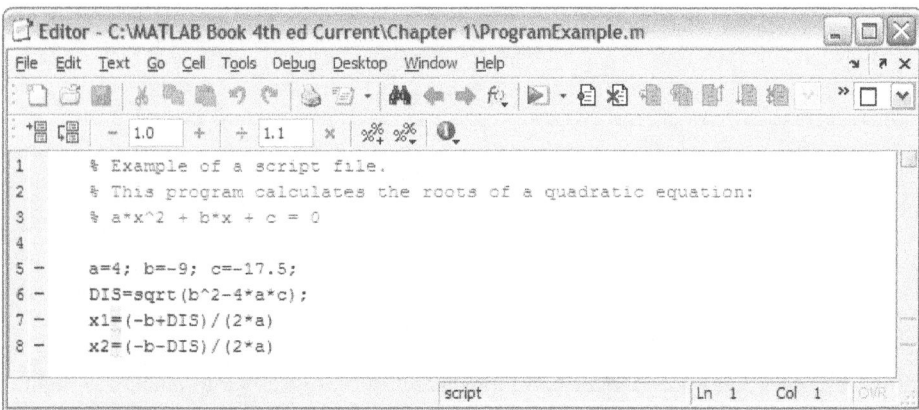

Figura 1-3 Exemplo de uma janela Editor Window.

Help Window: a janela Help Window contém um extensivo conjunto de informações de ajuda para utilização do MATLAB. É possível abri-la a partir do menu **Help** na barra de ferramentas de qualquer janela do MATLAB. Essa janela é interativa e pode ser utilizada para obter informação sobre qualquer característica do MATLAB. A Figura 1-4 mostra uma janela típica do Help.

8 MATLAB com Aplicações em Engenharia

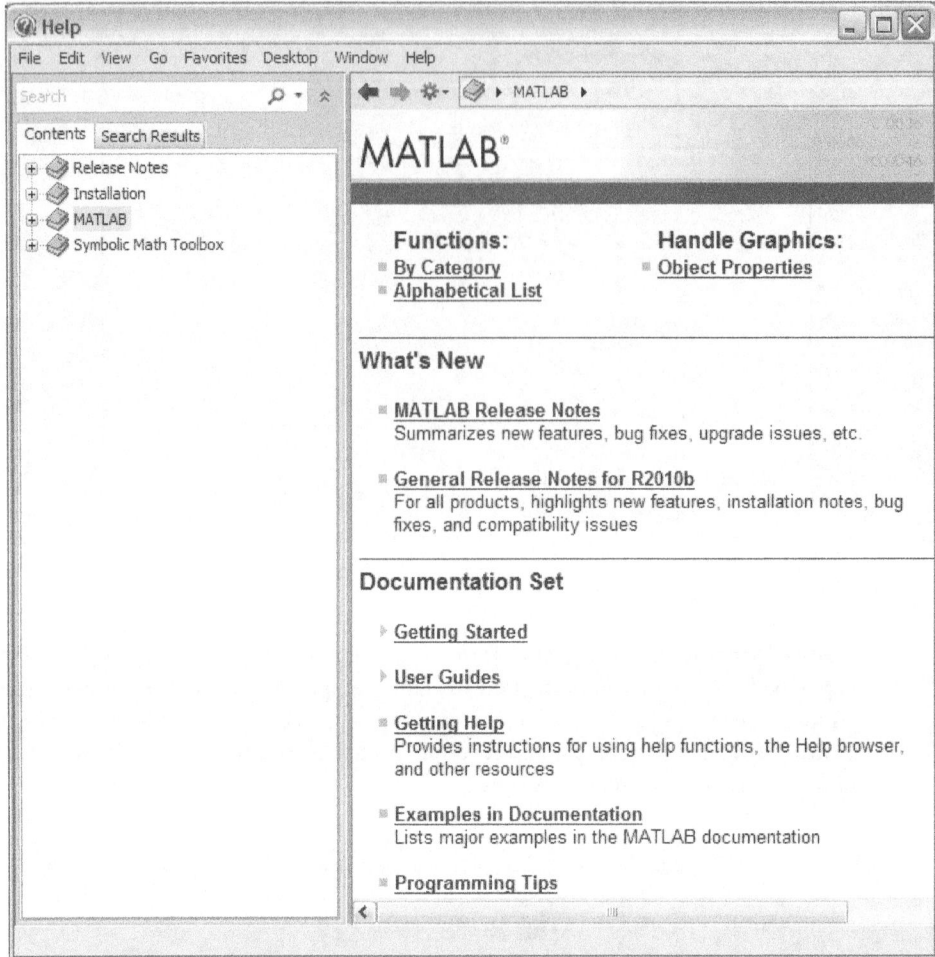

Figura 1-4 Exemplo de uma janela Help Window.

A primeira inicialização do MATLAB exibirá telas semelhantes à Figura 1-1. Para a maioria dos iniciantes, pode ser conveniente fechar todas as janelas, exceto a Command Window. Não se preocupe, as janelas fechadas podem ser reabertas selecionando-as novamente no menu **Desktop**. As janelas exibidas na Figura 1-1 podem ser exibidas selecionando a opção **Desktop Layout** no menu **Desktop** e, após, escolhendo a opção **Default** do submenu. Observe que as várias janelas na Figura 1-1 estão "encaixadas" na área de trabalho do MATLAB. Uma janela pode ser separada da área de trabalho (tornando-se uma janela independente) clicando no botão no canto direito superior da janela. Para encaixar uma janela independente novamente ao ambiente de trabalho, basta clicar no botão.

1.2 TRABALHANDO NA JANELA COMMAND WINDOW

Conforme mencionado, a principal janela do MATLAB é a Command Window. Ela pode ser usada para executar comandos, abrir demais janelas, rodar programas escritos pelo usuário e/ou gerenciar o uso do MATLAB. Um exemplo simples de uso da janela Command Window, com vários comandos simples que serão explicados mais adiante neste capítulo, é mostrado na Figura 1-5.

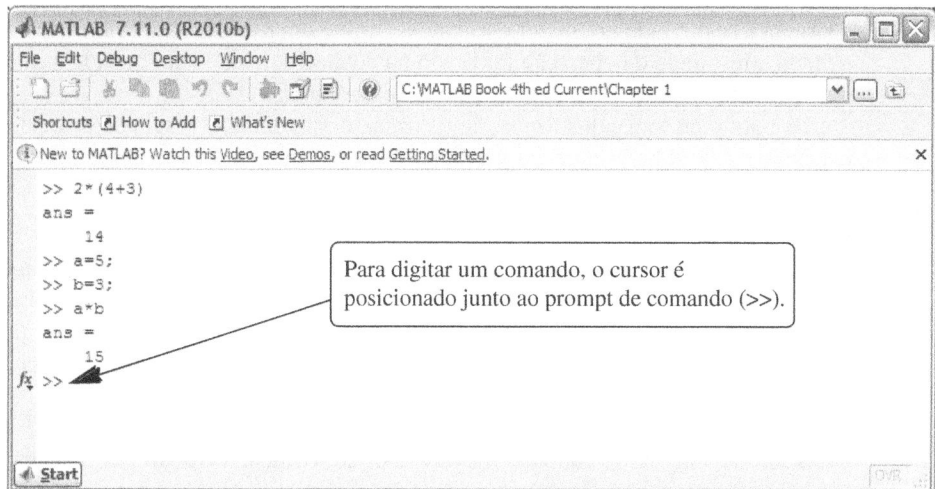

Figura 1-5 Exemplo de utilização da janela Command Window.

Observações quanto ao uso da janela Command Window:
- Para digitar um comando, o cursor deve ser posicionado junto ao prompt de comando (>>).
- Uma vez digitado o comando e pressionada a tecla **Enter**, o comando é executado. Contudo, somente o último comando é executado. Qualquer comando digitado anteriormente (que pode, inclusive, ainda estar presente na tela) torna-se inacessível (a menos que seja reescrito ou chamado novamente).
- Muitos comandos podem ser digitados na mesma linha. Isto pode ser feito separando-os por vírgulas. Quando a tecla **Enter** é pressionada, os comandos são executados na ordem em que foram digitados, sucessivamente da esquerda para a direita.
- *Não é possível* retornar à última linha exibida na janela Command Window, fazer uma correção (edição) e, então, executar o comando novamente, produzindo um resultado nessa mesma linha.
- Um comando anteriormente digitado pode ser chamado utilizando-se as teclas de navegação (↑) e (↓). Assim que o comando desejado for exibido no prompt de comando, é possível modificá-lo (se necessário) e, então, executá-lo.

- Se um comando for grande demais para uma linha, basta digitar reticências (...) e pressionar a tecla **Enter** para continuar na próxima linha. A continuação de um comando no MATLAB pode ocupar 4.096 caracteres após a linha inicial.

O ponto e vírgula (;):
Um comando é executado quando é digitado na janela Command Window e a tecla **Enter** é pressionada. Todos os resultados (saídas) que o comando produzir serão mostrados na janela Command Window. O resultado de saída é ocultado se um ponto e vírgula (;) é digitado no final do comando. Digitar um ponto e vírgula é interessante quando o resultado da operação for óbvio ou conhecido, ou, então, quando a saída é muito extensa (por exemplo, uma matriz de ordem muito elevada).

Se múltiplos comandos forem digitados na mesma linha, o resultado de qualquer comando não é exibido se um (;) é digitado entre os comandos (em vez de uma vírgula).

Digitando %:
Quando o símbolo de porcentagem (%) é digitado no início de uma linha de comando, toda a linha é designada como um comentário. Significa que, quando a tecla **Enter** for pressionada, a linha não é executada. O caractere %, seguido de um comentário, também pode ser digitado após um comando (na mesma linha). Isso não produzirá efeitos na execução desse comando.

Geralmente, não há necessidade de comentários quando os comandos são digitados diretamente na Command Window. Porém, comentários são frequentemente usados em programas para adicionar descrições ou explicar algum ponto particular do programa (veja os Capítulos 4 e 6).

O comando `clc`:
O comando `clc` limpa os últimos resultados e comandos exibidos na janela Command Window. Muitas vezes, a janela Command Window mostra resultados que já não são úteis ou que podem trazer algum tipo de dispersão na análise. Uma vez executado o comando `clc`, uma janela limpa é exibida. O comando não altera o que foi executado anteriormente. Por exemplo, se variáveis foram declaradas antes do comando `clc`, elas continuam existindo após o comando `clc` e podem ser utilizadas. Ainda, as teclas de navegação (↑) e (↓) podem ser acionadas para chamar comandos digitados anteriormente.

A janela Command History Window:
A janela Command History Window lista os comandos que foram digitados na Command Window. Isso inclui comandos de sessões anteriores[‡]. Um comando presente na janela Command History pode ser utilizado novamente na Command Window. Por meio de um duplo clique sobre o comando, ele é novamente digitado na Command Window e executado. Também é possível arrastar o comando para Command Window, fazer alterações e, então, executá-lo. A lista de comandos na janela Command History pode ser apagada selecionando as linhas a serem excluídas e, após,

---

[‡] N. de R. T.: Isso quer dizer que, mesmo fechando o MATLAB e inicializando-o novamente, vários comandos estarão presentes na janela Command History.

clicando na opção **Delete Selection** do menu **Edit** (ou clicando com o botão direito do mouse, quando as linhas a serem excluídas estiverem marcadas, e então selecionar a opção **Delete Selection** no menu que se abre).

1.3 OPERAÇÕES ARITMÉTICAS COM ESCALARES

Neste capítulo, discutiremos apenas operações aritméticas com escalares (números). Conforme será explicado adiante, números podem ser usados diretamente em cálculos aritméticos (como em uma calculadora) ou podem ser atribuídos a variáveis a serem utilizadas em cálculos subsequentes. Os símbolos de operações aritméticas são:

Operação	Símbolo	Exemplo
Adição	+	5 + 3
Subtração	–	5 – 3
Multiplicação	*	5 * 3
Divisão à direita	/	5 / 3
Divisão à esquerda	\	5 \ 3 = 3 / 5
Exponenciação	^	5 ^ 3 (ou seja, $5^3 = 125$)

Observe que todos os símbolos, exceto o da divisão à esquerda, são os mesmos encontrados na maioria das calculadoras. Em se tratando de escalares, a divisão à esquerda é a operação inversa da divisão à direita. Entretanto, a divisão à esquerda encontra maior utilidade em operações com arranjos (discutidas no Capítulo 3).

1.3.1 Ordem de precedência

O MATLAB executa os cálculos de acordo com a ordem de precedência mostrada a seguir. Essa ordem é a mesma utilizada na maioria das calculadoras.

Precedência	Operação matemática
Primeira	Parênteses. Quando ocorrem parênteses aninhados (consecutivos), os parênteses mais internos são executados primeiramente.
Segunda	Exponenciação.
Terceira	Multiplicação, divisão (mesma precedência).
Quarta	Adição e subtração.

Nas expressões que possuírem muitas operações, aquelas com maior ordem de precedência serão executadas em primeiro lugar. Se duas ou mais operações tiverem a mesma ordem de precedência, a expressão mais à esquerda será executada primeiro. A próxima seção ilustra como os parênteses podem ser utilizados para mudar a ordem de precedência nos cálculos.

1.3.2 Utilizando o MATLAB como uma calculadora

O modo mais simples de se utilizar o MATLAB é como uma calculadora. Isso pode ser feito digitando uma expressão matemática no prompt da janela Command Window e pressionando a tecla **Enter**. O MATLAB calcula a expressão, emite uma resposta do tipo `ans=` e exibe o resultado numérico da expressão nas linhas seguintes. Isso está demonstrado passo a passo no Tutorial 1-1[‡].

Tutorial 1-1: Utilizando o MATLAB como uma calculadora.

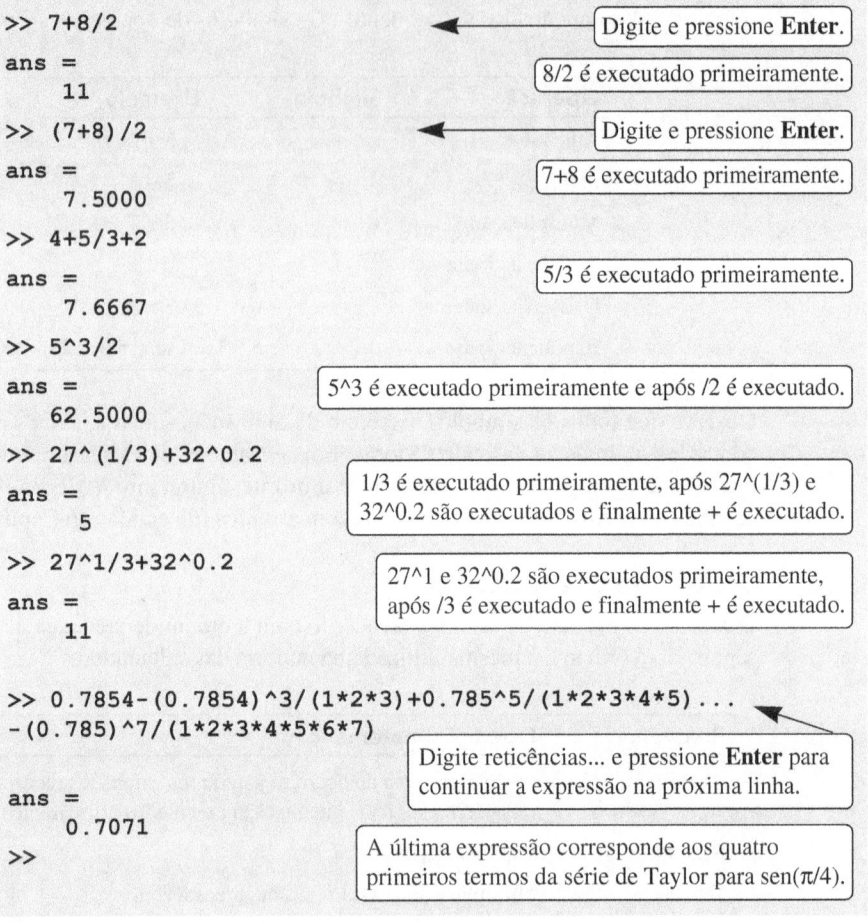

[‡] N. de R. T.: No Brasil, a separação de casas decimais é feita por vírgula. Entretanto, o padrão utilizado no MATLAB é o inglês (ou seja, separação de casas decimais por ponto). Assim, quando ocorrerem casas decimais, elas devem ser separadas por um ponto na digitação de números no MATLAB (seja na Command Window, seja no desenvolvimento de programas). Nas explicações ao longo do texto, será utilizada a notação brasileira, ou seja, a separação de casas decimais por vírgulas. Obviamente, nos códigos apresentados ao longo do texto, os números estarão separados por ponto, concordando com a notação do MATLAB. O aluno deve ficar atento a isso.

1.4 FORMATO DE EXIBIÇÃO DE DADOS NUMÉRICOS

O usuário pode controlar o formato segundo o qual o MATLAB exibe os dados de saída na tela. No Tutorial 1-1, o formato de saída é o ponto fixo com 4 dígitos decimais (chamado `short`), que é o formato padrão para valores numéricos. O formato de saída pode ser modificado pelo comando `format`. Uma vez digitado um comando `format`, todos os resultados exibidos na saída seguem esse formato específico. Muitos dos formatos disponíveis no MATLAB estão listados e descritos na Tabela 1-2.

O MATLAB possui diversos outros formatos para dados numéricos. Mais detalhes sobre esses formatos podem ser consultados digitando `help format` na linha do prompt da Command Window. O formato escolhido para os dados numéricos não afeta a maneira como o MATLAB calcula e salva os números.

Tabela 1-2 Formatos de exibição

Comando	Descrição	Exemplo
format short	Notação ponto fixo com 4 dígitos decimais para: $0,001 \leq número \leq 1000$ Caso contrário, formato de exibição `short e`.	>> 290/7 ans = 41.4286
format long	Notação ponto fixo com 14 dígitos decimais para: $0,001 \leq número \leq 1000$ Caso contrário, formato do formato de exibição `long e`.	>> 290/7 ans = 41.428571428571431
format short e	Notação científica com 4 dígitos decimais.	>> 290/7 ans = 4.1429e+001
format long e	Notação científica com 15 dígitos decimais.	>> 290/7 ans = 4.142857142857143e+001
format short g	Melhor em 5 dígitos entre a notação de ponto fixo ou ponto flutuante.	>> 290/7 ans = 41.429
format long g	Melhor em 15 dígitos entre a notação de ponto fixo ou ponto flutuante.	>> 290/7 ans = 41.4285714285714
format bank	Dois dígitos decimais.	>> 290/7 ans = 41.43
format compact	Elimina as linhas vazias (espaços entre linhas) para permitir que mais linhas com informação sejam mostradas na tela.	
format loose	Adiciona espaços entre linhas (oposto ao formato `compact`).	

1.5 FUNÇÕES MATEMÁTICAS ELEMENTARES NATIVAS DO MATLAB

Adicionalmente às operações aritméticas básicas, as expressões no MATLAB podem incluir funções matemáticas. O MATLAB possui uma biblioteca extensa de funções já implementadas (também chamadas de funções nativas). Uma função é caracterizada por um nome e um argumento entre parênteses. Por exemplo, a função que calcula a raiz quadrada de um número é sqrt(x). O nome da função é sqrt e o argumento é x. O argumento de uma função pode ser um número, uma variável (veja a Seção 1.6) ou uma expressão composta de números e/ou variáveis. Funções também podem ser incluídas no argumento de outras funções, assim como em expressões. O Tutorial 1-2 ensina como usar a função sqrt(x) operando com escalares.

Tutorial 1-2: Utilizando a função nativa sqrt.

```
>> sqrt(64)                    O argumento é um número.
ans =
     8
>> sqrt(50+14*3)               O argumento é uma expressão.
ans =
     9.5917
>> sqrt(54+9*sqrt(100))        O argumento inclui uma função.
ans =
    12
>> (15+600/4)/sqrt(121)        A função é incluída em uma expressão.
ans =
    15
>>
```

Algumas funções elementares nativas do MATLAB frequentemente utilizadas são apresentadas nas Tabelas 1-3, 1-4 e 1-5. Uma lista completa de funções, organizadas pelo nome da categoria a que pertencem, pode ser encontrada no Help do MATLAB.

Tabela 1-3 Funções matemáticas elementares

Função	Descrição	Exemplo
sqrt(x)	Raiz quadrada	>> sqrt(81) ans = 9
nthroot(x,n)	n-ésima raiz real de um número real x. (Se x é negativo, n deve ser um inteiro ímpar.)	>> nthroot(80,5) ans = 2.4022
exp(x)	Exponencial (e^x)	>> exp(5) ans = 148.4132
abs(x)	Valor absoluto (módulo)	>> abs(-24) ans = 24
log(x)	Logaritmo natural (ln) ou logaritmo na base e	>> log(1000) ans = 6.9078
log10(x)	Logaritmo na base 10	>> log10(1000) ans = 3.0000
factorial(x)	Fatorial de x ($x!$) (x deve ser um inteiro positivo)	>> factorial(5) ans = 120

Tabela 1-4 Funções matemáticas trigonométricas

Função	Descrição	Exemplo
sin(x) sind(x)	Seno do ângulo x (x em radianos) Seno do ângulo x (x em graus)	>> sin(pi/6) ans = 0.5000
cos(x) cosd(x)	Cosseno do ângulo x (x em radianos) Cosseno do ângulo x (x em graus)	>> cosd(30) ans = 0.8660
tan(x) tand(x)	Tangente do ângulo x (x em radianos) Tangente do ângulo x (x em graus)	>> tan(pi/6) ans = 0.5774
cot(x) cotd(x)	Cotangente do ângulo x (x em radianos) Cotangente do ângulo x (x em graus)	>> cotd(30) ans = 1.7321

As funções trigonométricas inversas são: `asin(x)`, `acos(x)`, `atan(x)` e `acot(x)` para os ângulos em radianos; `asind(x)`, `acosd(x)`, `atand(x)` e `acotd(x)` para os ângulos em graus. As funções trigonométricas hiperbólicas são: `sinh(x)`, `cosh(x)`, `tanh(x)` e `coth(x)`. A Tabela 1-4 utiliza `pi`, que no ambiente MATLAB é igual a π (veja a Seção 1.6.3).

Tabela 1-5 Funções de arredondamento

Função	Descrição	Exemplo

`round(x)`	Arredonda para o inteiro mais próximo.	`>> round(17/5)`
		`ans =`
		`    3`

`fix(x)`	Arredonda para o inteiro na direção de zero.	`>> fix(13/5)`
		`ans =`
		`    2`

`ceil(x)`	Arredonda para o inteiro na direção de +∞.	`>> ceil(11/5)`
		`ans =`
		`    3`

`floor(x)`	Arredonda para o inteiro na direção de –∞.	`>> floor(-9/4)`
		`ans =`
		`   -3`

`rem(x,y)`	Retorna o resto da divisão de x por y.	`>> rem(13,5)`
		`ans =`
		`    3`

`sign(x)`	Função sinal. Retorna 1 (se $x > 0$); –1 (se $x < 0$) e 0 (se $x = 0$).	`>> sign(5)`
		`ans =`
		`    1`

1.6 DECLARANDO VARIÁVEIS ESCALARES

Uma variável escalar no MATLAB é um nome formado por uma letra ou uma cadeia de letras (e números) a qual é atribuído um valor. Uma vez atribuído um valor numérico à variável, podemos usá-la em expressões matemáticas, em funções e em qualquer sentença e comando do MATLAB. Tecnicamente, uma variável é um espaço de memória reservado para armazenar certo tipo de dado e tendo um nome para referenciar o seu conteúdo. Quando uma variável é declarada, o MATLAB aloca um espaço de memória onde o conteúdo da variável é armazenado. Quando a variável é utilizada, seu conteúdo (dado armazenado) é automaticamente passado ao comando ou à sentença que fará uso dela. Se um novo valor é atribuído à variável, o conteúdo da posição de memória é substituído. [No Capítulo 1, atribuiremos somente valores numéricos (escalares) às variáveis. A atribuição e o endereçamento de variáveis do tipo arranjos (vetores e matrizes) são discutidos no Capítulo 2.]

1.6.1 O operador de atribuição

No MATLAB, o sinal de igualdade (=) é denominado operador de atribuição. O operador de atribuição inicializa ou modifica o valor de uma variável.

```
Nome_variável = Valor numérico ou uma expressão numérica
```

- O lado esquerdo do operador de atribuição pode conter apenas um nome de variável. O lado direito pode ser um número ou uma expressão numérica, possuindo números e/ou variáveis previamente inicializadas. Quando a tecla **Enter** é pressionada, o valor numérico à direita do operador é atribuído à variável no lado esquerdo e o MATLAB exibe a variável com o seu respectivo valor nas duas próximas linhas.

Os exemplos a seguir mostram como o operador de atribuição é utilizado.

```
>> x=15
x =
    15
```
O número 15 é atribuído à variável x.
O MATLAB exibe a variável e o valor atribuído.

```
>> x=3*x-12
x =
    33
>>
```
Um novo valor é atribuído à variável x. O novo valor é 3 vezes o valor anterior de x menos 12.

A última sentença ($x = 3x - 12$) ilustra a diferença entre o operador de atribuição e o sinal de igualdade. Se, nessa sentença, o sinal = significasse igualdade, o valor de x deveria ser 6 (resolvendo-se a equação para x).

A utilização de variáveis previamente declaradas para definir uma nova variável é demonstrada a seguir:

```
>> a=12
a =
    12
```
O valor numérico 12 é atribuído à variável a.

```
>> B=4
B =
    4
```
O valor numérico 4 é atribuído à variável B.

```
>> C=(a-B)+40-a/B*10
C =
    18
```
O valor da expressão numérica à direita do sinal de = é atribuído à variável C.

- Se um ponto e vírgula é digitado no fim de um comando, então, quando a tecla **Enter** é pressionada, o MATLAB não exibirá o valor atribuído à variável (a variável é inicializada e encontra-se armazenada na memória).
- Qualquer variável declarada pode ter seu valor exibido a qualquer momento, simplesmente digitando o nome da variável e pressionando a tecla **Enter**.

Como exemplo, a demonstração anterior é repetida a seguir utilizando ponto e vírgulas.

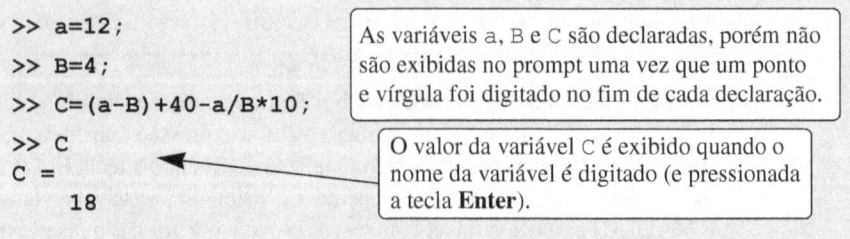

- Muitas atribuições podem ser feitas numa mesma linha. Cada atribuição deve ser separada com uma vírgula ou ponto e vírgula, conforme conveniência (espaços também podem ser adicionados após uma vírgula e/ou ponto e vírgula). Pressionando a tecla **Enter**, as atribuições são efetuadas da esquerda para a direita e as variáveis com os respectivos valores são exibidas na tela (exceto aquelas terminadas em ponto e vírgula). Por exemplo, as atribuições das variáveis a, B e C acima podem ser feitas na mesma linha.

```
>> a=12, B=4; C=(a-B)+40-a/B*10
a =
    12
C =
    18
```
A variável B não é exibida, pois um ponto e vírgula é digitado no fim de sua atribuição.

- Uma variável previamente declarada pode ter seu conteúdo modificado. Por exemplo:

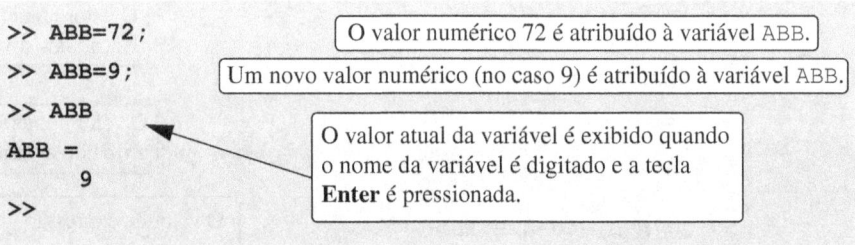

- Uma vez declarada uma variável, ela pode ser utilizada como argumento de funções. Por exemplo:

```
>> x=0.75;
>> E=sin(x)^2+cos(x)^2
E =
    1
>>
```

1.6.2 Regras quanto ao uso de nomes de variáveis

Uma variável no MATLAB pode ser nomeada de acordo com as seguintes regras:

- Deve iniciar com uma letra.
- Pode conter até 63 caracteres.
- Pode conter letras, dígitos e o caractere traço abaixo ou underscore (_).
- Não pode conter caracteres de pontuação (por exemplo, ponto, vírgula, ponto e vírgula).
- O MATLAB faz distinção entre nomes de variáveis com letras maiúsculas e minúsculas. Por exemplo: AA, Aa, aA e aa são nomes de quatro variáveis diferentes.
- Não são permitidos espaços entre os caracteres (utilize o underscore quando um espaço é necessário).
- Evite usar nomes de funções nativas do MATLAB para nomear variáveis (por exemplo: cos, sin, exp, sqrt, etc). Uma vez que o nome de uma função é utilizado para definir uma variável, a função não pode ser mais usada.

1.6.3 Variáveis predefinidas e palavras-chave

Há 20 palavras, chamadas de palavras-chave, reservadas pelo MATLAB para vários propósitos e que não podem ser usadas como nome de variáveis. Essas palavras são:

```
break      case    catch    classdef  continue  else   elseif
end        for     function global    if        otherwise parfor
persistent return  spmd     switch    try       while
```

Quando digitadas, essas palavras aparecem em azul. Uma mensagem de erro é exibida se o usuário tenta utilizar uma palavra-chave como um nome de variável. (As palavras-chave podem ser exibidas no prompt da Command Window digitando o comando iskeyword e pressionando a tecla **Enter**.)

Existem também certas variáveis que, ao inicializar o MATLAB, são automaticamente carregadas na memória. Algumas dessas variáveis predefinidas são:

- ans   Variável que assume o valor da última expressão não atribuída a uma variável específica (veja o Tutorial 1-1). Se o usuário não atribui o valor de uma expressão a uma variável, o MATLAB armazena, automaticamente, o resultado em ans.
- pi   O número π.
- eps   A menor diferença entre dois números. Equivale a $2^{\wedge}(-52)$ ou, aproximadamente, 2,2204e–016.
- inf   Infinito.
- i   Definido como $\sqrt{-1}$, que é: 0 + 1,0000i.
- j   O mesmo que i.
- NaN   Abreviação de Not-a-Number. Usado quando o MATLAB não pode determinar um valor numérico válido. Por exemplo: 0/0.

As variáveis predefinidas podem ser redefinidas a qualquer momento. É recomendado que as variáveis `pi`, `eps` e `inf` não sejam redefinidas, porque muitas aplicações fazem uso delas. Outras variáveis como `i` e `j` são, às vezes, redefinidas quando os números complexos não estão envolvidos numa aplicação particular (como acontece na linguagem de programação C/C++, dentre outras, `i` e `j` frequentemente são associadas aos índices de contagem em laços – loops – de programas).

1.7 COMANDOS ÚTEIS NO MANUSEIO DE VARIÁVEIS

A seguir são mostrados alguns comandos usados para eliminar variáveis ou para obter informação a respeito das variáveis declaradas dentro de uma sessão do MATLAB. Quando esses comandos são digitados na janela Command Window e a tecla **Enter** é pressionada, eles fornecem uma dada informação ou realizam uma tarefa, conforme especificado a seguir:

Comando	Resultado
`clear`	Apaga todas as variáveis da memória.
`clear x y z`	Apaga somente as variáveis x, y e z da memória.
`who`	Exibe uma lista de variáveis declaradas/ativas na memória.
`whos`	Exibe uma lista de variáveis declaradas na memória, com o respectivo tamanho e informações sobre seus bytes e classe (veja a Seção 4.1).

1.8 PROGRAMAS OU SCRIPT FILES

Até agora, todos os comandos foram digitados na janela Command Window e executados quando a tecla **Enter** foi pressionada. Apesar de ser possível executar cada comando do MATLAB dessa maneira, quando é necessário executar uma série de comandos – especialmente quando esses comandos são inter-relacionados (como em um programa) – a utilização da Command Window não é conveniente e pode ser difícil ou até mesmo impossível. Observe que os comandos digitados na Command Window não podem ser salvos e executados novamente. Além disso, a Command Window não é interativa. Isso significa que toda vez que a tecla **Enter** é pressionada apenas o último comando (ou sequência de comandos) digitado é executado e todos os comandos executados anteriormente permanecem inalterados. Se uma alteração ou uma correção é necessária em um comando que foi previamente executado e os resultados desse comando anterior são utilizados por outros comandos que seguem, todos os comandos devem ser digitados e executados novamente.

Uma forma diferente (melhor) de executar comandos com o MATLAB é, primeiro, criar um arquivo com uma lista de comandos (programa), salvá-lo e, então, "rodar" (executar) o arquivo. Quando o arquivo roda (ou quando o programa é executado), os comandos que ele contém são executados na ordem em que estão listados. Se necessário, os comandos no arquivo podem ser corrigidos ou alterados, e o arquivo pode ser salvo e executado novamente. Arquivos que são utilizados para esse propósito são chamados de script files (ou simplesmente scripts) ou, ainda, programas.

IMPORTANTE: Esta seção aborda apenas o mínimo necessário para desenvolver e rodar programas simples. Isso irá permitir que o estudante use os scripts para praticar e estudar o material apresentado neste e nos dois próximos capítulos (isso irá facilitar o estudo, evitando que se tenha que digitar repetidamente uma série de comandos na Command Window). Os scripts serão novamente abordados no Capítulo 4, juntamente com outros tópicos essenciais para o desenvolvimento de programas complexos no MATLAB.

1.8.1 Informações sobre os scripts files

- Um script file é uma sequência de comandos do MATLAB, sendo também chamado de programa.
- Quando um programa é executado, o MATLAB executa os comandos na ordem em que eles foram escritos, de modo similar a se cada comando fosse digitado na Command Window.
- Quando um programa tem um comando que gera uma saída (por exemplo, a atribuição de um valor para uma variável sem um ponto e vírgula no fim), a saída é exibida na Command Window.
- A utilização dos scripts é bastante conveniente, pois eles podem ser editados (corrigidos e/ou modificados) e executados inúmeras vezes.
- Os scripts podem ser digitados e editados em qualquer editor de texto e, após, colados no editor do MATLAB.
- Os scripts files são também chamados de M-files devido à extensão .m usada quando eles são salvos.

1.8.2 Criando e salvando um script file

No MATLAB, os scripts são criados e editados na janela Editor/Debugger Window. Essa janela é aberta a partir da Command Window. No menu **File**, selecione **New** e então selecione **Script** (em algumas versões têm-se a opção **M-file** ou **Blank M-File**). Uma janela Editor/Debugger Window é apresentada na Figura 1-6.

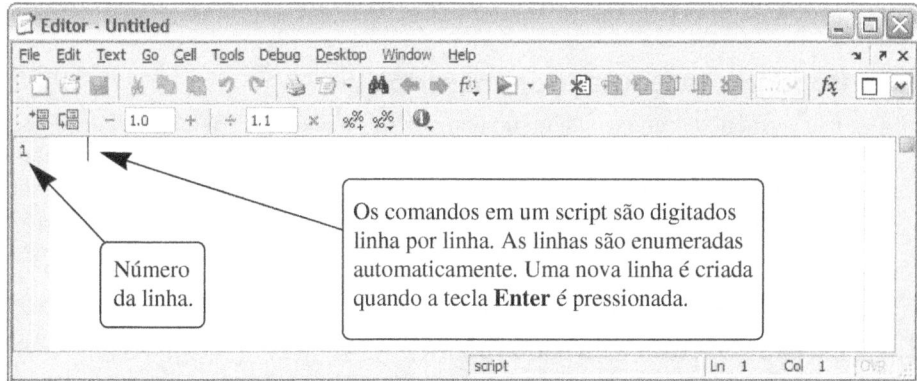

Figura 1-6 Janela Editor/Debugger Window.

Uma vez aberta a janela, os comando do script são digitados linha por linha. O MATLAB enumera automaticamente uma nova linha cada vez que a tecla **Enter** é pressionada. Os comandos também podem ser digitados em qualquer editor de textos (por exemplo, o Bloco de Notas) e então copiados e colados na janela Editor/Debugger Window. Um exemplo de um pequeno programa digitado na Editor/Debugger Window é apresentado na Figura 1-7. As primeiras linhas em um script são geralmente comentários (que não são executados, uma vez que o primeiro caractere da linha é %) que descrevem, por exemplo, a finalidade do programa escrito.

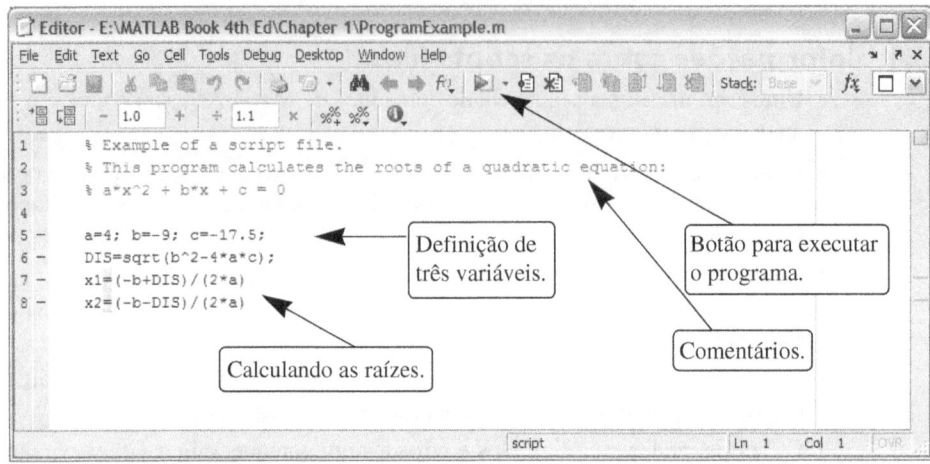

Figura 1-7 Exemplo de programa digitado na janela Editor/Debugger Window.

Antes de um script ser executado, ele deve ser salvo. Isso é feito escolhendo a opção **Save As...** do menu **File**, selecionando um local [muitos estudantes utilizam *pen drive* ou disco removível, que, geralmente, aparecem no diretório como (F:) ou (G:)], e digitando um nome para o arquivo. Quando salvo, o MATLAB acrescenta a extensão .m ao nome do arquivo. As regras para nomear um programa seguem as regras para nomear uma variável (o nome deve iniciar com uma letra, pode incluir dígitos e underscore, não são permitidos espaços e pode conter até 63 caracteres). Os nomes de variáveis definidas pelo usuário, variáveis predefinidas e comandos ou funções nativas do MATLAB não devem ser utilizados como nomes de scripts.

1.8.3 Rodando (executando) um script file

Um script pode ser executado diretamente da janela Editor Window clicando no botão **Run** (veja a Figura 1-7) ou digitando o nome do script na Command Window e então pressionando a tecla **Enter**. Para que um arquivo seja executado, o MATLAB precisa saber onde o arquivo está salvo. O arquivo será executado se o diretório onde o arquivo está salvo é o diretório atual (Current Folder) do MATLAB ou se o diretório está listado no caminho de busca, como explicado a seguir.

1.8.4 Diretório atual (current folder)

O diretório atual é mostrado no campo Current Folder na barra de ferramentas da Command Window, como ilustrado na Figura 1-8. Ao tentar executar um script clicando no botão **Run** (na janela Editor Window), quando o diretório atual é diferente do diretório em que o script está salvo, a mensagem mostrada na Figura 1-9 é exibida. Então, o usuário pode alterar o diretório atual para o diretório onde o script está salvo (clicando em **Change Folder**) ou então adicioná-lo ao caminho de busca (clicando em **Add to Path**). Quando dois ou mais diretórios forem usados em uma sessão, é possível alterar de um para outro no campo **Current Folder** na Command Window. O diretório atual também pode ser alterado na janela Current Folder Window, mostrada na Figura 1-10, que pode ser acessada a partir do menu **Desktop**. O diretório atual pode ser alterado escolhendo a unidade e o diretório onde o arquivo está salvo.

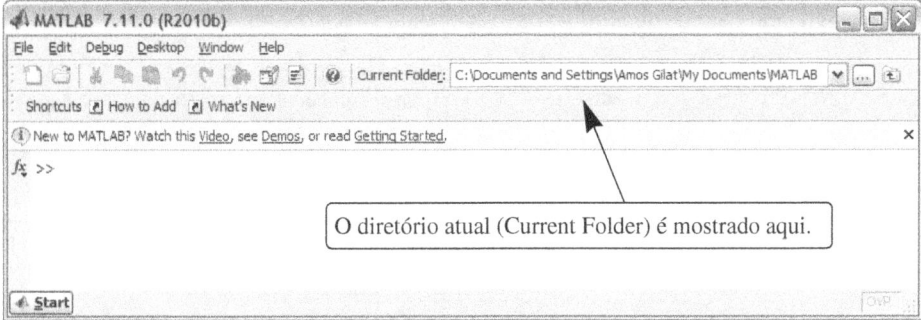

Figura 1-8 O campo Current Folder na janela Command Window.

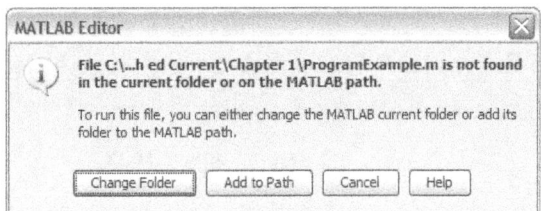

Figura 1-9 Alterando o diretório atual.

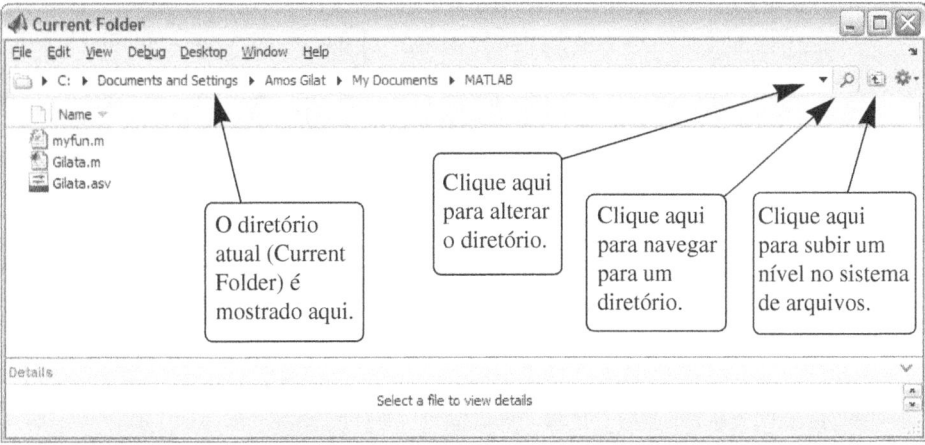

Figura 1-10 A janela Current Folder Window.

Um modo alternativo e simples de alterar o diretório atual é usar o comando `cd` diretamente na Command Window. Para alterar o diretório atual para uma unidade diferente, digite `cd`, espaço, e então o nome da unidade seguido de dois pontos (:) e pressione a tecla **Enter**. Por exemplo, para alterar o diretório atual para a unidade F (por exemplo, um disco removível), digite `cd F:`. Se o script está salvo em uma pasta dentro da unidade, o caminho para esta pasta deve ser especificado. Isso é feito digitando o caminho como uma string[‡] no comando `cd`. Por exemplo, `cd('F:\Capítulo 1')` define o caminho para a pasta Capítulo 1 na unidade F. O exemplo a seguir ilustra como o diretório atual é modificado para a unidade E. Após, o script da Figura 1-7, que foi salvo na unidade E com o nome ProgramExample.m, é executado digitando o nome do arquivo e pressionando a tecla **Enter**.

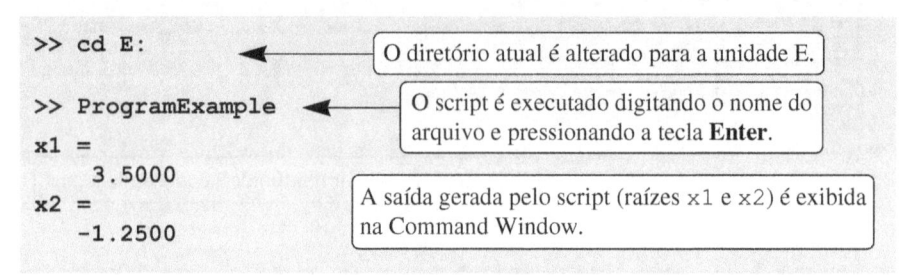

```
>> cd E:               ← O diretório atual é alterado para a unidade E.

>> ProgramExample      ← O script é executado digitando o nome do
x1 =                     arquivo e pressionando a tecla Enter.
    3.5000
x2 =                   ← A saída gerada pelo script (raízes x1 e x2) é exibida
   -1.2500              na Command Window.
```

1.9 EXEMPLOS DE APLICAÇÕES DO MATLAB

Problema Exemplo 1-1: Identidade trigonométrica

Uma identidade trigonométrica é dada por:

$$\cos^2\frac{x}{2} = \frac{\tan x + \operatorname{sen} x}{2\tan x}$$

Substituindo $x = \frac{\pi}{5}$, verifique a identidade calculando cada lado da equação.

Solução

O problema é solucionado digitando os seguintes comandos na Command Window.

```
>> x=pi/5;                        Declara e inicializa a variável x.
>> LE=cos(x/2)^2                  Calcula o lado esquerdo (LE) da identidade.
LE =
    0.9045
>> LD=(tan(x)+sin(x))/(2*tan(x))  Calcula o lado direito (LD) da identidade.
LD =
    0.9045
```

[‡] N. de R. T.: String é uma sequência ordenada de caracteres. Mais detalhes sobre strings serão apresentados nos próximos capítulos.

Problema Exemplo 1-2: Geometria e trigonometria

Quatro círculos estão dispostos como mostra a figura. Os círculos tangenciam-se dois a dois num determinado ponto. Sabendo disso, determine a distância entre os centros C_2 e C_4.

Os raios dos círculos são: $R_1 = 16$ mm, $R_2 = 6{,}5$ mm, $R_3 = 12$ mm e $R_4 = 9{,}5$ mm.

Solução

As retas que ligam os centros dos círculos geram quatro triângulos. Em dois desses triângulos, $\Delta C_1 C_2 C_3$ e $\Delta C_1 C_2 C_4$, os comprimentos de todos os lados são conhecidos. Essa informação é usada para calcular os ângulos γ_1 e γ_2, através da lei dos cossenos. Por exemplo, γ_1 é calculado a partir de:

$$(C_2 C_3)^2 = (C_1 C_2)^2 + (C_1 C_3)^2 - 2(C_1 C_2)(C_1 C_3) \cos \gamma_1$$

Em seguida, o comprimento do lado $C_2 C_4$ é calculado tomando-se como base o triângulo $\Delta C_1 C_2 C_4$. Para tanto, basta usar novamente a lei dos cossenos (os comprimentos dos lados $C_1 C_2$ e $C_1 C_4$ são conhecidos e o ângulo γ_3 é a soma dos ângulos γ_1 e γ_2).

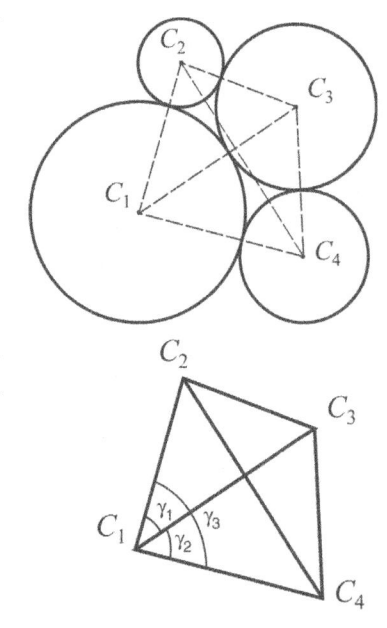

O problema é solucionado escrevendo o seguinte programa:

```
% Solução do Problema Exemplo 1-2

R1=16; R2=6.5; R3=12; R4=9.5;          Declara e inicializa as variáveis R's.
C1C2=R1+R2; C1C3=R1+R3; C1C4=R1+R4;    Calcula os comprimentos
C2C3=R2+R3; C3C4=R3+R4;                dos lados.
Gama1=acos((C1C2^2+C1C3^2-C2C3^2)/(2*C1C2*C1C3));
Gama2=acos((C1C3^2+C1C4^2-C3C4^2)/(2*C1C3*C1C4));
Gama3=Gama1+Gama2;                     Calcula γ₁, γ₂ e γ₃.

C2C4=sqrt(C1C2^2+C1C4^2-2*C1C2*C1C4*cos(Gama3))
                                       Calcula o comprimento
                                       do lado C₂C₄.
```

Quando o programa é executado, o resultado a seguir (o valor da variável `C2C4`) é exibido na Command Window:

```
C2C4 =
   33.5051
```

Problema Exemplo 1-3: Transferência de calor

Um objeto com uma temperatura inicial T_0 é colocado, no instante de tempo $t = 0$, dentro de uma câmara que tem uma temperatura constante T_s. A mudança na temperatura do objeto segue a equação:

$$T = T_s + (T_0 - T_s)e^{-kt}$$

onde T é a temperatura do objeto em um instante de tempo t qualquer e k é uma constante. Sabendo-se dessas informações, considere uma lata de refrigerante exposta a uma temperatura de 48,9°C. Em seguida, é colocada dentro de um refrigerador onde a temperatura é de 3,3°C. Determine a temperatura da lata em graus Celsius, em valores inteiros, três horas após a lata ser colocada no refrigerador. Considere $k = 0,45$. Declare inicialmente todas as variáveis e então calcule a temperatura usando apenas um comando do MATLAB.

Solução

O problema é solucionado digitando os seguintes comandos na Command Window.

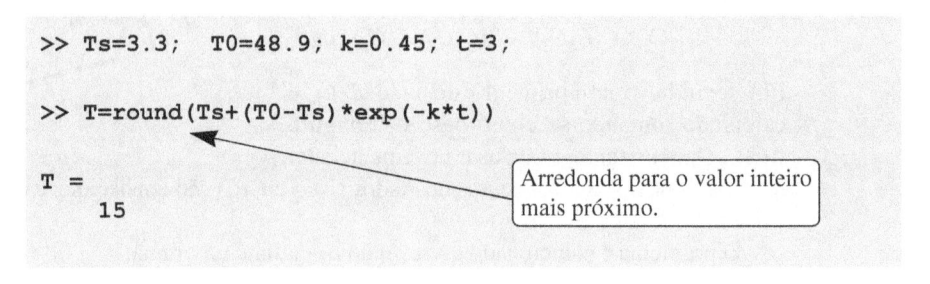

```
>> Ts=3.3;   T0=48.9; k=0.45; t=3;

>> T=round(Ts+(T0-Ts)*exp(-k*t))

T =
     15
```

Arredonda para o valor inteiro mais próximo.

Problema Exemplo 1-4: Juros compostos

O saldo B de uma conta de poupança após t anos é dado por:

$$B = P\left(1 + \frac{r}{n}\right)^{nt} \quad (1)$$

Investidos inicialmente P unidades monetárias, sendo a taxa de juros anual r e os juros compostos sendo calculados n vezes ao ano. Sendo os juros compostos calculados anualmente, o saldo é dado por:

$$B = P(1 + r)^t \quad (2)$$

Em uma conta de poupança são depositados R$5.000,00, investidos durante 17 anos em um banco onde os juros são compostos anualmente. Noutra conta são depositados R$5.000,00, compostos mensalmente. Em ambas as contas, a taxa de juros anual é 8,5%. Use o MATLAB para determinar em quanto tempo (em anos e meses) o saldo da segunda conta será idêntico ao saldo da primeira conta, decorrido os 17 anos.

Solução

Passos:

(*a*) Determine *B*, usando a Equação (2), para os R$5.000,00 investidos na conta em que os juros são compostos anualmente, durante 17 anos.
(*b*) Determine *t* para o saldo *B*, calculado na letra (*a*), a partir dos juros compostos mensalmente, Equação (1).
(*c*) Determine o número de anos e meses que correspondem ao intervalo de tempo *t*.

O problema é solucionado escrevendo o seguinte programa:

```
% Solução do Problema Exemplo 1-4
P=5000;  r=0.085;  ta=17; n=12;
B=P*(1+r)^ta                        Passo (a): Calcula B a partir da Eq. (2).
t=log(B/P)/(n*log(1+r/n))           Passo (b): Resolve a Eq.
                                    (1) para t e calcula t.

anos=fix(t)                         Passo (c): Determina o número de anos.
meses=ceil((t-anos)*12)             Determina o número de meses.
```

Quando o programa é executado, o seguinte resultado (ou seja, os valores das variáveis B, t, anos e meses) é exibido na janela Command Window.

```
>> format short g
B =
        20011
t =
       16.374
anos =
       16
meses =
        5
```

Os valores das variáveis B, t, anos e meses são exibidos (uma vez que não foi incluído um ponto e vírgula no fim de nenhum dos comandos que calculam esses valores).

1.10 PROBLEMAS

Os problemas a seguir podem ser solucionados escrevendo comandos diretamente na Command Window ou escrevendo um programa (script file) e depois executando o arquivo.

1. Calcule:

(*a*) $\dfrac{(14{,}8^2 + 6{,}5^2)}{3{,}8^2} + \dfrac{55}{\sqrt{2} + 14}$

(*b*) $(-3{,}5)^3 + \dfrac{e^6}{\ln 524} + 206^{1/3}$

2. Calcule:

(a) $\dfrac{16{,}5^2(8{,}4-\sqrt{70})}{4{,}3^2-17{,}3}$

(b) $\dfrac{5{,}2^3-6{,}4^2+3}{1{,}6^8-2}+\left(\dfrac{13{,}3}{5}\right)^{1{,}5}$

3. Calcule:

(a) $15\left(\dfrac{\sqrt{10}+3{,}7^2}{\log_{10}(1365)+1{,}9}\right)$

(b) $\dfrac{2{,}5^3\left(16-\dfrac{216}{22}\right)}{1{,}7^4+14}+\sqrt[4]{2050}$

4. Calcule:

(a) $\dfrac{2{,}3^2\cdot 1{,}7}{\sqrt{(1-0{,}8^2)^2+(2-\sqrt{0{,}87})^2}}$

(b) $2{,}34+\dfrac{1}{2}2{,}7(5{,}9^2-2{,}4^2)+9{,}8\ln 51$

5. Calcule:

(a) $\dfrac{\operatorname{sen}\left(\dfrac{7\pi}{9}\right)}{\cos^2\left(\dfrac{5}{7}\pi\right)}+\dfrac{1}{7}\tan\left(\dfrac{5}{12}\pi\right)$

(b) $\dfrac{\tan 64°}{\cos^2 14°}-\dfrac{3\operatorname{sen}80°}{\sqrt[3]{0{,}9}}+\dfrac{\cos 55°}{\operatorname{sen}11°}$

6. Defina a variável x como $x = 2{,}34$ e então determine:

(a) $2x^4-6x^3+14{,}8x^2+9{,}1$

(b) $\dfrac{e^{2x}}{\sqrt{14+x^2}-x}$

7. Defina a variável t como $t = 6{,}8$ e então determine:

(a) $\ln(|t^2-t^3|)$

(b) $\dfrac{75}{2t}\cos(0{,}8t-3)$

8. Defina as variáveis x e y como $x = 8{,}3$ e $y = 2{,}4$ e então determine:

(a) $x^2+y^2-\dfrac{x^2}{y^2}$

(b) $\sqrt{xy}-\sqrt{x+y}+\left(\dfrac{x-y}{x-2y}\right)^2-\sqrt{\dfrac{x}{y}}$

9. Defina as variáveis a, b, c e d como:
$a = 13$; $b = 4{,}2$; $c = (4b)/a$ e $d = \dfrac{abc}{a+b+c}$. Em seguida, determine:

(a) $a\dfrac{b}{c+d}+\dfrac{da}{cb}-(a-b^2)(c+d)$

(b) $\dfrac{\sqrt{a^2+b^2}}{(d-c)}+\ln(|b-a+c-d|)$

10. Um cubo tem um lado de 18 cm.
    (a) Determine o raio de uma esfera que tem a mesma área superficial que o cubo.
    (b) Determine o raio de uma esfera que tem o mesmo volume que o cubo.

11. O perímetro P de uma elipse com semi-eixos a e b é dado aproximadamente por: $P = 2\pi\sqrt{\dfrac{1}{2}(a^2+b^2)}$.
    (a) Determine o perímetro de uma elipse com $a = 9$ cm e $b = 3$ cm.

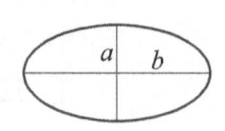

(b) Uma elipse com $b = 2a$ tem um perímetro de $P = 20$ cm. Determine a e b.

12. Duas identidades trigonométricas são dadas por:

    (a) $\operatorname{sen}4x = 4\operatorname{sen}x\cos x - 8\operatorname{sen}^3 x\cos x$ (b) $\cos 2x = \dfrac{1 - \tan^2 x}{1 + \tan^2 x}$

    Para os dois itens, verifique a identidade calculando os lados direito e esquerdo da equação, substituindo $x = \dfrac{\pi}{9}$.

13. Duas identidades trigonométricas são dadas por:

    (a) $\tan 4x = \dfrac{4\tan x - 4\tan^3 x}{1 - 6\tan^2 x + \tan^4 x}$ (b) $\operatorname{sen}^3 x = \dfrac{1}{4}(3\operatorname{sen}x - \operatorname{sen}3x)$

    Para os dois itens, verifique a identidade calculando os lados direito e esquerdo da equação, substituindo $x = 12°$.

14. Defina duas variáveis: $alpha = 5\pi/8$ e $beta = \pi/8$. Utilizando essas variáveis, verifique a identidade trigonométrica a seguir calculando os lados direito e esquerdo da equação.

    $$\operatorname{sen}\alpha\cos\beta = \frac{1}{2}[\operatorname{sen}(\alpha - \beta) + \operatorname{sen}(\alpha + \beta)]$$

15. Dado: $\displaystyle\int \cos^2(ax)dx = \frac{1}{2}x - \frac{\operatorname{sen}2ax}{4a}$. Use o MATLAB para calcular a seguinte integral definida: $\displaystyle\int_{\frac{\pi}{9}}^{\frac{3\pi}{5}} \cos^2(0{,}5x)dx$.

16. Para o triângulo ilustrado na figura $a = 9$ cm, $b = 18$ cm e $c = 25$ cm. Defina a, b e c como variáveis e então:

    (a) Calcule o ângulo α (em graus) substituindo as variáveis na Lei dos Cossenos.
    (Lei dos Cossenos: $c^2 = a^2 + b^2 - 2ab\cos\gamma$)

    (b) Calcule os ângulos β e γ (em graus) utilizando a Lei dos Senos.

    (c) Verifique que a soma dos ângulos é $180°$.

17. Para o triângulo ilustrado na figura $a = 5$ cm, $b = 7$ cm e $\gamma = 25°$. Defina a, b e γ como variáveis e então:

    (a) Calcule o comprimento de c substituindo as variáveis na Lei dos Cossenos.
    (Lei dos Cossenos: $c^2 = a^2 + b^2 - 2ab\cos\gamma$)

    (b) Calcule os ângulos α e β (em graus) utilizando a Lei dos Senos.

    (c) Verifique a Lei das Tangentes substituindo os resultados do item (b) nos lados direito e esquerdo da equação a seguir.

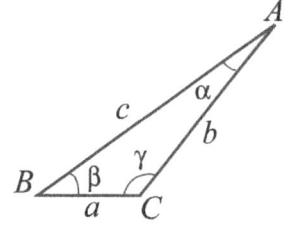

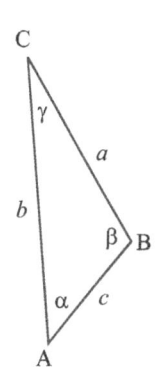

(Lei das Tangentes: $\dfrac{a-b}{a+b} = \dfrac{\tan\left[\frac{1}{2}(\alpha-\beta)\right]}{\tan\left[\frac{1}{2}(\alpha+\beta)\right]}$

18. Para o triângulo ilustrado na figura $a = 200$ mm, $b = 250$ mm e $c = 300$ mm. Defina a, b e c como variáveis e então: 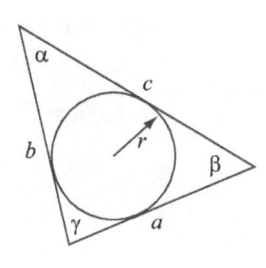
    (a) Calcule o ângulo γ (em graus) substituindo as variáveis na Lei dos Cossenos.
    (Lei dos Cossenos: $c^2 = a^2 + b^2 - 2ab\cos\gamma$)
    (b) Calcule o raio r do círculo inscrito ao triângulo utilizando a fórmula $r = \dfrac{1}{2}(a+b-c)\tan\left(\dfrac{1}{2}\gamma\right)$.
    (c) Calcule o raio r do círculo inscrito ao triângulo utilizando a fórmula $r = \dfrac{\sqrt{s(s-a)(s-b)(s-c)}}{s}$, onde $s = \dfrac{1}{2}(a+b+c)$.

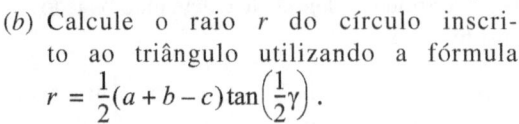

19. No triângulo retângulo ilustrado na figura $a = 16$ cm e $c = 50$ cm. Defina a e c como variáveis e então: 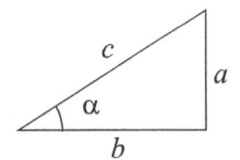
    (a) Usando o Teorema de Pitágoras, calcule b através de uma única linha de comando digitada na Command Window.
    (b) Usando o valor de b calculado no item (a) e a função `acosd`, calcule o ângulo α em graus através de uma única linha de comando digitada na Command Window.

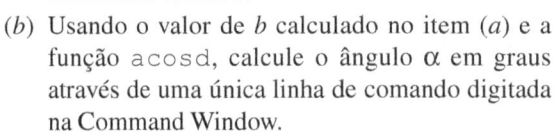

20. A distância d de um ponto (x_0, y_0, z_0) a um plano $Ax + By + Cz + D = 0$ é dada por:
    $$d = \dfrac{|Ax_0 + By_0 + Cz_0 + D|}{\sqrt{A^2 + B^2 + C^2}}$$
    Determine a distância do ponto $(8, 3, -10)$ ao plano $2x + 23y + 13z - 24 = 0$. Primeiro, defina as variáveis A, B, C, D, x_0, y_0 e z_0 e, então, calcule d. (Use as funções `abs` e `sqrt`.)

21. O comprimento s do arco do segmento parabólico BOC é dado por: 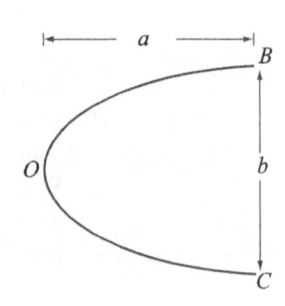
    $$s = \dfrac{1}{2}\sqrt{b^2 + 16a^2} + \dfrac{b^2}{8a}\ln\left(\dfrac{4a + \sqrt{b^2 + 16a^2}}{b}\right)$$
    Calcule o comprimento do arco de uma parábola com $a = 12$ cm e $b = 8$ cm.

22. Laranjas são empacotadas de modo que 52 unidades são colocadas em cada caixa. Determine quantas caixas são necessárias para empacotar 4.000 laranjas. Utilize a função nativa do MATLAB `ceil`.

23. A diferença de potencial V_{ab} entre os pontos a e b no circuito ilustrado (conhecido como Ponte de Wheatstone) é:

$$V_{ab} = V\left(\frac{R_2}{R_1 + R_2} - \frac{R_4}{R_3 + R_4}\right)$$

Calcule a diferença de potencial quando $V = 12$ volts, $R_1 = 120$ ohms, $R_2 = 100$ ohms, $R_3 = 220$ ohms e $R_4 = 120$ ohms.

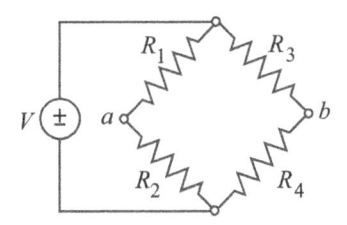

24. Os preços de um carvalho e de um pinheiro são R$ 54,95 e R$ 39,95, respectivamente. Declare os preços como variáveis nomeadas carvalho e pinheiro, altere o formato de exibição para `bank` e realize os seguintes cálculos utilizando uma única linha de comando:

    (a) O custo total de 16 carvalhos e 20 pinheiros.

    (b) O mesmo do item (a), porém acrescida uma taxa de 6,25% para entrega.

    (c) O mesmo do item (b), porém arredondando o custo total para o valor inteiro mais próximo.

25. A frequência de ressonância f (em Hz) para o circuito ilustrado é dada por:

$$f = \frac{1}{2\pi}\sqrt{LC\frac{R_1^2 C - L}{R_2^2 C - L}}$$

Calcule a frequência de ressonância quando $L = 0,2$ henrys, $R_1 = 1500$ ohms, $R_2 = 1500$ ohms e $C = 2 \times 10^{-6}$ farads.

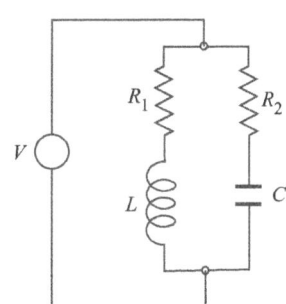

26. Dado o conjunto $\{a_1, a_2, a_3, ..., a_n\}$, com n objetos distintos, podemos formar subconjuntos com r elementos. Cada subconjunto com r elementos é chamado combinação simples. Representamos por $C_{n,r}$ o número de combinações de n objetos tomados r a r, sendo esse número dado por:

$$C_{n,r} = \frac{n!}{r!(n-r)!}$$

Um baralho de cartas tem 52 cartas diferentes. Determine o número de combinações diferentes possíveis para seleção de 5 cartas do baralho. (Use a função nativa `factorial`.)

27. A fórmula para mudança de base de um logaritmo é:

$$\log_a N = \frac{\log_b N}{\log_b a}$$

(a) Use a função `log(x)` do MATLAB para calcular $\log_4 0{,}085$.

(b) Use a função `log10(x)` do MATLAB para calcular $\log_6 1500$.

28. A corrente I (em ampères), t segundos após a chave do circuito ilustrado ser fechada é:

$$I = \frac{V}{R}(1 - e^{-(R/L)t})$$

Dados $V = 120$ volts, $R = 240$ ohms e $L = 0{,}5$ henrys, calcule a corrente 0,003 segundos após a chave ser fechada.

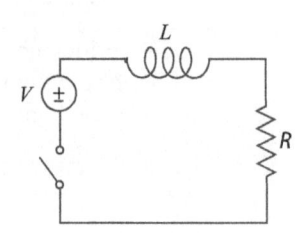

29. O decaimento radioativo do carbono-14 é usado para estimar a idade de materiais orgânicos. O decaimento é modelado com uma função exponencial $f(t) = f(0)e^{kt}$, onde t é o tempo, $f(0)$ é a quantidade de material no instante $t = 0$, $f(t)$ é a quantidade de material no instante t e k é uma constante. O carbono-14 tem um tempo de meia-vida de aproximadamente 5.730 anos. Uma amostra de papel obtida dos Manuscritos do Mar Morto mostra que 78,8% do carbono-14 inicial ($t = 0$) está presente. Estime a idade dos manuscritos. Resolva o problema escrevendo um programa (script file). O programa deve primeiro calcular a constante k, depois determinar t para $f(t) = 0{,}788 f(0)$ e finalmente arredondar a resposta para o número inteiro de anos mais próximo.

30. Frações podem ser adicionadas usando o menor denominador comum. Por exemplo, o menor denominador comum de 1/4 e 1/10 é 20. Use o Help do MATLAB para encontrar uma função nativa que determina o mínimo múltiplo comum (mmc) entre dois números. Após, use a função para mostrar que o mmc de:

(a) 6 e 26 é 78.

(b) 6 e 34 é 102.

31. A escala de magnitude de momento, denotada M_W, que é usada para medir a magnitude dos terremotos, é dada por:

$$M_W = \frac{2}{3}\log_{10} M_0 - 10{,}7$$

onde M_0 é a magnitude do momento sísmico em dyne-cm (medida da energia liberada durante um terremoto). Determine quantas vezes mais energia foi liberada do terremoto em Sumatra, Indonésia ($M_W = 8{,}5$), em 2007, em relação ao terremoto em São Francisco, Califórnia ($M_W = 7{,}9$), em 1906.

32. De acordo com a teoria da relatividade especial, uma haste de comprimento L se movendo a uma velocidade v sofre uma contração de δ na direção do movimento, dada por:

$$\delta = L\left(1 - \sqrt{1 - \frac{v^2}{c^2}}\right)$$

onde c é a velocidade da luz (cerca de 300×10^6 m/s). Calcule quanto uma haste de 2 m de comprimento irá se contrair, quando viaja a uma velocidade de 5000 m/s.

33. O pagamento mensal M de um dado empréstimo P para y anos e a uma taxa de juros r pode ser calculado pela seguinte fórmula:

$$M = \frac{P(r/12)}{1 - (1 + r/12)^{-12y}}$$

(a) Calcule o pagamento mensal de um empréstimo de R$ 85.000,00 para 15 anos a uma taxa de juros de 5,75% ($r = 0,0575$). Defina as variáveis P, r e y e use-as para calcular M.

(b) Calcule o valor total necessário para quitar o empréstimo.

34. O saldo B de uma conta de poupança após t anos, quando uma quantidade inicial P é investida a uma taxa de juros anual r, sendo os juros compostos anualmente, é dado por $B = P(1 + r)^t$. Se os juros são compostos continuamente, o saldo é dado por $B = Pe^{rt}$. Considere que uma quantia de R$ 40.000,00 é investida por 20 anos em uma conta de poupança que paga 5,5% de juros, sendo os juros compostos anualmente. Use o MATLAB para determinar quantos dias a menos serão necessários para ganhar a mesma quantia se o dinheiro é investido em uma conta em que os juros são compostos continuamente.

35. A dependência da pressão de vapor p em relação à temperatura pode ser estimada pela equação de Anteing:

$$\ln(p) = A - \frac{B}{C + T}$$

onde ln é o logaritmo natural, p é dado em mmHg, T é dado em kelvins e A, B e C são constantes do material. Para o tolueno ($C_6H_5CH_3$), na faixa de temperaturas entre 280 e 410 K, as constantes do material são $A = 16,0137$; $B = 3096,52$ e $C = -53,67$. Calcule a pressão de vapor do tolueno nas temperaturas de 315 e 405 K.

36. O nível de pressão sonora L_P em unidades de decibéis (dB) é determinado por:

$$L_P = 20\log_{10}\left(\frac{p}{p_0}\right)$$

onde p é a pressão do som e $p_0 = 20 \times 10^{-6}$ Pa é uma referência (a pressão do som quando $L_P = 0$ dB).

(a) A pressão do som de um carro em movimento é 80×10^{-2} Pa. Determine o nível de pressão do som em decibéis.

(b) O nível de pressão do som de um motor a jato é 110 dB. Quantas vezes a pressão do som do motor a jato é maior que a do carro em movimento?

37. Use o Help do MATLAB para encontrar um formato de exibição que exiba a saída como uma razão de inteiros. Por exemplo, o número 3,125 será exibido como 25/8. Altere o modo de exibição para esse formato e execute as seguintes operações:

(a) $5/8 + 16/6$

(b) $1/3 - 11/13 + 2,7^2$

38. A taxa de transferência de calor q através de uma parede cilíndrica sólida é dada por:

$$q = 2\pi Lk \frac{T_1 - T_2}{\ln\left(\frac{r_2}{r_1}\right)}$$

onde k é a condutividade térmica. Calcule q para um tubo de cobre [k = 401 Watts/(°C·m)] de comprimento L = 300 cm com raio externo r_2 = 5 cm e raio interno r_1 = 3 cm. A temperatura externa é T_2 = 20°C e a temperatura interna é T_1 = 100°C.

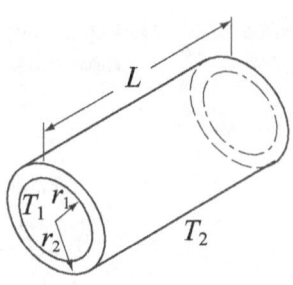

39. A aproximação de Stirling para grandes fatoriais é dada por:

$$n! = \sqrt{2\pi n}\left(\frac{n}{e}\right)^n$$

Use a fórmula para calcular 20!. Compare o resultado com o valor exato obtido com a função nativa do MATLAB `factorial`, determinando o erro [erro = (valor_exato − valor_aproximado) / valor_exato].

40. Um projétil é lançado segundo um ângulo θ com uma velocidade V_0. O tempo de viagem do projétil t_{viagem}, a máxima distância (horizontal) de viagem x_{max} e a máxima altura h_{max} são dados por:

$$t_{viagem} = 2\frac{V_0}{g}\operatorname{sen}\theta_0, \quad x_{max} = 2\frac{V_0^2}{g}\operatorname{sen}\theta_0\cos\theta_0,$$

$$h_{max} = 2\frac{V_0^2}{g}\operatorname{sen}\theta_0$$

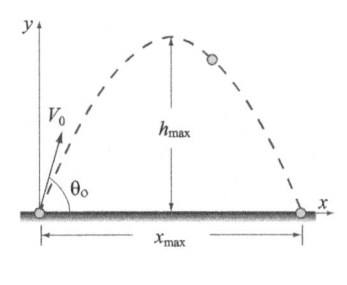

Considere o caso em que V_0 = 600 pés/s e θ = 54°. Defina V_0 e θ como variáveis do MATLAB e calcule t_{viagem}, x_{max} e h_{max} (g = 32,2 pés/s^2).

Capítulo 2

Criando Arranjos

Definitivamente, os arranjos são o modo padrão utilizado pelo MATLAB para armazenar e manipular dados. Um arranjo é uma lista de números organizados em linhas e/ou colunas. O arranjo mais simples (unidimensional) é formado por uma linha ou uma coluna de números, ao passo que um arranjo mais complexo (por exemplo, bidimensional) é uma coleção de números organizados em linhas e colunas. Frequentemente, um arranjo está ligado ao armazenamento de informação e dados, como em uma tabela. Na engenharia (e em outras ciências), arranjos unidimensionais geralmente representam os vetores, e os arranjos bidimensionais representam as matrizes. Este capítulo mostra como criar e referenciar arranjos, enquanto o Capítulo 3 mostra como usar arranjos em operações matemáticas básicas. Além dos arranjos constituídos apenas de números, os arranjos no MATLAB também podem incluir uma cadeia de caracteres, denominada string. Strings são discutidas na Seção 2.10.

2.1 CRIANDO UM ARRANJO UNIDIMENSIONAL (VETOR)

Um arranjo unidimensional é uma lista de números dispostos em uma linha ou coluna. Um exemplo de arranjo é a representação da posição de um ponto no espaço tridimensional no sistema de coordenadas cartesianas. De acordo com a Figura 2-1, a posição de um ponto A é definida por uma lista de três números 2, 4 e 5, que são, essencialmente, as coordenadas do ponto no espaço em relação à origem do sistema de coordenadas.

A posição do ponto A pode ser expressa em termos de um vetor posição:

$$\mathbf{r}_A = 2\mathbf{i} + 4\mathbf{j} + 5\mathbf{k}$$

onde **i**, **j** e **k** são os vetores unitários nas direções x, y e z, respectivamente. Os números 2, 4 e 5 podem ser utilizados para definir um vetor linha ou coluna.

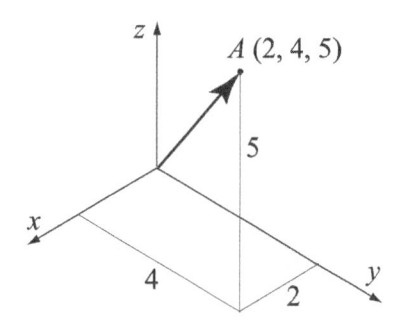

Figura 2-1 Posição de um ponto.

Qualquer lista de números pode ser tratada como um vetor. Por exemplo, a Tabela 2-1 representa dados sobre o crescimento populacional que podem ser utilizados para criar duas listas de números; uma de anos e outra da população em si. Cada lista pode ser visualizada como elementos em um vetor com os números colocados em uma linha ou em uma coluna.

Tabela 2-1 Dados populacionais

Ano	1984	1986	1988	1990	1992	1994	1996
População (milhões)	127	130	136	145	158	178	211

No MATLAB, um vetor é criado atribuindo-se os elementos do vetor a uma variável. Isto pode ser feito de muitos modos diferentes, dependendo da fonte de informação utilizada na geração dos elementos do vetor. Quando um vetor possui apenas números conhecidos (como as coordenadas do ponto A), o valor de cada elemento é inicializado diretamente. É possível ainda definir cada elemento do vetor a partir de uma expressão matemática, incluindo variáveis previamente declaradas, números e funções. Geralmente, os elementos de um vetor linha são uma série de números incrementados (ou decrementados) a partir de um fator constante. Nesses casos, o vetor pode ser criado com comandos do MATLAB. Um vetor também pode ser criado como o resultado de operações matemáticas, conforme será detalhado no Capítulo 3.

Criando um vetor a partir de uma lista de números conhecidos:
O vetor é criado digitando os elementos (números) dentro de colchetes [ ].

```
nome_variável = [digite os elementos do vetor]
```

Vetor linha: Para criar um vetor linha, digite os elementos dentro dos colchetes, separando-os com um espaço ou uma vírgula.

Vetor coluna: Para criar um vetor coluna, digite os elementos dentro dos colchetes a partir do colchete esquerdo [. Então, digite os elementos separando-os por ponto e vírgula ou pressionando a tecla **Enter** após cada elemento. Por fim, digite o colchete direito] para terminar a criação do vetor coluna.

O Tutorial 2-1 mostra como os dados da Tabela 2-1 e as coordenadas do ponto A são usados para criar vetores linha e coluna.

Tutorial 2-1: Criando vetores a partir de dados conhecidos.

```
>> ano=[1984 1986 1988 1990 1992 1994 1996]
                              A lista de anos é atribuída ao vetor linha nomeado ano.
ano =
      1984    1986    1988    1990    1992    1994    1996
>> pop=[127; 130; 136; 145; 158; 178; 211]
```

```
pop =
    127
    130
    136
    145
    158
    178
    211
>> pntAH=[2,  4,  5]
pntAH =
     2     4     5
>> pntAV=[2
4
5]
pntAV =
     2
     4
     5
>>
```

Os dados populacionais são atribuídos ao vetor coluna nomeado pop.

As coordenadas do ponto A são atribuídas ao vetor linha chamado pntAH.

As coordenadas do ponto A são atribuídas ao vetor coluna chamado pntAV. (A tecla **Enter** é pressionada após a digitação de cada elemento.)

Criando um vetor com elementos espaçados de um fator constante:
Neste tipo de vetor, os elementos possuem a mesma separação entre si. Por exemplo, no vetor $v = 2\ 4\ 6\ 8\ 10$, o espaçamento (incremento) entre elementos é 2. Um vetor cujo primeiro elemento é m, o espaçamento é q e o último termo é n, pode ser criado digitando-se:

```
nome_variável = [m:q:n]
```
ou
```
nome_variável = m:q:n
```

(Os colchetes são opcionais neste caso.)

Alguns exemplos:

```
>> x=[1:2:13]
x =
     1     3     5     7     9    11    13
>> y=[1.5:0.1:2.1]
y =
    1.5000    1.6000    1.7000    1.8000    1.9000    2.0000    2.1000

>> z=[-3:7]

z =
    -3    -2    -1     0     1     2     3     4     5     6
     7
>> xa=[21:-3:6]
```

Primeiro elemento 1, espaçamento 2, último termo 13.

Primeiro elemento 1,5, espaçamento 0,1, último termo 2,1.

Primeiro elemento −3, último termo 7. Se o espaçamento é omitido, o default (padrão) é 1.

Primeiro elemento 21, espaçamento −3, último termo 6.

```
xa =
     21    18    15    12     9     6
>>
```

- Se os números m, q e n são tais que o valor de n não pode ser obtido adicionando-se os incrementos q's ao valor inicial m, então (para um n positivo) o último termo no vetor será o último número que não exceder o valor de n.
- Se apenas dois números (o primeiro e o último termos) são digitados (omitindo o espaçamento), então o espaçamento default (padrão) é 1.

Criando um vetor com espaçamento linear especificando o primeiro e último termos e o número de termos:

Um vetor com n elementos que são linearmente (igualmente) espaçados no qual o primeiro elemento é xi e o último elemento é xf pode ser criado através do comando linspace (o MATLAB determina o espaçamento correto):

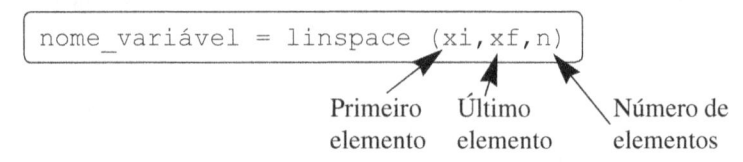

nome_variável = linspace (xi,xf,n)

Primeiro elemento · Último elemento · Número de elementos

Quando o número de elementos é omitido, assume-se como default 100. Alguns exemplos:

```
>> va=linspace(0,8,6)        6 elementos, primeiro elemento 0, último elemento 8.
va =
         0    1.6000    3.2000    4.8000    6.4000    8.0000
>> vb=linspace(30,10,11)     11 elementos, primeiro elemento 30, último elemento 10.
vb =
    30    28    26    24    22    20    18    16    14    12    10
>> u=linspace(49.5,0.5)      Primeiro elemento 49,5; último elemento 0,5.
u =                          Quando o número de elementos é
  Columns 1 through 10       omitido, o default é 100.
    49.5000   49.0051   48.5101   48.0152   47.5202   47.0253
    46.5303   46.0354   45.5404   45.0455
    ..........                   100 elementos são exibidos.
  Columns 91 through 100
     4.9545    4.4596    3.9646    3.4697    2.9747    2.4798
     1.9848    1.4899    0.9949    0.5000
>>
```

2.2 CRIANDO UM ARRANJO BIDIMENSIONAL (MATRIZ)

Um arranjo bidimensional (matriz) possui elementos dispostos em linhas e colunas. As matrizes podem ser utilizadas para armazenar informação (números ou strings) de modo similar a uma tabela. Além disso, as matrizes exercem um papel importante na álgebra linear e são usadas nas engenharias (e em outras ciências) para descrever muitas grandezas físicas.

Em uma matriz quadrada, o número de linhas e colunas é igual. Por exemplo, a matriz:

7 4 9
3 8 1   (matriz 3 × 3)
6 5 3

é quadrada, com três linhas e três colunas. Em geral, o número de linhas e colunas pode ser diferente. Por exemplo, a matriz:

31 26 14 18 5 30
 3 51 20 11 43 65   (matriz 4 × 6)
28 6 15 61 34 22
14 58 6 36 93 7

possui quatro linhas e seis colunas. Uma matriz $m \times n$ possui m linhas e n colunas, sendo m por n chamado tamanho (dimensão) da matriz.

Uma matriz é criada atribuindo-se os elementos do arranjo a uma variável. Isso é feito digitando os elementos, linha por linha, dentro de colchetes [ ]. Primeiramente, digite o colchete esquerdo [, então, digite a primeira linha, separando os elementos com espaços ou vírgulas. Para digitar a próxima linha, digite um ponto e vírgula ou pressione **Enter**. Termine a matriz digitando o colchete direito] no fim da última linha.

```
nome_variável=[1ª linha de elementos; 2ª linha de
           elementos; 3ª linha de elementos;...;
           última linha de elementos]
```

Os elementos de uma matriz podem ser números ou expressões matemáticas que podem incluir números, variáveis predefinidas e funções. *É de fundamental importância que todas as linhas possuam a mesma quantidade de elementos.* Se um elemento na linha vale zero, ele deve ser digitado. O MATLAB exibe uma mensagem de erro, caso seja feita alguma tentativa de declarar uma matriz de modo incompleto. Exemplos de matrizes, declaradas de diferentes maneiras, são mostrados no Tutorial 2-2.

Tutorial 2-2: Criando matrizes.

```
>> a=[5   35   43;   4   76   81;   21   32   40]
a =
         5        35        43
         4        76        81
        21        32        40
>> b = [7   2   76   33   8
1  98   6   25   6
5  54  68    9   0]
```

Um ponto e vírgula é digitado antes de entrar com uma nova linha.

A tecla **Enter** é pressionada antes de entrar com uma nova linha.

```
b =
     7     2    76    33     8
     1    98     6    25     6
     5    54    68     9     0
>> cd=6; e=3; h=4;                    ← Três variáveis são definidas.
>> Mat=[e, cd*h, cos(pi/3); h^2, sqrt(h*h/cd), 14]
Mat =
     3.0000    24.0000     0.5000
    16.0000     1.6330    14.0000
>>
```

Os elementos da matriz são definidos a partir de expressões matemáticas.

As linhas de uma matriz também podem ser geradas utilizando-se vetores, através do comando `linspace` ou da notação para criação de vetores com espaçamento constante. Por exemplo:

```
>> A=[1:2:11; 0:5:25; linspace(10,60,6); 67 2 43 68 4 13]
A =
     1     3     5     7     9    11
     0     5    10    15    20    25
    10    20    30    40    50    60
    67     2    43    68     4    13
>>
```

No exemplo anterior, as duas primeiras linhas foram geradas como vetores usando a notação de espaçamento constante; a terceira linha foi gerada usando o comando `linspace` e os elementos da última linha foram digitados um a um.

2.2.1 Os comandos `zeros`, `ones` e `eye`

Os comandos `zeros(m,n)`, `ones(m,n)` e `eye(n)` podem ser utilizados para criar matrizes cujos elementos possuem valores especiais. Os dois primeiros comandos, `zeros(m,n)` e `ones(m,n)`, criam matrizes com m linhas e n colunas, cujos elementos são os números 0 e 1, respectivamente. O comando `eye(n)` cria uma matriz quadrada com n linhas e n colunas, cujos elementos da diagonal principal são iguais a 1 e os demais elementos são todos 0. Esta matriz é denominada matriz identidade. Alguns exemplos:

```
>> zr=zeros(3,4)
zr =
     0     0     0     0
     0     0     0     0
     0     0     0     0
>> ne=ones(4,3)
ne =
     1     1     1
     1     1     1
```

```
           1      1      1
           1      1      1
>> idn=eye(5)
idn =
           1      0      0      0      0
           0      1      0      0      0
           0      0      1      0      0
           0      0      0      1      0
           0      0      0      0      1
>>
```

As matrizes também podem ser criadas a partir do resultado de operações matemáticas com vetores e matrizes. Esse tópico será abordado no Capítulo 3.

2.3 OBSERVAÇÕES QUANTO AO USO DE VARIÁVEIS NO MATLAB

- Todas as variáveis no MATLAB são de fato arranjos. Um escalar é um arranjo com um único elemento; um vetor é um arranjo com elementos numa única linha ou coluna e uma matriz é um arranjo com elementos em linhas e colunas.
- Uma variável (escalar, vetor ou matriz) é declarada quando lhe é atribuído algum valor. Não é necessário definir o tamanho do arranjo antes dos elementos serem atribuídos à variável (um elemento, no caso de escalar; uma linha ou coluna de elementos, no caso do vetor; e um arranjo bidimensional de elementos, no caso da matriz).
- Uma vez que uma variável tenha sido declarada (como escalar, vetor ou matriz), podemos modificá-la para qualquer outro tamanho ou tipo diferente do original. Por exemplo, um escalar pode ser modificado de modo a tornar-se um vetor ou uma matriz; um vetor pode ser colocado sob a forma de escalar, um vetor de tamanho diferente ou uma matriz; uma matriz pode ter seu tamanho (dimensão) reduzido ou aumentado, até tornar-se um vetor ou escalar. Essas mudanças são realizadas adicionando-se ou retirando-se elementos do arranjo. Este tópico será discutido nas Seções 2.7 e 2.8.

2.4 O OPERADOR DE TRANSPOSIÇÃO

O operador de transposição, quando aplicado a um vetor, permuta um vetor linha para um vetor coluna e vice-versa. Em matrizes, o operador de transposição troca as linhas da matriz pelas colunas e vice-versa. O operador de transposição é aplicado ao vetor ou à matriz digitando uma aspas simples (') após a variável a ser transposta. Veja os seguintes exemplos:

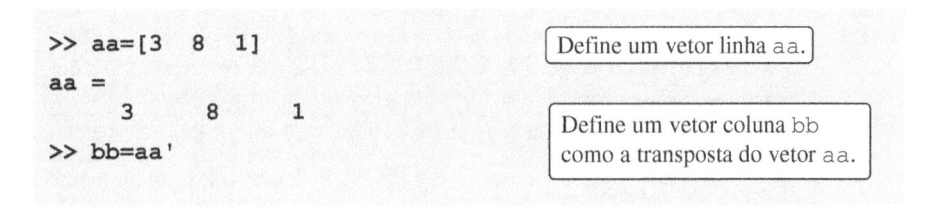

```
>> aa=[3  8  1]              Define um vetor linha aa.
aa =
        3      8      1
>> bb=aa'                    Define um vetor coluna bb
                             como a transposta do vetor aa.
```

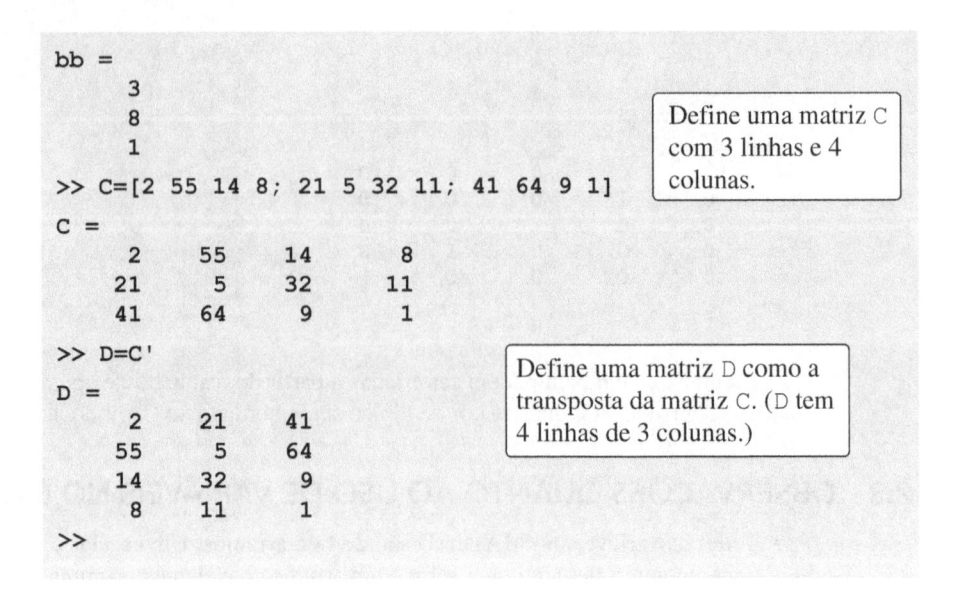

```
bb =
    3
    8
    1
>> C=[2 55 14 8; 21 5 32 11; 41 64 9 1]
C =
    2   55   14    8
   21    5   32   11
   41   64    9    1
>> D=C'
D =
    2   21   41
   55    5   64
   14   32    9
    8   11    1
>>
```

Define uma matriz C com 3 linhas e 4 colunas.

Define uma matriz D como a transposta da matriz C. (D tem 4 linhas de 3 colunas.)

2.5 REFERÊNCIA A UM ELEMENTO DO ARRANJO

Elementos em um arranjo (vetor ou matriz) podem ser referenciados (endereçados) individualmente ou em subgrupos. Isto é muito útil quando é necessário redefinir apenas alguns elementos do arranjo, quando elementos específicos são usados em cálculos ou, ainda, quando um subgrupo dos elementos é usado para definir uma nova variável.

2.5.1 Vetor

Fazer referência a um elemento de um vetor é indicar a posição que o elemento ocupa na linha ou coluna desse vetor. Para um vetor ve, ve(k) referencia o elemento na posição k. A primeira posição, mais à esquerda do vetor, é a número 1. Por exemplo, se o vetor *ve* possui nove elementos:

ve = 35 46 78 23 5 14 81 3 55

então,

$ve(4) = 23$, $ve(7) = 81$ e $ve(1) = 35$.

Um único elemento do vetor, $v(k)$, pode ser usado como uma variável. Por exemplo, é possível mudar o valor desse elemento atribuindo-lhe um novo valor na posição de referência. Isto pode ser feito digitando: $v(k) = novo\_valor$. Um único elemento também pode ser utilizado como uma variável numa expressão matemática. Alguns exemplos:

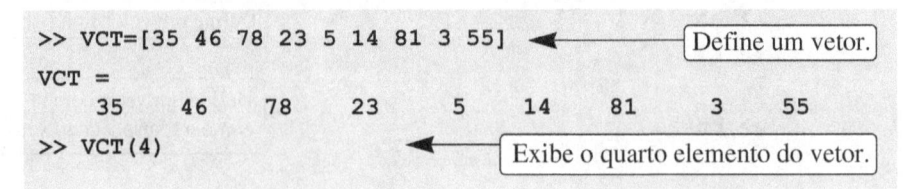

```
>> VCT=[35 46 78 23 5 14 81 3 55]
VCT =
   35   46   78   23    5   14   81    3   55
>> VCT(4)
```

Define um vetor.

Exibe o quarto elemento do vetor.

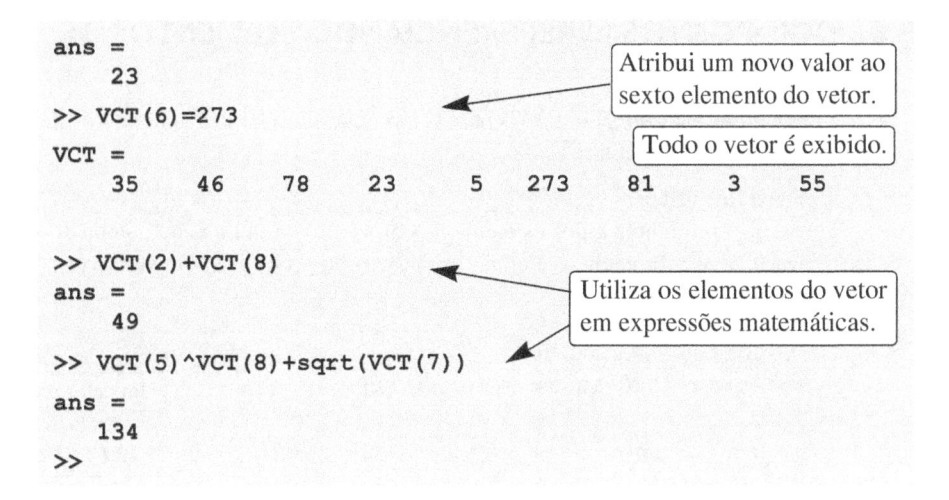

```
ans =
     23
>> VCT(6)=273
VCT =
    35    46    78    23     5   273    81     3    55
```
⮜ Atribui um novo valor ao sexto elemento do vetor.
⮜ Todo o vetor é exibido.

```
>> VCT(2)+VCT(8)
ans =
     49
>> VCT(5)^VCT(8)+sqrt(VCT(7))
ans =
    134
>>
```
⮜ Utiliza os elementos do vetor em expressões matemáticas.

2.5.2 Matriz

A posição de referência de um elemento em uma matriz é definida especificando-se o número da linha e da coluna que o elemento ocupa. Atribuindo-se uma matriz a uma variável *ma*, o símbolo *ma(k,p)* faz referência ao elemento na linha *k* e na coluna *p*.

Por exemplo, se a matriz é $\quad ma = \begin{bmatrix} 3 & 11 & 6 & 5 \\ 4 & 7 & 10 & 2 \\ 13 & 9 & 0 & 8 \end{bmatrix}$

então, $ma(1,1) = 3$ e $ma(2,3) = 10$.

Assim como no caso dos vetores, é possível modificar o valor de um único elemento da matriz atribuindo-lhe um novo valor. Também, os elementos da matriz podem ser usados como variáveis em expressões e funções matemáticas. A seguir são apresentados alguns exemplos:

```
>> MAT=[3 11 6 5; 4 7 10 2; 13 9 0 8]
MAT =
     3    11     6     5
     4     7    10     2
    13     9     0     8
>> MAT(3,1)=20
MAT =
     3    11     6     5
     4     7    10     2
    20     9     0     8
>> MAT(2,4)-MAT(1,2)
ans =
    -9
```
⮜ Cria uma matriz 3 × 4.
⮜ Atribui um novo valor para o elemento (3,1).
⮜ Usa elementos em uma expressão matemática.

2.6 DOIS PONTOS (:) REFERENCIANDO ELEMENTOS DE ARRANJOS

Podemos usar dois pontos (:) para referenciar uma faixa de elementos dentro de um vetor ou de uma matriz.

Para um vetor:
$va(:)$ → referencia todos os elementos do vetor va (na linha ou coluna do vetor).
$va(m:n)$ → referencia os elementos entre as posições m e n do vetor va.

Exemplo:

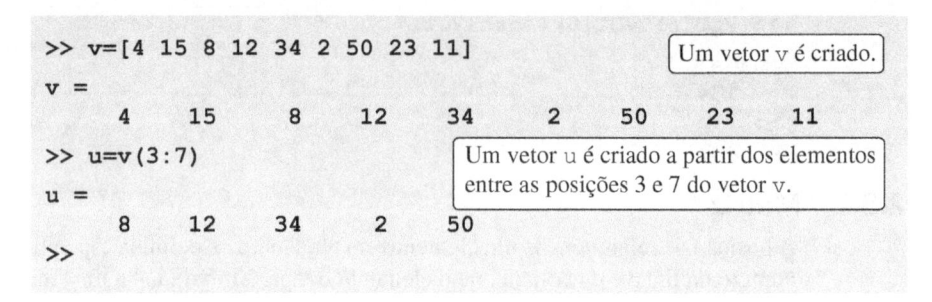

```
>> v=[4 15 8 12 34 2 50 23 11]
v =
         4     15      8     12     34      2     50     23     11
>> u=v(3:7)
u =
         8     12     34      2     50
>>
```

Um vetor v é criado.

Um vetor u é criado a partir dos elementos entre as posições 3 e 7 do vetor v.

Para uma matriz:
$A(:,n)$ → referencia os elementos da matriz A em todas as linhas da coluna n.
$A(n,:)$ → referencia os elementos da matriz A em todas as colunas da linha n.
$A(:,m:n)$ → referencia os elementos da matriz A em todas as linhas entre as colunas m e n.
$A(m:n,:)$ → referencia os elementos da matriz A em todas as colunas entre as linhas m e n.
$A(m:n,p:q)$ → referencia os elementos da matriz A entre as linhas m e n e entre as colunas p e q.

O Tutorial 2-3 demonstra como usar o símbolo *dois pontos* (:) para referenciar elementos de matrizes.

Tutorial 2-3: Usando dois pontos no endereçamento de arranjos.

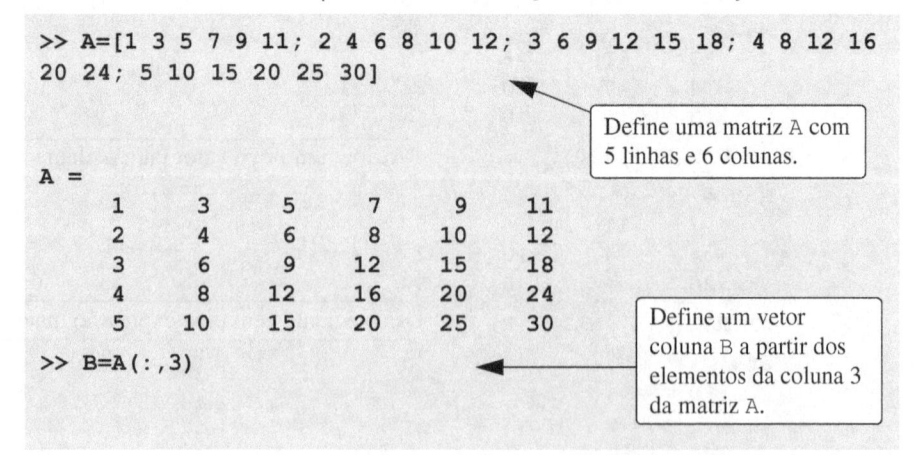

```
>> A=[1 3 5 7 9 11; 2 4 6 8 10 12; 3 6 9 12 15 18; 4 8 12 16
20 24; 5 10 15 20 25 30]

A =
         1      3      5      7      9     11
         2      4      6      8     10     12
         3      6      9     12     15     18
         4      8     12     16     20     24
         5     10     15     20     25     30
>> B=A(:,3)
```

Define uma matriz A com 5 linhas e 6 colunas.

Define um vetor coluna B a partir dos elementos da coluna 3 da matriz A.

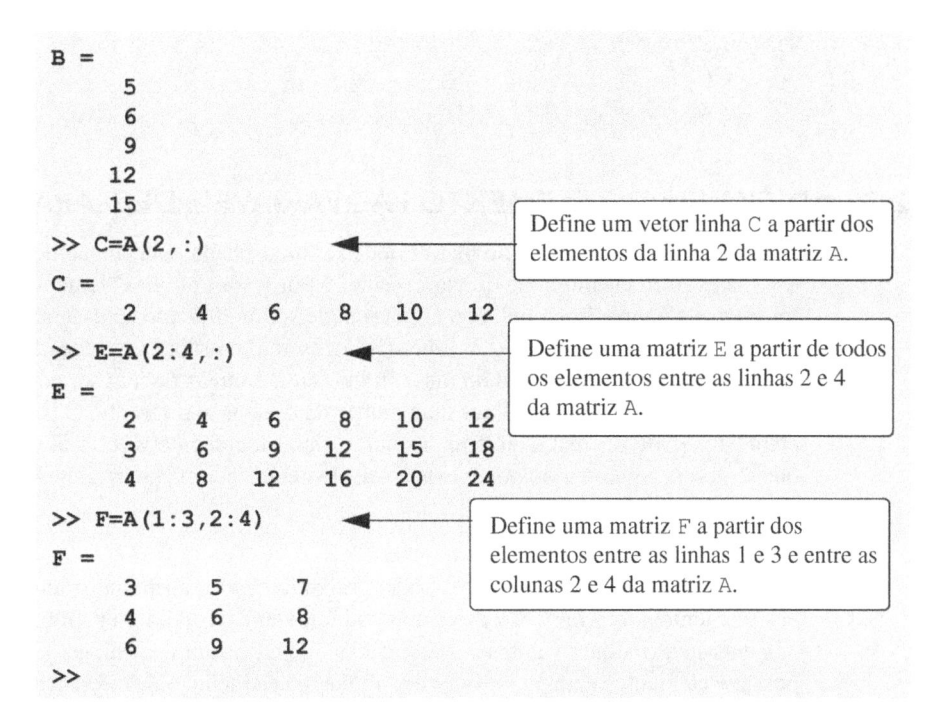

```
B =
     5
     6
     9
    12
    15
>> C=A(2,:)
C =
     2    4    6    8   10   12
>> E=A(2:4,:)
E =
     2    4    6    8   10   12
     3    6    9   12   15   18
     4    8   12   16   20   24
>> F=A(1:3,2:4)
F =
     3    5    7
     4    6    8
     6    9   12
>>
```

- Define um vetor linha C a partir dos elementos da linha 2 da matriz A.
- Define uma matriz E a partir de todos os elementos entre as linhas 2 e 4 da matriz A.
- Define uma matriz F a partir dos elementos entre as linhas 1 e 3 e entre as colunas 2 e 4 da matriz A.

No Tutorial 2-3, novos vetores e matrizes foram criados partindo de uma matriz previamente declarada, usando um conjunto de elementos ou um grupo de elementos dessa matriz. Entretanto, é possível selecionar elementos específicos (linhas e/ou colunas) de variáveis previamente declaradas para criar novas variáveis. Isso é feito digitando os elementos, linhas ou colunas selecionadas dentro de colchetes, como ilustrado a seguir:

```
>> v=4:3:34
v =
     4    7   10   13   16   19   22   25   28   31   34
>> u=v([3, 5, 7:10])
u =
    10   16   22   25   28   31

A =
    10    9    8    7    6    5    4
     1    1    1    1    1    1    1
     2    4    6    8   10   12   14
     0    0    0    0    0    0    0
>> B = A([1,3],[1,3,5:7])
```

- Cria um vetor v com 11 elementos.
- Cria um vetor u a partir do terceiro, do quinto e do sétimo ao décimo elementos de v.
- Cria uma matriz A 4 × 7.
- Cria uma matriz B a partir da primeira e terceira linhas e a partir da primeira, terceira e da quinta à sétima colunas da matriz A.

```
B =
    10    8    6    5    4
     2    6   10   12   14
```

2.7 ADICIONANDO ELEMENTOS ÀS VARIÁVEIS DECLARADAS

Uma variável do tipo vetor ou matriz pode ser modificada pela adição de elementos em sua estrutura (lembre-se que um escalar é um vetor com um elemento). Um vetor (matriz de uma única linha ou coluna) pode ser modificado acrescentando novos elementos, ou então, pode ter a dimensão acrescida, ou seja, ser colocado na forma matricial (bidimensional). Além disso, linhas e/ou colunas podem ser adicionadas a uma matriz declarada para obter uma matriz de dimensão diferente. O acréscimo de elementos pode ser realizado simplesmente via atribuição de valores aos elementos que se deseja adicionar ou por anexação de elementos pertencentes a alguma variável previamente declarada.

Adicionando elementos a um vetor:

Conforme mencionado, elementos podem ser adicionados atribuindo valores aos novos elementos do arranjo. Por exemplo, se um vetor possui 4 elementos, podemos aumentá-lo atribuindo valores aos elementos 5, 6, 7, e assim por diante. Se um vetor possui n elementos e um novo valor é atribuído ao elemento cuja referência é $n + 2$ ou maior, o MATLAB encarrega-se de atribuir zeros aos elementos posicionados entre o último elemento original e o novo elemento terminal do vetor. Exemplos:

```
>> DF=1:4                    Define o vetor DF com 4 elementos.
DF =
     1    2    3    4
>> DF(5:10)=10:5:35          Adiciona 6 elementos iniciando com o quinto elemento.
DF =
     1    2    3    4   10   15   20   25   30   35
>> AD=[5  7  2]              Define o vetor AD com três elementos.
AD =
     5    7    2
>> AD(8)=4                   Atribui um valor para o oitavo elemento.
AD =                         O MATLAB atribui zeros para os
     5    7    2    0    0    0    0    4   elementos entre as posições 4 e 7.
>> AR(5)=24                  Atribui um valor para o quinto elemento de um novo vetor.
AR =
     0    0    0    0   24   O MATLAB atribui zeros para os
>>                           elementos entre as posições 1 e 4.
```

Elementos também podem ser adicionados "juntando" (agrupando) vetores já declarados. Dois exemplos:

```
>> RE=[3  8  1  24];         Define o vetor RE com 4 elementos.
```

```
>> GT=4:3:16;
```
Define o vetor GT com 5 elementos.

```
>> KNH=[RE  GT]
KNH =
     3     8     1    24     4     7    10    13    16
```
Define um novo vetor KNH juntando os vetores RE e GT.

```
>> KNV=[RE'; GT']
KNV =
     3
     8
     1
    24
     4
     7
    10
    13
    16
```
Cria um novo vetor coluna KNV juntando os vetores RE' e GT'.

Adicionando elementos a uma matriz:
Conforme mencionado, linhas e colunas podem ser inseridas em uma matriz previamente declarada. Isso é feito atribuindo-se valores aos novos elementos situados entre as linhas e colunas da matriz. É possível também aumentar o tamanho de uma matriz anexando variáveis existentes. Entretanto, é necessária muita cautela, porque o tamanho das linhas ou das colunas adicionadas deve concordar com a definição da matriz original. Exemplos:

```
>> E=[1 2 3 4; 5 6 7 8]
E =
     1     2     3     4
     5     6     7     8
```
Define a matriz E 2 × 4.

```
>> E(3,:)=[10:4:22]
E =
     1     2     3     4
     5     6     7     8
    10    14    18    22
```
Adiciona o vetor 10 14 18 22 como a terceira linha da matriz E.

```
>> K=eye(3)
K =
     1     0     0
     0     1     0
     0     0     1
```
Define a matriz K 3 × 3.

```
>> G=[E  K]
G =
     1     2     3     4     1     0     0
     5     6     7     8     0     1     0
    10    14    18    22     0     0     1
```
Junta as matrizes K e E, criando uma nova matriz G. Observe que o número de linhas em E e K deve ser o mesmo.

Se uma matriz possui a dimensão $m \times n$ e um novo valor é atribuído a um elemento cuja posição de referência extrapola o tamanho da matriz, o MATLAB aumenta o tamanho da matriz para incluir esse novo elemento. De modo similar ao caso de vetores, zeros são atribuídos aos demais elementos adicionados, mas não inicializados. Exemplos:

```
>> AW=[3 6 9; 8 5 11]                    Define uma matriz 2 × 3.
AW =
     3     6     9
     8     5    11
>> AW(4,5)=17                            Atribui um valor para o elemento (4, 5).
AW =
     3     6     9     0     0
     8     5    11     0     0           O MATLAB altera a dimensão da matriz
     0     0     0     0     0           para 4 × 5 e atribui zeros para os novos
     0     0     0     0    17           elementos, exceto o elemento (4, 5).
>> BG(3,4)=15                            Atribui um valor para o elemento (3, 4) de uma nova matriz.
BG =
     0     0     0     0
     0     0     0     0                 O MATLAB cria uma matriz 3 × 4 e
     0     0     0    15                 atribui zeros para todos os elementos,
>>                                       exceto o elemento BG(3, 4).
```

2.8 DELETANDO ELEMENTOS

Um elemento ou um grupo de elementos em uma variável declarada pode(m) ser apagado(s) atribuindo vazio a esse elemento. Isto é feito usando colchetes sem nenhum espaço ou caractere entre eles. Apagando elementos, um vetor pode ser diminuído e uma matriz pode ter sua dimensão reduzida. Exemplos:

```
>> kt=[2 8 40 65 3 55 23 15 75 80]       Define um vetor
kt =                                     com 10 elementos.
     2    8   40   65    3   55   23   15   75   80
>> kt(6)=[]                              Elimina o sexto elemento.
kt =
     2    8   40   65    3   23   15   75   80    O vetor tem agora
                                                   9 elementos.
>> kt(3:6)=[]                            Elimina os elementos entre as posições 3 e 6.
kt =
     2    8   15   75   80               O vetor tem agora 5 elementos.
>> mtr=[5 78 4 24 9; 4 0 36 60 12; 56 13 5 89 3]
                                         Define uma matriz 3 × 5.
```

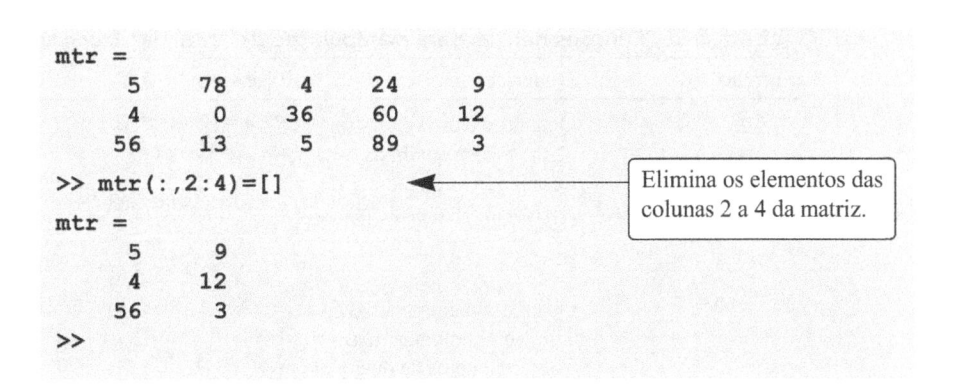

```
mtr =
     5    78     4    24     9
     4     0    36    60    12
    56    13     5    89     3
>> mtr(:,2:4)=[]
mtr =
     5     9
     4    12
    56     3
>>
```
◀ Elimina os elementos das colunas 2 a 4 da matriz.

2.9 FUNÇÕES NATIVAS PARA MANIPULAÇÃO DE ARRANJOS

O MATLAB possui várias funções nativas para gerenciamento e manipulação de arranjos. Algumas estão listadas a seguir:

Tabela 2-2 Funções nativas para manipulação de arranjos

Função	Descrição	Exemplo

length(A)	Retorna o número de elementos no vetor A.	`>> A=[5 9 2 4];`
		`>> length(A)`
		`ans =`
		`     4`

size(A)	Retorna um vetor linha [m,n], onde m e n representam a dimensão $m \times n$ da matriz A.	`>> A= [6 1 4 0 12; 5 19 6 8 2]`
		`A =`
		`     6     1     4     0    12`
		`     5    19     6     8     2`
		`>> size(A)`
		`ans =`
		`     2     5`

reshape(A,m,n)	Cria uma matriz de dimensão $m \times n$ a partir dos elementos da matriz A. Os elementos são tomados coluna após coluna. A matriz A deve ter m vezes n elementos.	`>> A=[5 1 6; 8 0 2]`
		`A =`
		`     5     1     6`
		`     8     0     2`
		`>> B = reshape(A,3,2)`
		`B =`
		`     5     0`
		`     8     6`
		`     1     2`

(continua)

Tabela 2-2 Funções nativas para manipulação de arranjos *(continuação)*

Função	Descrição	Exemplo

`diag(v)`	Quando `v` é um vetor, cria uma matriz quadrada contendo os elementos de `v` na diagonal principal.	`>> v=[7 4 2];`
		`>> A=diag(v)`
		`A =`
		`     7    0    0`
		`     0    4    0`
		`     0    0    2`

`diag(A)`	Quando `A` é uma matriz, cria um vetor coluna a partir dos elementos na diagonal principal.	`>> A=[1 2 3; 4 5 6; 7 8 9]`
		`A =`
		`     1    2    3`
		`     4    5    6`
		`     7    8    9`
		`>> vec=diag(A)`
		`vec =`
		`     1`
		`     5`
		`     9`

Funções nativas adicionais para manipulação de arranjos são descritas no Help do MATLAB. Na janela de Help (vide Figura 1-4, Capítulo 1), selecione "Functions by Category", após "Mathematics" e em seguida "Arrays and Matrices".

Problema Exemplo 2-1: Criar uma matriz

Usando os comandos `ones` e `zeros`, crie uma matriz 4×5 cujas primeiras duas linhas são formadas de 0's e as duas linhas seguintes são formadas de 1's.

Solução

```
>> A(1:2,:)=zeros(2,5)
A =
     0     0     0     0     0
     0     0     0     0     0
>> A(3:4,:)=ones(2,5)
A =
     0     0     0     0     0
     0     0     0     0     0
     1     1     1     1     1
     1     1     1     1     1
```

Primeiro, cria uma matriz 2×5 com 0's.

Adiciona as linhas 3 e 4 com 1's.

Uma solução alternativa para o problema é:

```
>> A=[zeros(2,5);ones(2,5)]
A =
    0    0    0    0    0
    0    0    0    0    0
    1    1    1    1    1
    1    1    1    1    1
```

Cria uma matriz 4 × 5 a partir de duas matrizes 2 × 5.

Problema Exemplo 2-2: Criar uma matriz

Crie uma matriz 6 × 6 cujos elementos nas linhas/colunas 3 e 4 são 1's, sendo o restante dos elementos da matriz 0's.

Solução

```
>> AR=zeros(6,6)
AR =
    0    0    0    0    0    0
    0    0    0    0    0    0
    0    0    0    0    0    0
    0    0    0    0    0    0
    0    0    0    0    0    0
    0    0    0    0    0    0
```

Primeiro, cria uma matriz 6 × 6 com 0's.

```
>> AR(3:4,:)=ones(2,6)
AR =
    0    0    0    0    0    0
    0    0    0    0    0    0
    1    1    1    1    1    1
    1    1    1    1    1    1
    0    0    0    0    0    0
    0    0    0    0    0    0
```

Atribui o valor 1 para os elementos das linhas 3 e 4.

```
>> AR(:,3:4)=ones(6,2)
AR =
    0    0    1    1    0    0
    0    0    1    1    0    0
    1    1    1    1    1    1
    1    1    1    1    1    1
    0    0    1    1    0    0
    0    0    1    1    0    0
```

Atribui o valor 1 para os elementos das colunas 3 e 4.

Problema Exemplo 2-3: Manipulação de matrizes

Sejam duas matrizes, A (5×6) e B (3×6), e um vetor v de 9 elementos:

$$A = \begin{bmatrix} 2 & 5 & 8 & 11 & 14 & 17 \\ 3 & 6 & 9 & 12 & 15 & 18 \\ 4 & 7 & 10 & 13 & 16 & 19 \\ 5 & 8 & 11 & 14 & 17 & 20 \\ 6 & 9 & 12 & 15 & 18 & 21 \end{bmatrix}$$

$$B = \begin{bmatrix} 5 & 10 & 15 & 20 & 25 & 30 \\ 30 & 35 & 40 & 45 & 50 & 55 \\ 55 & 60 & 65 & 70 & 75 & 80 \end{bmatrix}$$

$$v = \begin{bmatrix} 99 & 98 & 97 & 96 & 95 & 94 & 93 & 92 & 91 \end{bmatrix}$$

Crie os três arranjos na janela Command Window e então, usando apenas um comando, substitua os quatro últimos elementos da primeira e terceira linhas de A pelos quatro primeiros elementos da primeira e segunda linhas de B, substitua os quatro últimos elementos da quarta linha de A pelos elementos nas posições de 5 a 8 de v e substitua os quatro últimos elementos da quinta linha de A pelos elementos da terceira linha de B, compreendidos entre as colunas 2 e 5.

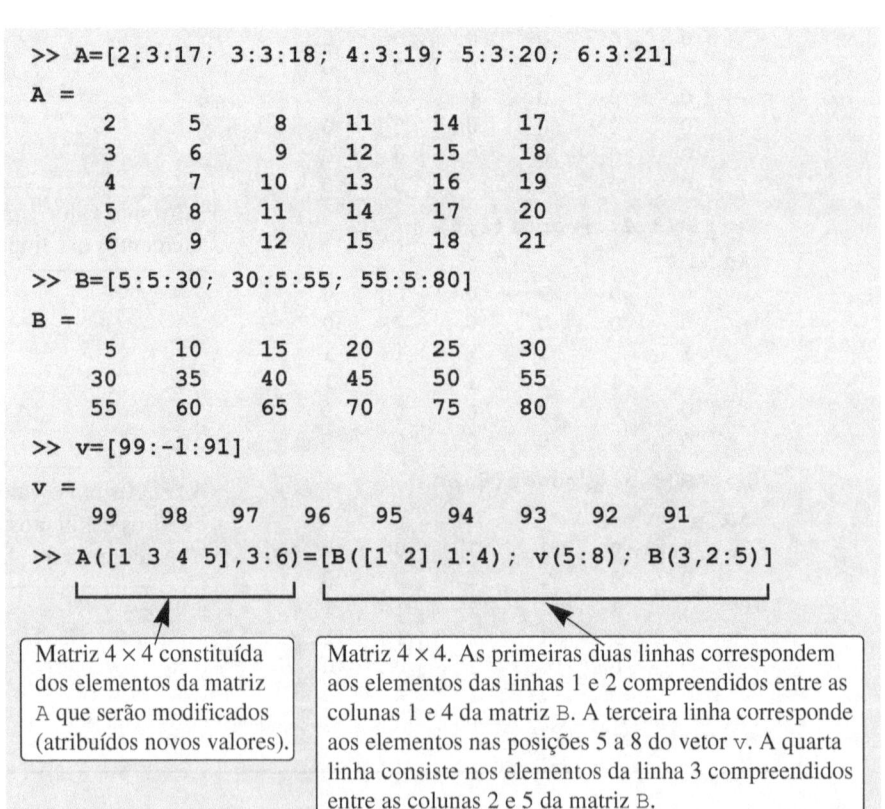

```
>> A=[2:3:17; 3:3:18; 4:3:19; 5:3:20; 6:3:21]
A =
     2     5     8    11    14    17
     3     6     9    12    15    18
     4     7    10    13    16    19
     5     8    11    14    17    20
     6     9    12    15    18    21
>> B=[5:5:30; 30:5:55; 55:5:80]
B =
     5    10    15    20    25    30
    30    35    40    45    50    55
    55    60    65    70    75    80
>> v=[99:-1:91]
v =
    99    98    97    96    95    94    93    92    91
>> A([1 3 4 5],3:6)=[B([1 2],1:4); v(5:8); B(3,2:5)]
```

Matriz 4 × 4 constituída dos elementos da matriz A que serão modificados (atribuídos novos valores).

Matriz 4 × 4. As primeiras duas linhas correspondem aos elementos das linhas 1 e 2 compreendidos entre as colunas 1 e 4 da matriz B. A terceira linha corresponde aos elementos nas posições 5 a 8 do vetor v. A quarta linha consiste nos elementos da linha 3 compreendidos entre as colunas 2 e 5 da matriz B.

```
A =
     2     5     5    10    15    20
     3     6     9    12    15    18
     4     7    30    35    40    45
     5     8    95    94    93    92
     6     9    60    65    70    75
```

2.10 STRINGS E STRINGS COMO VARIÁVEIS

- Uma string é uma cadeia de caracteres organizada em um arranjo. Para criar uma basta digitar os caracteres entre aspas simples (' ').
- Strings podem conter letras, números, espaços e outros símbolos.
- Exemplos de strings: 'ad ef '; '3%fr2'; '{edcba:21! '; 'MATLAB'.
- Aspas simples também podem ser usadas dentro de strings. Para isso, são necessárias duas aspas simples dentro do corpo de uma string para que o MATLAB interprete como uma única aspa.
- Quando uma string estiver sendo digitada, os caracteres aparecem em marrom após a aspa de abertura da string. Fechando-se a segunda aspa, os caracteres mudam para roxo.

As strings podem ser utilizadas de diferentes maneiras e com diferentes propósitos no MATLAB. Elas são usadas para imprimir mensagens de texto na tela (Capítulo 4), em comandos de formatação de gráficos (Capítulo 5) e como argumento de entrada de algumas funções (Capítulo 7). Mais detalhes são dados nesses capítulos, quando as strings são utilizadas para os propósitos citados.

- Ao se utilizar strings na formatação de gráficos (rótulos dos eixos, título e notas textuais), os caracteres dentro da string podem ser formatados em fontes específicas, tamanhos, formas (maiúscula e minúscula), cor, etc. Veja os detalhes no Capítulo 5.

Strings também podem ser atribuídas a variáveis. Para isso, basta digitar a string no lado direito do operador de atribuição, conforme exemplos a seguir:

```
>> a='FRty 8'
a =
FRty 8
>> B='Meu nome é Marco Paulo'
B =
Meu nome é Marco Paulo
>>
```

Quando uma variável é declarada como string, os caracteres são armazenados formando um arranjo semelhante ao que foi descrito para números. Cada caractere, incluindo espaços, é um elemento do arranjo. Significa que uma string de uma linha é um vetor linha, sendo a quantidade de elementos do vetor numericamente igual à quantidade de caracteres contida na string. Além disso, os elementos dos vetores são referenciados (endereçados) pela posição que ocupam no vetor. Por exemplo, no vetor B declarado anteriormente, o quinto elemento é a letra n, o décimo segundo elemento é M e assim por diante.

```
>> B(5)
ans =
n
>> B(12)
ans =
M
```

Assim como em um vetor que contém números, em um arranjo de strings também é possível modificar um elemento específico. Por exemplo, no vetor B anterior, o nome Marco pode ser alterado para Pedro:

```
>> B(12:16)='Pedro'
B =
Meu nome é Pedro Paulo
>>
```

Usando dois pontos para atribuir novos caracteres aos elementos 12 a 16 do vetor B.

Matrizes também podem conter strings. Como foi feito para números, digite ponto e vírgula (;) ou pressione a tecla **Enter** no final de cada linha. Cada linha deve ser digitada como string, ou seja, é necessário colocar aspas no início e no fim de cada uma delas. Além disso, o número de elementos em cada linha deve ser o mesmo. Isto pode causar problemas quando a intenção é criar linhas com palavras específicas. A solução nesses casos é adicionar espaços de modo que todas as linhas tenham o mesmo número de elementos.

O MATLAB possui uma função nativa chamada char, que cria um arranjo com linhas tendo o mesmo número de caracteres, a partir de caracteres de entrada que possuem tamanhos diferentes. O MATLAB adiciona espaços para igualar as linhas menores àquelas que possuírem mais elementos (ou seja, a maior linha da matriz). Na função char, as linhas devem ser separadas por vírgulas de acordo com o formato:

```
nome_variável = char('string 1', 'string 2', 'string 3')
```

Por exemplo:

```
>> info=char('Nome do Estudante:','Marco Paulo','Conceito:','A+')
info =
Nome do Estudante:
Marco Paulo
Conceito:
A+
>>
```

> A variável nomeada `info` contém quatro strings, cada uma com tamanho diferente.

> A função `char` cria um arranjo com quatro linhas, cada uma com o mesmo número de elementos da maior string. Espaços foram adicionados às strings menores.

Uma variável pode ser declarada como um número ou uma string, possuindo a mesma sequência numérica. No exemplo a seguir, a variável x é declarada numérica, sendo-lhe atribuído o número 536. A variável y é declarada string e lhe são atribuídos os caracteres 536, nessa ordem.

```
>> x=536
x =
    536
>> y='536'
y =
536
>>
```

Exibindo o conteúdo de x e y (e observando a semelhança entre eles) supõe-se que x e y sejam iguais. Observe, no entanto, que os caracteres 536 abaixo de x= são indentados, enquanto os caracteres 536 na linha abaixo de y= não são indentados. A variável x pode ser empregada em expressões matemáticas, enquanto a variável y não.

2.11 PROBLEMAS

1. Crie um vetor linha contendo os seguintes elementos: 3; 4 · 2,55; 68/16; 45; $\sqrt[3]{110}$; cos25° e 0,05.

2. Crie um vetor linha contendo os seguintes elementos: $\dfrac{54}{3+4,2^2}$; 32; $6,3^2 - 7,2^2$; 54; $e^{3.7}$ e sen66° + cos$\dfrac{3\pi}{8}$.

3. Crie um vetor coluna contendo os seguintes elementos: 25,5; $\dfrac{(14\tan58°)}{(2,1^2+11)}$; 6!; $2,7^4$; 0,0375 e π/5.

4. Crie um vetor coluna contendo os seguintes elementos: $\dfrac{32}{3,2^2}$; sen²35°; 6,1; ln29²; 0,00552; ln²29 e 133.

5. Defina as variáveis $x = 0,85$ e $y = 12,5$ e então as use para criar um vetor coluna que tem os seguintes elementos: y, y^x, $\ln(y/x)$, $y \cdot x$ e $x + y$.

6. Defina as variáveis $a = 3,5$ e $b = -6,4$ e então as use para criar um vetor linha que tem os seguintes elementos: a, a^2, a/b, $a \cdot b$ e $\sqrt{a}$.

7. Crie um vetor linha no qual o primeiro elemento é 2 e o último elemento é 37, com um incremento de 5 entre os elementos (2, 7, 12,..., 37).

8. Crie um vetor com 9 elementos igualmente espaçados no qual o primeiro elemento é 81 e o último elemento é 12.

9. Crie um vetor coluna no qual o primeiro elemento é 22,5, os elementos decrescem com incrementos de –2,5‡ e o último termo é 0. (Um vetor coluna pode ser criado a partir da transposta de um vetor linha.)

10. Crie um vetor coluna com 15 elementos igualmente espaçados no qual o primeiro elemento é –21 e o último elemento é 12.

11. Utilizando o símbolo dois pontos (:), crie um vetor linha com sete elementos todos iguais a –3 (atribua esse vetor a uma variável nomeada mesmo).

12. Use um único comando para criar um vetor linha (atribua esse vetor a uma variável com o nome a) com 9 elementos de modo que o último elemento é 7,5 e todos os outros elementos são 0's. Não digite o vetor explicitamente.

13. Use um único comando para criar um vetor linha (atribua esse vetor a uma variável com o nome b) com 19 elementos de modo que

    b = 1 2 3 4 5 6 7 8 9 10 9 8 7 6 5 4 3 2 1

Não digite o vetor explicitamente.

14. Crie um vetor (guarde-o em uma variável nomeada vecA) com 14 elementos, sendo o primeiro 49, o espaçamento –3 e o último elemento 10. Após, utilizando o símbolo dois pontos, crie um novo vetor (chame-o de vecB) com 8 elementos. Os primeiros 4 elementos desse novo vetor devem ser os 4 primeiros elementos do vetor vecA e os 4 últimos elementos devem ser os 4 últimos elementos do vetor vecA.

15. Crie um vetor (chame-o de vecC) com 16 elementos, sendo o primeiro 13, o espaçamento 4 e o último elemento 73. Após, crie os seguintes vetores:
    (a) Um vetor (chame-o de Cimpar) que contém todos os elementos do vetor vecC com índice ímpar (vecC(1), vecC(3), etc.; isto é, Cimpar = 13 21 29... 69).
    (b) Um vetor (chame-o de Cpar) que contém todos os elementos do vetor vecC com índice par (vecC(2), vecC(4), etc.; isto é, Cpar = 17 25 33... 73).

---

‡ N. de R. T.: Um "incremento negativo" é muitas vezes chamado de decremento.

Nos dois itens use vetores de números ímpares e pares para os índices de modo a facilitar a definição dos vetores `Cimpar` e `Cpar`, respectivamente. Não digite os vetores explicitamente.

16. Crie a matriz a seguir utilizando a notação vetorial para criação de vetores com espaçamento constante e/ou utilizando o comando `linspace`. Não digite cada elemento individual explicitamente.

$$A = \begin{bmatrix} 0 & 5 & 10 & 15 & 20 & 25 & 30 \\ 600 & 500 & 400 & 300 & 200 & 100 & 0 \\ 0 & 0{,}8333 & 1{,}6667 & 2{,}5 & 3{,}3333 & 4{,}1667 & 5 \end{bmatrix}$$

17. Crie a matriz a seguir utilizando a notação vetorial para criação de vetores com espaçamento constante e/ou utilizando o comando `linspace`. Não digite cada elemento individual explicitamente.

$$B = \begin{bmatrix} 1 & 0 & 3 \\ 2 & 0 & 3 \\ 3 & 0 & 3 \\ 4 & 0 & 3 \\ 5 & 0 & 3 \end{bmatrix}$$

18. Utilizando o símbolo dois pontos, crie uma matriz 4 × 6 (atribua essa matriz a uma variável com o nome `Anove`) em que todos os elementos são o número 9.

19. Crie a matriz a seguir digitando um único comando. Não digite cada elemento individual explicitamente.

$$C = \begin{bmatrix} 0 & 0 & 0 & 0 & 0 \\ 0 & 0 & 0 & 0 & 0 \\ 0 & 0 & 0 & 0 & 8 \end{bmatrix}$$

20. Crie a matriz a seguir digitando um único comando. Não digite cada elemento individual explicitamente.

$$D = \begin{bmatrix} 0 & 0 & 0 & 0 & 0 \\ 0 & 0 & 0 & 6 & 6 \\ 0 & 0 & 0 & 6 & 6 \end{bmatrix}$$

21. Crie a matriz a seguir digitando um único comando. Não digite cada elemento individual explicitamente.

$$E = \begin{bmatrix} 0 & 0 & 0 & 0 & 0 \\ 0 & 0 & 1 & 2 & 3 \\ 0 & 0 & 4 & 5 & 6 \\ 0 & 0 & 7 & 8 & 9 \end{bmatrix}$$

22. Crie a matriz a seguir digitando um único comando. Não digite cada elemento individual explicitamente.

$$F = \begin{bmatrix} 0 & 0 & 0 & 0 & 0 \\ 0 & 0 & 1 & 10 & 20 \\ 0 & 0 & 2 & 8 & 26 \\ 0 & 0 & 3 & 6 & 32 \end{bmatrix}$$

23. Crie os seguintes vetores linha:

$$a = \begin{bmatrix} 7 & 2 & -3 & 1 & 0 \end{bmatrix}, \quad b = \begin{bmatrix} -3 & 10 & 0 & 7 & -2 \end{bmatrix}, \quad c = \begin{bmatrix} 1 & 0 & 4 & -6 & 5 \end{bmatrix}$$

   (a) Use os três vetores em um comando no MATLAB para criar uma matriz 3 × 5 cujas linhas são os vetores a, b e c.
   (b) Use os três vetores em um comando no MATLAB para criar uma matriz 5 × 3 cujas colunas são os vetores a, b e c.

24. Crie os seguintes vetores linha:

$$a = \begin{bmatrix} 7 & 2 & -3 & 1 & 0 \end{bmatrix}, \quad b = \begin{bmatrix} -3 & 10 & 0 & 7 & -2 \end{bmatrix}, \quad c = \begin{bmatrix} 1 & 0 & 4 & -6 & 5 \end{bmatrix}$$

   (a) Use os três vetores em um comando no MATLAB para criar uma matriz 3 × 3 de modo que a primeira, segunda e terceira linhas consistem nos três primeiros elementos dos vetores a, b e c, respectivamente.
   (b) Use os três vetores em um comando no MATLAB para criar uma matriz 3 × 3 de modo que a primeira, segunda e terceira colunas consistem nos três últimos elementos dos vetores a, b e c, respectivamente.

25. Crie os seguintes vetores linha:

$$a = \begin{bmatrix} -4 & 10 & 0{,}5 & 1{,}8 & -2{,}3 & 7 \end{bmatrix}, \quad b = \begin{bmatrix} 0{,}7 & 9 & -5 & 3 & -0{,}6 & 12 \end{bmatrix}$$

   (a) Use os dois vetores em um comando no MATLAB para criar uma matriz 2 × 4 de modo que a primeira linha corresponde aos elementos entre as posições 2 e 5 do vetor a e a segunda linha corresponde aos elementos entre as posições 3 e 6 do vetor b.
   (b) Use os dois vetores em um comando no MATLAB para criar uma matriz 3 × 4 de modo que a primeira coluna consiste nos elementos 2 a 4 do vetor a, a segunda coluna consiste nos elementos 4 a 6 do vetor a, a terceira coluna consiste nos elementos 1 a 3 do vetor b e a quarta coluna consiste nos elementos 3 a 5 do vetor b.

26. Escreva à mão (papel e lápis) o que será exibido se os seguintes comandos forem executados pelo MATLAB. Verifique suas respostas executando os comandos com o MATLAB. [Nos itens (b), (c) e (d) use o vetor definido no item (a).]
   (a) a=9:-3:0   (b) b=[a a] ou b=[a, a]   (c) c=[a;a]
   (d) d=[a' a'] ou d=[a',a']   (e) e=[[a; a; a; a] a']

27. Considere que o vetor a seguir está definido no MATLAB.

$$v = \begin{bmatrix} 15 & 0 & 6 & -2 & 3 & -5 & 4 & 9 & 1{,}8 & -0{,}35 & 7 \end{bmatrix}$$

Escreva à mão (papel e lápis) o que será exibido se os seguintes comandos forem executados pelo MATLAB. Verifique suas respostas executando os comandos com o MATLAB.

(a) `a=v(2:5)` (b) `b=v([1,3:7,11])` (c) `c=v([10,2,9,4])`

28. Considere que o vetor a seguir está definido no MATLAB.

$$v = \begin{bmatrix} 15 & 0 & 6 & -2 & 3 & -5 & 4 & 9 & 1{,}8 & -0{,}35 & 7 \end{bmatrix}$$

Escreva à mão (papel e lápis) o que será exibido se os seguintes comandos forem executados pelo MATLAB. Verifique suas respostas executando os comandos com o MATLAB.

(a) `a=[v([2 7:10]);v([3,5:7,2])]`
(b) `b=[v([3:5,8])' v([10 6 4 1])' v(7:-1: 4)']`

29. Defina a seguinte matriz A no MATLAB:

$$A = \begin{bmatrix} 1 & 2 & 3 & 4 & 5 & 6 \\ 7 & 8 & 9 & 10 & 11 & 12 \\ 13 & 14 & 15 & 16 & 17 & 18 \end{bmatrix}$$

Use a matriz A para:
(a) Criar um vetor linha de seis elementos, nomeado `ha`, que contém os elementos da primeira linha de A.
(b) Criar um vetor linha de três elementos, nomeado `hb`, que contém os elementos da sexta coluna de A.
(c) Criar um vetor linha de seis elementos, nomeado `hc`, que contém os primeiros três elementos da segunda linha de A e os três últimos elementos da terceira linha de A.

30. Defina a seguinte matriz B no MATLAB:

$$B = \begin{bmatrix} 18 & 17 & 16 & 15 & 14 & 13 \\ 12 & 11 & 10 & 9 & 8 & 7 \\ 6 & 5 & 4 & 3 & 2 & 1 \end{bmatrix}$$

Use a matriz B para:
(a) Criar um vetor coluna de seis elementos, nomeado `va`, que contém os elementos da segunda e quinta colunas de B.
(b) Criar um vetor coluna de sete elementos, nomeado `vb`, que contém os elementos das posições 3 a 6 da terceira linha de B e os elementos da segunda coluna de B.

(c) Criar um vetor coluna de nove elementos, nomeado vc, que contém os elementos da segunda, quarta e sexta colunas de B.

31. Defina o seguinte vetor C no MATLAB

$$C = \begin{bmatrix} 0{,}7 & 1{,}9 & 3{,}1 & 4{,}3 & 5{,}5 & 6{,}7 & 7{,}9 & 9{,}1 & 10{,}3 & 11{,}5 & 12{,}7 & 13{,}9 & 15{,}1 & 16{,}3 & 17{,}5 \end{bmatrix}$$

Então use a função reshape do MATLAB e o operador transposição para criar a seguinte matriz D a partir do vetor C:

$$D = \begin{bmatrix} 0{,}7 & 1{,}9 & 3{,}1 & 4{,}3 & 5{,}5 \\ 6{,}7 & 7{,}9 & 9{,}1 & 10{,}3 & 11{,}5 \\ 12{,}7 & 13{,}9 & 15{,}1 & 16{,}3 & 17{,}5 \end{bmatrix}$$

Use a matriz D para:

(a) Criar um vetor coluna de nove elementos, nomeado ua, que contém os elementos da primeira, terceira e quarta colunas de D.

(b) Criar um vetor linha de oito elementos, nomeado ub, que contém os elementos da segunda linha de D e da terceira coluna de D.

(c) Criar um vetor linha de seis elementos, nomeado uc, que contém os três primeiros elementos da primeira linha de D e os três últimos elementos da última linha de D.

32. Defina a seguinte matriz E no MATLAB

$$E = \begin{bmatrix} 0 & 0 & 0 & 0 & 2 & 2 & 2 \\ 0{,}7 & 0{,}6 & 0{,}5 & 0{,}4 & 0{,}3 & 0{,}2 & 0{,}1 \\ 2 & 4 & 6 & 8 & 10 & 12 & 14 \\ 22 & 19 & 16 & 13 & 10 & 7 & 4 \end{bmatrix}$$

(a) Crie uma matriz F de dimensão 2×5 a partir dos elementos da matriz E localizados na segunda e quarta linhas e entre as colunas 3 e 7.

(b) Crie uma matriz G de dimensão 4×3 a partir dos elementos de todas as linhas da matriz E localizados entre as colunas 3 e 5.

33. Defina a seguinte matriz H no MATLAB

$$H = \begin{bmatrix} 1{,}7 & 1{,}6 & 1{,}5 & 1{,}4 & 1{,}3 & 1{,}2 \\ 22 & 24 & 26 & 28 & 30 & 32 \\ 9 & 8 & 7 & 6 & 5 & 4 \end{bmatrix}$$

(a) Crie uma matriz G de dimensão 2×4 de modo que sua primeira linha inclua os dois primeiros elementos e os dois últimos elementos da primeira linha de H e a segunda linha de G inclua os elementos 2 a 5 da terceira linha de H.

(b) Crie uma matriz K de dimensão 3×3 de modo que a primeira, segunda e terceira linhas são a primeira, quarta e sexta colunas de H.

34. Considere que a matriz a seguir está definida no MATLAB.

$$M = \begin{bmatrix} 3 & 5 & 7 & 9 & 11 & 13 \\ 15 & 14 & 13 & 12 & 11 & 10 \\ 1 & 2 & 3 & 1 & 2 & 3 \end{bmatrix}$$

Escreva à mão (papel e lápis) o que será exibido se os seguintes comandos forem executados pelo MATLAB. Verifique suas respostas executando os comandos com o MATLAB.

(a) A=M([1,2],[2,4,5]) (b) B=M(:,[1:3,6])
(c) C=M([1,3],:) (d) D=M([2,3],5)

35. Considere que a matriz a seguir está definida no MATLAB.

$$N = \begin{bmatrix} 33 & 21 & 9 & 14 & 30 \\ 30 & 18 & 6 & 18 & 34 \\ 27 & 15 & 6 & 22 & 38 \\ 24 & 12 & 10 & 26 & 42 \end{bmatrix}$$

Escreva à mão (papel e lápis) o que será exibido se os seguintes comandos forem executados pelo MATLAB. Verifique suas respostas executando os comandos com o MATLAB.

(a) A=[N(1,1:4)',N(2,2:5)']
(b) B=[N(:,3)' N(3,:)]
(c) C(3:4,5:6)=N(2:3,4:5)

36. Escreva à mão (papel e lápis) o que será exibido se os seguintes comandos forem executados pelo MATLAB. Verifique suas respostas executando os comandos com o MATLAB.

```
v=1:3:34
M=reshape(v,3,4)
M(2,:)=[]
M(:,3)=[]
N=ones(size(M))
```

37. Usando os comandos zeros, ones e eye, crie os seguintes arranjos:

(a) $\begin{bmatrix} 1 & 1 \\ 1 & 1 \\ 0 & 0 \\ 0 & 0 \end{bmatrix}$ (b) $\begin{bmatrix} 1 & 0 & 0 & 1 & 1 & 1 \\ 0 & 1 & 0 & 1 & 1 & 1 \\ 0 & 0 & 1 & 1 & 1 & 1 \end{bmatrix}$ (c) $\begin{bmatrix} 1 & 1 & 1 & 1 \\ 1 & 1 & 1 & 1 \\ 0 & 0 & 0 & 0 \\ 1 & 1 & 1 & 1 \end{bmatrix}$

38. Usando os comandos zeros, ones e eye, crie os seguintes arranjos:

(a) $\begin{bmatrix} 1 & 0 & 0 & 1 & 1 \\ 0 & 1 & 0 & 1 & 1 \end{bmatrix}$
(b) $\begin{bmatrix} 0 & 0 & 1 & 1 \\ 0 & 0 & 1 & 1 \\ 0 & 0 & 0 & 0 \\ 1 & 1 & 1 & 1 \end{bmatrix}$
(c) $\begin{bmatrix} 1 & 1 & 0 & 0 & 1 \\ 1 & 1 & 0 & 0 & 0 \\ 1 & 1 & 0 & 0 & 0 \\ 1 & 1 & 0 & 0 & 0 \end{bmatrix}$

39. Use o comando eye para criar o arranjo A mostrado abaixo à esquerda. Após, use o operador dois pontos para referenciar elementos do arranjo e o comando eye para modificar o arranjo A de tal forma que ele fique como mostrado à direita.

$$A = \begin{bmatrix} 1 & 0 & 0 & 0 & 0 & 0 \\ 0 & 1 & 0 & 0 & 0 & 0 \\ 0 & 0 & 1 & 0 & 0 & 0 \\ 0 & 0 & 0 & 1 & 0 & 0 \\ 0 & 0 & 0 & 0 & 1 & 0 \\ 0 & 0 & 0 & 0 & 0 & 1 \end{bmatrix} \qquad A = \begin{bmatrix} 1 & 0 & 0 & 1 & 0 & 0 \\ 0 & 1 & 0 & 0 & 1 & 0 \\ 0 & 0 & 1 & 0 & 0 & 1 \\ 1 & 0 & 0 & 1 & 0 & 0 \\ 0 & 1 & 0 & 0 & 1 & 0 \\ 0 & 0 & 1 & 0 & 0 & 1 \end{bmatrix}$$

40. Crie uma matriz A de dimensão 2 × 2 na qual todos os elementos são 1. Após, atribua A para si própria (várias vezes) de modo que a matriz A se torne:

$$A = \begin{bmatrix} 1 & 1 & 0 & 0 & 1 & 1 & 0 & 0 \\ 1 & 1 & 0 & 0 & 1 & 1 & 0 & 0 \\ 0 & 0 & 1 & 1 & 0 & 0 & 1 & 1 \\ 0 & 0 & 1 & 1 & 0 & 0 & 1 & 1 \end{bmatrix}$$

Capítulo 3
Operações Matemáticas com Arranjos

Uma vez que as variáveis no MATLAB tenham sido declaradas, podemos usá-las em uma ampla variedade de operações matemáticas. No Capítulo 1, as variáveis escalares foram usadas em operações matemáticas triviais, isto é, onde arranjos 1 × 1 eram manipulados através de operações matemáticas de modo tal que era possível interpretá-las como operações envolvendo números ordinários. No Capítulo 2, vimos que os arranjos não precisam ser necessariamente escalares ou vetoriais (arranjos com um elemento, uma linha ou uma coluna), eles podem ser do tipo matricial ou bidimensionais (arranjos em linhas e colunas) e até mesmo de dimensões maiores. Nesses casos, as operações matemáticas tornam-se um pouco mais complexas. Como sugere o nome do software, o MATLAB foi desenvolvido para realizar operações matemáticas avançadas com arranjos, e isto inclui arranjos bastante genéricos, que aparecem frequentemente em muitas aplicações nas engenharias e em outros campos das ciências exatas. Este capítulo apresenta as operações matemáticas básicas que o MATLAB realiza manipulando arranjos.

As operações de adição e subtração são relativamente simples e, por isso, são descritas imediatamente na Seção 3.1. As demais operações básicas (multiplicação, divisão e exponenciação) podem ser realizadas no MATLAB de dois modos diferentes. O modo mais elementar de realizar essas operações utiliza os símbolos padronizados (*, / e ^) e segue as regras operacionais da álgebra linear. Essas operações são apresentadas nas Seções 3.2 e 3.3. O segundo modo, que realiza operações escalares entre os elementos de dois ou mais arranjos (também chamadas operações elemento por elemento), está descrito na Seção 3.4. Essas operações usam os símbolos .*,./ e .^ (um ponto deve ser digitado antes do símbolo padrão da operação). Para ambos os modos de operação, o MATLAB ainda possui os operadores de divisão à esquerda (.\ ou \), explicados nas Seções 3.3 e 3.4.

Observação para usuários iniciantes no MATLAB
Embora as operações envolvendo matrizes sejam apresentadas nas primeiras seções desse capítulo e as operações escalares envolvendo elementos de dois ou mais arranjos apareçam logo em seguida, essa ordem pode ser comutada, visto que as duas operações são completamente independentes. É esperado que os usuários tenham algum

conhecimento prévio de operações com matrizes e de álgebra linear, sendo capazes de digerir, sem maiores dificuldades, o material coberto nas Seções 3.2 e 3.3. Entretanto, alguns leitores podem desejar ler primeiramente a Seção 3.4. O MATLAB pode ser utilizado em operações escalares entre arranjos e, de fato, são numerosas as aplicações que não requerem as operações de multiplicação ou divisão da álgebra linear.

3.1 ADIÇÃO E SUBTRAÇÃO

As operações de adição (+) e subtração (−) são efetuadas apenas com matrizes de mesmo tamanho ou mesma dimensão. A soma ou a diferença entre duas matrizes é obtida adicionando-se ou subtraindo-se, respectivamente, os elementos nas posições correspondentes nas matrizes.

Em geral, se A e B são duas matrizes, por exemplo, matrizes 2×3,

$$A = \begin{bmatrix} A_{11} & A_{12} & A_{13} \\ A_{21} & A_{22} & A_{23} \end{bmatrix} \quad \text{e} \quad B = \begin{bmatrix} B_{11} & B_{12} & B_{13} \\ B_{21} & B_{22} & B_{23} \end{bmatrix}$$

segue que a matriz resultante da adição $A + B$ é:

$$\begin{bmatrix} (A_{11} + B_{11}) & (A_{12} + B_{12}) & (A_{13} + B_{13}) \\ (A_{21} + B_{21}) & (A_{22} + B_{22}) & (A_{23} + B_{23}) \end{bmatrix}$$

Exemplos:

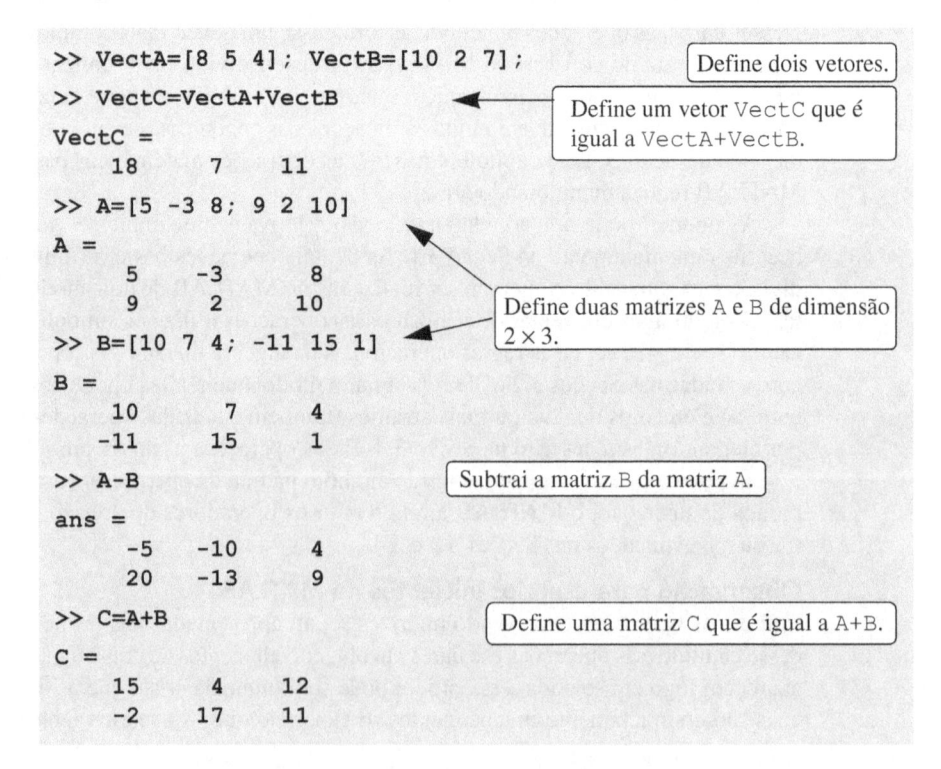

```
>> VectA=[8 5 4]; VectB=[10 2 7];           Define dois vetores.
>> VectC=VectA+VectB                        Define um vetor VectC que é
VectC =                                     igual a VectA+VectB.
    18     7    11
>> A=[5 -3 8; 9 2 10]
A =
     5    -3     8
     9     2    10
>> B=[10 7 4; -11 15 1]                     Define duas matrizes A e B de dimensão
B =                                         2 × 3.
    10     7     4
   -11    15     1
>> A-B                                      Subtrai a matriz B da matriz A.
ans =
    -5   -10     4
    20   -13     9
>> C=A+B                                    Define uma matriz C que é igual a A+B.
C =
    15     4    12
    -2    17    11
```

```
>> VectA+A                              Tentando adicionar matrizes de dimensões diferentes.
??? Error using ==> plus
Matrix dimensions must agree.           Uma mensagem de erro é exibida.

>>
```

Quando um escalar (número) é adicionado ou subtraído a uma matriz, cada elemento da matriz é adicionado ou subtraído desse número. Exemplos:

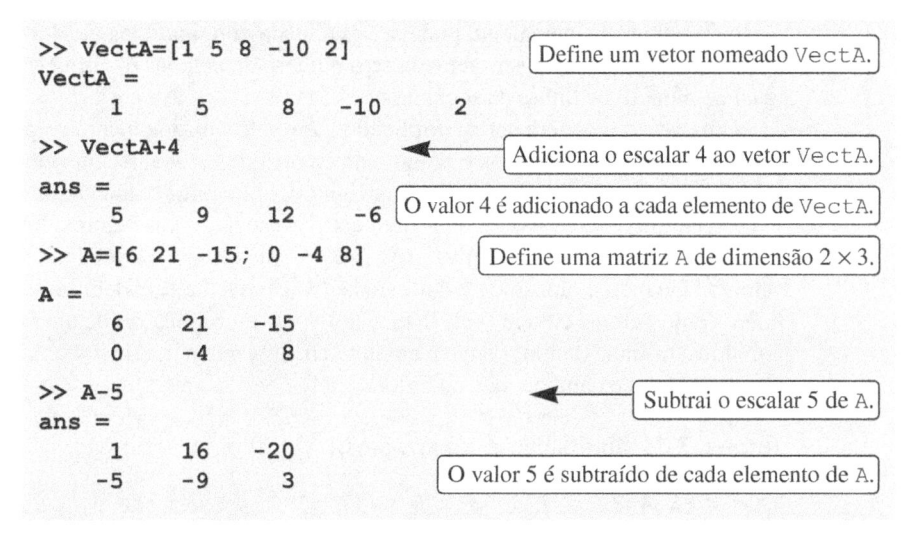

```
>> VectA=[1 5 8 -10 2]                  Define um vetor nomeado VectA.
VectA =
     1     5     8   -10     2
>> VectA+4                              Adiciona o escalar 4 ao vetor VectA.
ans =
     5     9    12    -6                O valor 4 é adicionado a cada elemento de VectA.
>> A=[6 21 -15; 0 -4 8]                 Define uma matriz A de dimensão 2 × 3.
A =
     6    21   -15
     0    -4     8
>> A-5                                  Subtrai o escalar 5 de A.
ans =
     1    16   -20
    -5    -9     3                      O valor 5 é subtraído de cada elemento de A.
```

3.2 MULTIPLICAÇÃO DE ARRANJOS

A operação de multiplicação (*) é executada pelo MATLAB de acordo com as regras da álgebra linear. Significa que, se A e B são duas matrizes, a operação A*B tem sentido se, e somente se, o número de colunas da matriz A for igual ao número de linhas da matriz B. O resultado é uma matriz que possui o mesmo número de linhas de A e o mesmo número de colunas de B. Por exemplo, se A for uma matriz 4 × 3 e B uma matriz 3 × 2:

$$A = \begin{bmatrix} A_{11} & A_{12} & A_{13} \\ A_{21} & A_{22} & A_{23} \\ A_{31} & A_{32} & A_{33} \\ A_{41} & A_{42} & A_{43} \end{bmatrix} \quad \text{e} \quad B = \begin{bmatrix} B_{11} & B_{12} \\ B_{21} & B_{22} \\ B_{31} & B_{32} \end{bmatrix}$$

então, a matriz obtida da operação A*B possui dimensão 4 × 2 e os elementos são:

$$\begin{bmatrix} (A_{11}B_{11}+A_{12}B_{21}+A_{13}B_{31}) & (A_{11}B_{12}+A_{12}B_{22}+A_{13}B_{32}) \\ (A_{21}B_{11}+A_{22}B_{21}+A_{23}B_{31}) & (A_{21}B_{12}+A_{22}B_{22}+A_{23}B_{32}) \\ (A_{31}B_{11}+A_{32}B_{21}+A_{33}B_{31}) & (A_{31}B_{12}+A_{32}B_{22}+A_{33}B_{32}) \\ (A_{41}B_{11}+A_{42}B_{21}+A_{43}B_{31}) & (A_{41}B_{12}+A_{42}B_{22}+A_{43}B_{32}) \end{bmatrix}$$

Um exemplo numérico é:

$$\begin{bmatrix} 1 & 4 & 3 \\ 2 & 6 & 1 \\ 5 & 2 & 8 \end{bmatrix} \begin{bmatrix} 5 & 4 \\ 1 & 3 \\ 2 & 6 \end{bmatrix} = \begin{bmatrix} (1\cdot 5+4\cdot 1+3\cdot 2) & (1\cdot 4+4\cdot 3+3\cdot 6) \\ (2\cdot 5+6\cdot 1+1\cdot 2) & (2\cdot 4+6\cdot 3+1\cdot 6) \\ (5\cdot 5+2\cdot 1+8\cdot 2) & (5\cdot 4+2\cdot 3+8\cdot 6) \end{bmatrix} = \begin{bmatrix} 15 & 34 \\ 18 & 32 \\ 43 & 74 \end{bmatrix}$$

O resultado da multiplicação de duas matrizes quadradas (elas devem ser do mesmo tamanho) é outra matriz quadrada do mesmo tamanho (dimensão) das matrizes originais. Contudo, a multiplicação de matrizes não obedece à propriedade comutativa. Significa que, se A e B são matrizes $n \times n$, em geral, $A*B \neq B*A$. Além disso, a operação de potenciação somente pode ser executada com matrizes quadradas (porque a operação $A*A$ só pode ser efetuada se o número de colunas da primeira matriz for igual ao número de linhas da segunda).

Dois vetores podem ser multiplicados um pelo outro somente se possuírem o mesmo número de elementos e se um é um vetor linha e o outro um vetor coluna. O resultado da multiplicação de um vetor linha por um vetor coluna é um arranjo 1×1, ou seja, um escalar. Esse é o produto escalar usual de dois vetores. [O MATLAB também possui uma função nativa, dot(a,b), que calcula o produto escalar de dois vetores.] Quando a função dot é utilizada, os vetores a e b podem ser tanto vetores linha, como vetores coluna (veja a Tabela 3-1). A multiplicação de um vetor coluna por um vetor linha (ambos com n elementos) resulta numa matriz $n \times n$. A multiplicação de arranjos é demonstrada no Tutorial 3-1.

Tutorial 3-1: Multiplicação de arranjos.

```
>> A=[1 4 2; 5 7 3; 9 1 6; 4 2 8]
A =
     1     4     2
     5     7     3
     9     1     6
     4     2     8
```
Define a matriz A 4×3.

```
>> B=[6 1; 2 5; 7 3]
B =
     6     1
     2     5
     7     3
```
Define a matriz B 3×2.

```
>> C=A*B
C =
    28    27
    65    49
    98    32
    84    38
```
Multiplica a matriz A pela matriz B e atribui o resultado à variável C.

```
>> D=B*A
??? Error using ==> *
Inner matrix dimensions must agree.
```
Tentando multiplicar B por A, B*A, uma mensagem de erro é exibida, uma vez que o número de colunas de B é 2 e o número de linhas de A é 4.

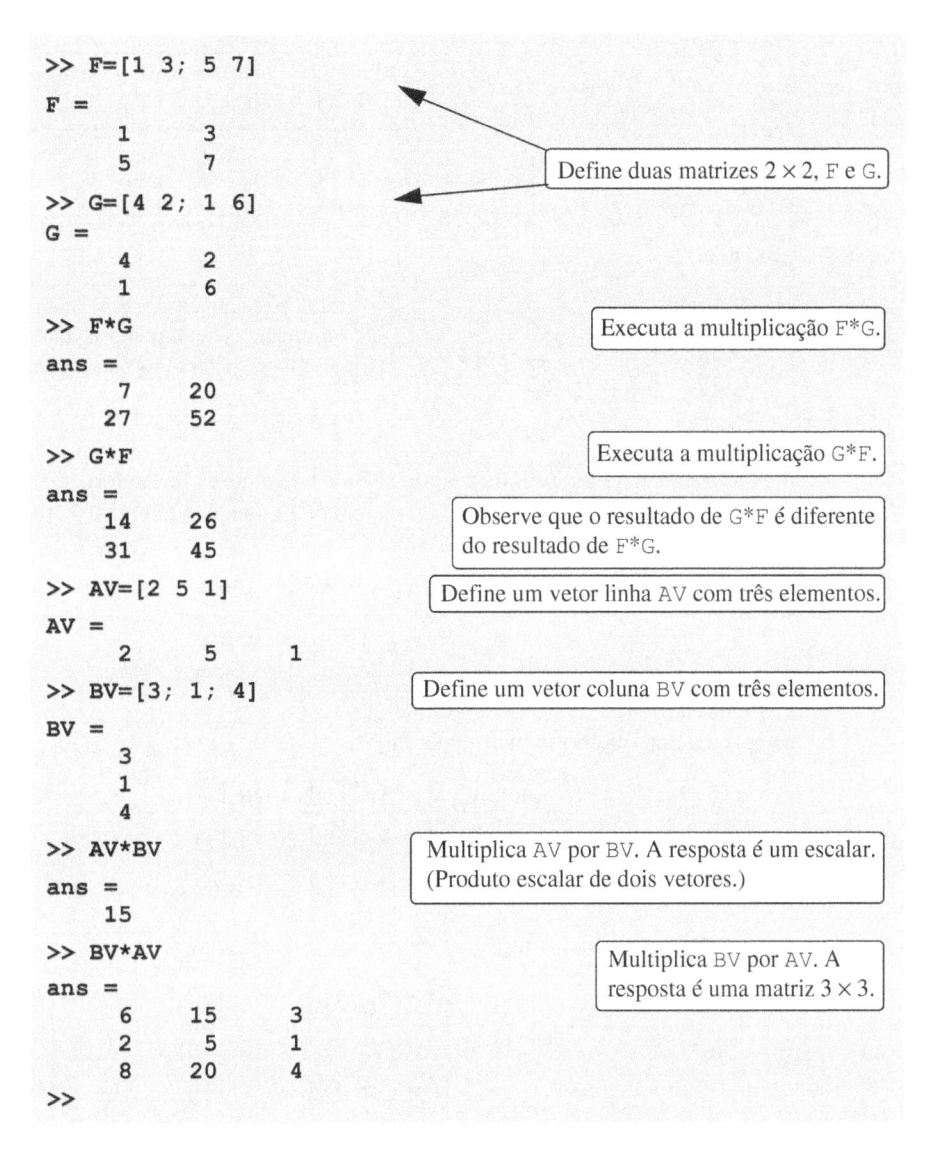

```
>> F=[1 3; 5 7]
F =
     1     3
     5     7
>> G=[4 2; 1 6]
G =
     4     2
     1     6
```
⬅ Define duas matrizes 2 × 2, F e G.

```
>> F*G
ans =
     7    20
    27    52
```
Executa a multiplicação F*G.

```
>> G*F
ans =
    14    26
    31    45
```
Executa a multiplicação G*F.

Observe que o resultado de G*F é diferente do resultado de F*G.

```
>> AV=[2 5 1]
AV =
     2     5     1
```
Define um vetor linha AV com três elementos.

```
>> BV=[3; 1; 4]
BV =
     3
     1
     4
```
Define um vetor coluna BV com três elementos.

```
>> AV*BV
ans =
    15
```
Multiplica AV por BV. A resposta é um escalar. (Produto escalar de dois vetores.)

```
>> BV*AV
ans =
     6    15     3
     2     5     1
     8    20     4
>>
```
Multiplica BV por AV. A resposta é uma matriz 3 × 3.

Quando um arranjo é multiplicado por um número, cada elemento do arranjo é multiplicado pelo número (lembre-se que um número é um arranjo 1 × 1). Por exemplo:

```
>> A=[2 5 7 0; 10 1 3 4; 6 2 11 5]
A =
     2     5     7     0
    10     1     3     4
     6     2    11     5
```
Define a matriz A 3 × 4.

```
>> b=3
b =
     3
```
Atribui o número 3 à variável b.

```
>> b*A                          Multiplica a matriz A por b. Isso pode ser feito
                                digitando-se ou b*A ou A*b.
ans =
        6      15      21       0
       30       3       9      12
       18       6      33      15
>> C=A*5
C =
                                Multiplica a matriz A por 5 e atribui o
       10      25      35       0
                                resultado a uma nova variável C.
       50       5      15      20
                                (Digitando C=5*A fornece o mesmo
       30      10      55      25
                                resultado.)
```

As regras para a multiplicação de arranjos da álgebra linear fornecem um modo bastante conveniente de escrever um sistema de equações lineares. Por exemplo, o sistema de três equações a três incógnitas:

$$A_{11}x_1 + A_{12}x_2 + A_{13}x_3 = B_1$$
$$A_{21}x_1 + A_{22}x_2 + A_{23}x_3 = B_2$$
$$A_{31}x_1 + A_{32}x_2 + A_{33}x_3 = B_3$$

pode ser escrito na forma matricial como

$$\begin{bmatrix} A_{11} & A_{12} & A_{13} \\ A_{21} & A_{22} & A_{23} \\ A_{31} & A_{32} & A_{33} \end{bmatrix} \begin{bmatrix} x_1 \\ x_2 \\ x_3 \end{bmatrix} = \begin{bmatrix} B_1 \\ B_2 \\ B_3 \end{bmatrix}$$

e em notação matricial como

$$AX = B \quad \text{onde} \quad A = \begin{bmatrix} A_{11} & A_{12} & A_{13} \\ A_{21} & A_{22} & A_{23} \\ A_{31} & A_{32} & A_{33} \end{bmatrix}, \quad X = \begin{bmatrix} x_1 \\ x_2 \\ x_3 \end{bmatrix} \quad \text{e} \quad B = \begin{bmatrix} B_1 \\ B_2 \\ B_3 \end{bmatrix}.$$

3.3 DIVISÃO DE ARRANJOS

A divisão de arranjos[‡] também está condicionada às regras da álgebra linear. Esta é uma operação ainda mais complexa e, por isso, será dada uma breve explanação sobre o assunto a seguir. Explicações mais completas podem ser encontradas em livros específicos sobre álgebra linear.

A operação de divisão pode ser explicada como auxílio da matriz identidade e da matriz inversa.

[‡] N. de T.: Observe que a operação de divisão de matrizes não é definida matematicamente. O título da seção (Divisão de Arranjos) é o nome dado a uma operação definida no MATLAB. O resultado dessa operação está descrito na presente seção.

Matriz identidade:

A matriz identidade é uma matriz quadrada cujos elementos da diagonal principal são unitários (1's) e os demais elementos são nulos (0's). Conforme foi visto na Seção 2.2.1, uma matriz identidade pode ser criada no MATLAB através do comando `eye`. Quando uma matriz ou um vetor é multiplicado pela matriz identidade, o resultado é a própria matriz ou o próprio vetor (a multiplicação deve ser feita de acordo com as regras da álgebra linear). Isto é o equivalente matricial à multiplicação de um escalar por 1. Exemplos:

$$\begin{bmatrix} 7 & 3 & 8 \\ 4 & 11 & 5 \end{bmatrix} \begin{bmatrix} 1 & 0 & 0 \\ 0 & 1 & 0 \\ 0 & 0 & 1 \end{bmatrix} = \begin{bmatrix} 7 & 3 & 8 \\ 4 & 11 & 5 \end{bmatrix} \quad \text{ou} \quad \begin{bmatrix} 1 & 0 & 0 \\ 0 & 1 & 0 \\ 0 & 0 & 1 \end{bmatrix} \begin{bmatrix} 8 \\ 2 \\ 15 \end{bmatrix} = \begin{bmatrix} 8 \\ 2 \\ 15 \end{bmatrix} \quad \text{ou} \quad \begin{bmatrix} 6 & 2 & 9 \\ 1 & 8 & 3 \\ 7 & 4 & 5 \end{bmatrix} \begin{bmatrix} 1 & 0 & 0 \\ 0 & 1 & 0 \\ 0 & 0 & 1 \end{bmatrix} = \begin{bmatrix} 6 & 2 & 9 \\ 1 & 8 & 3 \\ 7 & 4 & 5 \end{bmatrix}$$

Se a matriz A for quadrada, não importa a ordem de multiplicação pela matriz identidade I, isto é, à esquerda ou à direita de A:

$$AI = IA = A$$

Inversa de uma matriz:

A matriz B é a inversa da matriz A se o produto dessas duas matrizes é a matriz identidade (isso supondo que podemos multiplicar as duas matrizes). Ambas as matrizes devem ser quadradas e a multiplicação deve comutar, isto é, a ordem BA ou AB não é importante.

$$BA = AB = I$$

Obviamente, se B é a inversa de A, naturalmente A será a inversa de B. Por exemplo:

$$\begin{bmatrix} 2 & 1 & 4 \\ 4 & 1 & 8 \\ 2 & -1 & 3 \end{bmatrix} \begin{bmatrix} 5,5 & -3,5 & 2 \\ 2 & -1 & 0 \\ -3 & 2 & 1 \end{bmatrix} = \begin{bmatrix} 5,5 & -3,5 & 2 \\ 2 & -1 & 0 \\ -3 & 2 & 1 \end{bmatrix} \begin{bmatrix} 2 & 1 & 4 \\ 4 & 1 & 8 \\ 2 & -1 & 3 \end{bmatrix} = \begin{bmatrix} 1 & 0 & 0 \\ 0 & 1 & 0 \\ 0 & 0 & 1 \end{bmatrix}$$

Tipicamente, a inversa da matriz A é simbolizada por A^{-1}. No MATLAB, a inversa de A pode ser obtida elevando A à potência -1 ou utilizando a função nativa `inv(A)`. Por exemplo, a multiplicação das matrizes A e B anteriores é mostrada na Command Windows do MATLAB a seguir.

```
>> A=[2 1 4; 4 1 8; 2 -1 3]                    Cria a matriz A.
A =
     2     1     4
     4     1     8
     2    -1     3
>> B=inv(A)                                    Usa a função inv para obter a inversa
B =                                            de A e atribui o resultado à variável B.
    5.5000   -3.5000    2.0000
    2.0000   -1.0000         0
   -3.0000    2.0000   -1.0000
```

```
>> A*B
ans =
     1     0     0
     0     1     0
     0     0     1
```
A multiplicação de A por B fornece a matriz identidade.

```
>> A*A^-1
ans =
     1     0     0
     0     1     0
     0     0     1
```
Usa a potência −1 para obter a inversa de A. A multiplicação desse inversa por A fornece a matriz identidade.

Nem toda matriz possui uma inversa. Uma matriz tem inversa se ela é quadrada e possui determinante diferente de zero.

Determinantes:
Determinante é uma função associada às matrizes quadradas. Uma rápida revisão de determinantes é dada a seguir. Mais detalhes sobre os determinantes podem ser encontrados em livros específicos sobre álgebra linear.

O determinante é uma função que associa uma matriz quadrada A a um número, chamado determinante da matriz. Simbolicamente, o determinante de uma matriz A é escrito como det(A) ou $|A|$. O cálculo do determinante é feito segundo regras específicas. Para uma matriz 2×2, a regra é:

$$|A| = \begin{vmatrix} a_{11} & a_{12} \\ a_{21} & a_{22} \end{vmatrix} = a_{11}a_{22} - a_{12}a_{21}, \text{ por exemplo, } \begin{vmatrix} 6 & 5 \\ 3 & 9 \end{vmatrix} = 6 \cdot 9 - 5 \cdot 3 = 39$$

O MATLAB possui uma função nativa, chamada `det`, que calcula o determinante de matrizes quadradas (veja a Tabela 3-1).

Divisão de arranjos:
O MATLAB possui dois tipos de operadores de divisão: operador de divisão à direita (/) e o operador de divisão à esquerda (\).

Operador de divisão à esquerda, \:
O operador de divisão à esquerda é usado, dentre outras coisas, para resolver a equação matricial $AX = B$. Nessa equação, X e B são vetores coluna. Ela pode ser resolvida multiplicando-se (à esquerda) ambos os lados da equação pela inversa de A:

$$A^{-1}AX = A^{-1}B$$

O lado esquerdo dessa equação é X uma vez que

$$A^{-1}AX = IX = X$$

Então a solução de $AX = B$ é:

$$X = A^{-1}B$$

No MATLAB, a última equação pode ser escrita utilizando o operador de divisão à esquerda:

$$X = A\backslash B$$

Deve ser ressaltado que, embora as duas últimas equações produzam o mesmo resultado, o método segundo o qual o MATLAB determina X é diferente do apresentado. Na primeira equação, o MATLAB calcula a inversa de A (isto é A^{-1}) e a utiliza na multiplicação por B. Na segunda (divisão à esquerda), a solução para X é obtida numericamente através do método de eliminação de Gauss. O método de eliminação de Gauss é mais recomendado na resolução de um conjunto de equações lineares, porque o cálculo da inversa pode ser menos preciso que o método de Gauss, quando o sistema de equações é formado por matrizes de dimensão muito elevada.

Operador de divisão à direita, /:
O operador de divisão à direita é usado para resolver a equação matricial $XC = D$. Nessa equação, X e D são vetores linha. A equação pode ser resolvida multiplicando ambos os lados da igualdade pela inversa de C:

$$X \cdot CC^{-1} = D \cdot C^{-1}$$

que fornece

$$X = D \cdot C^{-1}$$

No MATLAB, a última equação pode ser escrita utilizando o operador de divisão à direita:

$$X = D/C$$

O exemplo a seguir ilustra o modo de utilização dos operadores de divisão à esquerda e à direita, além de mostrar como a função nativa `inv` pode ser utilizada para resolver um sistema de equações lineares.

Problema Exemplo 3-1: Solucionando um sistema linear com três equações (divisão de arranjos)

Use operações matriciais para resolver o seguinte sistema de equações lineares:

$$4x - 2y + 6z = 8$$
$$2x + 8y + 2z = 4$$
$$6x + 10y + 3z = 0$$

Solução
Utilizando as regras da álgebra linear mostradas anteriormente, o sistema de equações acima pode ser escrito na forma matricial $AX = B$ ou na forma $XC = D$:

$$\begin{bmatrix} 4 & -2 & 6 \\ 2 & 8 & 2 \\ 6 & 10 & 3 \end{bmatrix} \begin{bmatrix} x \\ y \\ z \end{bmatrix} = \begin{bmatrix} 8 \\ 4 \\ 0 \end{bmatrix} \quad \text{ou} \quad \begin{bmatrix} x & y & z \end{bmatrix} \begin{bmatrix} 4 & 2 & 6 \\ -2 & 8 & 10 \\ 6 & 2 & 3 \end{bmatrix} = \begin{bmatrix} 8 & 4 & 0 \end{bmatrix}$$

As soluções para ambas as formas são mostradas a seguir:

```
>> A=[4 -2 6; 2 8 2; 6 10 3];          Resolvendo a forma AX = B.
>> B=[8; 4; 0];
>> X=A\B                               Resolvendo utilizando a divisão à esquerda: X = A\B.
X =
   -1.8049
    0.2927
    2.6341
>> Xb=inv(A)*B                         Resolvendo utilizando a inversa de A: X = A⁻¹B.
Xb =
   -1.8049
    0.2927
    2.6341
>> C=[4 2 6; -2 8 10; 6 2 3];          Resolvendo a forma XC = D.
>> D=[8 4 0];
>> Xc=D/C                              Resolvendo utilizando a divisão à direita: X = D/C.
Xc =
   -1.8049    0.2927    2.6341
>> Xd=D*inv(C)                         Resolvendo utilizando a inversa de C: X = D · C⁻¹.
Xd =
   -1.8049    0.2927    2.6341
```

3.4 OPERAÇÕES ESCALARES ENVOLVENDO ELEMENTOS DE MATRIZES (OPERAÇÕES ELEMENTO POR ELEMENTO)

Nas Seções 3.2 e 3.3, foi mostrado que quando os símbolos de multiplicação e divisão ordinários (* e /) são utilizados com arranjos, as operações matemáticas seguem rigorosamente as regras da álgebra linear. Há, porém, muitas situações que requerem operações escalares envolvendo elementos correspondentes em dois ou mais arranjos (vetores ou matrizes). Essas operações são realizadas em cada elemento dos arranjos. A adição e subtração são, por definição, operações elemento por elemento, visto que quando dois arranjos são somados ou subtraídos, a operação é executada com os elementos que ocupam a mesma posição nos arranjos. Estas operações só podem ser realizadas com arranjos de mesma dimensão.

As operações escalares de multiplicação, divisão e exponenciação de matrizes, envolvendo elemento por elemento dos arranjos, são sinalizadas no MATLAB digitando um ponto antes do operador aritmético.

Símbolo	Descrição	Símbolo	Descrição
.*	Multiplicação escalar	./	Divisão escalar à direita
.^	Exponenciação escalar	.\	Divisão escalar à esquerda

Se dois vetores a e b são da forma $a = [a_1\ a_2\ a_3\ a_4]$ e $b = [b_1\ b_2\ b_3\ b_4]$, então a multiplicação, divisão e exponenciação escalares, envolvendo elementos correspondentes dos dois vetores, resultam:

$$a\ .^*\ b = \begin{bmatrix} a_1 b_1 & a_2 b_2 & a_3 b_3 & a_4 b_4 \end{bmatrix}$$

$$a\ ./\ b = \begin{bmatrix} a_1/b_1 & a_2/b_2 & a_3/b_3 & a_4/b_4 \end{bmatrix}$$

$$a\ .\wedge\ b = \begin{bmatrix} (a_1)^{b_1} & (a_2)^{b_2} & (a_3)^{b_3} & (a_4)^{b_4} \end{bmatrix}$$

Se duas matrizes A e B são

$$A = \begin{bmatrix} A_{11} & A_{12} & A_{13} \\ A_{21} & A_{22} & A_{23} \\ A_{31} & A_{32} & A_{33} \end{bmatrix} \quad \text{e} \quad B = \begin{bmatrix} B_{11} & B_{12} & B_{13} \\ B_{21} & B_{22} & B_{23} \\ B_{31} & B_{32} & B_{33} \end{bmatrix}$$

então a divisão e multiplicação escalares, elemento por elemento, das duas matrizes fornece:

$$A\ .^*\ B = \begin{bmatrix} A_{11}B_{11} & A_{12}B_{12} & A_{13}B_{13} \\ A_{21}B_{21} & A_{22}B_{22} & A_{23}B_{23} \\ A_{31}B_{31} & A_{32}B_{32} & A_{33}B_{33} \end{bmatrix} \quad A\ ./\ B = \begin{bmatrix} A_{11}/B_{11} & A_{12}/B_{12} & A_{13}/B_{13} \\ A_{21}/B_{21} & A_{22}/B_{22} & A_{23}/B_{23} \\ A_{31}/B_{31} & A_{32}/B_{32} & A_{33}/B_{33} \end{bmatrix}$$

A exponenciação elemento por elemento da matriz A fornece:

$$A\ .\wedge\ n = \begin{bmatrix} (A_{11})^n & (A_{12})^n & (A_{13})^n \\ (A_{21})^n & (A_{22})^n & (A_{23})^n \\ (A_{31})^n & (A_{32})^n & (A_{33})^n \end{bmatrix}$$

O Tutorial 3-2 demonstra o uso das operações de multiplicação, divisão e exponenciação escalares (elemento por elemento).

Tutorial 3-2: Operações escalares com arranjos (operações elemento por elemento).

```
>> A=[2 6 3; 5 8 4]                    Define uma matriz A de dimensão 2 × 3.
A =
     2     6     3
     5     8     4
>> B=[1 4 10; 3 2 7]                   Define uma matriz B de dimensão 2 × 3.
B =
     1     4    10
     3     2     7
>> A.*B                                Multiplicação elemento por elemento
ans =                                  das matrizes A e B.
     2    24    30
    15    16    28
```

```
>> C=A./B
C =
    2.0000    1.5000    0.3000
    1.6667    4.0000    0.5714
```
Divisão elemento por elemento das matrizes A e B. O resultado é atribuído à variável C.

```
>> B.^3

ans =
     1    64   1000
    27     8    343
```
Exponenciação elemento por elemento da matriz B. O resultado é uma matriz em que cada elemento é o elemento correspondente de B elevado à potência 3.

```
>> A*B

??? Error using ==> *
Inner matrix dimensions must agree.
```
Tentando efetuar a multiplicação A*B uma mensagem de erro é exibida, uma vez que A e B não podem ser multiplicadas segunda as regras da álgebra linear. (O número de colunas em A não é igual ao número de linhas em B.)

Cálculos envolvendo elementos correspondentes em arranjos (operações elemento por elemento) são bastante úteis quando se quer testar múltiplos valores no argumento de uma função ao mesmo tempo. Primeiro é declarado um vetor contendo os possíveis valores da variável independente e, então, esse vetor é usado para gerar um vetor contendo os valores correspondentes da função a ser calculada. Exemplo:

```
>> x=[1:8]
x =
    1  2  3  4  5  6  7  8
>> y=x.^2-4*x
y =
   -3  -4  -3   0   5  12  21  32
>>
```
Cria um vetor x com oito elementos.

O vetor x é usado em uma operação do tipo elemento por elemento para gerar o vetor y.

No exemplo acima, $y = x^2 - 4x$. A operação envolvendo elemento por elemento do vetor x é necessária quando é calculado o quadrado de x. Cada elemento no vetor y possui um valor tal que seria obtido substituindo-se o elemento correspondente do vetor x na equação de y. Outro exemplo:

```
>> z=[1:2:11]
z =
    1   3   5   7   9  11
>> y=(z.^3 + 5*z)./(4*z.^2 - 10)
y =
   -1.0000  1.6154  1.6667  2.0323  2.4650  2.9241
```
Cria um vetor z com seis elementos.

O vetor z é usado em uma operação do tipo elemento por elemento para gerar o vetor y.

Neste exemplo, $y = \dfrac{z^3 + 5z}{4z^2 - 10}$. As operações escalares (elemento por elemento) são usadas três vezes: para encontrar z^3, z^2 e para dividir o numerador pelo denominador.

3.5 USANDO ARRANJOS EM FUNÇÕES NATIVAS DO MATLAB

As funções nativas do MATLAB são escritas de tal forma que, sendo o argumento (entrada) um arranjo, a operação é executada em cada elemento desse arranjo. (Podemos pensar em operações elemento por elemento do arranjo sob aplicação da função específica.) O resultado (saída) da aplicação da função no arranjo é um novo arranjo cujas entradas são formadas pela função agindo em cada elemento do arranjo original. Por exemplo, se um vetor x com sete elementos é o argumento da função cos(x), o resultado da operação é um vetor com sete elementos, em que cada elemento é o cosseno do elemento correspondente em x. Exemplo:

```
>> x=[0:pi/6:pi]
x =
    0    0.5236    1.0472    1.5708    2.0944    2.6180    3.1416
>>y=cos(x)
y =
    1.0000    0.8660    0.5000    0.0000   -0.5000   -0.8660   -1.0000
>>
```

Um exemplo em que a variável no argumento é uma matriz:

```
>> d=[1 4 9; 16 25 36; 49 64 81]
d =
     1     4     9
    16    25    36
    49    64    81
>> h=sqrt(d)
h =
     1     2     3
     4     5     6
     7     8     9
```

Cria uma matriz d de dimensão 3 × 3.

A matriz h, 3 × 3, é uma matriz em que cada elemento é a raiz quadrada do elemento correspondente da matriz d.

Essa característica do MATLAB, segundo o qual arranjos (matrizes) podem ser utilizados como argumentos de funções, é chamada de *vetorização*.

3.6 FUNÇÕES NATIVAS PARA AVALIAÇÃO DE ARRANJOS

O MATLAB está repleto de funções nativas para cálculos envolvendo arranjos. A Tabela 3-1 mostra algumas delas.

Tabela 3-1   Funções nativas envolvendo arranjos

Função	Descrição	Exemplo

mean(A)	Se A é um vetor, retorna o valor médio dos elementos do vetor.	`>> A=[5 9 2 4];`
		`>> mean(A)`
		`ans =`
		`    5`

C=max(A)	Se A é um vetor, C receberá o maior elemento de A. Se A é uma matriz, C é um vetor linha contendo o maior elemento em cada coluna de A.	`>> A=[5 9 2 4 11 6 11 1];`
		`>> C=max(A)`
		`C =`
		`    11`

[d,n]=max(A)	Se A é um vetor, d recebe o maior elemento de A e n indica a posição desse elemento no vetor (a primeira posição, caso exista mais de um elemento de valor igual ao máximo).	`>> [d,n]=max(A)`
		`d =`
		`    11`
		`n =`
		`    5`

min(A)	Semelhante à função max(A), mas retorna o menor elemento de A.	`>> A=[5 9 2 4];`
		`>> min(A)`
		`ans =`
		`    2`

[d,n]=min(A)	Semelhante a [d,n]=max(A) para o menor elemento de A.	

sum(A)	Se A é um vetor, retorna a soma dos elementos do vetor.	`>> A=[5 9 2 4];`
		`>> sum(A)`
		`ans =`
		`    20`

sort(A)	Se A é um vetor, ordena os elementos de A na ordem crescente.	`>> A=[5 9 2 4];`
		`>> sort(A)`
		`ans =`
		`    2   4   5   9`

median(A)	Se A é um vetor, retorna o valor mediano dos elementos do vetor.	`>> A=[5 9 2 4];`
		`>> median(A)`
		`ans =`
		`    4.5000`

std(A)	Se A é um vetor, retorna o desvio padrão dos elementos do vetor.	`>> A=[5 9 2 4];`
		`>> std(A)`
		`ans =`
		`    2.9439`

det(A)	Retorna o determinante da matriz quadrada A.	`>> A=[2 4; 3 5];`
		`>> det(A)`
		`ans =`
		`    -2`

dot(a,b)	Determina o produto escalar de dois vetores a e b. Os vetores podem ser tanto linha quanto coluna.	`>> a=[1 2 3];`
		`>> b=[3 4 5];`
		`>> dot(a,b)`
		`ans =`
		`    26`

Tabela 3-1 Funções nativas envolvendo arranjos (continuação)

Função	Descrição	Exemplo
cross(a,b)	Determina o produto vetorial de dois vetores a e b (axb). Os dois vetores devem possuir três elementos.	>> a=[1 3 2]; >> b=[2 4 1]; >> cross(a,b) ans = -5 3 -2
inv(A)	Retorna a inversa da matriz quadrada A.	>> A=[2-21;32-1;2-32]; >> inv(A) ans = 0.2000 0.2000 0 -1.6000 0.4000 1.0000 -2.6000 0.4000 2.0000

3.7 GERAÇÃO DE NÚMEROS ALEATÓRIOS

Simulações de muitos processos físicos e aplicações de engenharia requerem um número ou um conjunto de números aleatórios. O MATLAB possui três comandos – rand, randn e randi – que podem ser utilizados para atribuir números aleatórios a variáveis.

O comando rand:
O comando rand gera números aleatórios uniformemente distribuídos com valores entre 0 e 1. Como mostra a Tabela 3-2, o comando pode ser usado para atribuir esses números a uma variável escalar, vetorial ou matricial.

Tabela 3-2 O comando rand

Comando	Descrição	Exemplo
rand	Gera um único número aleatório entre 0 e 1.	>> rand ans = 0.2311
rand(1,n)	Gera um vetor linha com n elementos aleatórios entre 0 e 1.	>> a=rand(1,4) a = 0.6068 0.4860 0.8913 0.7621

rand(n)	Gera uma matriz n × n com números aleatórios situados entre 0 e 1.	>> b=rand(3)
		b =
		  0.4565 0.4447 0.9218
		  0.0185 0.6154 0.7382
		  0.8214 0.7919 0.1763

rand(m,n)	Gera uma matriz m × n com números aleatórios situados entre 0 e 1.	>> c=rand(2,4)
		c =
		  0.4057 0.9169 0.8936 0.3529
		  0.9355 0.4103 0.0579 0.8132

randperm(n)	Gera um vetor linha contendo n elementos que são a permutação aleatória dos inteiros de 1 até n.	>> randperm(8) ans = 8 2 7 4 3 6 5 1

Às vezes, são necessários números aleatórios que estão distribuídos em um intervalo diferente de (0,1), ou então números aleatórios possuindo apenas valores inteiros. Isto pode ser feito no MATLAB aplicando-se operações matemáticas na função `rand`. Números aleatórios distribuídos em um intervalo arbitrário (*a*,*b*) podem ser obtidos multiplicando a função `rand` pelo tamanho do intervalo (*b* – *a*) e adicionando-se ao produto o valor de *a*:

$$(b - a)*\text{rand} + a$$

Por exemplo, um vetor com 10 elementos possuindo valores aleatórios entre –5 e 10 pode ser criado considerando (*a* = –5; *b* = 10):

```
>> v=15*rand(1,10)-5
v =
   -1.8640    0.6973    6.7499    5.2127    1.9164    3.5174
    6.9132   -4.1123    4.0430   -4.2460
```

O comando `randi`:
O comando `randi` gera números inteiros aleatórios uniformemente distribuídos. Como mostra a Tabela 3-3, o comando pode ser usado para atribuir esses números a uma variável escalar, vetorial ou matricial.

Tabela 3-3 O comando `randi`

Comando	Descrição	Exemplo

`randi(imax)` (imax é um inteiro)	Gera um único número aleatório entre 1 e imax.	`>> a=randi(15)`
		`a =`
		`     9`

`randi(imax,n)`	Gera uma matriz n × n com inteiros aleatórios entre 1 e imax.	`>> b=randi(15,3)`
		`b =`
		`     4     8    11`
		`    14     3     8`
		`     1    15     8`

`randi(imax,m,n)`	Gera uma matriz m × n com inteiros aleatórios entre 1 e imax.	`>> c=randi(15,2,4)`
		`c =`
		`     1     1     8    13`
		`    11     2     2    13`

A faixa dos inteiros aleatórios pode ser ajustada entre quaisquer dois inteiros digitando no comando `[imin imax]` ao invés de `imax`. Por exemplo, uma matriz 3 × 4 com inteiros aleatórios entre 50 e 90 é criada da seguinte forma:

```
>> d=randi([50 90],3,4)
d =
    57    82    71    75
    66    52    67    61
    84    66    76    67
```

O comando `randn`:
O comando `randn` gera uma distribuição normalizada de números com média 0 e desvio padrão 1. O comando pode ser usado para gerar variáveis escalares, vetoriais ou matriciais de modo equivalente ao comando `rand`. Por exemplo, uma matriz 3×4 pode ser criada através de:

```
>> d=randn(3,4)
d =
   -0.4326    0.2877    1.1892    0.1746
   -1.6656   -1.1465   -0.0376   -0.1867
    0.1253    1.1909    0.3273    0.7258
```

O valor médio e o desvio padrão podem ser modificados através de operações matemáticas. Isto pode ser feito multiplicando-se o número gerado por `randn` pelo desvio padrão pretendido e adicionando-se ao resultado a média desejada. Por exemplo, um vetor com seis números, média 50 e desvio padrão 4 é gerado por[‡]:

```
>> v=4*randn(1,6)+50
v =
   42.7785   57.4344   47.5819   50.4134   52.2527   50.4544
```

Inteiros de uma distribuição normalizada de números podem ser obtidos usando a função `round`.

```
>> w=round(4*randn(1,6)+50)
w =
    51    49    46    49    50    44
```

[‡] N. de R. T.: Observe que os valores da média (50) e do desvio padrão (4) especificados não são obtidos exatamente. Quanto maior o valor de n (número de elementos do vetor criado), mais a média e o desvio padrão se aproximarão dos valores especificados.

3.8 EXEMPLOS DE APLICAÇÕES DO MATLAB

Problema Exemplo 3-2: Decomposição de forças (adição de vetores)

De acordo com a figura, três forças estão aplicadas num suporte. Determine a força total (ou resultante) aplicada ao suporte.

$F_3 = 700$ N
$F_2 = 500$ N
$F_1 = 400$ N
$143°$
$30°$
$20°$

Solução

Uma força é uma grandeza vetorial, i.e., uma grandeza física que possui módulo, direção e sentido. No sistema de coordenadas cartesianas, um vetor bidimensional **F** pode ser escrito em suas componentes de acordo com:

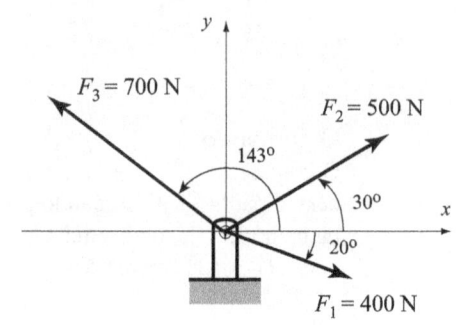

$$F = F_x\mathbf{i} + F_y\mathbf{j} = F\cos\theta\mathbf{i} + F\sin\theta\mathbf{j} = F(\cos\theta\mathbf{i} + \sin\theta\mathbf{j})$$

onde F é o módulo do vetor **F**, θ é o ângulo medido relativamente ao eixo x, F_x e F_y são as componentes de **F** nas direções x e y, respectivamente, e **i** e **j** são os vetores unitários nas direções x e y, respectivamente. Sendo conhecidas as componentes F_x e F_y, podemos determinar F e θ por:

$$F = \sqrt{F_x^2 + F_y^2} \quad \text{e} \quad \tan\theta = \frac{F_y}{F_x}$$

A força total ou resultante aplicada ao suporte é obtida adicionado-se as forças individuais que agem sobre o suporte. A solução do problema pode ser obtida considerando os seguintes três passos:

- Escreva cada força como um vetor bidimensional, onde o primeiro elemento é a componente x e o segundo, a componente y.
- Adicione as respectivas componentes dos vetores para encontrar o vetor resultante.
- Determine o módulo e o sentido da força resultante sobre o suporte.

O problema é solucionado no seguinte script do MATLAB (considerando os três passos destacados):

Capítulo 3 • Operações Matemáticas com Arranjos 81

```
% Solução do Problema Exemplo 3-2 (script file)
clear
F1M=400; F2M=500; F3M=700;        ⟵ Define variáveis com o
                                    módulo de cada vetor.

Th1=-20; Th2=30; Th3=143;
                                  ⟵ Define variáveis com os ângulos associados a cada vetor.
F1=F1M*[cosd(Th1) sind(Th1)]
F2=F2M*[cosd(Th2) sind(Th2)]      ⟵ Define os três vetores.
F3=F3M*[cosd(Th3) sind(Th3)]

Ftot=F1+F2+F3                     ⟵ Calcula o vetor força total.
FtotM=sqrt(Ftot(1)^2+Ftot(2)^2)   ⟵ Calcula o módulo do vetor
                                    força total.
Th=atand(Ftot(2)/Ftot(1))
                                  ⟵ Determina o ângulo do vetor força total.
```

Quando o programa (script) é executado, os seguintes resultados são exibidos na Command Window:

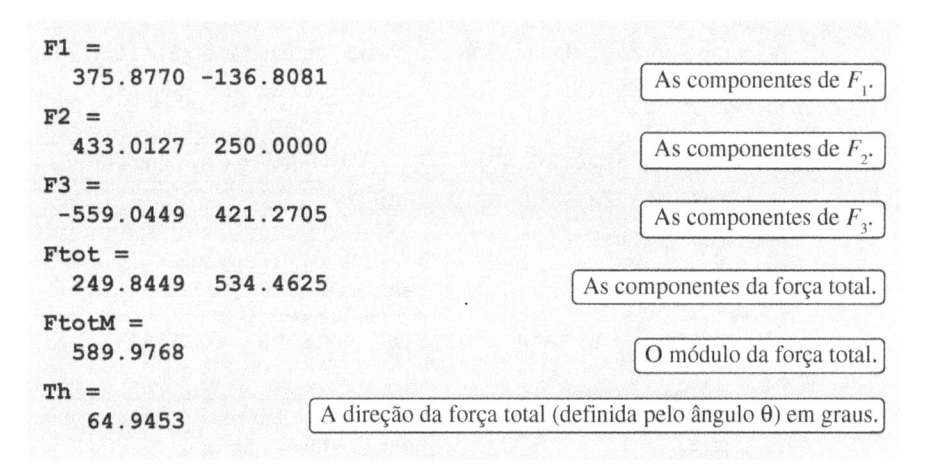

```
F1 =
   375.8770  -136.8081            ⟵ As componentes de F₁.
F2 =
   433.0127   250.0000            ⟵ As componentes de F₂.
F3 =
  -559.0449   421.2705            ⟵ As componentes de F₃.
Ftot =
   249.8449   534.4625            ⟵ As componentes da força total.
FtotM =
   589.9768                       ⟵ O módulo da força total.
Th =
    64.9453                       ⟵ A direção da força total (definida pelo ângulo θ) em graus.
```

A força total ou resultante tem um módulo de 589,88 N e está direcionada segundo um ângulo de 64,95° relativamente ao eixo x. Em notação vetorial essa força é **F** = (249,84**i** + 534,46**j**) N.

Problema Exemplo 3-3: Experimento para a determinação do coeficiente de atrito cinético (operações elemento por elemento)

O coeficiente de atrito cinético (μ) pode ser determinado experimentalmente medindo-se o módulo da força F necessária para mover uma massa m sobre uma superfície com atrito. Quando F é medida, e sendo conhecido o valor de m, o coeficiente de atrito cinético pode ser determinado por:

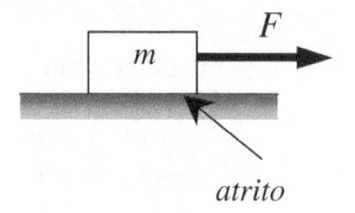

$$\mu = F / (mg) \quad (g = 9{,}81 \text{ m/s}^2)$$

Um conjunto de seis medidas é mostrado na tabela abaixo. Determine o coeficiente de atrito por medida e a respectiva média no experimento.

Medida	1	2	3	4	5	6
Massa m (kg)	2	4	5	10	20	50
Força F (N)	12.5	23.5	30	61	117	294

Solução

A seguir é apresentada uma solução usando comandos do MATLAB diretamente na janela Command Window.

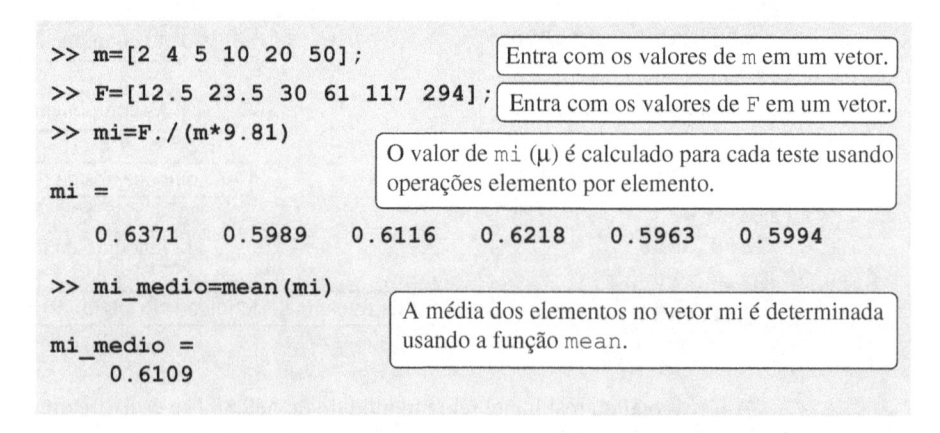

```
>> m=[2 4 5 10 20 50];                     Entra com os valores de m em um vetor.
>> F=[12.5 23.5 30 61 117 294];            Entra com os valores de F em um vetor.
>> mi=F./(m*9.81)
                                           O valor de mi (µ) é calculado para cada teste usando
mi =                                       operações elemento por elemento.

    0.6371    0.5989    0.6116    0.6218    0.5963    0.5994

>> mi_medio=mean(mi)
                                           A média dos elementos no vetor mi é determinada
mi_medio =                                 usando a função mean.
    0.6109
```

Problema Exemplo 3-4: Análise de uma rede de resistências elétricas (solucionando um sistema de equações linerares)

A figura a seguir mostra um circuito elétrico composto de resistores e fontes de tensão. Determine a corrente em cada resistor usando a lei de Kirchhoff das tensões e o método das correntes de malha.

$V_1 = 20\,\text{V},\ V_2 = 12\,\text{V},\ V_3 = 40\,\text{V}$
$R_1 = 18\,\Omega,\ R_2 = 10\,\Omega,\ R_3 = 16\,\Omega$
$R_4 = 6\,\Omega,\ R_5 = 15\,\Omega,\ R_6 = 8\,\Omega$
$R_7 = 12\,\Omega,\ R_8 = 14\,\Omega$

Solução

A lei de Kirchhoff das tensões estabelece que a soma das tensões (quedas e elevações) ao longo de um circuito ou malha fechada é zero. No método das correntes de malha, são arbitrados sentidos para as correntes de malha, na figura: i_1, i_2, i_3 e i_4 no sentido horário. Em seguida, a lei de Kirchhoff das tensões é aplicada em cada malha. Disto, resulta um sistema de quatro equações linearmente independentes com as correntes de malhas sendo as incógnitas. A corrente em um resistor pertencente a duas malhas distintas é a soma algébrica com o sinal das correntes em cada malha. É conveniente arbitrar todas as correntes no mesmo sentido. Na equação para cada malha, uma fonte de tensão entra com sinal positivo se a corrente da malha flui para o polo negativo e a queda de tensão em cada resistor entra com sinal negativo na equação da malha se a corrente do resistor apontar no sentido da corrente arbitrada da malha.

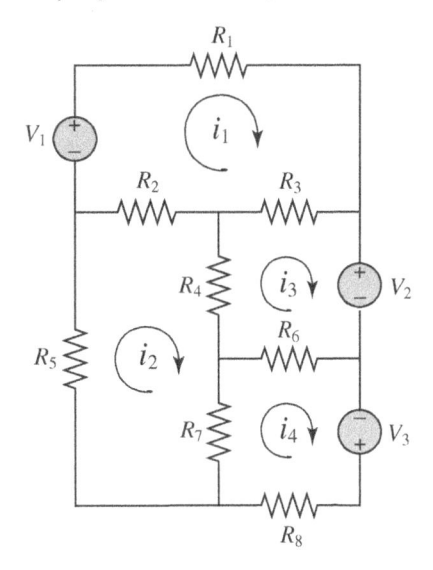

As equações para as quatro malhas do problema são:

$$V_1 - R_1 i_1 - R_3(i_1 - i_3) - R_2(i_1 - i_2) = 0$$

$$-R_5 i_2 - R_2(i_2 - i_1) - R_4(i_2 - i_3) - R_7(i_2 - i_4) = 0$$

$$-V_2 - R_6(i_3 - i_4) - R_4(i_3 - i_2) - R_3(i_3 - i_1) = 0$$

$$V_3 - R_8 i_4 - R_7(i_4 - i_2) - R_6(i_4 - i_3) = 0$$

As quatro equações podem ser escritas na forma matricial $[A][x] = [B]$:

$$\begin{bmatrix} -(R_1+R_2+R_3) & R_2 & R_3 & 0 \\ R_2 & -(R_2+R_4+R_5+R_7) & R_4 & R_7 \\ R_3 & R_4 & -(R_3+R_4+R_6) & R_6 \\ 0 & R_7 & R_6 & -(R_6+R_7+R_8) \end{bmatrix} \begin{bmatrix} i_1 \\ i_2 \\ i_3 \\ i_4 \end{bmatrix} = \begin{bmatrix} -V_1 \\ 0 \\ V_2 \\ -V_3 \end{bmatrix}$$

O problema é solucionado a partir do seguinte programa escrito no MATLAB:

```
V1=20; V2=12; V3=40;
R1=18; R2=10; R3=16; R4=6;
R5=15; R6=8; R7=12; R8=14;
A=[-(R1+R2+R3) R2 R3 0
R2 -(R2+R4+R5+R7) R4 R7
R3 R4 -(R3+R4+R6) R6
0 R7 R6 -(R6+R7+R8)]
>> B=[-V1; 0; V2; -V3]
>> I=A\B
```

Define variáveis com os valores das tensões (V's) e dos resistores (R's).

Cria a matriz A.

Cria o vetor B.

Soluciona o sistema para as correntes usando a divisão à esquerda.

Quando o programa é executado, os seguintes resultados são exibidos na Command Window:

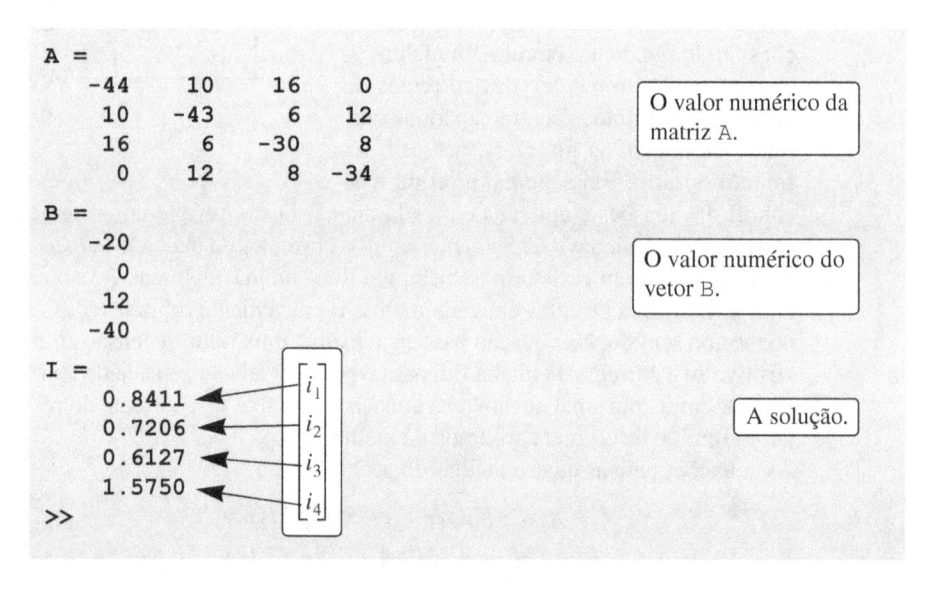

```
A =
   -44    10    16     0
    10   -43     6    12
    16     6   -30     8
     0    12     8   -34
B =
   -20
     0
    12
   -40
I =
    0.8411
    0.7206
    0.6127
    1.5750
>>
```

O valor numérico da matriz A.

O valor numérico do vetor B.

$\begin{bmatrix} i_1 \\ i_2 \\ i_3 \\ i_4 \end{bmatrix}$

A solução.

O vetor coluna I possui como elementos as correntes em cada malha. As correntes nos resistores R_1, R_2 e R_8 são $i_1 = 0{,}8411$ A, $i_2 = 0{,}7206$ A e $i_4 = 1{,}5750$ A, respectivamente. Os demais resistores pertencem simultaneamente a duas malhas diferentes e a corrente neles é a soma algébrica com o sinal das correntes em cada malha.

A corrente no resistor R_2 é $i_1 - i_2 = 0{,}1205$ A.
A corrente no resistor R_3 é $i_1 - i_3 = 0{,}2284$ A.
A corrente no resistor R_4 é $i_2 - i_3 = 0{,}1079$ A.
A corrente no resistor R_6 é $i_4 - i_3 = 0{,}9623$ A.
A corrente no resistor R_7 é $i_4 - i_2 = 0{,}8544$ A.

Problema Exemplo 3-5: Movimento de duas partículas

Um trem e um carro aproximam-se de uma passagem de nível (veja a figura do problema). Em $t = 0$, um trem está 122 m ao sul da passagem, viajando na direção norte-sul, sentido norte, com velocidade constante de 87 km/h, e um carro está 61 m a oeste da passagem, viajando na direção leste-oeste, sentido leste, com velocidade de 45 km/h e aceleração de 4 m/s². Determine as posições do trem e do carro, a distância entre eles e a velocidade do trem em relação ao carro para cada segundo até o instante de tempo $t = 10$ s.

Para apresentar os resultados, crie uma matriz de dimensão 11×6 na qual cada linha tem o instante de tempo na primeira coluna e a posição do trem, a posição do carro, a distância entre o trem e o carro, a velocidade do carro, e a velocidade do trem em relação ao carro nas próximas cinco colunas, respectivamente.

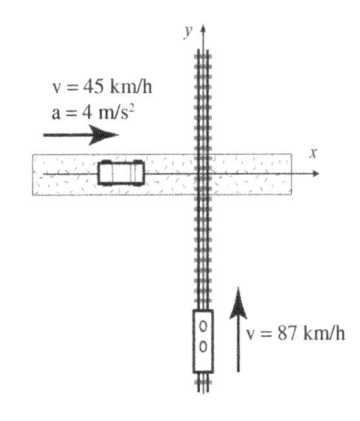

Solução

A posição de um objeto que se move ao longo de uma linha reta com aceleração constante é dada por $s = s_0 + v_0 t + \frac{1}{2} a t^2$, onde s_0 e v_0 são a posição e a velocidade no tempo $t = 0$ e a é a aceleração. Aplicando essa equação ao movimento do trem e do carro resulta em:

$$y = -122 + v_{0\,trem}\, t \quad \text{(trem)}$$

$$x = -61 + v_{0carro}\, t + \frac{1}{2} a_{carro}\, t^2 \quad \text{(carro)}$$

A distância entre o carro e o trem é: $d = \sqrt{x^2 + y^2}$.

Definindo as coordenadas do sistema conforme a figura do problema, a velocidade constante do trem pode ser escrita em notação vetorial como: $\mathbf{v}_{trem} = v_{0trem}\mathbf{j}$. O movimento do carro é uniformemente acelerado e a equação para sua velocidade em um instante de tempo t é: $\mathbf{v}_{carro} = (v_{0carro} + a_{carro}t)\mathbf{i}$. A velocidade do trem relativamente ao carro ($\mathbf{v}_{t/c}$) é dada por: $\mathbf{v}_{t/c} = \mathbf{v}_{trem} - \mathbf{v}_{carro} = -(v_{0carro} + a_{carro}t)\mathbf{i} + v_{0trem}\mathbf{j}$. A velocidade desejada é o módulo desse vetor.

O problema é solucionado no programa apresentado a seguir escrito no MATLAB. Primeiro, um vetor `t` com 11 elementos para os instantes de tempo entre 0 e 10 s é criado. Após, as posições do trem e do carro, a distância entre eles e a velocidade do trem relativamente ao carro para cada instante de tempo (ou seja, para cada elemento do vetor `t`) são calculados.

```
v0trem=87*1000/3600; v0carro=45*1000/3600; acarro=4;
```
Cria variáveis para as velocidades inicias (em m/s) e para a aceleração (em m/s²).
```
t=0:10;
```
Cria o vetor `t`.
```
y=-122+v0trem*t;
x=-61+v0carro*t+0.5*acarro*t.^2;
```
Calcula as posições do trem e do carro.
```
d=sqrt(x.^2+y.^2);
```
Calcula a distância entre o trem e o carro.

```
vcarro=v0carro+acarro*t;                    │ Calcula a velocidade do carro. │
vtrem_Rcarro=sqrt(vcarro.^2+v0trem^2);
                    │ Calcula a velocidade do trem relativamente ao carro. │
Tabela=[t' y' x' d' vcarro' vtrem_Rcarro']
                    │ Cria uma tabela (veja observação a seguir). │
```

Observação: No comando anterior, `tabela` é o nome da variável que é uma matriz contendo os dados (resultados) a serem exibidos.

Quando o programa é executado, o seguinte resultado é exibido na Command Window:

```
Tabela =
         0  -122.0000   -61.0000   136.4001   12.5000   27.2080
    1.0000   -97.8333   -46.5000   108.3218   16.5000   29.2622
    2.0000   -73.6667   -28.0000    78.8085   20.5000   31.6903
    3.0000   -49.5000    -5.5000    49.8046   24.5000   34.4133
    4.0000   -25.3333    21.0000    32.9056   28.5000   37.3668
    5.0000    -1.1667    51.5000    51.5132   32.5000   40.5003
    6.0000    23.0000    86.0000    89.0225   36.5000   43.7753
    7.0000    47.1667   124.5000   133.1351   40.5000   47.1622
    8.0000    71.3333   167.0000   181.5969   44.5000   50.6387
    9.0000    95.5000   213.5000   233.8857   48.5000   54.1874
   10.0000   119.6667   264.0000   289.8553   52.5000   57.7951
```

| Tempo (s) | Posição do trem (m) | Posição do carro (m) | Distância carro-trem (m) | Velocidade do carro (m/s) | Velocidade do trem relativamente ao carro (m/s) |

Neste problema, os resultados são exibidos pelo MATLAB sem nenhum texto (por exemplo, para identificar o conteúdo das linhas/colunas). Comandos para adicionar texto às saídas geradas pelo MATLAB são apresentados no Capítulo 4.

3.9 PROBLEMAS

Observação: *Problemas adicionais contemplando operações matemáticas com arranjos são fornecidos no fim do Capítulo 4.*

1. Para a função $y = x^3 - 2x^2 + x$, calcule o valor de y para os seguintes valores de x utilizando operações elemento por elemento: $-2, -1, 0, 1, 2, 3, 4$.

2. Para a função $y = \dfrac{x^2 - 2}{x + 4}$, calcule o valor de y para os seguintes valores de x utilizando operações elemento por elemento: $-3, -2, -1, 0, 1, 2, 3$.

3. Para a função $y = \dfrac{(x-3)(x^2+3)}{x^2}$, calcule o valor de y para os seguintes valores de x utilizando operações elemento por elemento: 1, 2, 3, 4, 5, 6, 7.

4. Para a função $y = \dfrac{20t^{2/3}}{t+1} - \dfrac{(t+1)^2}{e^{(0,3t+5)}} + \dfrac{2}{t+1}$, calcule o valor de y para os seguintes valores de t utilizando operações elemento por elemento: 0, 1, 2, 3, 4, 5, 6, 7, 8.

5. Uma bola solta de uma dada altura bate no chão e sobe novamente várias vezes, chegando sempre a uma altura menor após cada impacto com o chão (veja a figura do problema). Quando a bola atinge o chão, sua velocidade de retorno é 0,85 vezes a velocidade logo antes do impacto. A velocidade v com que uma bola atinge o chão, após ser solta de uma altura h, é dada por $v = \sqrt{2gh}$, onde $g = 9,81$ m/s^2. O tempo gasto pela bola para atingir a altura máxima, após um dado impacto com o chão, é dado por $t = v/g$, onde v é a velocidade inicial de subida da bola após o último impacto. Considere que uma bola é solta de uma altura de 2 m. Determine os instantes de tempo dos primeiros oito impactos da bola com o chão. Defina $t = 0$ como o instante de tempo quando a bola atinge o chão pela primeira vez. [Calcule a velocidade da bola quando ela atinge o chão pela primeira vez. Derive uma fórmula para os instantes de tempo dos próximos impactos como uma função do número do impacto. Após, crie um vetor $n = 1, 2,..., 8$ e use a fórmula (aplique operações elemento por elemento) para calcular um vetor com os valores de t para cada n.] Exiba os resultados em uma tabela de duas colunas onde os valores de n e t são exibidos na primeira e segunda colunas, respectivamente.

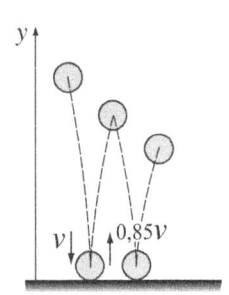

6. Uma esfera de alumínio (*raio* = 0,2 cm) é solta em um cilindro de vidro preenchido com glicerina (veja a figura do problema). A velocidade da esfera em função do tempo $v(t)$ pode ser modelada pela equação:

$$v(t) = \sqrt{\dfrac{V(\rho_{al}-\rho_{gl})g}{k}} \tanh\left(\dfrac{\sqrt{V(\rho_{al}-\rho_{gl})gk}}{V\rho_{al}} t\right)$$

onde V é o volume da esfera, $g = 9,81$ m/s^2 é a aceleração da gravidade, $k = 0,0018$ é uma constante e $\rho_{al} = 2.700$ kg/m^3 e $\rho_{gl} = 1.260$ kg/m^3 são a densidade do alumínio e da glicerina, respectivamente. Determine a velocidade da esfera para $t = 0$; 0,05; 0,1; 0,15; 0,2; 0,25; 0,3 e 0,35 s. Observe que, inicialmente, a velocidade cresce rapidamente, mas depois, devido à resistência da glicerina, ela aumenta mais lentamente. Eventualmente, a velocidade tende para um valor limite, denominada velocidade terminal.

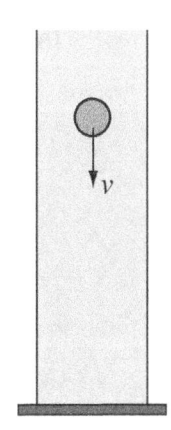

7. A corrente i (em ampères) t segundos após a chave do circuito ilustrado ser fechada é dada por:

$$i(t) = \frac{V}{R}(1 - e^{-(R/L)t})$$

Considere o caso em que $V = 120$ volts, $R = 120$ ohms e $L = 0,1$ henry.

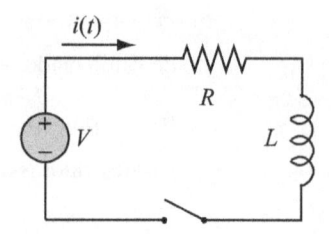

(a) Determine o tempo t_m necessário para a corrente alcançar 1% de seu valor final. Após, utilize o comando `linspace` para criar um vetor t com 10 elementos, sendo o primeiro elemento 0 e o último t_m.

(b) Calcule a corrente i para cada valor de t definido no item (a).

8. O comprimento $|\mathbf{u}|$ (módulo) de um vetor $\mathbf{u} = x\mathbf{i} + y\mathbf{j} + z\mathbf{k}$ é dado por $|\mathbf{u}| = \sqrt{x^2 + y^2 + z^2}$. Dado o vetor $\mathbf{u} = 23,5\mathbf{i} - 17\mathbf{j} + 6\mathbf{k}$, determine seu comprimento de duas formas:

(a) Defina o vetor no MATLAB e então escreva uma expressão matemática que use as componentes do vetor.

(b) Defina o vetor no MATLAB e então use operações elemento por elemento para criar um novo vetor cujos elementos são os quadrados dos elementos do vetor original. Após, use as funções nativas do MATLAB `sum` e `sqrt` para calcular o comprimento. Todos esses passos podem ser escritos em um único comando.

9. O vetor unitário $\mathbf{u}_n$ no sentido do vetor $\mathbf{u} = x\mathbf{i} + y\mathbf{j} + z\mathbf{k}$ é dado por $\mathbf{u}_n = \dfrac{x\mathbf{i} + y\mathbf{j} + z\mathbf{k}}{\sqrt{x^2 + y^2 + z^2}}$. Determine o vetor unitário do vetor $\mathbf{u} = -8\mathbf{i} - 14\mathbf{j} + 25\mathbf{k}$ escrevendo um único comando no MATLAB.

10. Os seguintes dois vetores são definidos no MATLAB:

$$v = [3, -2, 4] \quad u = [5, 3, -1]$$

Escreva à mão (papel e lápis) o que será exibido se os seguintes comandos forem executados pelo MATLAB. Verifique suas respostas executando os comandos com o MATLAB.

(a) `v.*u`   (b) `v*u'`   (c) `v'*u`

11. Sejam os dois vetores a seguir:

$$\mathbf{u} = -3\mathbf{i} + 8\mathbf{j} - 2\mathbf{k} \text{ e } \mathbf{v} = 6,5\mathbf{i} - 5\mathbf{j} - 4\mathbf{k}$$

Use o MATLAB para calcular o produto escalar $\mathbf{u} \cdot \mathbf{v}$ dos dois vetores de três maneiras:

(a) Escreva uma expressão utilizando operações elemento por elemento e a função nativa `sum` do MATLAB.

(b) Defina $\mathbf{u}$ como um vetor linha e $\mathbf{v}$ como um vetor coluna e após use multiplicação matricial.

(c) Use a função nativa dot do MATLAB.

12. Defina o vetor $v = [2\ 4\ 6\ 8\ 10]$. Após, utilize esse vetor em operações matemáticas para criar os seguintes vetores:

(a) $a = \left[\dfrac{1}{2}\ \dfrac{1}{4}\ \dfrac{1}{6}\ \dfrac{1}{8}\ \dfrac{1}{10}\right]$

(b) $b = \left[\dfrac{1}{2^2}\ \dfrac{1}{4^2}\ \dfrac{1}{6^2}\ \dfrac{1}{8^2}\ \dfrac{1}{10^2}\right]$

(c) $c = [1\ 2\ 3\ 4\ 5]$

(d) $d = [1\ 1\ 1\ 1\ 1]$

13. Defina o vetor $v = [5\ 4\ 3\ 2\ 1]$. Após, utilize esse vetor em operações matemáticas para criar os seguintes vetores:

(a) $a = [5^2\ 4^2\ 3^2\ 2^2\ 1^2]$

(b) $b = [5^5\ 4^4\ 3^3\ 2^2\ 1^1]$

(c) $c = [25\ 20\ 15\ 10\ 5]$

(d) $d = [4\ 3\ 2\ 1\ 0]$

14. Defina x e y como os vetores $x = [1, 3, 5, 7, 9]$ e $y = [2, 5, 8, 11, 14]$. Após, utilizando operações elemento por elemento, calcule z de acordo com as seguintes expressões:

(a) $z = \dfrac{xy^2}{x+y}$

(b) $z = x(x^2 - y) - (x - y)^2$

15. Defina p e w como os escalares $p = 2{,}3$ e $w = 5{,}67$, t, x e y como os vetores linha $t = [1, 2, 3, 4, 5]$, $x = [2{,}8;\ 2{,}5;\ 2{,}2;\ 1{,}9;\ 1{,}6]$ e $y = [4, 7, 10, 13, 17]$. Após, use essas variáveis para calcular as expressões a seguir aplicando operações elemento por elemento.

(a) $T = \dfrac{p(x+y)^2}{y} w$

(b) $S = \dfrac{p(x+y)^2}{yw} + \dfrac{wxt}{py}$

16. A área do paralelogramo ilustrado pode ser calculada por $|\mathbf{r}_{AB} \times \mathbf{r}_{AC}|$. Use os passos a seguir em um script no MATLAB para calcular a área:

Defina a posição dos pontos A, B e C como vetores $A = [2, 0]$, $B = [10, 3]$ e $C = [4, 6]$.

Determine os vetores $\mathbf{r}_{AB}$ e $\mathbf{r}_{AC}$ a partir dos pontos.

Determine a área utilizando as funções nativas do MATLAB cross, sum e sqrt.

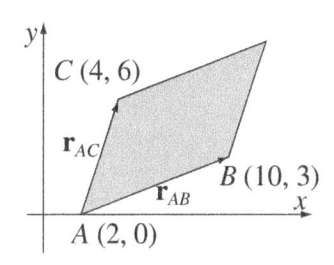

17. Defina os vetores:

$$\mathbf{u} = -2\mathbf{i} + 6\mathbf{j} + 5\mathbf{k},\ \mathbf{v} = 5\mathbf{i} - 1\mathbf{j} + 3\mathbf{k}\ \text{e}\ \mathbf{w} = 4\mathbf{i} + 7\mathbf{j} - 2\mathbf{k}$$

Use esses vetores para verificar a identidade:

$$\mathbf{u} \times (\mathbf{v} \times \mathbf{w}) = \mathbf{v}(\mathbf{u} \cdot \mathbf{w}) - \mathbf{w}(\mathbf{u} \cdot \mathbf{v})$$

A partir das funções nativas cross e abs, calcule os lados esquerdo e direito da identidade.

18. O produto escalar pode ser usado para determinação do ângulo entre dois vetores:

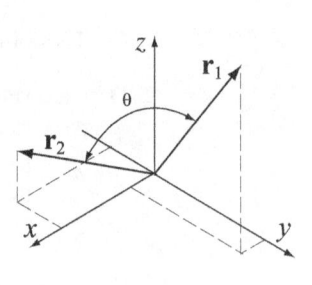

$$\theta = \cos^{-1}\left(\frac{\mathbf{r}_1 \cdot \mathbf{r}_2}{|\mathbf{r}_1||\mathbf{r}_2|}\right)$$

Use as funções nativas `cosd`, `sqrt` e `dot` do MATLAB para encontrar o ângulo (em graus) entre $\mathbf{r}_1 = 3\mathbf{i} - 2\mathbf{j} + \mathbf{k}$ e $\mathbf{r}_2 = 1\mathbf{i} + 2\mathbf{j} - 4\mathbf{k}$. Lembre que $|\mathbf{r}| = \sqrt{\mathbf{r} \cdot \mathbf{r}}$.

19. A posição em função do tempo $[x(t), y(t)]$ de um projétil lançado com velocidade inicial v_0 e segundo um ângulo α com a direção horizontal é dada por

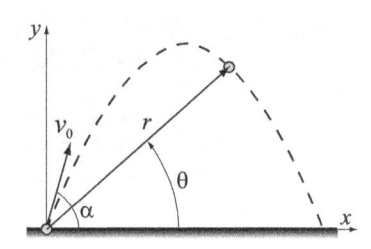

$$x(t) = v_0 \cos\alpha \cdot t \qquad y(t) = v_0 \operatorname{sen}\alpha \cdot t - \frac{1}{2}gt^2$$

onde $g = 9{,}81$ m/s². As coordenadas polares do projétil no tempo t são $[r(t), \theta(t)]$, onde

$r(t) = \sqrt{x(t)^2 + y(t)^2}$ e $\tan\theta = \dfrac{y(t)}{x(t)}$. Considere o caso em que $v_0 = 162$ m/s e $\theta = 70°$. Determine $r(t)$ e $\theta(t)$ para $t = 1, 6, 11,\ldots, 31$ s.

20. Dois projéteis, A e B, são lançados no mesmo instante e do mesmo local. O projétil A é lançado com velocidade de 560 m/s e segundo um ângulo de 43° e o projétil B com velocidade de 680 m/s e ângulo de 50°. Determine qual projétil irá atingir o chão antes. Após, divida o tempo t_v de voo desse projétil em dez incrementos, pela definição de um vetor t com 11 elementos igualmente espaçados (o primeiro elemento é 0 e o último é t_v). Para cada instante de tempo t calcule o vetor posição $\mathbf{r}_{AB}$ entre os dois projéteis (veja a figura do problema). Exiba os resultados em uma matriz de três colunas onde a primeira coluna é t e a segunda e terceira colunas são as componentes x e y correspondentes de $\mathbf{r}_{AB}$.

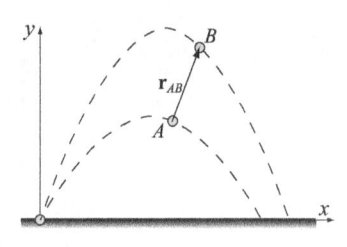

21. Mostre que $\lim\limits_{x \to 0} \dfrac{\operatorname{sen} x}{x} = 1$.

    Primeiro, crie um vetor x com os seguintes elementos: 1,5; 1,0; 0,5; 0,1; 0,01; 0,001 e 0,00001. Após, crie um novo vetor y no qual cada elemento é determinado a partir dos elementos de x segundo a expressão $\dfrac{\operatorname{sen} x}{x}$. Compare os elementos de y com o valor 1 (use o formato de exibição `long` para exibir os números).

22. Mostre que $\lim_{x \to 1} \dfrac{x^2 - 1}{x - 1} = 2$.

    Primeiro, crie um vetor x com os seguintes elementos: 5; 3; 2; 1,5; 1,1; 1,001 e 1,00001. Após, crie um novo vetor y no qual cada elemento é determinado a partir dos elementos de x segundo a expressão $\dfrac{x^2 - 1}{x - 1}$. Compare os elementos de y com o valor 2 (use o formato de exibição `long` para exibir os números).

23. Use o MATLAB para mostrar que a soma da série infinita $\sum_{n=1}^{\infty} \dfrac{1}{2^n} = \dfrac{1}{2} + \dfrac{1}{2^2} + \dfrac{1}{2^3} + \ldots$ converge para 1. Faça isso calculando a somatória para:

    (a) $n = 10$ (b) $n = 20$
    (c) $n = 30$ (d) $n = 40$

    Para cada item crie um vetor n no qual o primeiro elemento é 1, o incremento é 1 e o último elemento é 10, 20, 30 ou 40. Então, use operações elemento por elemento para criar um vetor no qual os elementos são $\dfrac{1}{2^n}$. Finalmente, use a função `sum` do MATLAB para adicionar os termos das séries. Compare os resultados obtidos nos itens (a), (b), (c) e (d) com o valor 1. (Não se esqueça de digitar ponto e vírgula no fim dos comandos, caso contrário vetores de dimensão elevada serão exibidos na Command Window.)

24. Use o MATLAB para mostrar que a soma da série infinita $\sqrt{12} \sum_{n=0}^{\infty} \dfrac{(-3)^{-n}}{2n + 1}$ é igual a π. Faça isso calculando a somatória para:

    (a) $n = 10$ (b) $n = 20$ (c) $n = 50$

    Para cada item crie um vetor n no qual o primeiro elemento é 0, o incremento é 1 e o último elemento é 10, 20 ou 100. Então, use operações elemento por elemento para criar um vetor no qual os elementos são $\dfrac{(-3)^{-n}}{2n + 1}$. Finalmente, use a função `sum` para adicionar os termos das séries e multiplique o resultado por $\sqrt{12}$. Compare os valores obtidos nos itens (a), (b) e (c) com o valor de π no MATLAB (variável `pi`).

25. O crescimento de uma população de peixes pode ser estimado utilizando a lei de crescimento de von Bertalanffy:

    $$L = L_{max}(1 - e^{-K(t + \tau)})$$

    onde L_{max} é o tamanho máximo, K é uma taxa constante e τ é uma constante de tempo. Essas constantes variam de acordo com as espécies de peixe. Assumindo $L_{max} = 58$ cm, $K = 0{,}45$ anos^{-1} e $\tau = 0{,}65$ anos, calcule o tamanho de um peixe de 0, 1, 2, 3, 4 e 5 anos de idade.

26. A trajetória de um projétil lançado com velocidade inicial v_0 e segundo um ângulo θ com a horizontal é descrita pela equação

$$y = x\tan\theta - \frac{g}{2v_0^2\cos^2\theta}x^2$$

onde $g = 9{,}81$ m/s². Considere o caso em que θ = 75° e $v_0 = 110$ m/s. Escreva um programa no MATLAB que execute as seguintes operações: calcule a distância s percorrida pelo projétil, crie um vetor x com 100 elementos tal que o primeiro elemento é 0 e o último é s, calcule o valor de y para cada valor de x, encontre a altura máxima h_m que o projétil alcança (use a função nativa `max` do MATLAB) e a distância horizontal x_{hm} onde a altura máxima é alcançada. Quando o programa é executado, apenas os valores de h_m e x_{hm} devem ser exibidos.

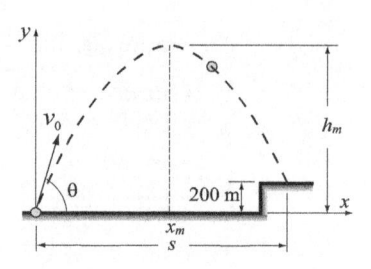

27. Crie as três matrizes a seguir no MATLAB:

$$A = \begin{bmatrix} 2 & 4 & -1 \\ 3 & 1 & -5 \\ 0 & 1 & 4 \end{bmatrix} \quad B = \begin{bmatrix} -2 & 5 & 0 \\ -3 & 2 & 7 \\ -1 & 6 & 9 \end{bmatrix} \quad C = \begin{bmatrix} 0 & 3 & 5 \\ 2 & 1 & 0 \\ 4 & 6 & -3 \end{bmatrix}$$

(a) Calcule $A + B$ e $B + A$ para mostrar que a adição de matrizes é comutativa.
(b) Calcule $A + (B + C)$ e $(A + B) + C$ para mostrar que a adição de matrizes é associativa.
(c) Calcule $5(A + C)$ e $5A + 5C$ para mostrar que, quando matrizes são multiplicadas por um escalar, a multiplicação é distributiva.
(d) Calcule $A*(B + C)$ e $A*B + A*C$ para mostrar que a multiplicação matricial é distributiva.

28. Utilize as matrizes A, B e C do problema anterior para verificar os itens a seguir:
(a) $A*B = B*A$?
(b) $A*(B*C) = (A*B)*C$?
(c) $(A*B)^t = B^t*A^t$? (ᵗ significa transposta)
(d) $(A + B)^t = A^t + B^t$?

29. Crie uma matriz 4 × 4 com elementos inteiros aleatórios entre 1 e 10. Chame a matriz de A e use o MATLAB para efetuar as operações a seguir. Para cada item, explique a operação.
(a) $A*A$
(b) $A.*A$
(c) $A\backslash A$
(d) $A.\backslash A$
(e) $\det(A)$
(e) $\text{inv}(A)$

30. A potência mecânica de saída P associada a um músculo contraído é dada por:

$$P = Tv = \frac{kvT_0\left(1 - \frac{v}{v_{max}}\right)}{k + \frac{v}{v_{max}}}$$

onde T é a tensão muscular, v é a velocidade de encurtamento (ou de contração – valor máximo igual a v_{max}), T_0 é a tensão isométrica (i.e., tensão para $v = 0$) e k é uma constante adimensional que varia entre 0,15 e 0,25 para a maior parte dos músculos. A equação pode ser escrita na forma adimensional:

$$p = \frac{ku(1-u)}{k+u}$$

onde $p = (Tv) / (T_0 v_{max})$ e $u = v / v_{max}$. A figura ao lado mostra um gráfico de p versus u para $k = 0,25$. No MATLAB:

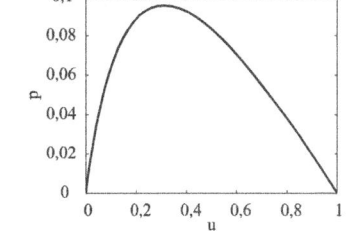

(a) Defina um vetor u variando de 0 a 1 com incrementos de 0,05.
(b) Usando $k = 0,25$, calcule o valor de p para cada valor de u.
(c) Utilize a função nativa max do MATLAB e determine o valor máximo de p.
(d) Repita os três primeiros passos com incrementos de 0,01 e calcule o erro relativo percentual, definido por $E = \left|\frac{p_{max_{0,01}} - p_{max_{0,05}}}{p_{max_{0,05}}}\right| \times 100$.

31. Resolva o seguinte sistema de três equações linerares:
$$3x - 2y + 5z = 7,5$$
$$-4,5 + 2y + 3z = 5,5$$
$$5x + y - 2,5z = 4,5$$

32. Resolva o seguinte sistema de cinco equações linerares:
$$3u + 1,5v + w + 0,5x + 4y = -11,75$$
$$-2u + v + 4w - 3,5x + 2y = 19$$
$$6u - 3v + 2w + 2,5x + y = -23$$
$$u + 4v - 3w + 0,5x - 2y = -1,5$$
$$3u + 2v - w + 1,5x - 3y = -3,5$$

33. Uma fábrica de sucos fabrica galões de três misturas diferentes utilizando sucos de laranja, abacaxi e manga. As misturas têm as seguintes composições:

1 galão de mistura de laranja: 3/4 de suco de laranja, 0,75/4 de suco de abacaxi e 0,25/4 de suco de manga.

1 galão de mistura de abacaxi: 1/4 de suco de laranja, 2,5/4 de suco de abacaxi e 0,5/4 de suco de manga.

1 galão de mistura de manga: 0,5/4 de suco de laranja, 0,5/4 de suco de abacaxi e 3/4 de suco de manga.

Determine quantas garrafas podem ser produzidas de cada mistura se estão disponíveis: 7.600 galões de suco de laranja, 4.900 galões de suco de abacaxi e 3.500 galões de suco de manga. Escreve um sistema de equações lineares e resolva-o.

34. O circuito elétrico ilustrado é composto por resistores e fontes de tensão. Determine a corrente em cada resistor utilizando o método das correntes de malha, baseado na lei de Kirchhoff das tensões (veja o Problema Exemplo 3-4).

    $V_1 = 12$ V, $V_2 = 24$ V
    $R_1 = 20\,\Omega$, $R_2 = 12\,\Omega$, $R_3 = 8\,\Omega$
    $R_4 = 6\,\Omega$, $R_5 = 10\,\Omega$

35. O circuito elétrico ilustrado é composto por resistores e fontes de tensão. Determine a corrente em cada resistor utilizando o método das correntes de malha, baseado na lei de Kirchhoff das tensões (veja o Problema Exemplo 3-4).

    $V_1 = 10$ V, $V_2 = 20$ V
    $R_1 = 15\,\Omega$, $R_2 = 10\,\Omega$, $R_3 = 7\,\Omega$
    $R_4 = 3\,\Omega$, $R_5 = 5\,\Omega$, $R_6 = 18\,\Omega$
    $R_7 = 4\,\Omega$, $R_8 = 11\,\Omega$

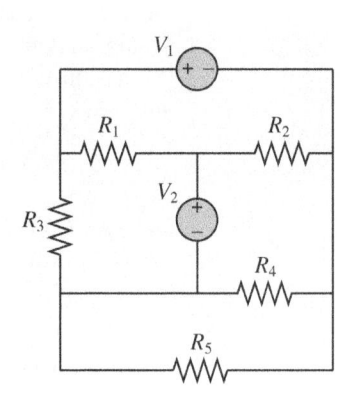

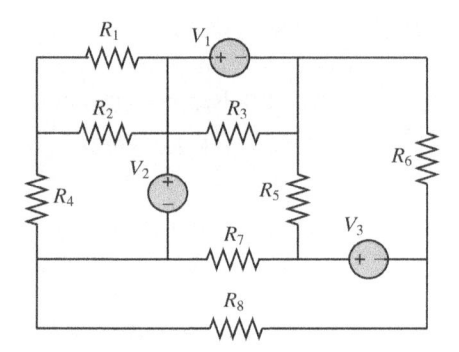

Capítulo 4
Utilizando Scripts (Programas) e Gerenciando Dados

Um script file (veja a Seção 1.8) é uma lista de comandos do MATLAB, também denominada programa, que é salva em um arquivo[‡]. Quando o programa é executado, o MATLAB executa os comandos. A Seção 1.8 descreve como criar, salvar e rodar um programa simples no qual os comandos são executados na ordem em que eles foram digitados e no qual todas as variáveis são definidas dentro do próprio código do programa. Este capítulo fornece mais detalhes sobre: como entrar com dados externos em um programa, como dados são armazenados no MATLAB, como salvar e exibir os resultados gerados na execução de programas e como realizar a transferência de dados entre o MATLAB e outros aplicativos. (O desenvolvimento de programas mais avançados, em que os comandos não são necessariamente executados em uma ordem simples, é abordado no Capítulo 6.)

Em geral, as variáveis podem ser definidas (criadas) de diversas maneiras. Como apresentado no Capítulo 2, variáveis podem ser definidas implicitamente através da atribuição de valores a um dado nome associado à variável (nome_variável = valor). Uma variável pode também ter um valor definido a partir do resultado (saída) da aplicação de uma função. Adicionalmente, variáveis podem ser definidas a partir de dados importados de arquivos externos ao MATLAB. Uma vez definidas (seja na Command Window ou quando um programa é executado), as variáveis são armazenadas na área de trabalho (Workspace) do MATLAB.

As variáveis armazenadas na área de trabalho podem ser exibidas de diversas formas, salvas ou exportadas para aplicações externas ao MATLAB. De modo similar, dados de arquivos externos ao MATLAB podem ser importados para área de trabalho e utilizados no MATLAB.

[‡] N. de R. T.: O termo script file é o termo nativo (ou seja, em língua inglesa) utilizado no MATLAB para designar uma lista de comandos salva em um arquivo. No Brasil, é muito comum chamar tais arquivos simplesmente de scripts. Também é comum denominar tais sequências de comandos simplesmente de programas e/ou rotinas. Neste livro, chamaremos uma lista de comandos com determinada finalidade (salva em um arquivo) de programa (computacional). O leitor deve se sentir à vontade para utilizar os outros termos (script e/ou rotina).

Este capítulo está organizado da seguinte forma. A Seção 4.1 explica como o MATLAB armazena dados na área de trabalho e como o usuário pode visualizar os dados armazenados. A Seção 4.2 mostra como variáveis que são utilizadas em um programa podem ser definidas na Command Window e/ou no programa. A Seção 4.3 mostra como os dados de saída são gerados quando programas são executados. A Seção 4.4 explica como as variáveis na área de trabalho podem ser salvas e depois recuperadas (carregadas). Finalmente, a Seção 4.5 mostra como importar e exportar dados *de* aplicativos e *para* aplicativos externos ao MATLAB.

4.1 A ÁREA DE TRABALHO (WORKSPACE) DO MATLAB E A JANELA WORKSPACE

A área de trabalho (workspace) do MATLAB consiste no conjunto de variáveis (genericamente arranjos) que são definidas e armazenadas durante uma sessão do MATLAB. Isso inclui variáveis que foram definidas na Command Window e variáveis definidas quando programas são executados. Isso significa que a Command Window e os programas compartilham a mesma região de memória dentro do computador. Ainda, implica que, uma vez que a variável esteja definida na área de trabalho, ela pode ser modificada (pode-se atribuir-lhe um valor diferente do original) tanto na Command Window como em um programa. Como será detalhado no Capítulo 7 (Seção 7.3), há outro tipo de arquivo no MATLAB, denominado função (function file), no qual variáveis também podem ser definidas. Essas variáveis, no entanto, normalmente não são compartilhadas com outras partes do programa, uma vez que usam uma área de trabalho separada.

Lembre-se, do Capítulo 1, que o comando who exibe uma lista de variáveis declaradas/ativas na área de trabalho (workspace). O comando whos exibe uma lista de variáveis ativas na área de trabalho e apresenta informações sobre o tamanho, bytes e classe das variáveis. Um exemplo é apresentado a seguir.

```
>> 'Variáveis na memória'                    Digitando uma string.
ans =
Variáveis na memória                         A string é atribuída à variável ans.
>> a = 7;
>> E = 3;                                    Criando as variáveis a,
>> d = [5,   a+E,   4,   E^2]                E, d e g.
d =
     5    10     4     9
>> g = [a, a^2,  13; a*E,  1,  a^E]
g =
     7    49    13
    21     1   343
>> who                                       O comando who exibe as variáveis ativas
Your variables are:                          na área de trabalho.
E     a    ans   d    g
```

```
>> whos
  Name      Size            Bytes  Class     Attributes

  E         1x1                 8  double
  a         1x1                 8  double
  ans       1x19               38  char
  d         1x4                32  double
  g         2x3                48  double

>>
```

O comando `whos` exibe as variáveis ativas na área de trabalho e informações sobre o tamanho, bytes e classe.

As variáveis ativas na memória também podem ser visualizadas na janela Workspace Window. Se essa janela não estiver aberta, ela pode ser exibida selecionando **Workspace** no menu **Desktop**. A Figura 4-1 mostra a janela Workspace indicando as variáveis definidas anteriormente.

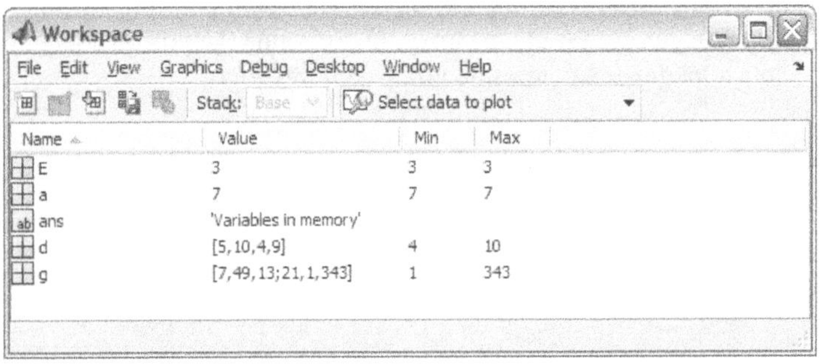

Figura 4-1 A janela Workspace.

As variáveis que são exibidas na janela Workspace também podem ser editadas (modificadas). Com um duplo-clique sobre uma variável, é aberta a janela Variable Editor Window, onde o conteúdo da variável é exibido em uma tabela. A Figura 4-2 mostra, por exemplo, a janela Variable Editor Window aberta para um duplo-clique sobre a variável g da Figura 4-1.

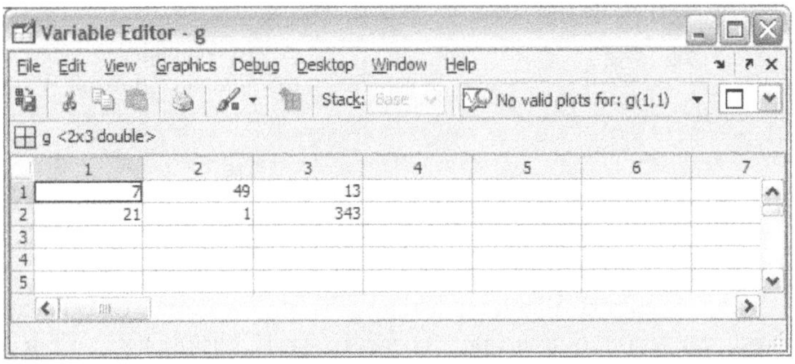

Figura 4-2 A janela Variable Editor.

Os elementos na janela Variable Editor podem ser editados. As variáveis na janela Workspace podem ser excluídas selecionando-as e, após, pressionando a tecla **Delete** do teclado ou selecionando **Delete** no menu **Edit**. Isso tem o mesmo efeito que digitar o comando `clear nome_variável` na Command Window.

4.2 ENTRADAS EM UM PROGRAMA

Quando um programa é executado, as variáveis usadas nos cálculos dentro do arquivo (do programa) devem ser inicializadas. A atribuição de um valor a uma variável pode ser feita de três modos diferentes, dependendo de como e de onde a variável é definida.

1. A variável é declarada e inicializada dentro do programa.
Neste caso, a atribuição de um valor à variável é parte integrante do código do programa. Se o usuário desejar rodar o arquivo com valores diferentes para a(s) variável(is), o arquivo deve ser reeditado e a(s) variável(is) modificada(s). Então, após o arquivo ser salvo, ele pode ser executado novamente.

A seguir temos um exemplo. O programa (salvo como Capitulo4_exemplo2) calcula a média dos escores de pontos em três jogos.

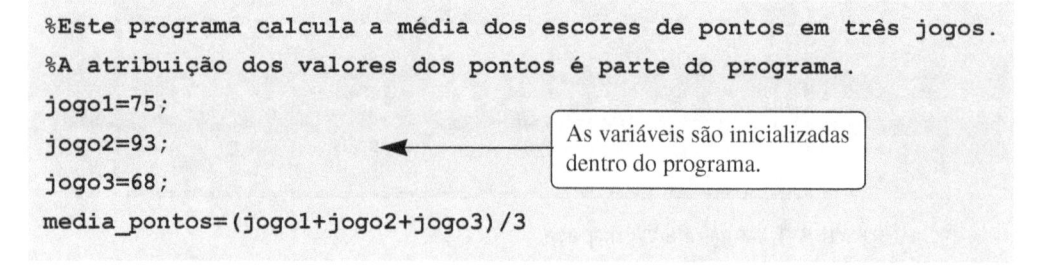

```
%Este programa calcula a média dos escores de pontos em três jogos.
%A atribuição dos valores dos pontos é parte do programa.
jogo1=75;
jogo2=93;           ←  As variáveis são inicializadas
jogo3=68;              dentro do programa.
media_pontos=(jogo1+jogo2+jogo3)/3
```

Quando o programa é executado, o seguinte resultado é exibido na Command Window:

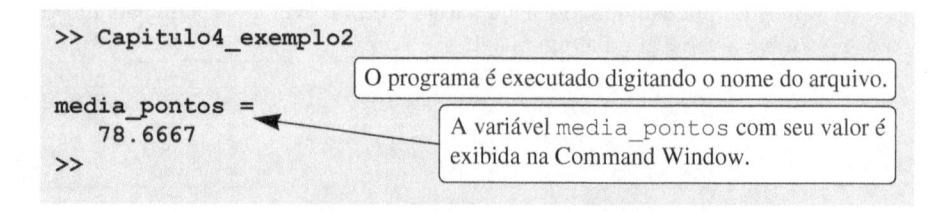

```
>> Capitulo4_exemplo2
                        O programa é executado digitando o nome do arquivo.
media_pontos =
    78.6667         ←  A variável media_pontos com seu valor é
>>                     exibida na Command Window.
```

2. A variável é declarada e inicializada na Command Window.
Neste caso, a atribuição de um valor à variável é feita na janela Command Window (lembre-se que as variáveis são reconhecidas pelo programa, já que ele e a Command Window compartilham a mesma região de memória). Se o usuário quiser executar o programa com outros valores para a(s) variável(is), basta atribuí-lo(s) na janela Command Window e rodar o arquivo novamente.

Aproveitando o exemplo anterior, temos o seguinte programa para cálculo da média dos escores de pontos em três jogos (programa salvo como Capitulo4_exemplo3):

```
%Este programa calcula a média dos escores de pontos em três jogos.
%A atribuição dos valores dos pontos para as variáveis
%jogo1, jogo2 e jogo3 é feita na Command Window

media_pontos=(jogo1+jogo2+jogo3)/3
```

Antes de executar o programa, as variáveis devem ser definidas na Command Window, conforme a seguir:

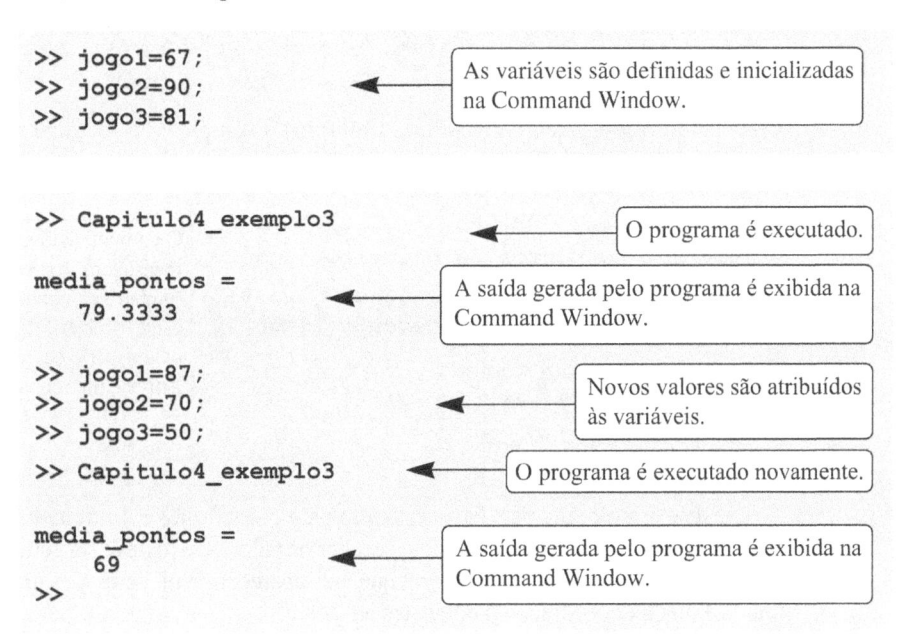

```
>> jogo1=67;
>> jogo2=90;          ← As variáveis são definidas e inicializadas na Command Window.
>> jogo3=81;


>> Capitulo4_exemplo3    ← O programa é executado.

media_pontos =           ← A saída gerada pelo programa é exibida na Command Window.
    79.3333

>> jogo1=87;
>> jogo2=70;          ← Novos valores são atribuídos às variáveis.
>> jogo3=50;

>> Capitulo4_exemplo3    ← O programa é executado novamente.

media_pontos =           ← A saída gerada pelo programa é exibida na Command Window.
    69
>>
```

3. A variável é declarada dentro do programa, mas a especificação do valor da variável é feita na Command Window quando o programa é executado

Neste caso, a variável é declarada dentro do corpo do programa e, quando o arquivo é executado, o usuário é solicitado a atribuir um valor à variável na janela Command Window. Para tanto é necessário utilizar o comando `input` para gerenciar esse tipo de variável.

A forma do comando `input` é:

```
nome_variável=input('string com uma mensagem que é
            exibida na Command Window')
```

Ao rodar o programa, o comando `input` é executado e a string é exibida na janela Command Window. A string deve passar informações sobre o que será atribuído à variável. O usuário deve digitar o valor e pressionar **Enter**. Isso atribui o valor à variável. Assim como acontece com qualquer variável, o nome da variável e seu respectivo valor serão exibidos na janela Command Window, se não for utilizado ponto e vírgula no final do comando `input`. A seguir, temos um programa usando o comando `input` para receber o escore de pontos em cada jogo e calcular a média dos escores.

```
%Este programa calcula a média dos escores de pontos em três jogos.
%A atribuição dos valores dos pontos para as variáveis é feita
%utilizando o comando input.
jogo1=input('Entre com os pontos do primeiro jogo ');
jogo2=input('Entre com os pontos do segundo jogo ');
jogo3=input('Entre com os pontos do terceiro jogo ');
media_pontos=(jogo1+jogo2+jogo3)/3
```

Executando o programa (salvo como Capitulo4_exemplo4), o seguinte resultado é exibido na Command Window:

```
>> Capitulo4_exemplo4
Entre com os pontos do primeiro jogo 67
Entre com os pontos do segundo jogo 91
Entre com os pontos do terceiro jogo 70

media_pontos =
    76
>>
```

O computador exibe a mensagem. Após, o valor (número de pontos) de cada variável é digitado pelo usuário e a tecla **Enter** é pressionada.

Neste exemplo, um escalar é atribuído para cada variável. Entretanto, em geral, vetores e/ou matrizes também podem receber os valores. Isto deve ser feito digitando os elementos do arranjo na ordem em que eles aparecem (colchetes à esquerda, digite linha a linha e depois feche o colchetes à direita).

Outro uso frequente do comando `input` ocorre na atribuição de uma string a uma variável. É possível fazê-lo de duas formas. Na primeira, usamos o comando da mesma forma discutida acima e, quando a mensagem aparece no prompt, a string é digitada entre duas aspas simples (do mesmo modo que uma string é atribuída a uma variável sem o comando `input`). A segunda forma requer uma opção no comando `input` que declara os caracteres a serem digitados como uma string. Nessa caso, a forma do comando é:

```
nome_variável=input('Mensagem a ser exibida no prompt', 's')
```

onde a opção `'s'` dentro do comando define os caracteres que serão digitados como uma string. Nesse caso, ao aparecer a mensagem no prompt, o texto é digitado sem as aspas e é atribuído à variável como uma string. Um exemplo no qual o comando `input` é usado com essa opção é mostrado no Problema Exemplo 6-4.

4.3 COMANDOS DE SAÍDA

Conforme foi discutido anteriormente, o MATLAB gera automaticamente uma saída quando alguns comandos são executados. Por exemplo, quando é atribuído algum valor a uma variável ou o nome de uma variável previamente inicializada é digitado na linha do prompt e a tecla **Enter** é pressionada, o MATLAB exibe o nome da variável e o seu respectivo valor. Esse tipo de saída não é exibida simplesmente digitando-se um ponto e vírgula no final do comando. Adicionalmente, o MATLAB possui diversos comandos que podem ser utilizados para gerar outros tipos de saídas padronizadas. O conteúdo exibido pode ser uma mensagem informativa, dados numéricos e/ou gráficos. Dois comandos típicos na geração de saídas no MATLAB são o `disp` e o `fprintf`. O comando `disp` exibe uma saída padronizada na tela; enquanto o comando `fprintf`, além de gerar uma saída na tela, permite salvá-la em um determinado arquivo. Esses comandos podem ser usados na janela Command Window, em um programa e, como veremos nos próximos capítulos, na declaração de funções. Quando esses comandos são utilizados em um programa, as saídas geradas são exibidas na janela Command Window.

4.3.1 O comando `disp`

O comando `disp` é usado para exibir os elementos de uma variável sem exibir o nome da variável, e para exibir um texto. A forma do comando `disp` é:

```
disp(nome da variável) ou disp('texto como string')
```

- Cada vez que o comando `disp` é executado, a saída que ele produz aparece em uma nova linha. Um exemplo é:

```
>> abc = [5 9 1; 7 2 4];
```
Um arranjo de dimensão 2 × 3 é atribuído à variável `abc`.

```
>> disp(abc)
```
O comando `disp` é utilizado para exibir o conteúdo do arranjo `abc`.

```
    5    9    1
    7    2    4
```
O arranjo é exibido sem seu nome.

```
>> disp('O problema não tem solução.')
```
O comando disp é usado para exibir uma mensagem.

```
O problema não tem solução.
>>
```

O próximo exemplo mostra a utilização do comando `disp` em um programa que calcula a média dos pontos em três jogos.

```
% Este programa calcula a média dos escores de pontos em três jogos.
% A atribuição dos valores dos pontos para as variáveis é feita
% utilizando o comando input.
% O comando disp é usado para exibir a saída.
```

```
jogo1=input('Entre com os pontos do primeiro jogo   ');
jogo2=input('Entre com os pontos do segundo jogo   ');
jogo3=input('Entre com os pontos do terceiro jogo   ');
media_pontos=(jogo1+jogo2+jogo3)/3;
disp(' ')                    % Exibe uma linha vazia (funciona como uma quebra de linha).
disp('A média de pontos dos três jogos é:')    % Exibe um texto.
disp(' ')                    % Exibe uma linha vazia.
disp(media_pontos)           % Exibe o valor da variável media_pontos.
```

Quando esse arquivo (salvo como Capitulo4_exemplo5) é executado, o seguinte resultado é exibido na Command Window:

```
>> Capitulo4_exemplo5
Entre com os pontos do primeiro jogo    89
Entre com os pontos do segundo jogo     60
Entre com os pontos do terceiro jogo    82

A média de pontos dos três jogos é:

    77
```

- Apenas uma variável pode ser exibida (por vez) em um comando `disp`. Se for necessário exibir os elementos de duas variáveis simultaneamente na tela, uma nova variável contendo os elementos dessas duas variáveis deve ser declarada antes de se utilizar o comando `disp`.

Em muitas situações é interessante apresentar números na forma de tabela. Nesses casos, primeiro declare um arranjo com os números desejados e, em seguida, use o comando `disp` para mostrar o arranjo na tela. Podemos criar, ainda, cabeçalhos para as colunas com esse comando. Como o comando `disp` não permite que o usuário formate a saída (a largura das colunas e a distâncias entre elas), a posição do cabeçalho deve ser ajustada às colunas por meio de espaços. No exemplo a seguir, um programa mostra como exibir os dados populacionais do Capítulo 2 em uma tabela.

```
anos=[1984 1986 1988 1990 1992 1994 1996];   % Os dados populacionais são
pop=[127 130 136 145 158 178 211];           % armazenados em dois vetores linha.
tabelaAP(:,1)=anos';     % O vetor anos é colocado na primeira coluna do arranjo tabelaAP.
tabelaAP(:,2)=pop'       % O vetor pop é colocado na segunda coluna do arranjo tabela AP.
```

```
disp('        ANO     POPULAÇÃO')           ┤Exibe o cabeçalho (primeira linha).│
disp('                (MILHÕES)')           ┤Exibe o cabeçalho (segunda linha).│
disp(' ')                                   ┤Exibe uma linha vazia.│
disp(tabelaAP)                              ┤Exibe o arranjo tabelaAP.│
```

Quando o programa é executado (salvo como Tabela_Pop), a saída na Command Window é:

```
>> Tabela_Pop
        ANO     POPULAÇÃO              ┤Os cabeçalhos são exibidos.│
                (MILHÕES)
                                       ┤Uma linha vazia é exibida.│
        1984      127
        1986      130
        1988      136                   ┤O arranjo tabelaAP é exibido.│
        1990      145
        1992      158
        1994      178
        1996      211
```

Outro exemplo de tabela formatada pode ser encontrado no Problema Exemplo 4-3. Além disso, tabelas também podem ser criadas e exibidas a partir do comando `fprintf`, detalhado na próxima seção.

4.3.2 O comando `fprintf`

Já foi mencionado que o comando `fprintf` pode ser utilizado para gerar saídas (texto e dados) na tela ou para salvá-las em um arquivo. Ao contrário do `disp`, com esse comando a saída pode ser formatada pelo usuário. Por exemplo, texto e dados numéricos das variáveis podem ser combinados e exibidos em uma linha. Além disso, o formato dos números também pode ser controlado.

Com tantas opções, o comando `fprintf` pode ser longo e complicado. Para evitar confusão, o comando é apresentado gradualmente. Primeiramente, esta seção mostra como usar o comando para exibir mensagens de texto, após como combinar dados numéricos e texto, depois como formatar a exibição de números e finalmente como salvar a saída em um arquivo.

Usando o comando `fprintf` para exibir textos:
Para exibir textos, o comando `fprintf` tem a forma:

```
fprintf('texto digitado como uma string'
```

Por exemplo:

```
fprintf('O problema, como apresentado, não tem solução. Por
favor, verifique os dados de entrada.')
```

Se essa linha é parte de um programa, então, quando a linha é executada, a seguinte mensagem é exibida na Command Window:

```
O problema, como apresentado, não tem solução. Por favor,
verifique os dados de entrada.
```

Com o comando `fprintf` é possível iniciar uma nova linha no meio de uma string. Isso é feito inserindo \n antes do caractere que iniciará a nova linha. Por exemplo, inserindo \n após a primeira sentença no exemplo anterior fornece:

```
fprintf('O problema, como apresentado, não tem solução. \
nPor favor, verifique os dados de entrada.')
```

Quando a linha é executada, tem-se o seguinte texto na Command Window:

```
O problema, como apresentado, não tem solução.
Por favor, verifique os dados de entrada.
```

O caractere \n é denominado caractere de escape. Deve ser utilizado sempre que for necessário controlar o formato das mensagens na tela. Outros caracteres para modificação do modo de exibição dos dados são:

\b Retrocesso
\t Tabulação

Se um programa possuir mais de um comando `fprintf`, as saídas serão geradas continuamente à medida que cada `fprintf` é executado. Lembre-se que o `fprintf` não inicia uma nova linha ao ser executado. Por isso, se houver outros comandos entre dois `fprintf`'s é essencial o uso do modificador \n. Veja o seguinte programa:

```
fprintf('O problema, como apresentado, não possui solução.
Por favor, verifique os dados de entrada.')
x = 6; d = 19 + 5*x;
fprintf('Tente rodar o programa mais tarde.')
y = d + x;
fprintf('Use valores de entrada diferentes.')
```

Quando esse arquivo é executado, tem-se o seguinte texto exibido na Command Window:

```
O problema, como apresentado, não possui solução. Por favor,
verifique os dados de entrada. Tente rodar o programa mais
tarde. Use valores de entrada diferentes.
```

Assim, o exemplo anterior ressalta que para iniciar uma nova linha com o comando `fprintf` é necessário introduzir o modificador \n onde se deseja realizar a quebra de linha.

Usando o comando `fprintf` para exibir uma combinação de texto e dados numéricos:

Para exibir uma combinação de texto e número (valor de uma variável), o comando `fprintf` tem a forma:

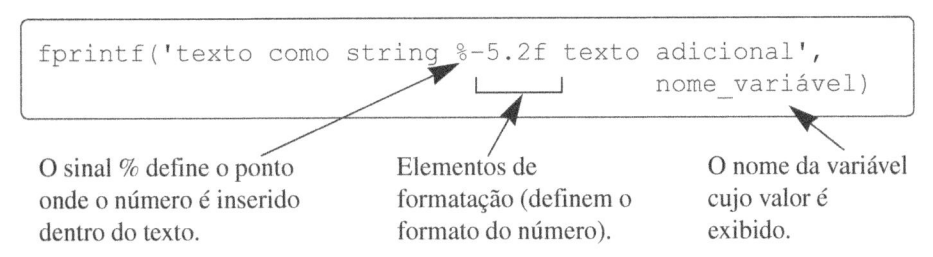

```
fprintf('texto como string %-5.2f texto adicional',
                                        nome_variável)
```

O sinal % define o ponto onde o número é inserido dentro do texto.

Elementos de formatação (definem o formato do número).

O nome da variável cujo valor é exibido.

Os elementos de formatação são:

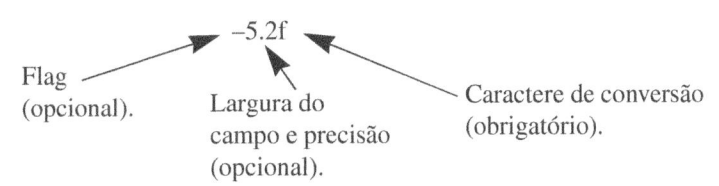

−5.2f

Flag (opcional).

Largura do campo e precisão (opcional).

Caractere de conversão (obrigatório).

O flag, que é opcional, pode ser um dos seguintes três caracteres:

Caractere usado para o flag	Descrição
− (sinal negativo)	Justifica à esquerda o número dentro do campo.
+ (sinal positivo)	Imprime um caractere de sinal (+ ou −) na frente do número.
0 (zero)	Adiciona zeros se o número é mais curto que o campo.

A largura do campo e a precisão (5.2 no exemplo anterior) são opcionais. O primeiro número (5 no exemplo) é a largura do campo, que especifica o número mínimo de dígitos a serem exibidos. Se o número a ser exibido é mais curto que a largura do campo, espaços ou zeros são adicionados na frente do número. A precisão é o segundo número (2 no exemplo). Ela especifica o número de dígitos a serem exibidos à direita da vírgula decimal (ponto, no caso do MATLAB).

O último elemento de formatação é o caractere de conversão (obrigatório). Ele especifica a notação segundo a qual o número será exibido na tela. Algumas notações comuns são:

- e   Número em notação científica com o "e" minúsculo (ex.: 1,709098e+001).
- E   Número em notação científica com o "E" maiúsculo (ex.: 1,709098E+001).
- f   Ponto flutuante decimal (ex.: 17,090980).
- g   "f " ou "e " (a notação mais curta).
- G   "f " ou "E " (a notação mais curta).
- i   Inteiro.

Mais informações sobre os caracteres de conversão podem ser obtidas no Help do MATLAB. Como um exemplo, o comando `fprintf` com uma combinação de texto e número é usado no programa que calcula a média de pontos de três jogos.

```
% Este programa calcula a média dos escores de pontos em três jogos.
% Os valores são atribuídos às variáveis utilizando o comando input.
% O comando fprintf é usado para exibir a saída.
jogo(1) = input('Entre com os pontos do primeiro jogo   ');
jogo(2) = input('Entre com os pontos do segundo jogo   ');
jogo(3) = input('Entre com os pontos do terceiro jogo   ');
media_pontos = mean(jogo);
fprintf('Uma média de %f pontos foi obtida nos três jogos.',media_pontos)
```

- Texto
- % define a posição do número.
- Texto adicional.
- O nome da variável cujo valor é exibido.

Observe que, além de utilizar o comando `fprintf`, o programa anterior difere dos demais apresentados anteriormente neste capítulo. Nele, os pontos obtidos nos jogos são armazenados nos três primeiros elementos de um vetor, chamado `jogo`, e a média desses pontos é calculada utilizando a função `mean`. Executando o programa (salvo como Capitulo4_exemplo6), tem-se o seguinte resultado na Command Window:

```
>> Capitulo4_exemplo6
Entre com os pontos do primeiro jogo   75
Entre com os pontos do segundo jogo   60
Entre com os pontos do terceiro jogo   81
Uma média de 72.000000 pontos foi obtida nos três jogos.
>>
```

A exibição gerada pelo comando `fprintf` combina texto e um número (valor de uma variável).

Com o comando `fprintf` é possível inserir mais de um número (valor de uma variável) dentro do texto. Isso é feito digitando % seguido de qualquer caractere de formatação no lugar onde se deseja introduzir os números. Em seguida, após a string de comando (seguida de vírgula), os nomes das variáveis são digitados na ordem em que elas devem ser inseridas no texto. Em geral, o formato do comando é:

```
fprintf('... texto... %g... %g... %f...', variável1, variável2, variável3)
```

Capítulo 4 • Utilizando Scripts (Programas) e Gerenciando Dados

Veja o exemplo a seguir:

```
% Este programa calcula a distância percorrida por um projétil,
% dados a velocidade inicial e o ângulo de lançamento.
% O comando fprintf é usado para exibir uma combinação de texto e números.

v=1584;    % Velocidade inicial (km/h)
theta=30;  % Ângulo (graus)
vms=v*1000/3600;          Alterando a unidade de velocidade para m/s.
t=vms*sind(30)/9.81;      Calculando o tempo até o ponto mais alto.
d=vms*cosd(30)*2*t/1000;  Calculando a distância máxima.
fprintf('Um projétil lançado segundo um ângulo de %3.2f
graus com uma velocidade de %4.2f km/h irá percorrer uma
distância de %g km.\n',theta,v,d)
```

Quando esse programa (salvo como Capitulo4_exemplo7) é executado, o seguinte resultado é exibido na Command Window:

```
>> Capitulo4_exemplo7
Um projétil lançado segundo um ângulo de 30.00 graus com uma velocidade
de 1584.00 km/h irá percorrer uma distância de 17.091 km.
>>
```

Aspectos adicionais sobre o comando `fprintf`:
- Caso seja necessário incluir uma aspas simples no texto de saída, digite duas aspas simples dentro do corpo da string, no lugar onde deverá ser exibido no texto.
- O comando `fprintf` é "vetorizado". Significa que, se um arranjo do tipo vetor ou matriz está incluído no comando, haverá repetição do comando até que o último elemento do vetor seja exibido na tela. Se a variável é do tipo matriz, os dados serão utilizados coluna por coluna.

Por exemplo, o script a seguir cria uma matriz T (2×5) em que a primeira linha é composta pelos números de 1 a 5 e a segunda pelas correspondentes raízes:

```
x=1:5;                    Cria um vetor x.
y=sqrt(x);                Cria um vetor y.
T=[x; y]    Cria uma matriz T (2 × 5), a primeira linha é x e a segunda é y.
fprintf('Se o número é: %i, sua raiz quadrada é: %f\n',T)
            O comando fprintf exibe dois números de T em cada linha.
```

Executando esse script, temos na Command Window:

```
T =
    1.0000    2.0000    3.0000    4.0000    5.0000
    1.0000    1.4142    1.7321    2.0000    2.2361
Se o número é: 1, sua raiz quadrada é: 1.000000
Se o número é: 2, sua raiz quadrada é: 1.414214
Se o número é: 3, sua raiz quadrada é: 1.732051
Se o número é: 4, sua raiz quadrada é: 2.000000
Se o número é: 5, sua raiz quadrada é: 2.236068
```

A matriz T (2 × 5).

O comando `fprintf` é repetido cinco vezes, usando os números da matriz T (coluna por coluna).

Usando o comando `fprintf` para salvar o resultado de saída em um arquivo:

O comando `fprintf` também pode ser utilizado para gravar os resultados de saída em um arquivo. Os dados salvos podem ser posteriormente usados no MATLAB ou em outros aplicativos.

A gravação de um dado de saída em um arquivo, utilizando o comando `fprintf`, segue três passos:

a) Abrir um arquivo utilizando o comando `fopen`.
b) Escrever o(s) dado(s) de saída no arquivo aberto.
c) Fechar o arquivo utilizando o comando `fclose`.

Passo a:

Antes dos dados serem gravados em um arquivo, o arquivo deve ser aberto. O comando `fopen` tem este propósito. Com ele é possível abrir um arquivo novo ou algum arquivo já existente. O comando `fopen` tem a forma:

```
fid=fopen('nome_arquivo','permissão')
```

onde `fid` é uma variável denominada identificador do arquivo. Um número é atribuído à variável `fid` quando o comando `fopen` é executado. O nome do arquivo deve ser escrito, incluindo sua extensão, dentro de aspas simples. O código de permissão é um campo (escrito como string) que indica como o arquivo é aberto. Algumas permissões típicas são:

- `'r'`   Abre o arquivo apenas para leitura (default).
- `'w'`   Abre o arquivo para escrita. Se o arquivo já existe, seu conteúdo é excluído. Se o arquivo não existe, um novo arquivo é criado.
- `'a'`   O mesmo que `'w'`, exceto que se o arquivo existe, os dados de saída (a serem escritos) serão anexados no fim do arquivo.
- `'r+'`   Abre o arquivo para leitura e escrita.
- `'w+'`   Abre o arquivo para leitura e escrita. Se o arquivo já existe, seu conteúdo é excluído. Se o arquivo não existe, um novo arquivo é criado.

'a+' O mesmo que 'w+', exceto que se o arquivo existe, os dados de saída (a serem escritos) serão anexados no fim do arquivo.

Se um código de permissão não é incluído no comando, o arquivo é aberto com o código padrão (default) 'r'. Códigos de permissão adicionais são descritos no Help[‡].

Passo b:
Uma vez que o arquivo encontra-se aberto, o comando `fprintf` pode ser usado para escrever (por exemplo, o resultado de saída de um programa) no arquivo. Nesses casos, o comando `fprintf` deve ser utilizado de modo semelhante ao que foi discutido anteriormente, exceto que a variável `fid` é inserida dentro do comando. A forma do `fprintf` para esses propósitos é:

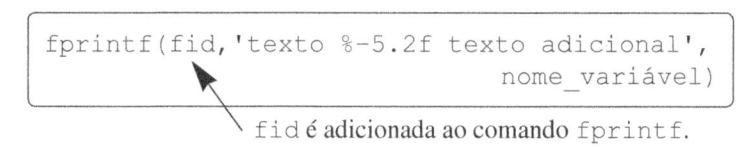

```
fprintf(fid,'texto %-5.2f texto adicional',
                                    nome_variável)
```

fid é adicionada ao comando `fprintf`.

Passo c:
Ao se completar a escrita dos dados no arquivo, ele deve ser fechado utilizando o comando `fclose`. O comando `fclose` tem a forma:

```
fclose(fid)
```

Observações adicionais sobre a utilização do comando `fprintf` para salvar uma saída em um arquivo:
- O arquivo criado é salvo no diretório corrente (diretório selecionado em Current Directory).
- É possível usar o comando `fprintf` para gravar dados em vários arquivos diferentes. Para isso, primeiramente os arquivos devem ser abertos, após deve-se atribuir um `fid` diferente para cada arquivo (ex.: `fid1`, `fid2`, `fid3`, etc.) e, então, utilizar o `fid` de um arquivo específico no comando `fprintf` para gravar o conteúdo nesse arquivo.

A seguir é apresentado um exemplo de programa que utiliza o comando `fprintf` para salvar resultados de saída em dois arquivos. O programa gera duas tabelas de conversão. Uma tabela converte velocidades em milhas por hora (mi/h) para velocidades em quilômetros por hora (km/h). A outra tabela converte libras (lb) para Newtons (N). Cada uma das tabelas é salva em um arquivo de texto (extensão .txt) diferente.

[‡] N. de R. T.: É importante ressaltar que, se não for especificado, os arquivos serão abertos em modo binário. Para abrir um arquivo texto, o caractere 't' deve ser adicionado ao caractere de permissão, como, por exemplo, em 'wt' e 'rt'. De modo similar, o caractere 'b' pode ser usado para enfatizar que um arquivo deve ser aberto no modo binário.

```
% Programa em que o comando fprintf é usado para gravar dois arquivos.
% Duas tabelas de conversão são criadas e salvas em arquivos diferentes.
% Uma converte mi/h para km/h e outra converte lb para N.
clear all
Vmih=10:10:100;                              │ Cria um vetor com velocidades em mi/h.
Vkmh=Vmih.*1.609;                            │ Converte mi/h para km/h.
TBL1=[Vmih; Vkmh];                           │ Cria uma tabela (matriz) com duas linhas.
Flb=200:200:2000;                            │ Cria um vetor de forças em lb.
FN=Flb.*4.448;                               │ Converte lb para N.
TBL2=[Flb; FN];                              │ Cria uma tabela (matriz) com duas linhas.
fid1=fopen('Vmih_para_Vkmh.txt','wt');       │ Abre um arquivo .txt nomeado Vmih_para_Vkmh.
fid2=fopen('Flb_para_FN.txt','wt');          │ Abre um arquivo .txt nomeado Flb_para_FN.
fprintf(fid1,'Tabela de conversão de velocidades\n \n');
          │ Escreve um título e inclui uma linha vazia no arquivo identificado por fid1.
fprintf(fid1,'     mi/h          km/h   \n');
          │ Escreve o cabeçalho em duas colunas do arquivo fid1.
fprintf(fid1,'    %8.2f      %8.2f\n',TBL1);
          │ Escreve os dados da variável TBL1 no arquivo fid1.
fprintf(fid2,'Tabela de conversão de forças\n \n');
fprintf(fid2,'    Libras       Newtons   \n');
fprintf(fid2,'    %8.2f      %8.2f\n',TBL2);
fclose(fid1);
fclose(fid2);                                │ Fecha os arquivos fid1 e fid2.
```

A execução da rotina acima gera e salva dois novos arquivos texto, nomeados Vmih_para_Vkmh.txt e Flb_para_FN.txt, no diretório selecionado em Current Directory. Esses arquivos podem ser abertos em qualquer editor de textos. As Figuras 4-3 e 4-4 mostram como os dois arquivos aparecem quando são abertos no Bloco de Notas do Windows.

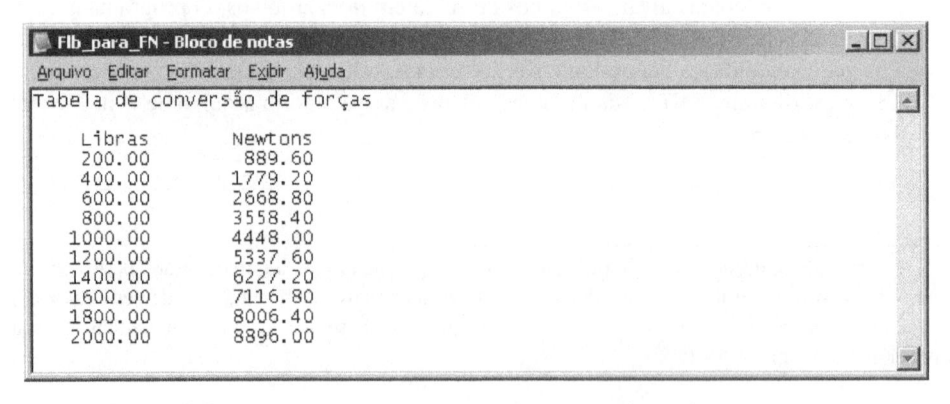

```
Flb_para_FN - Bloco de notas
Arquivo  Editar  Formatar  Exibir  Ajuda
Tabela de conversão de forças

    Libras       Newtons
    200.00        889.60
    400.00       1779.20
    600.00       2668.80
    800.00       3558.40
   1000.00       4448.00
   1200.00       5337.60
   1400.00       6227.20
   1600.00       7116.80
   1800.00       8006.40
   2000.00       8896.00
```

Figura 4-3   Arquivo Flb_para_FN.txt aberto no Bloco de Notas.

```
┌─ Vmih_para_Vkmh - Bloco de notas ──────────────── _ □ × ┐
│ Arquivo  Editar  Formatar  Exibir  Ajuda                 │
│ Tabela de conversão de velocidades                       │
│                                                          │
│     mi/h              km/h                               │
│    10.00             16.09                               │
│    20.00             32.18                               │
│    30.00             48.27                               │
│    40.00             64.36                               │
│    50.00             80.45                               │
│    60.00             96.54                               │
│    70.00            112.63                               │
│    80.00            128.72                               │
│    90.00            144.81                               │
│   100.00            160.90                               │
└──────────────────────────────────────────────────────────┘
```

Figura 4-4 Arquivo Vmih_para_Vkmh.txt aberto no Bloco de Notas.

4.4 OS COMANDOS save E load

Os comandos save e load são úteis para salvar e recuperar dados, principalmente para uso no próprio MATLAB. O comando save pode ser usado para salvar variáveis que estão (em uma dada sessão) na área de trabalho (workspace) do MATLAB. O comando load é utilizado para recuperar variáveis previamente salvas, permitindo a utilização delas na área de trabalho do MATLAB (em outra sessão, por exemplo). As variáveis da área de trabalho podem ser salvas quando o MATLAB é utilizado em uma plataforma (por exemplo, PC) e recuperadas para utilização em outra plataforma (por exemplo, MAC). Os comandos save e load também podem ser utilizados para troca de dados com aplicativos externos ao MATLAB. Comandos adicionais com essa finalidade são apresentados na Seção 4.5.

4.4.1 O comando save

O comando save é usado para salvar as variáveis (todas ou algumas delas) que estão armazenadas na área de trabalho (workspace). As duas formas mais simples do comando save são:

$$\boxed{\texttt{save nome\_arquivo}} \quad \text{e} \quad \boxed{\texttt{save('nome\_arquivo')}}$$

Quando um desses comandos é executado, todas as variáveis ativas na área de trabalho são salvas em um arquivo chamado nome_arquivo.mat, que é criado no diretório especificado no Current Directory. Em arquivos mat, que são escritos no formato binário, cada variável tem seu nome, tipo, tamanho e valor preservados. Esses arquivos não podem ser lidos por outros aplicativos. O comando save também pode ser usado para salvar apenas algumas das variáveis que estão na área de trabalho. Por exemplo, para salvar duas variáveis com os nomes var1 e var2, o comando é:

$$\boxed{\texttt{save nome\_arquivo var1 var2}} \quad \text{ou}$$

$$\boxed{\texttt{save('nome\_arquivo','var1','var2')}}$$

O comando save também pode ser usado para salvar no formato ASCII, que pode ser lido por aplicativos externos ao MATLAB. Para salvar no formato ASCII deve-se adicionar -ascii ao argumento do comando (por exemplo, save nome_arquivo -ascii). No formato ASCII, o nome, tipo, tamanho e valor da variável não são preservados. Os dados são salvos como caracteres separados por espaços, mas sem o nome das variáveis. O exemplo a seguir mostra como duas variáveis (um vetor 1 × 4 e uma matriz 2 × 3) são definidas na Command Window e, após, salvas no formato ASCII em um arquivo chamado DatSavAscii:

```
>> V=[3 16 -4 7.3];                         Cria o vetor V (1 × 4).
>> A=[6 -2.1 15.5; -6.1 8 11];              Cria a matriz A (2 × 3).
>> save -ascii DatSavAsci       Salva as variáveis em um arquivo chamado DatSavAsci.
```

Uma vez salvo, o arquivo pode ser aberto em qualquer aplicativo que permita a leitura de arquivos ASCII. A Figura 4-5 mostra, por exemplo, os dados quando o arquivo é aberto no Bloco de Notas (Notepad).

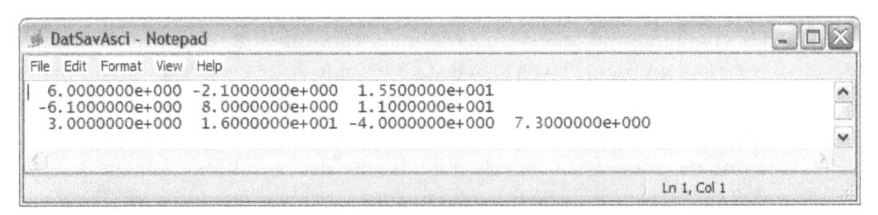

```
 6.0000000e+000  -2.1000000e+000   1.5500000e+001
-6.1000000e+000   8.0000000e+000   1.1000000e+001
 3.0000000e+000   1.6000000e+001  -4.0000000e+000   7.3000000e+000
```

Figura 4-5 Dados salvos no formato ASCII.

Observe que o arquivo não inclui o nome das variáveis; apenas os valores numéricos das variáveis (primeiro A e depois V) são listados.

4.4.2 O comando load

O comando load pode ser usado para recuperar (carregar) variáveis previamente salvas utilizando o comando save e para importar dados que foram criados com outros aplicativos e salvos no formato ASCII ou em arquivos textos (.txt). As variáveis que foram salvas em arquivos .mat utilizando o comando save podem ser recuperadas com o comando:

```
load nome_arquivo    ou    load('nome_arquivo')
```

Quando o comando é executado, todas as variáveis no arquivo (com o nome, tipo, tamanho e valores como foram salvos) são carregadas novamente na área de trabalho do MATLAB. Se na área de trabalho já existir uma variável com o mesmo nome de uma variável carregada com o comando load, então a variável carregada substitui a variável existente. O comando load também pode ser utilizado para recuperar apenas algumas variáveis que estão no arquivo .mat salvo. Por exemplo, para recuperar duas variáveis com os nomes var1 e var2 o comando é:

```
load nome_arquivo var1 var2    ou
                               load('nome_arquivo','var1','var2')
```

O comando `load` também pode ser utilizado para importar dados (e utilizá-los na área de trabalho do MATLAB), que são salvos em formato ASCII ou texto (.txt). No entanto, isso é possível apenas se os dados no arquivo estiverem na forma de uma variável no MATLAB. Assim, o arquivo pode conter um número (escalar), uma linha ou uma coluna de números (vetor) ou linhas com a mesma quantidade de números em cada uma (matriz). Por exemplo, os dados mostrados na Figura 4-5 não podem ser carregados com o comando `load` (ainda que o arquivo tenha sido salvo no formato ASCII com o comando `save`), pois o número de elementos não é o mesmo em todas as linhas. (Lembre-se que esse arquivo foi criado a partir de duas variáveis diferentes.)

Quando dados são carregados de um arquivo ASCII ou de um arquivo texto, eles devem ser atribuídos a uma variável. Dados no formato ASCII podem ser carregados utilizando uma das duas formas do comando `load` a seguir:

```
load nome_arquivo
```
ou
```
nome_variável=load('nome_arquivo')
```

Se os dados estão em um arquivo de texto, a extensão .txt deve ser adicionada ao nome do arquivo. Nesse caso, o comando `load` tem a seguinte forma:

```
load nome_arquivo.txt
```
ou
```
nome_variável=load('nome_arquivo.txt')
```

Na primeira forma do comando, os dados são atribuídos a uma variável que tem o nome do próprio arquivo. Na segunda forma, os dados são atribuídos a uma variável que tem o nome `nome_variável`.

Por exemplo, os dados mostrados na Figura 4-6 (uma matriz de dimensão 3 × 2) foram digitados no Bloco de Notas (Notepad) e depois salvos como DataFromText.txt[‡].

```
DataFromText.txt - Notepad
File Edit Format View Help
56 -4.2
3 7.5
-1.6 198
```

Figura 4-6 Dados salvos como arquivo .txt.

Duas formas do comando `load` são usadas para importar os dados no arquivo texto para a área de trabalho do MATLAB. No primeiro comando, os dados são atribuídos a uma variável chamada de `DfT`. No segundo comando, os dados são automa-

---

[‡] N. de R T.: Preferiu-se manter o nome em inglês neste caso apenas para manter coerência com a edição original do livro em certos aspectos editoriais. O nome 'DataFromText' pode ser traduzido como "DadosDoTexto'.

ticamente atribuídos a uma variável chamada de `DataFromText`, que é o nome do arquivo texto onde os dados foram salvos.

```
>> DfT=load('DataFromText.txt')
DfT =
   56.0000   -4.2000
    3.0000    7.5000
   -1.6000  198.0000
>> load DataFromText.txt
>> DataFromText
DataFromText =
   56.0000   -4.2000
    3.0000    7.5000
   -1.6000  198.0000
```

Carrega o arquivo `DataFromText` e atribui seu conteúdo à variável `DfT`.

Usa o comando load com o arquivo `DataFromText`.

Os dados do arquivo são atribuídos a uma variável chamada `DataFromText`.

A importação de dados para (ou exportação de dados de) outros aplicativos também pode ser feita com outros comandos do MATLAB. Esses comandos são abordados na próxima seção.

4.5 IMPORTANDO E EXPORTANDO DADOS

O MATLAB é usado frequentemente para analisar dados gravados em experimentos ou gerados por outros programas de computador. Para realizar a análise dos dados, primeiramente é necessário importá-los para o ambiente MATLAB. Outras vezes, dados gerados no MATLAB precisam ser utilizados por outros aplicativos. Há muitos tipos de dados que o MATLAB pode tratar: números, textos, áudio, gráficos e imagens. Esta seção descreve apenas como importar e exportar dados numéricos, que provavelmente é a aplicação mais comum utilizada pelos novos usuários do MATLAB. Para outros tipos de transferência de dados, veja o Help do programa e selecione a opção File I/O.

A importação de dados pode ser feita através de comandos ou utilizando o Assistente de Importação (Import Wizard). Os comandos são bastante úteis quando se conhece de antemão o formato dos dados a serem importados. O MATLAB possui uma grande diversidade de comandos que podem ser utilizados para importar vários tipos de dados. Os comandos de importação de dados também podem fazer parte de um programa, de modo que os dados são importados apenas quando o programa é executado. O Assistente de Importação é útil quando o formato dos dados ou o comando aplicável ao tipo de dados que se deseja importar é desconhecido. O Assistente de Importação se encarrega de determinar o formato dos dados e importá-los automaticamente.

4.5.1 Comandos para importação e exportação de dados

Esta seção descreve – em detalhes – como transferir dados *para* e *de* uma planilha do Excel. O aplicativo Microsoft Excel é largamente utilizado para organizar/armazenar dados e, também, é compatível com muito dispositivos de gravação e aplicativos computacionais. Além disso, as pessoas frequentemente preferem importar e exportar vários formatos de dados para dentro e para fora do Excel. O MATLAB também possui comandos para transferir dados diretamente *para* e *de* outros formatos, como csv e ASCII e para planilhas padrão Lotus 123. Os detalhes desses e de muitos outros comandos podem ser encontrados no Help do MATLAB na seção File I/O.

Importando e exportando dados para o Excel e do Excel

A importação de dados do Excel é feita através do comando `xlsread`. Quando o comando é executado, os dados da planilha são organizados (atribuídos) como um arranjo para uma variável. A forma mais simples do comando `xlsread` é:

> `nome_variável = xlsread('nome_arquivo')`

- `'nome_arquivo'` (digitado como uma string) é o nome do arquivo do Excel. O diretório do Excel deve concordar com o diretório especificado no campo Current Directory ou listado no caminho de procura.
- Se o arquivo do Excel tiver mais de uma planilha, os dados serão importados apenas da primeira planilha.

Quando um arquivo do Excel tiver mais de uma planilha, o comando `xlsread` pode ser usado para importar dados de uma planilha específica. A forma do comando passa a ser então:

> `nome_variável=xlsread('nome_arquivo','nome_planilha')`

- O nome da planilha é digitado como uma string.

Outra opção é importar somente uma porção dos dados contidos em uma planilha. Isso é feito digitando-se um argumento adicional no comando:

> `nome_variável=xlsread('nome_arquivo','nome_planilha','intervalo')`

- O `'intervalo'` (digitado como string) é uma região retangular da planilha de onde se deseja fazer a aquisição dos dados, endereçada na notação do Excel. Por exemplo, `'C2:E5'` é uma região 4 por 3 de linhas 2, 3, 4 e 5 e colunas C, D e E.

A exportação de dados do MATLAB para uma planilha do Excel é feita através do comando `xlswrite`. A forma mais simples desse comando é:

> `xlswrite('nome_arquivo',nome_variável)`

- `'nome_arquivo'` (digitado como string) é o nome do arquivo do Excel para o qual os dados devem ser exportados. O arquivo deve estar no diretório indicado no campo Current Directory. Se o arquivo não existir, é criado um novo arquivo do Excel com o nome especificado.
- `nome_variável` é o nome da variável do MATLAB de onde os dados serão exportados.
- Os argumentos `'nome_planilha'` e `'intervalo'` podem ser adicionados ao comando `xlswrite` para exportar dados para uma planilha específica ou para um intervalo específico de células dentro da planilha, respectivamente.

Como exemplo, os dados mostrados na planilha do Excel da Figura 4-7 serão importados para o MATLAB através do comando `xlsread`.

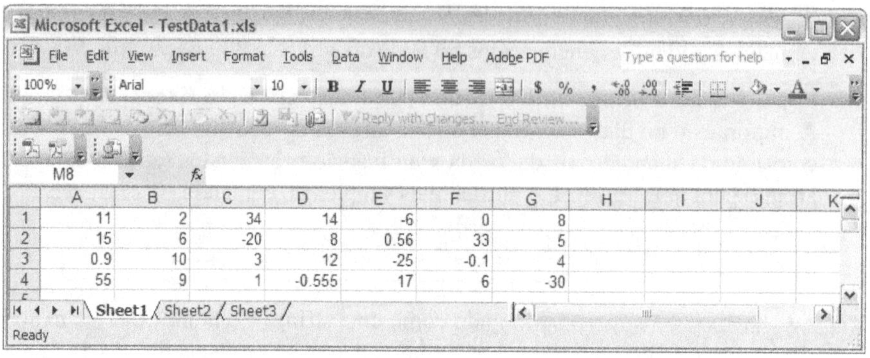

Figura 4-7 Planilha do Excel com dados.

A planilha foi salva em um arquivo chamado TestData1 em um disco removível na unidade F. Depois de alterar o Current Directory para o disco F, os dados são importados para o MATLAB e atribuídos à variável DATA:

```
>> DATA = xlsread('TestData1')
DATA =
   11.0000    2.0000   34.0000   14.0000   -6.0000         0    8.0000
   15.0000    6.0000  -20.0000    8.0000    0.5600   33.0000    5.0000
    0.9000   10.0000    3.0000   12.0000  -25.0000   -0.1000    4.0000
   55.0000    9.0000    1.0000   -0.5550   17.0000    6.0000  -30.0000
```

4.5.2 Utilizando o assistente de importação

Utilizar o Assistente de Importação (Import Wizard) é provavelmente o modo mais simples de se importar dados para o MATLAB, já que o usuário não precisa especificar o formato dos dados. O Assistente de Importação é ativado selecionando-se **Import Data** no menu **File** da janela Command Window (também podemos inicializá-lo digitando o comando `uiimport` na linha do prompt). O Assistente de Importação inicia exibindo uma caixa de seleção de arquivos que o Assistente consegue reconhecer. O usuário seleciona então o arquivo de onde os dados devem ser importados e clica em **Open**. O Assistente de Importação abre o arquivo e exibe uma pequena porção dos dados em uma caixa de visualização prévia (preview box), de modo que o usuário pode verificar se os dados estão corretos (ou seja, se o usuário clicou no arquivo correto). O Assistente de Importação tenta processar os dados e, se a importação for bem sucedida, são exibidas as variáveis criadas especificamente para receber os dados importados. Em seguida, o usuário clica em **next** e o assistente mostra o Column Separator (separador de colunas) utilizado. Se a variável receber os dados corretamente, o usuário poderá continuar a utilizar o Assistente clicando em **next**; caso contrário, o usuário poderá escolher um separador de colunas diferente. Na próxima janela, o assistente mostra o nome e o tamanho da variável criada no MATLAB para receber os dados. (Quando os dados são todos numéricos, a variável do MATLAB recebe o mesmo nome do arquivo de onde os dados foram importados.) Quando o assistente é finalizado (clicando em **finish**), os dados são importados para o MATLAB.

Capítulo 4 • Utilizando Scripts (Programas) e Gerenciando Dados **117**

Como exemplo, o Assistente de Importação será utilizado para importar dados numéricos no formato ASCII salvos em um arquivo .txt. Os dados, salvos no arquivo de nome TestData2, são mostrados na Figura 4-8.

Figura 4-8   Dados numéricos no formato ASCII.

Algumas das janelas exibidas durante o processo de importação dos dados do arquivo TestData2 são mostradas nas Figuras 4-9 e 4-10. A Figura 4-10 mostra que a variável criada no MATLAB tem o nome do próprio arquivo (ou seja, `TestData2`) e tamanho 3 × 5.

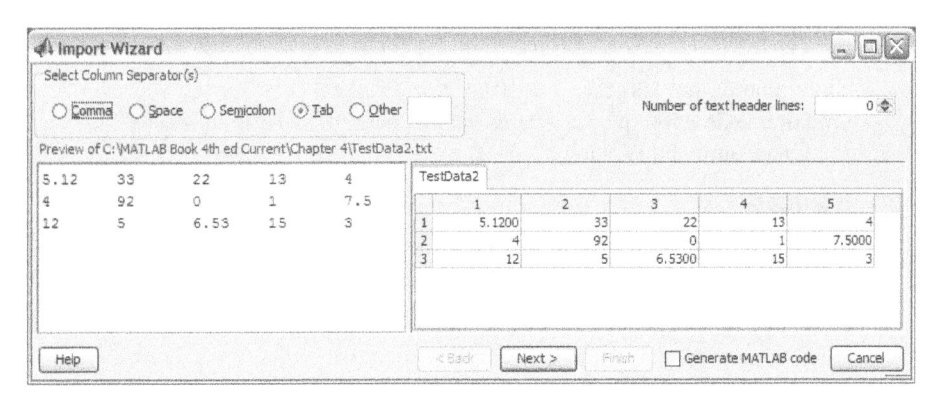

Figura 4-9   Assistente de importação, primeira tela após selecionar o arquivo e clicar em **next**.

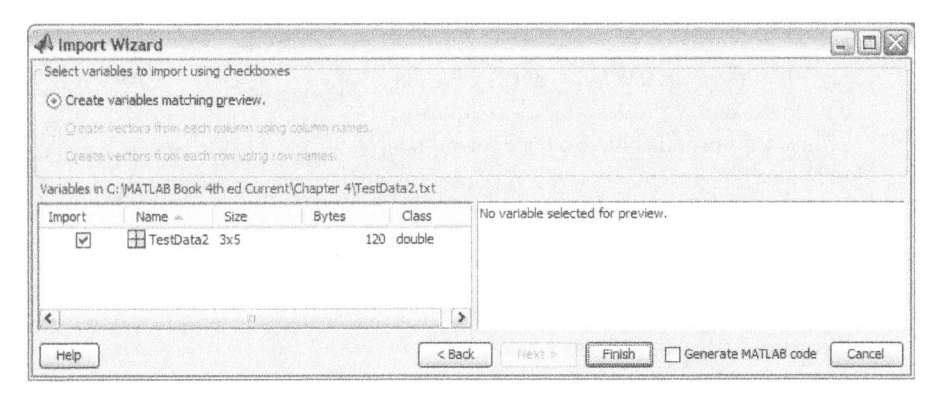

Figura 4-10   Assistente de importação, tela após clicar em **next** na tela da figura anterior.

Na janela Command Window do MATLAB, os dados importados podem ser exibidos digitando-se o nome da variável.

```
>> TestData2
TestData2 =
    5.1200   33.0000   22.0000   13.0000    4.0000
    4.0000   92.0000         0    1.0000    7.5000
   12.0000    5.0000    6.5300   15.0000    3.0000
```

4.6 EXEMPLOS DE APLICAÇÃO DO MATLAB

Problema Exemplo 4-1: Altura e área superficial de um silo

Um silo cilíndrico de raio r possui uma cobertura na forma de uma calota esférica de raio R. A altura da porção cilíndrica é H. Escreva um programa que determine a altura H, dados os valores de r, R e o volume V. Adicionalmente, o programa deve calcular a área superficial do silo.

Use o programa para calcular a altura e a área superficial de um silo com $r = 10$ m, $R = 15$ m e um volume de 3500 m^3. Atribua os valores para r, R e V na Command Window.

Solução

O volume total do silo é o obtido pela adição dos volumes da parte cilíndrica e da calota esférica. O volume do cilindro é dado por:

$$V_{cil} = \pi r^2 H$$

e o volume da calota esférica é:

$$V_{cal} = \frac{1}{3}\pi h^2(3R - h)$$

onde $h = R - R\cos\theta = R(1 - \cos\theta)$ e θ é calculado de $\operatorname{sen}\theta = r/R$. Utilizando as equações acima, a altura H do cilindro pode ser expressa como:

$$H = \frac{V - V_{cal}}{r^2}$$

A área superficial do silo é obtida pela adição das áreas (superficiais) da parte cilíndrica (A_{cil}) e da calota esférica (A_{cal}).

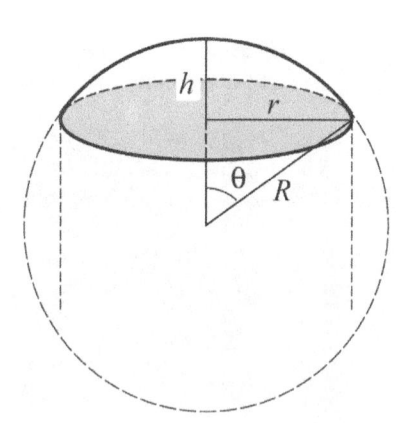

$$A = A_{cil} + A_{cal} = 2\pi rH + 2\pi Rh$$

Apresenta-se a seguir um programa no MATLAB que resolve o problema.

```
theta=asin(r/R);                    [Calcula θ.]
h=R*(1-cos(theta));                 [Calcula h.]
Vcal=pi*h^2*(3*R-h)/3;              [Calcula o volume da calota.]
```

```
H=(V-Vcal)/(pi*r^2);                [Calcula H.]
A=2*pi*(r*H+R*h);                   [Calcula a área superficial A.]
fprintf('A altura H é: %f m.', H)
fprintf('\nA área superficial do silo é: %f m2.\n', A)
```

As variáveis *r*, *R* e *V* são declaradas na Command Window e então o programa (nomeado `silo`) é executado:

```
>> r=10; R=15; V=3500;              [Atribuindo valores para r, R e V.]
>> silo                             [Executando o programa nomeado silo.]
A altura H é: 9.138136 m.
A área superficial do silo é: 934.160491 m2.
```

Problema Exemplo 4-2: Centro geométrico (centroide) de uma área composta

Escreva um programa que calcula as coordenadas do centroide de uma área composta. (Uma área composta pode ser facilmente dividida em seções cujos centroides são conhecidos.) O usuário deve dividir a área em seções e conhecer as coordenadas do centroide (dois números) e a área de cada seção (um número). Quando o programa é executado, ele solicita que o usuário entre com as informações anteriores digitando os três números como uma linha em uma matriz. O número de linhas digitadas corresponde ao número de seções em que a área composta foi dividida. Uma seção que represente um furo deve ter sua área digitada com um sinal negativo. Como saída, o programa exibe as coordenadas do centroide da área composta. Use o programa para calcular o centroide da área ilustrada na figura.

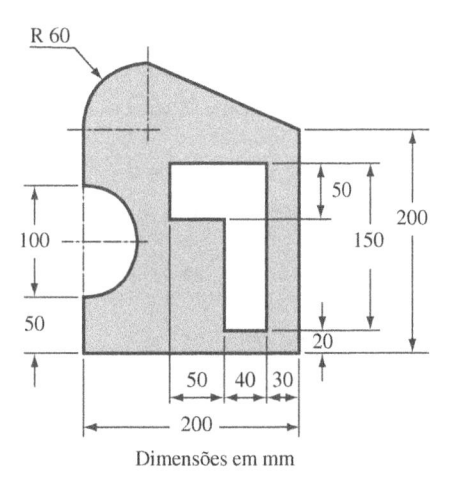

Dimensões em mm

Solução

A área é dividida em seis seções como mostrado na figura a seguir. A área total é calculada adicionando as três seções à esquerda e subtraindo as três seções à direita.

A localização e as coordenadas do centroide de cada seção são marcadas na figura, assim como a área de cada seção.

As coordenadas $\bar{X}$ e $\bar{Y}$ do centroide da área composta são dadas por
$$\bar{X} = \frac{\Sigma A \bar{x}}{\Sigma A} \text{ e } \bar{Y} = \frac{\Sigma A \bar{y}}{\Sigma A},$$
onde $\bar{x}$, $\bar{y}$ e A são as coordenadas do centroide e a área de cada seção, respectivamente.

Um programa no MATLAB para cálculo das coordenadas do centroide de uma área composta é apresentado a seguir.

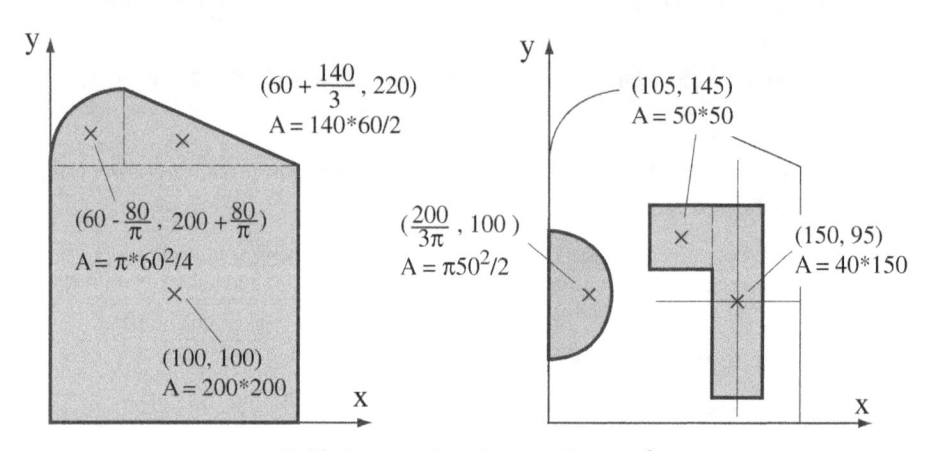

Seção 1:
- $(60 + \frac{140}{3}, 220)$
- $A = 140*60/2$

Seção 2:
- $(60 - \frac{80}{\pi}, 200 + \frac{80}{\pi})$
- $A = \pi*60^2/4$

Seção 3:
- $(100, 100)$
- $A = 200*200$

Seção 4:
- $(\frac{200}{3\pi}, 100)$
- $A = \pi 50^2/2$

Seção 5:
- $(105, 145)$
- $A = 50*50$

Seção 6:
- $(150, 95)$
- $A = 40*150$

Unidades: coordenadas mm, área mm²

```
% Programa para cálculo das coordenadas do centroide
% de uma área composta.
clear C xs ys As
C=input('Entre com uma matriz em que cada linha tem três
elementos.\nEm cada linha entre com as coordenadas
x e y do centroide e com a área de uma seção.\n');
xs=C(:,1)';    % Cria um vetor linha com as coordenadas x de
               % cada seção (primeira coluna de C).
ys=C(:,2)';    % Cria um vetor linha com as coordenadas y de
               % cada seção (segunda coluna de C).
As=C(:,3)';    % Cria um vetor linha com as áreas de
               % cada seção (terceira coluna de C).
A=sum(As);     % Calcula a área total.
x=sum(As.*xs)/A;
y=sum(As.*ys)/A;   % Calcula as coordenadas do
                   % centroide da área composta.
fprintf('As coordenadas do centroide são: ( %f, %f )\n',x,y);
```

O programa anterior foi salvo com o nome `centroide`. A seguir tem-se a Command Window quando o programa é executado.

```
>> centroide
Entre com uma matriz em que cada linha tem três elementos.
Em cada linha entre com as coordenadas x e y do centroide
e com a área de uma seção.
[100 100 200*200
60-80/pi 200+80/pi pi*60^2/4
60+140/3 220 140*60/2
200/(3*pi) 100 -pi*50^2/2
105 145 -50*50
150 95 -40*150]
As coordenadas do centroide são:  (95.369089, 122.434492)
```

> Entrando com a matriz C.
> Cada linha tem três elementos:
> x, y e A de uma seção.

Problema Exemplo 4-3: Divisor de tensão

Quando vários resistores são conectados em série em um circuito elétrico, a queda de tensão em cada um deles é dada pela regra do divisor de tensão:

$$v_n = \frac{R_n}{R_{eq}} v_s$$

onde v_n e R_n são a queda de tensão através do resistor n e sua resistência, respectivamente, $R_{eq} = \Sigma R_n$ é a resistência equivalente e v_s é a tensão da fonte. A potência dissipada em cada resistor é dada por:

$$P_n = \frac{R_n}{R_{eq}^2} v_s^2$$

A figura abaixo mostra um circuito com sete resistores conectados em série.

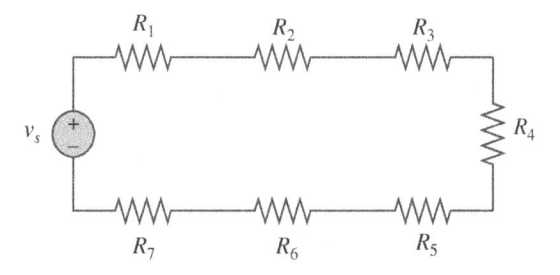

Escreva um programa que calcule a queda de tensão e a potência dissipada em cada resistor, considerando um circuito de resistores conectados em série. Quando o programa é executado, é solicitado ao usuário entrar primeiro com a tensão da fonte e depois com as resistências dos resistores em um vetor linha. Como saída, o programa exibe uma tabela com as resistências listadas na primeira coluna, a queda de tensão através do resistor na segunda e a potência dissipada no resistor na terceira coluna. Seguindo a tabela, o programa exibe a corrente no circuito e a potência total dissipada.

Escreva o programa descrito e execute-o considerando os seguintes dados de v_s e resistências (R's):

$v_s = 24$ V, $R_1 = 20\,\Omega$, $R_2 = 14\,\Omega$, $R_3 = 12\,\Omega$, $R_4 = 18\,\Omega$, $R_5 = 8\,\Omega$, $R_6 = 15\,\Omega$ e $R_7 = 10\,\Omega$

Solução

O programa a seguir (salvo como `divisor_tensao`) resolve o problema.

```
% Programa para cálculo da queda de tensão através de cada resistor
% em um circuito com resistores conectados em série.
vs=input('Entre com o valor da fonte de tensão ');
Rn=input('Entre com os valores dos resistores como
os elementos de um vetor linha\n');
Req=sum(Rn);                    % Calcula a resistência equivalente.
vn=Rn*vs/Req;                   % Aplica a regra do divisor de tensão.
Pn=Rn*vs^2/Req^2;               % Calcula a potência em cada resistor.
i = vs/Req;                     % Calcula a corrente no circuito.
Ptotal = vs*i;                  % Calcula a potência total no circuito.
Tabela = [Rn', vn', Pn'];       % Cria uma variável Tabela com os
disp(' ')                       % vetores Rn, vn e Pn como colunas.
disp('Resistência Tensão Potência')
disp('    (Ohms)    (Volts)    (Watts)')   % Exibe cabeçalhos para as colunas.
disp(' ')                       % Exibe uma linha vazia.
disp(Tabela)                    % Exibe a variável Tabela.
disp(' ')
fprintf('A corrente no circuito é %f Ampères.',i)
fprintf('\nA potência total dissipada no circuito é %f Watts.\n',Ptotal)
```

Temos o seguinte resultado na janela Command Window quando o programa é executado:

```
>> divisor_tensao                              % Nome do arquivo do programa.
Entre com o valor da fonte de tensão 24        % Tensão da fonte digitada pelo usuário.
Entre com os valores dos resistores
como os elementos de um vetor linha
```

```
[20  14  12  18   8  15  10]    ◄────  Valores dos resistores digitados
Resistência    Tensão    Potência       na forma de um vetor.
  (Ohms)       (Volts)   (Watts)
  20.0000      4.9485    1.2244
  14.0000      3.4639    0.8571
  12.0000      2.9691    0.7346
  18.0000      4.4536    1.1019
   8.0000      1.9794    0.4897
  15.0000      3.7113    0.9183
  10.0000      2.4742    0.6122

A corrente no circuito é 0.247423 Ampères.
A potência total dissipada no circuito é 5.938144 Watts.
```

4.7 PROBLEMAS

Para resolver os problemas a seguir, primeiro desenvolva um programa e, após, execute-o na Command Window do MATLAB.

1. Sensação térmica ou *wind chill*, em inglês, é a temperatura aparente (T_{apa}) sentida pela pele exposta, em virtude da combinação entre temperatura do ar e velocidade do vento. Em unidades tipicamente americanas, a temperatura aparente é calculada por

$$T_{apa} = 35{,}74 + 0{,}6215T - 35{,}75v^{0{,}16} + 0{,}4275T\,v^{0{,}16}$$

onde T é a temperatura em graus F e v é a velocidade do vento em mi/h. Escreva um programa no MATLAB que calcule T_{apa}. Como entrada, o programa deve solicitar os valores de T e v. Como saída o programa exibe a mensagem: "A temperatura aparente é: XX.", onde XX é o valor da temperatura aparente arredondada para o inteiro mais próximo. Execute o programa para $T = 30°F$ e $v = 42$ mi/h.

2. O pagamento mensal M de um empréstimo P por y anos e com uma taxa de juros r, pode ser calculado pela fórmula:

$$M = \frac{P(r/12)}{1-(1+r/12)^{-12y}}$$

Calcule o pagamento mensal e o pagamento total para um empréstimo de R$ 100.000,00 por 10, 11, 12,..., 29, 30 anos com uma taxa de juros de 4,85%. Exiba os resultados em uma tabela de três colunas, onde a primeira coluna é o número de anos, a segunda é o pagamento mensal e a terceira é o pagamento total.

3. Um tubo de água toroidal (vide figura) é projetado para ter uma capacidade de 8000 cm³. O volume do tubo (V) e sua área superficial (A) são dados por:

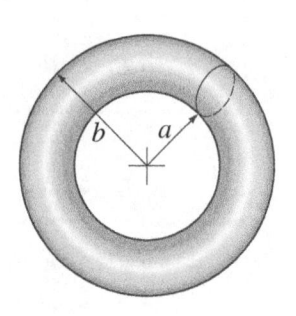

$$V = \frac{1}{4}\pi^2(a+b)(b-a)^2 \quad \text{e} \quad A = \pi^2(b^2-a^2)$$

Se $a = Kb$, determine A, a e b para $K = 0,2$; $0,3$; $0,4$; $0,5$; $0,6$ e $0,7$. Exiba os resultados em uma tabela.

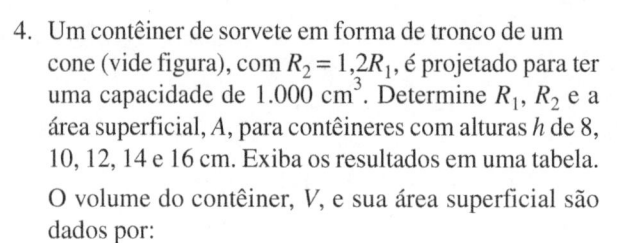

4. Um contêiner de sorvete em forma de tronco de um cone (vide figura), com $R_2 = 1,2R_1$, é projetado para ter uma capacidade de 1.000 cm³. Determine R_1, R_2 e a área superficial, A, para contêineres com alturas h de 8, 10, 12, 14 e 16 cm. Exiba os resultados em uma tabela.

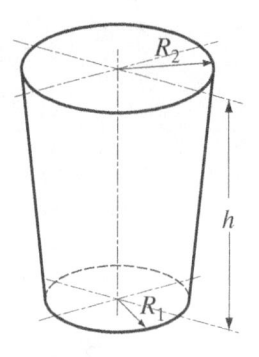

O volume do contêiner, V, e sua área superficial são dados por:

$$V = \frac{1}{3}\pi h(R_1^2 + R_2^2 + R_1R_2)$$

$$A = \pi(R_1 + R_2)\sqrt{(R_2 - R_1)^2 + h^2} + \pi(R_1^2 + R_2^2)$$

5. Escreva um programa no MATLAB que calcule a média, o desvio padrão e a mediana de uma lista de notas, assim como o número de notas. O programa deve solicitar que o usuário (comando `input`) entre com as notas como elementos de um vetor. Após, o programa calcula as quantidades solicitadas utilizando as funções nativas do MATLAB `length`, `mean`, `std` e `median`.

Os resultados são exibidos na Command Window no seguinte formato:
"Há XX notas." onde XX é o valor numérico.
"A média das notas é XX." onde XX é o valor numérico.
"O desvio padrão é XX." onde XX é o valor numérico.
"A mediana das notas é XX." onde XX é o valor numérico.
Execute o programa e entre com as seguintes notas: 81, 65, 61, 78, 94, 80, 65, 76, 77, 95, 82, 49 e 75.

6. O crescimento de algumas populações de bactérias pode ser descrito por

$$N = N_0 e^{kt}$$

onde N é o número de bactérias no instante t, N_0 é o número em $t = 0$ e k é uma constante. Assumindo que o número de bactérias dobra a cada hora, determine o número de bactérias a cada hora para um intervalo de 24 horas, considerando uma população inicial composta por uma única bactéria.

7. Um foguete voando para cima descreve um ângulo θ com o horizonte em diferentes alturas h (vide figura). Escreva um programa que calcule o raio da Terra R (assumindo a Terra como uma esfera perfeita) para cada ponto da tabela abaixo e, então, determine a média de todos os valores calculados.

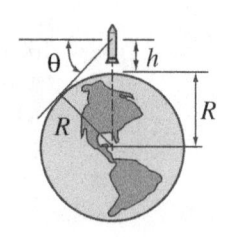

h (km)	4	8	12	16	20	24	28	32	36	40
θ (graus)	2,0	2,9	3,5	4,1	4,5	5,0	5,4	5,7	6,1	6,4

8. Um para-choque de ferrovia é projetado para parar um vagão de trem que se move rapidamente. Um vagão de 20.000 kg, com velocidade de 20 m/s, logo após tocar o para-choque tem deslocamento x (em metros) e velocidade v (em m/s) em função do tempo descritos por:

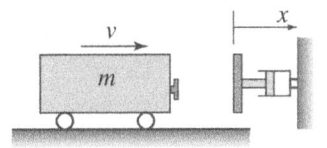

$$x(t) = 4,219(e^{-1,58t} - e^{-6,32t}) \text{ e } v(t) = 26,67e^{-6,32t} - 6,67e^{-1,58t}$$

Determine x e v para cada dois centésimos de segundo durante o primeiro meio segundo após o impacto. Exiba os resultados em uma tabela de três colunas na qual a primeira coluna é o tempo (s), a segunda é o deslocamento (m) e a terceira é a velocidade (m/s).

9. O decaimento radioativo de materiais pode ser modelado pela equação $A = A_0 e^{kt}$, onde A é a quantidade de material no instante de tempo t, A_0 é a quantidade em $t = 0$ e k é a constante de decaimento ($k \leq 0$). O Iodo-132 é um radioisótopo que é usado em testes de função da tireoide. Seu tempo de meia vida é 13,3 horas. Primeiro, determine o valor da constante k. Após, calcule a quantidade relativa de Iodo-132 (A / A_0) no corpo de um paciente 48 horas após ter recebido uma dose. Para isso, defina um vetor $t = 0, 4, 8,..., 48$ e calcule os valores de A / A_0 correspondentes.

10. O rendimento B obtido do depósito de uma quantidade A em uma conta-poupança por n anos, com uma taxa de juros anual de r é dado por:

$$B = A\left(1 + \frac{r}{100}\right)^n$$

Escreva um programa no MATLAB que calcule o rendimento B após 10 anos, considerando um depósito inicial de R$ 10.000,00, para uma taxa de juros anual variando de 2% a 6% com incrementos de 0,5%. Exiba os resultados em uma tabela. A tabela deve ter duas colunas, onde a primeira indica a taxa de juros e a segunda indica o valor de B correspondente.

11. Uma página retangular impressa com lados de comprimento a e b é configurada para ter uma área de impressão de 60 pol.² e margens superior e inferior de 1,75 pol. e laterais (esquerda e direita) de 1,2 pol (veja a figura do problema). Escreve um programa no MATLAB que determine as dimensões de a e b, de modo que a área total da página será tão menor quanto possível. No programa, defina um vetor a com valores entre 5 e 20 com incrementos de 0,05. Use esse vetor para cal-

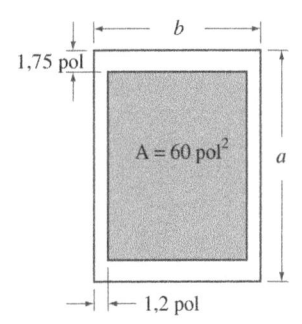

cular os valores correspondentes de *b* e a área total da página. Após, use a função nativa `min` para determinar as dimensões da menor página.

12. Um quadro de avisos circular com raio *R* = 55 pol. é projetado para ter um anúncio retangular colocado no interior de um retângulo com lados de comprimento *a* e *b*. As margens entre o retângulo e o anúncio são de 10 pol. nas partes superior e inferior e de 4 pol. nas laterais (vide figura). Escreva um programa no MATLAB para determinar as dimensões *a* e *b*, de modo que a área total do anúncio seja a maior possível. No programa, defina um vetor *a* com valores entre 5 e 100 com incrementos de 0,25. Use esse vetor para calcular os valores correspondentes de *b* e a área total do anúncio. Após, use a função nativa `max` para encontrar as dimensões correspondentes à maior área total do anúncio.

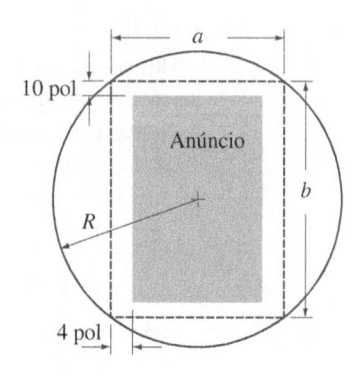

13. O rendimento *B* de um empréstimo, após *n* pagamentos mensais é dado por

$$B = A\left(1 - \frac{r}{1200}\right)^n - \frac{P}{r/1200}\left[\left(1 + \frac{r}{1200}\right)^n - 1\right]$$

onde *A* é o valor do empréstimo, *P* é o valor de um pagamento mensal e *r* é a taxa anual de juros em % (por exemplo, para uma taxa de 7,5%, *r* = 7,5 na fórmula anterior). Considere um empréstimo de R$ 20.000,00, ao longo de 5 anos, com taxa de juros anual de 6,5% e um pagamento mensal de R$ 391,32. Calcule o rendimento do empréstimo após cada 6 meses (isto é, *n* = 6, 12, 18, 24,..., 54, 60). Para cada cálculo, determine também a porcentagem do empréstimo que já foi paga. Exiba os resultados em uma tabela de três colunas, onde a primeira coluna indica o mês e a segunda e a terceira indicam, respectivamente, o valor correspondente de *B* e a porcentagem do empréstimo já paga.

14. Uma grande tela de TV de altura *H* = 50 pés é colocada na lateral de uma construção elevada (vide figura). A altura da rua até a base da tela é *h* = 130 pés. A melhor visão da tela é aquela em que o ângulo θ é máximo. Escreva um programa no MATLAB que determina a distância *x* na qual θ é máximo. Defina um vetor *x* com elementos entre 30 e 300 e espaçamento de 0,5.
Use esse vetor para calcular os valores correspondentes de θ. Após, use a função nativa `max` para encontrar o valor de *x* correspondente ao maior valor de θ.

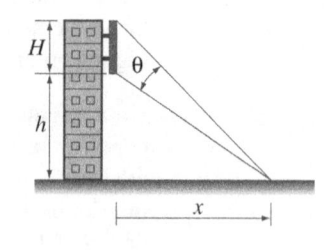

15. Um estudante de engenharia tem um emprego de verão como salva-vidas. Após avistar um nadador em perigo, ele tenta deduzir o caminho pelo qual ele pode alcançar o nadador no menor intervalo de tempo (vide figura). O caminho de menor

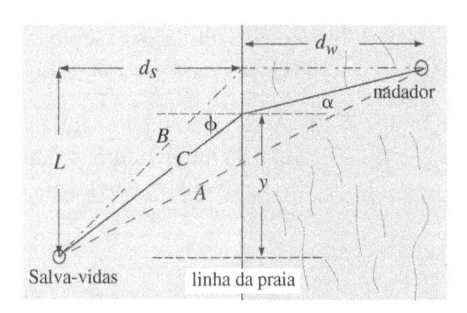

distância (caminho A) obviamente não é o melhor, uma vez que aumenta o tempo gasto nadando (o salva-vidas pode correr mais rápido do que pode nadar). O caminho B minimiza o tempo gasto nadando, porém provavelmente não é o melhor, pois é o caminho (razoável) mais longo. Assim, o caminho ótimo esta entre os caminhos A e B.

Considere um caminho intermediário C e determine o tempo necessário para alcançar o nadador em perigo tendo em conta: que o salva-vidas corre a uma velocidade v_{cor} = 3 m/s e nada a uma velocidade v_{nad} = 1 m/s; as distâncias L = 48 m, d_s = 30 m e d_w = 42 m; e a distância lateral y define o ponto no qual o salva-vidas entra na água. Crie um vetor y que varia entre o caminho A e o caminho B (y = 20, 21, 22,..., 48 m) e determine o tempo t para cada y. Use a função nativa `min` do MATLAB para determinar o tempo mínimo t_{min} e o ponto y para o qual esse tempo ocorre. Determine os ângulos ϕ e α correspondentes ao valor calculado de y (vide figura) e verifique se seu resultado satisfaz a lei de Snell de refração:

$$\frac{\operatorname{sen}\phi}{\operatorname{sen}\alpha} = \frac{v_{cor}}{v_{nad}}$$

16. O avião mostrado está voando a uma velocidade constante de v = 50 m/s em um caminho circular de raio = 2.000 m e está sendo controlado por uma estação de radar localizada a uma distância h = 500 m abaixo da base do avião (ponto A, vide figura). O avião está no ponto A em t = 0 e o ângulo α em função do tempo é dado (em radianos) por $\alpha = \frac{v}{\rho}t$. Escreva um programa no MATLAB que calcule θ e r em função do tempo. O programa deve primeiro determinar o instante em que α = 90°. Após, define-se um vetor t com 15 elementos ao longo do intervalo $0 \leq t \leq t_{90°}$ e calcula-se θ e r para cada instante de tempo. O programa deve imprimir os valores de ρ, h e v, seguido por uma tabela 15 × 3, onde a primeira coluna é t, a segunda é o ângulo θ em graus e a terceira é o valor correspondente de r.

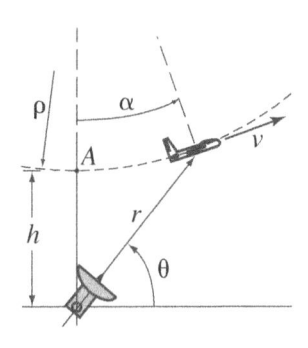

17. Os primeiros exploradores geralmente estimavam a altitude medindo-se a temperatura de ebulição da água. Use as duas equações a seguir para gerar uma tabela que pode ser usada por "caminhantes modernos".

$$p = 29{,}921(1 - 6{,}8753 \times 10^{-6}h), \qquad T_b = 49{,}161 \ln p + 44{,}932$$

onde p é a pressão atmosférica em polegadas de mercúrio, T_b é a temperatura de ebulição em °F e h é a altitude em pés. A tabela deve ter duas colunas, a primeira com a altitude e a segunda com a temperatura de ebulição. A altitude deve variar entre − 500 pés e 10.000 pés, com incrementos de 500 pés.

18. A variação da pressão de vapor p (em unidades de mmHg) do benzeno em função da temperatura no intervalo $0 \leq T \leq 42°C$ pode ser modelada com a equação (Handbook of Chemistry and Physics – CRC Press)

$$\log_{10} p = b - \frac{0,05223a}{T}$$

onde $a = 34172$ e $b = 7,9622$ são constantes do material e T é a temperatura absoluta (K). Escreva um programa que calcula a pressão para várias temperaturas. O programa deve criar um vetor de temperaturas de $T = 0°C$ até $T = 42°C$ com incrementos de 2 graus. Os resultados devem ser exibidos na forma de uma tabela de duas colunas, onde a primeira coluna corresponde às temperaturas (em °C) e a segunda coluna corresponde às pressões (em mmHg).

19. Para muitos gases, a dependência da capacidade térmica C_p com a temperatura pode ser descrita em termos de uma equação cúbica:

$$C_p = a + bT + cT^2 + dT^3$$

A tabela a seguir fornece os coeficientes da equação cúbica para quatro gases diferentes. Para a equação anterior (considerando os dados da tabela), C_p está em joules/(g mol)(°C) e T em °C.

Gás	a	b	c	d
SO_2	38,91	$3,904 \times 10^{-2}$	$-3,105 \times 10^{-5}$	$8,606 \times 10^{-9}$
SO_3	48,50	$9,188 \times 10^{-2}$	$-8,540 \times 10^{-5}$	$32,40 \times 10^{-9}$
O_2	29,10	$1,158 \times 10^{-2}$	$-0,6076 \times 10^{-5}$	$1,311 \times 10^{-9}$
N_2	29,00	$0,2199 \times 10^{-2}$	$-0,5723 \times 10^{-5}$	$-2,871 \times 10^{-9}$

Calcule a capacidade térmica de cada gás para temperaturas variando entre 200 e 400°C com incremento de 20°C. Para apresentar os resultados, crie uma matriz 11 × 5 onde a primeira coluna é a temperatura e a segunda até a quinta colunas são a capacidade térmica do SO_2, SO_3, O_2 e N_2, respectivamente.

20. A capacidade térmica de uma mistura ideal de quatro gases $C_{p_{mistura}}$ pode ser expressa em termos da capacidade térmica dos componentes da mistura, conforme a seguinte equação

$$C_{p_{mistura}} = x_1 C_{p1} + x_2 C_{p2} + x_3 C_{p3} + x_4 C_{p4}$$

onde x_1, x_2, x_3 e x_4 são as frações dos componentes e C_{p1}, C_{p2}, C_{p3} e C_{p4} são as capacidades térmicas correspondentes. Seja uma mistura de uma quantidade desconhecida de quatro gases (SO_2, SO_3, O_2 e N_2). Para determinar a fração de cada componente, os seguintes valores da capacidade térmica da mistura foram medidos em três temperaturas diferentes:

Temperatura °C	25	150	300
$C_{p_{mistura}}$ joules/(g mol)(°C)	39,82	44,72	49,10

Use a equação e os dados do Problema 19 para determinar a capacidade térmica de cada um dos quatro componentes nas três temperaturas. Após, use a equação que fornece a capacidade térmica da mistura para escrever três equações para a mistura nas três temperaturas. A quarta equação é $x_1 + x_2 + x_3 + x_4 = 1$. Determine x_1, x_2, x_3 e x_4 pela solução do sistema de equações lineares.

21. Quando vários resistores são conectados em paralelo em um circuito elétrico, a corrente que circula através de cada um é dada por $i_n = \dfrac{v_s}{R_n}$ onde i_n e R_n são, respectivamente, a corrente através do resistor n e sua resistência e v_s é a tensão da fonte. A resistência equivalente pode ser determinada a partir da equação

$$\frac{1}{R_{eq}} = \frac{1}{R_1} + \frac{1}{R_2} + \ldots + \frac{1}{R_n}$$

A corrente fornecida pela fonte é dada por $i_s = v_s / R_{eq}$ e a potência dissipada em cada resistor, P_n, é dada por $P_n = v_s i_n$.

Escreva um programa que calcula a corrente que circula por cada resistor e a potência dissipada, considerando um circuito composto por resistores em paralelo. Quando o programa é executado, é solicitado ao usuário entrar com o valor da fonte de tensão e depois com os valores das resistências em um vetor. O programa deve exibir como saída uma tabela onde a primeira coluna contém o valor da resistência, a segunda coluna apresenta a corrente através do resistor e a terceira coluna indica a potência dissipada no resistor. Depois da tabela, o programa deve exibir a corrente na fonte e a potência total fornecida. Use o programa desenvolvido para resolver o circuito a seguir.

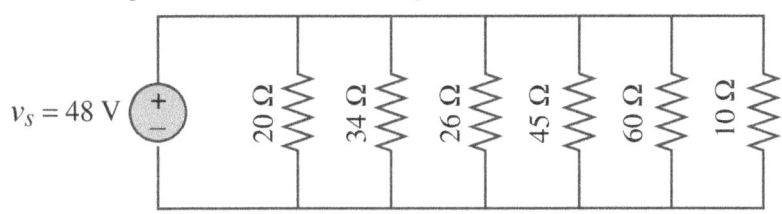

$v_S = 48$ V, resistores de $20\,\Omega$, $34\,\Omega$, $26\,\Omega$, $45\,\Omega$, $60\,\Omega$, $10\,\Omega$ em paralelo.

22. Uma treliça é uma estrutura feita de membros unidos em suas extremidades. Para a treliça ilustrada na figura, as forças nos nove membros são determinadas pela solução do seguinte sistema de nove equações lineares:

$-\cos(45°)F_1 + F_4 = 0$
$-F_3 - \text{sen}(45°)F_1 = 0$
$-F_2 + \text{sen}(45°)F_5 + F_6 = 0$
$-\cos(48,81°)F_5 - F_4 + F_8 = 0,\quad -\text{sen}(48,81°)F_5 - F_7 = 600$
$-\text{sen}(48,81°)F_9 = 1800,\quad -F_8 - \cos(48,81°)F_9 = 0,$
$F_7 + \text{sen}(48,81°)F_9 = 4800,\quad \cos(48,81°)F_9 - F_6 = 0$

Escreva as equações na forma matricial e use o MATLAB para determinar as forças nos membros da treliça. Uma força positiva significa uma força de tração, e uma força negativa corresponde a uma força de compressão. Exiba os resultados em uma tabela.

23. Considere a treliça ilustrada na figura. As forças nos 11 membros são determinadas pela solução do seguinte sistema de 11 equações lineares:

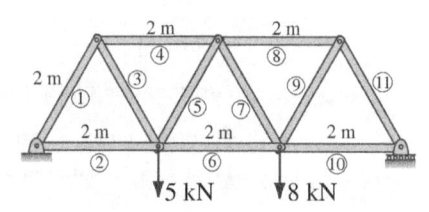

$$\frac{1}{2}F_1 + F_2 = 0, \quad \frac{\sqrt{3}}{2}F_1 = -6$$

$$-\frac{1}{2}F_1 + \frac{1}{2}F_3 + F_4 = 0, \quad -\frac{\sqrt{3}}{2}F_1 - \frac{\sqrt{3}}{2}F_3 = 0, \quad -F_2 - \frac{1}{2}F_3 + \frac{1}{2}F_5 + F_6 = 0$$

$$\frac{\sqrt{3}}{2}F_3 + \frac{\sqrt{3}}{2}F_5 = 5, \quad -F_4 - \frac{1}{2}F_5 + \frac{1}{2}F_7 + F_8 = 0, \quad -\frac{\sqrt{3}}{2}F_5 - \frac{\sqrt{3}}{2}F_7 = 0$$

$$-F_6 - \frac{1}{2}F_7 + \frac{1}{2}F_9 + F_{10} = 0, \quad \frac{\sqrt{3}}{2}F_7 + \frac{\sqrt{3}}{2}F_9 = 8, \quad -F_8 - \frac{1}{2}F_9 + \frac{1}{2}F_{11} = 0$$

Escreva as equações na forma matricial e use o MATLAB para determinar as forças nos membros da treliça. Uma força positiva significa uma força de tração, e uma força negativa corresponde a uma força de compressão. Exiba os resultados em uma tabela.

24. O gráfico da função $f(x) = ax^4 + bx^3 + cx^2 + dx + e$ passa pelos pontos (–4; –7,6), (–2; –17,2), (0,2; 9,2), (1; –1,6) e (4; –36,4). Determine as constantes a, b, c, d e e. (Escreva um sistema de cinco equações e cinco incógnitas e use o MATLAB para resolver as equações.)

25. A superfície de muitos aerofólios pode ser descrita por uma equação da forma

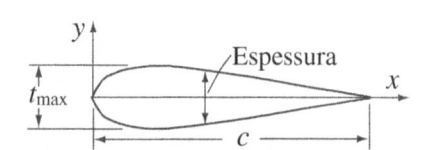

$$y = \mp \frac{tc}{0,2}[a_0\sqrt{x/c} + a_1(x/c) + a_2(x/c)^2 + a_3(x/c)^3 + a_4(x/c)^4]$$

onde t é a espessura máxima como uma fração do comprimento da corda c (p.e., $t_{max} = ct$). Dados $c = 1$ m e $t = 0,2$ m, os seguintes valores de y foram medidos para um determinado aerofólio:

x (m)	0,15	0,35	0,5	0,7	0,85
y (m)	0,08909	0,09914	0,08823	0,06107	0,03421

Determine as constantes a_0, a_1, a_2, a_3 e a_4. (Escreva um sistema de cinco equações e cinco incógnitas e use o MATLAB para resolver as equações.)

26. Em um jogo de golfe, par é o número de tacadas a serem feitas para acertar a bola em determinado buraco (o par do buraco é determinado basicamente por sua distância; quanto maior ela for, maior o número de tacadas). Caso o jogador acerte o buraco com um número de tacadas igual ao par, ele não pontua. Certo número de pontos é obtido quando se acerta o buraco com duas tacadas a menos que o par (jogada chamada Eagle) e um número de pontos diferente é obtido quando se acerta o buraco com uma tacada a menos que o par (jogada chamada Birdie). Certo número de pontos é subtraído do jogador quando ele acerta o buraco com uma tacada a mais que o par (jogada chamada Bogey) e outra quantidade diferente de pontos é subtraída quando ele acerta o buraco com duas tacadas a mais que o par (jogada chamada Double Bogey) e assim por diante. A reportagem de um jornal sobre um importante jogo não mencionou a quantidade de pontos obtida ou subtraída de acordo com cada jogada, porém forneceu a seguinte tabela de resultados:

Jogador	Eagles	Birdies	Pars	Bogeys	Doubles	Pontos
A	1	2	10	1	1	5
B	2	3	11	0	1	12
C	1	4	10	1	10	11
D	1	3	10	12	0	8

A partir das informações da tabela, escreva quatro equações em termos das quatro variáveis desconhecidas. Resolva as equações para as pontuações desconhecidas associadas a cada jogada (Eagle, Birdie, Bogey e Double Bogey). Lembre-se que as jogadas Eagle e Birdie correspondem a pontuações positivas e as jogadas Bogey e Double Bogey correspondem a pontuações negativas.

27. A dissoluço de sulfato de cobre em acido nítrico aquoso é descrita pela seguinte equação química:

$$a\text{CuS} + b\text{NO}_3^- + c\text{H}^+ \rightarrow d\text{Cu}^{2+} + e\text{SO}_4^{2-} + f\text{NO} + g\text{H}_2\text{O}$$

onde os coeficientes a, b, c, d, e, f e g são os números (desconhecidos) das várias moléculas participantes da reação. Os coeficientes desconhecidos são determinados por meio do balanceamento de cada átomo em ambos os lados da equação (reagentes e produtos – lei da conservação da massa) e pelo balanceamento da carga iônica. As equações resultantes são:

$a = d, \quad a = e, \quad b = f, \quad 3b = 4e + f + g, \quad c = 2g, \quad -b + c = 2d - 2e$

Observe que há sete incógnitas e apenas seis equações. Porém, uma solução ainda pode ser obtida aproveitando o fato de que todos os coeficientes devem ser inteiros positivos. Aplique o seguinte procedimento: adicione uma sétima equação assumindo $a = 1$ e resolva o sistema de equações. A solução é válida se todos os coeficientes são inteiros positivos. Se esse não for o caso, faça $a = 2$ e repita a solução. Continue o processo até que todos os coeficientes obtidos na solução sejam inteiros positivos.

28. Como já apresentado no Problema 1, a sensação térmica ou *wind chill*, em inglês, é a temperatura aparente (T_{apa}) sentida pela pele exposta, em virtude da combinação entre temperatura do ar e velocidade do vento. Em unidades americanas, a T_{apa} é dada por:

$$T_{apa} = 35{,}74 + 0{,}6215T - 35{,}75v^{0{,}16} + 0{,}4275T\,v^{0{,}16}$$

onde T é a temperatura em graus F e v é a velocidade do vento em mi/h. Escreva um programa no MATLAB que exiba na Command Window o conjunto de dados mostrado a seguir da temperatura aparente para uma dada temperatura e velocidade do vento.

	\multicolumn{9}{c}{Temperatura (F)}
	40	30	20	10	0	-10	-20	-30	-40
Velocidade (mi/h)									
10	34	21	9	-4	-16	-28	-41	-53	-66
20	30	17	4	-9	-22	-35	-48	-61	-74
30	28	15	1	-12	-26	-39	-53	-67	-80
40	27	13	-1	-15	-29	-43	-57	-71	-84
50	26	12	-3	-17	-31	-45	-60	-74	-88
60	25	10	-4	-19	-33	-48	-62	-76	-91

29. O fator de intensidade de tensão devido à trinca ilustrada na figura depende do parâmetro geométrico C_I dado por:

$$C_I = \sqrt{\frac{2}{\pi\alpha}\tan\frac{\pi\alpha}{2}}\left[\frac{0{,}923 + 0{,}199\left(1-\operatorname{sen}\frac{\pi\alpha}{2}\right)}{\cos\frac{\pi\alpha}{2}}\right]$$

onde $\alpha = \frac{a}{b}$. Calcule C_I para α entre 0,05 e 0,95 com incrementos de 0,05. Exiba os resultados em uma tabela de duas colunas com a primeira coluna mostrando α e a segunda C_I.

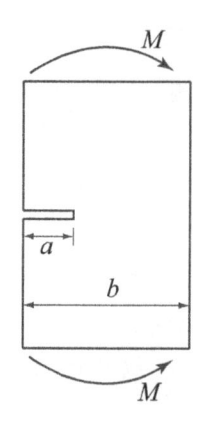

Capítulo 5
Gráficos Bidimensionais

Gráficos são ferramentas poderosas quando se deseja interpretar visualmente os resultados. Isso é especialmente interessante nas engenharias e nas ciências exatas, nas quais o MATLAB encontra as maiores aplicações. O MATLAB possui muitos comandos que podem ser utilizados para criar diferentes tipos de gráficos. Fazem parte dessa lista: gráficos padrão com escalas lineares, gráficos com escalas logarítmicas e semilogarítmicas, gráficos em barras e escadas, gráficos polares, gráficos com efeito visual 3-D, em pizza e muitos outros. Além disso, os gráficos podem ser formatados em vários aspectos: tipo de linha (cheia, pontilhada, etc), a cor e a espessura são facilmente especificadas; também, é possível adicionar marcadores de linhas e grids e, é claro, títulos e comentários estão entre as opções básicas de formatação de gráficos. É possível exibir vários gráficos em uma única saída, e muitos gráficos podem ser colocados em uma mesma janela. Quando uma saída exibir vários gráficos e/ou dados simultaneamente, é possível adicionar legendas para diferenciá-los.

Este capítulo descreve, em linhas gerais, como usar o MATLAB para criar e formatar gráficos bidimensionais (2-D). Os gráficos tridimensionais (3-D) serão tratados separadamente no Capítulo 9. Um gráfico 2-D típico, gerado pelo MATLAB, é mostrado na Figura 5-1. Essa figura mostra duas curvas onde se estuda o comportamento teórico e experimental da intensidade de luz em função da distância. A curva experimental foi construída a partir de medidas experimentais e a curva teórica traz o comportamento previsto pelo modelo teórico. Foram especificados dois eixos lineares nos gráficos e diferentes tipos de linha ajudam a diferenciá-los. A curva teórica é a mostrada em linha cheia, enquanto que os dados experimentais são conectados com uma linha tracejada. Cada ponto plotado experimentalmente no gráfico foi marcado com um círculo. A linha tracejada ligando os pontos experimentais é exibida em vermelho na janela Figure Window. O gráfico da Figura 5-1 foi formatado de modo a possuir um título, rótulos dos eixos, legenda, marcadores e uma caixa de texto.

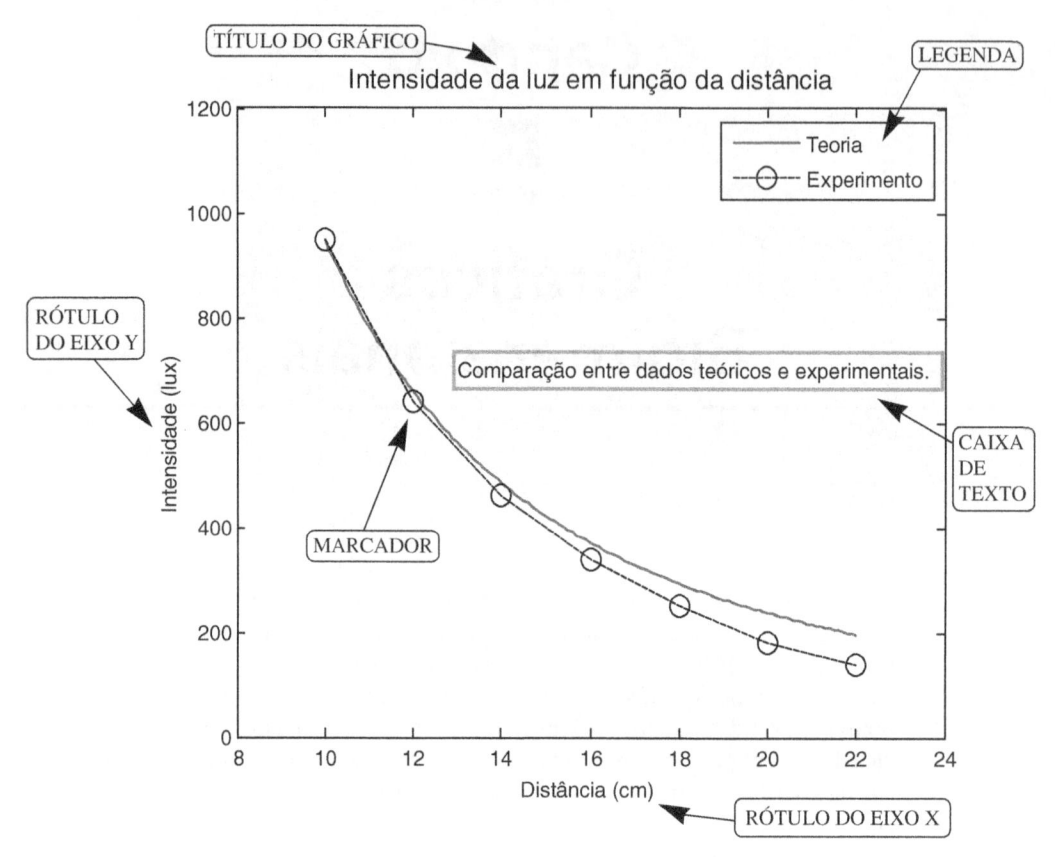

Figura 5-1 Exemplo de gráfico bidimensional formatado.

5.1 O COMANDO plot

O comando plot é utilizado para gerar gráficos bidimensionais. A forma mais simples do comando é:

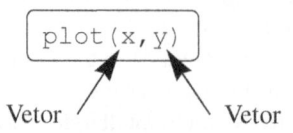

plot(x,y)

Vetor   Vetor

Cada um dos argumentos x e y deve ser um vetor (arranjo unidimensional). Além disso, ambos os vetores *devem* possuir a mesma quantidade de elementos. Ao executar o comando plot, é gerada uma saída na janela Figure Window. Caso a janela Figure Window esteja fechada, ela será aberta automaticamente após a execução do comando. O gráfico padrão produzido pelo comando plot traz uma única curva, com os valores de x dispostos na abscissa (eixo horizontal) e os valores de y na ordenada (eixo vertical). A curva é construída a partir de segmentos de reta que ligam os pontos cujas coordenadas são definidas pelos elementos dos vetores x e y. Evidentemente, os vetores podem ter qualquer nome. Apenas é importante lembrar que o primeiro vetor digitado no argumento de plot é usado como eixo horizontal e o segundo como eixo vertical.

Capítulo 5 • Gráficos Bidimensionais

O gráfico gerado possui os eixos escalonados linearmente em uma faixa padrão. Por exemplo, se um vetor *x* possui os elementos 1; 2; 3; 4; 7; 7,5; 8; 10 e um vetor *y* os elementos 2; 6,5; 7; 7; 5,5; 4; 6; 8, o gráfico *y versus x* pode ser criado digitando-se os seguintes comandos na janela Command Window:

```
>> x=[1   2   3   5   7   7.5   8   10];
>> y=[2   6.5   7   7   5.5   4   6   8];
>> plot(x,y)
```

Uma vez executado o comando plot, a janela Figure Window é inicializada e o gráfico é exibido, como ilustrado na Figura 5-2.

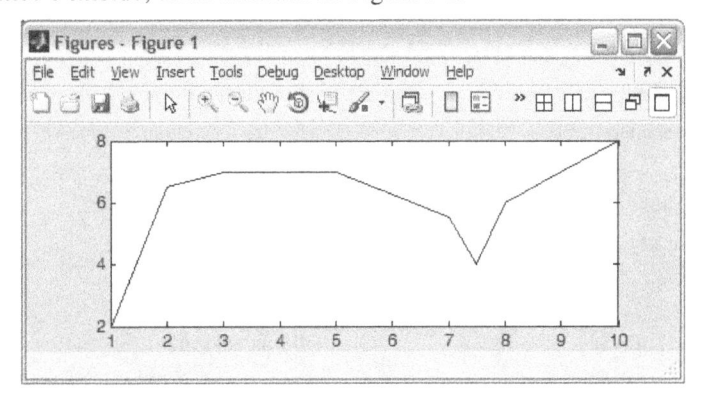

Figura 5-2 Janela Figure Window com um gráfico simples.

A cor padrão (default) do gráfico na tela é o azul.

É possível adicionar outros argumentos ao comando plot para especificar a cor e o estilo da linha e a cor e o estilo dos marcadores. Com essas novas opções, a sintaxe do comando plot é:

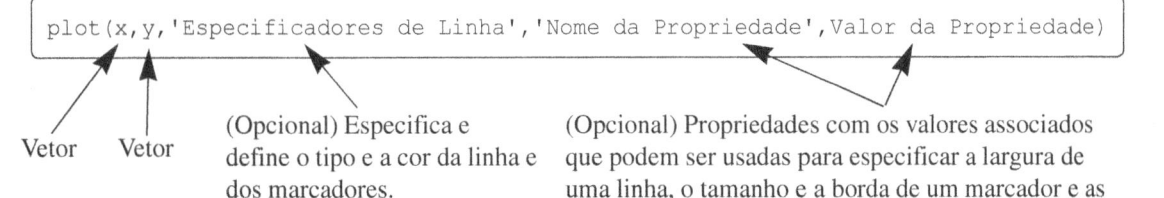

plot(x,y,'Especificadores de Linha','Nome da Propriedade',Valor da Propriedade)

Vetor   Vetor   (Opcional) Especifica e define o tipo e a cor da linha e dos marcadores.   (Opcional) Propriedades com os valores associados que podem ser usadas para especificar a largura de uma linha, o tamanho e a borda de um marcador e as cores de preenchimento.

Especificadores de linha:
Este campo é opcional e pode ser utilizado para definir o estilo, a cor da linha e o tipo de marcador (se necessários). Os especificadores para estilos de linhas são:

Estilo de linha	Especificador	Estilo de linha	Especificador
Sólida (padrão)	–	Pontilhada	:
Tracejada	--	Traço-ponto	-.

Os especificadores de cor são:

Cor da linha	Especificador
vermelha	r
verde	g
azul	b
ciano	c

Cor da linha	Especificador
magenta	m
amarelo	y
preto	k
branco	w

Os especificadores de tipo de marcador são:

Tipo de marcador	Especificador	Tipo de marcador	Especificador
sinal +	+	quadrado	s
círculo	o	diamante (losango)	d
asterisco	*	estrela de cinco pontas	p
ponto	.	estrela de seis pontas	h
cruz	x	triângulo (apontado para esquerda)	<
triângulo (apontado para cima)	^	triângulo (apontado para direita)	>
triângulo (apontado para baixo)	v		

Observações quanto ao uso de especificadores:
- Os especificadores são digitados como strings dentro do argumento do comando `plot`.
- Dentro da string, os especificadores podem ser digitados em qualquer ordem.
- Os especificadores são opcionais. Significa que nenhum, um, dois ou todos os três especificadores podem ser incluídos em um comando.

Exemplos:

`plot (x, y)`	Uma linha cheia (sólida) na cor azul interliga os pontos sem marcadores (default).
`plot (x,y,'r')`	Os pontos são interligados por uma linha cheia em vermelho.
`plot (x,y,'--y')`	Uma linha amarela tracejada interliga os pontos.
`plot (x, y,'*')`	Os pontos são marcados com um * (não há linhas interligando os pontos).
`plot (x,y,'g:d')`	Uma linha pontilhada verde interliga os pontos que são marcados com losangos.

`Nome da propriedade e valor da propriedade:`
As propriedades também são opcionais e podem ser utilizadas na especificação da espessura da linha, do tamanho e das cores dos marcadores de linhas e para preenchi-

mento. O nome da propriedade é digitado como uma string, seguida por uma vírgula e, após, o valor para a propriedade, tudo dentro do comando `plot`.

A tabela a seguir apresenta quatro propriedades com os respectivos valores possíveis:

Nome da propriedade	Descrição	Valores possíveis
`LineWidth` (ou `linewidth`)	Especifica a largura da linha.	Um número em unidade de pontos (default 0,5).
`MarkerSize` (ou `markersize`)	Especifica o tamanho do marcador.	Um número em unidade de pontos
`MarkerEdgeColor` ou (`markeredgecolor`)	Especifica a cor do marcador ou a cor da borda da linha que delimita o marcador.	Especificadores de cor da tabela anterior digitados como string.
`MarkerFaceColor` ou (`markerfacecolor`)	Especifica a cor de preenchimento para marcadores.	Especificadores de cor da tabela anterior digitados como string.

Por exemplo, o comando:

```
plot (x, y, '-mo', 'LineWidth', 2, 'markersize',12,
      'MarkerEdgeColor', 'g', 'markerfacecolor', 'y')
```

cria um gráfico interligando os pontos com uma linha magenta cheia, adicionando marcadores na forma de círculos em cada ponto. A linha tem espessura de 2 pontos e o círculo marcador tem tamanho de 12 pontos. Por último, os marcadores têm a linha de borda verde e são preenchidos de amarelo.

Uma observação quanto aos especificadores de linha e propriedades:
Os três especificadores de linha (estilo, cor da linha e o tipo de marcador) podem ser atribuídos com o argumento `Nome da Propriedade`, seguido por um argumento no campo `Valor da Propriedade`. Os nomes das propriedades para os especificadores de linha são:

Especificador	Nome da propriedade	Valores possíveis
Line style (estilo da linha)	`linestyle` (ou `LineStyle`)	Especificador de estilo de linha citado na primeira tabela.
Line Color (cor da linha)	`color` (ou `Color`)	Especificadores de cor citados na segunda tabela.
Marker (marcador)	`marker` (ou `Marker`)	Especificadores de tipo de marcador citados na terceira tabela.

Como qualquer comando do MATLAB, o comando `plot` pode ser digitado na linha do prompt da janela Command Window ou ser incluído em um programa. Também é possível ser utilizado na declaração de uma função (Capítulo 7). Cabe ressaltar que, antes do comando `plot` ser executado, os vetores `x` e `y` devem ter sido declarados e inicializados. Isso foi explicado no Capítulo 2, atribuindo diretamente valores aos vetores ou indiretamente através de operações matemáticas. As duas próximas subseções mostram exemplos simples de gráficos construídos a partir do comando `plot`.

5.1.1 Gráfico de uma tabela de dados

Neste tipo de gráfico é necessário dispor os dados numa tabela e atribuí-los aos vetores antes do comando `plot` ser executado. Por exemplo, a tabela abaixo possui dados relativos às vendas de uma empresa de 1988 a 1994.

Ano	1988	1989	1990	1991	1992	1993	1994
Vendas (milhões)	8	12	20	22	18	24	27

Para plotar esses dados, a lista de anos é atribuída ao vetor `ano` e as vendas correspondentes são atribuídas ao vetor `vendas`. A sequência de comandos na janela Command Window é mostrada a seguir:

```
>> ano=[1988:1:1994];
>> venda=[8  12  20  22  18  24  27];
>> plot(ano,venda,'--r*','linewidth',2,'markersize',12)
>>
```

Especificadores de linha: linha vermelha tracejada e marcador tipo asterisco.

Nome da Propriedade e Valor da Propriedade: a largura da linha é 2 pontos e o tamanho do marcador é 12 pontos.

Uma vez executado o comando `plot`, a janela Figure Window exibe o gráfico referente aos dados (veja a Figura 5-3). O gráfico aparece na tela em vermelho, conforme designação do especificador de linha.

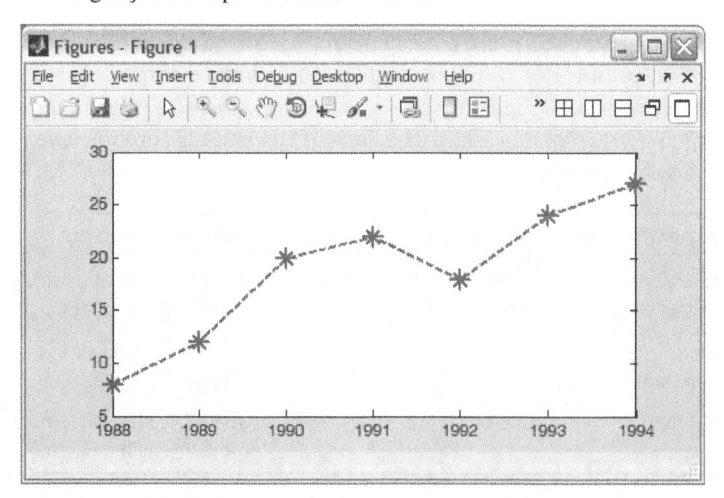

Figura 5-3   A janela Figure Window com um gráfico de dados de venda.

5.1.2 Gráfico de uma função

É bastante frequente estudarmos o comportamento gráfico de uma função. No MATLAB, a geração de gráficos se dá de duas formas diferentes: comandos `plot` e `fplot`. A utilização do comando `plot` para esse propósito é abordada a seguir. Já o comando `fplot` é o objeto de estudo da próxima seção.

Para obtermos um gráfico de uma função $y = f(x)$ com o comando `plot`, o usuário precisa primeiro criar um vetor de valores de x para o domínio ao longo do qual a função será avaliada. Após, um vetor y é definido com os correspondentes valores de $f(x)$ utilizando operações elemento por elemento (veja o Capítulo 3). Uma vez definidos os dois vetores, eles podem ser usados no comando `plot`.

Como exemplo, vamos utilizar o comando `plot` para plotar a função $y = 3{,}5^{-0{,}5x}\cos(6x)$, $-2 \leq x \leq 4$. O programa a seguir calcula e plota a função.

```
%   Programa que cria um gráfico da
%   função: 3.5.^(-0.5*x).*cos(6x)
x=[-2:0.01:4];
y=3.5.^(-0.5*x).*cos(6*x);

plot(x,y)
```

Cria um vetor x com o domínio da função.
Cria um vetor y com o valor da função para cada elemento de x.
Plota y como uma função de x.

Executando o programa, o gráfico é gerado na janela Figure Window, como ilustrado na Figura 5-4. Visto que um gráfico no MATLAB é traçado com segmentos de linha ligando os pontos adjacentes, para obter a precisão desejada deve-se determinar um espaçamento adequado entre os elementos do domínio (vetor x). Funções que variam muito rapidamente requerem espaçamentos menores. No exemplo anterior, um espaçamento de 0,01 produziu o gráfico mostrado na Figura 5-4. Entretanto, se a mesma função for esboçada, no mesmo intervalo de domínio, porém com espaçamentos maiores (por exemplo, 0,3), o gráfico obtido (Figura 5-5) fornece uma ilustração distorcida do comportamento da função. Perceba, também, que na Figura 5-4 o gráfico é mostrado no ambiente em que foi gerado, isto é, na janela Figure Window. A Figura 5-5 traz somente o gráfico. Um gráfico pode ser copiado da janela Figure Window. Para isso, selecione a opção **Copy Figure** no menu **Edit**. Em seguida, basta colar em outros aplicativos de interesse.

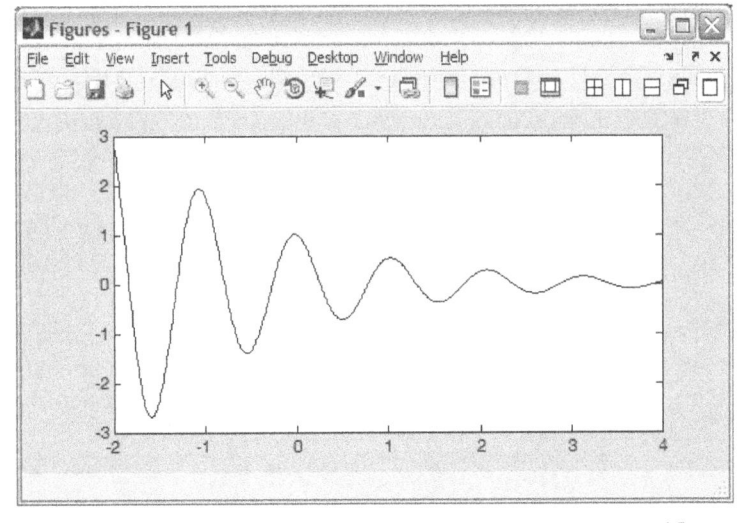

Figura 5-4 A janela Figure Window com um gráfico da função $3{,}5^{-0{,}5x}\cos(6x)$.

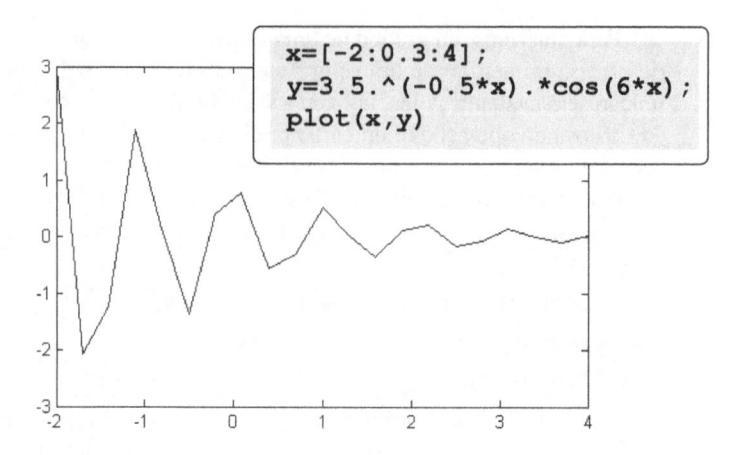

Figura 5-5 Um gráfico da função $3{,}5^{-0{,}5x}\cos(6x)$ com espaçamento maior.

5.2 O COMANDO `fplot`

O comando `fplot` esboça uma função $y = f(x)$ entre os limites especificados. O comando tem a forma:

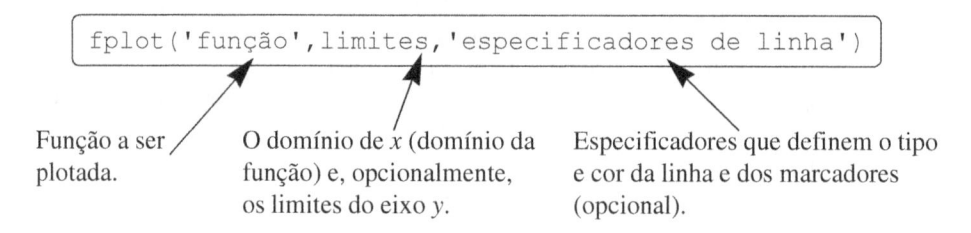

```
fplot('função',limites,'especificadores de linha')
```

Função a ser plotada.

O domínio de x (domínio da função) e, opcionalmente, os limites do eixo y.

Especificadores que definem o tipo e cor da linha e dos marcadores (opcional).

'**função**': a função deve ser digitada diretamente como uma string dentro do comando. Por exemplo, se a função que se deseja plotar é $f(x) = 8x^2 + 5\cos(x)$, devemos digitá-la como `'8*x^2+5*cos(x)'`. A função desejada pode incluir funções nativas do MATLAB e/ou funções criadas pelo usuário (veja o Capítulo 7).

- Não importa o nome da variável independente digitada dentro do argumento da função. Por exemplo, a função anterior poderia ser `'8*t^2+5*cos(t)'` ou `'8*z^2+5*cos(z)'`.
- A função não pode incluir no argumento variáveis já declaradas no programa. Por exemplo, na função acima não é possível atribuir o número 8 a uma variável e, então, usá-la no argumento do comando `fplot`.

limites: os limites devem ser introduzidos como um vetor de dois elementos que especifica o intervalo do domínio x `[xmin,xmax]` ou um vetor com quatro elementos especificando o intervalo do domínio x e os limites do eixo y onde se deseja visualizar o gráfico da função `[xmin,xmax,ymin,ymax]`.

especificadores de linha: os especificadores de linha são os mesmos descritos para o comando `plot`. Por exemplo, um gráfico da função $y = x^2 + 4\text{sen}(2x) - 1$ no intervalo $-3 \leq x \leq 3$, pode ser criado com o comando `fplot` digitando:

```
>> fplot('x^2+4*sin(2*x)-1',[-3 3])
```

na Command Window. A Figura 5-6 a seguir mostra o resultado desse comando.

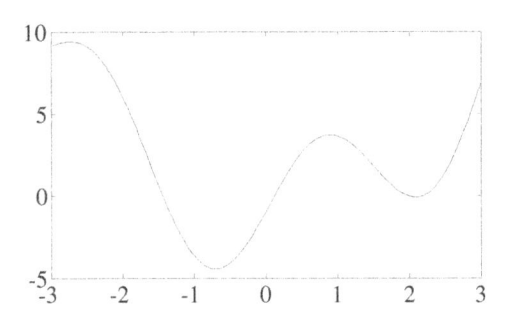

Figura 5-6 Um gráfico da função $y = x^2 + 4\text{sen}(2x) - 1$.

5.3 PLOTANDO VÁRIOS GRÁFICOS EM UMA MESMA FIGURA

Em diversas situações há a necessidade de se incluir vários gráficos em uma mesma figura. Isso é ilustrado, por exemplo, na Figura 5-1, onde dois gráficos são plotados na mesma figura. No MATLAB há três métodos de se incluir múltiplos gráficos em uma figura. Um deles é usando o próprio comando `plot`, outro é usando os comandos `hold on` e `hold off` e o terceiro é utilizando o comando `line`.

5.3.1 Utilizando o comando `plot`

Dois ou mais gráficos podem ser colocados em uma mesma figura digitando-se pares de vetores nos argumentos do comando `plot`. O comando

```
plot(x,y,u,v,t,h)
```

cria três gráficos: `y` vs. `x`, `v` vs. `u` e `h` vs. `t`, todos na mesma figura. Os vetores de cada par devem possuir o mesmo tamanho. O MATLAB gera gráficos automaticamente em três cores diferentes de modo que eles possam ser diferenciados. Também é possível adicionar especificadores de linha após cada par de variáveis. Por exemplo, o comando:

```
plot(x,y,'-b',u,v,'—r',t,h,'g:')
```

traça o gráfico `y` vs. `x` com uma linha cheia azul, `v` vs. `u` com uma linha tracejada vermelha e `h` vs. `t` com uma linha pontilhada verde.

Problema Exemplo 5-1: Plotando uma função e suas derivadas

Trace o gráfico da função $y = 3x^3 - 26x + 10$, juntamente com a primeira e segunda derivadas dessa função, no intervalo $-2 \leq x \leq 4$, todos em uma mesma figura.

Solução

A derivada primeira da função é: $y' = 9x^2 - 26$.
A derivada segunda da função é: $y'' = 18x$.
Um programa que, dado um vetor x, calcula os valores de y, y' e y'' é:

```
x=[-2:0.01:4];          Cria um vetor x com o domínio da função.
y=3*x.^3-26*x+6;        Cria um vetor y com o valor da função para cada elemento de x.
yd=9*x.^2-26;           Cria um vetor yd com os valores da primeira derivada de y.
ydd=18*x;               Cria um vetor ydd com os valores da segunda derivada de y.
plot(x,y,'-b',x,yd,'--r',x,ydd,':k')
                        Cria três gráficos, y vs. x, yd vs. x e ydd vs. x, todos na mesma figura.
```

O gráfico gerado é ilustrado na Figura 5-7.

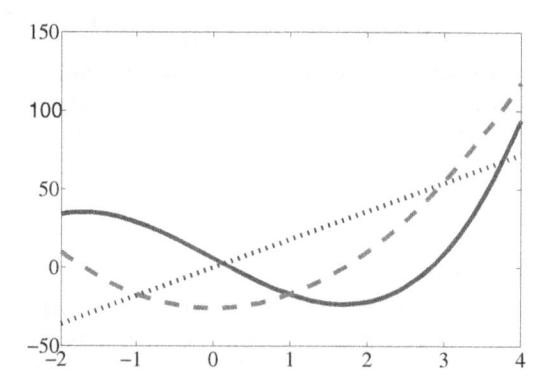

Figura 5-7 Um gráfico da função $y = 3x^3 - 26x + 10$, juntamente com a primeira e segunda derivadas da função.

5.3.2 Utilizando os comandos `hold on` e `hold off`

Para plotar vários gráficos utilizando os comandos `hold on` e `hold off`, primeiramente deve-se plotar um gráfico com o comando `plot`. Após, o comando `hold on` é digitado e executado. Isto mantém a janela Figure Window aberta exibindo o primeiro gráfico da série, incluindo as propriedades dos eixos e a formatação (veja a Seção 5.4). Os gráficos adicionais são incluídos na mesma figura, um a um, através do comando `plot`. Cada comando `plot` adiciona exatamente um gráfico à figura. Quando se deseja encerrar o processo de anexação de gráficos, o comando `hold off` é digitado e o MATLAB retorna ao modo default, em que um próximo comando `plot` apaga todas as figuras plotadas anteriormente e reinicia as propriedades dos eixos.

Como um exemplo, o programa a seguir apresenta uma solução alternativa do Problema Exemplo 5-1 utilizando os comandos `hold on` e `hold off`.

```
x=[-2:0.01:4];
y=3*x.^3-26*x+6;
yd=9*x.^2-26;
ydd=18*x;
plot(x,y,'-b')                  O primeiro gráfico é plotado.
hold on
plot(x,yd,'--r')                Dois outros gráficos são adicionados à figura.
plot(x,ydd,':k')
hold off
```

5.3.3 Utilizando o comando `line`

Com o comando `line`, gráficos (linhas) adicionais podem ser adicionados a uma figura já existente. A forma do comando `line` é:

```
line(x,y,'Nome da Propriedade',Valor da Propriedade)
```

(Opcional) Propriedades com valores que podem ser usados para especificar o estilo, cor e largura da linha, tipo de marcador, tamanho e cores da borda e preenchimento do marcador.

A sintaxe do comando `line` é quase a mesma do comando `plot` (veja a Seção 5.1). A diferença essencial está na inexistência do campo Especificadores de Linha. Entretanto, o estilo/cor da linha e o marcador podem ser especificados utilizando os campos Nome da Propriedade e Valor da Propriedade. As propriedades são opcionais e, caso não sejam especificadas, o MATLAB utiliza propriedades e valores padrão (default) na estrutura do comando. Por exemplo, o comando:

```
line(x,y,'linestyle','--','color','r','marker','o')
```

adicionará uma linha vermelha tracejada, com marcadores circulares, a um gráfico já existente (e aberto em uma Figure Window).

A maior diferença entre os comandos `plot` e `line` é que o comando `plot` inicia uma figura toda vez que é executado, enquanto que o comando `line` adiciona linhas a figuras que já existem. Um modo rápido de se traçar gráficos múltiplos é o seguinte: primeiro é digitado um comando `plot`. Em seguida, os comandos `line` são digitados (um a um) e executados para adicionar gráficos logo após o respectivo comando `plot`. (Se um comando `line` for digitado antes de um comando `plot`, uma mensagem de erro é exibida.)

A solução do Problema Exemplo 5-1, que corresponde aos gráficos da Figura 5-7, pode ser obtida utilizando os comandos plot e line, conforme sugere o programa a seguir.

```
x=[-2:0.01:4];
y=3*x.^3-26*x+6;
yd=9*x.^2-26;
ydd=18*x;
plot(x,y,'LineStyle','-','color','b')
line(x,yd,'LineStyle','--','color','r')
line(x,ydd,'linestyle',':','color','k')
```

5.4 FORMATANDO UM GRÁFICO

Os comandos plot e fplot foram previamente utilizados da maneira mais simples possível. Desse modo, eles permitem, tão somente, a criação de gráficos. Entretanto, é usual formatar um gráfico de forma a exibir informações sobre as escalas e informações específicas, além do gráfico em si. É possível incluir títulos (rótulos) para os eixos, título do gráfico, legenda, grids, faixa de valores para as escalas e caixas de texto.

A formatação de gráficos no MATLAB pode ser feita por meio de comandos que seguem os comandos plot ou fplot ou usando, interativamente, o editor das propriedades dos gráficos na janela Figure Window (**Figure Properties** no menu **Edit**). O primeiro modo é bastante útil quando um comando plot faz parte de um programa. Quando os comandos de formatação são incluídos no programa, toda vez que ele for executado, um gráfico formatado é gerado na saída da janela Figure Window. De outro modo, a formatação pode ser realizada na janela Figure Window, porém deve ser repetida toda vez que o gráfico for gerado.

5.4.1 Formatando um gráfico utilizando comandos

Os comandos de formatação devem ser digitados e executados após os comandos plot e fplot. As diversas possibilidades de formatação de gráficos são:

Os comandos xlabel **e** ylabel:
Os comandos xlabel e ylabel servem para rotular os eixos x e y da figura. O formato desses comandos é:

```
xlabel('texto como string')
ylabel('texto como string')
```

O comando `title`:
Um título pode ser adicionado ao gráfico com o comando

```
title('texto como string')
```

O texto é colocado no topo da figura como um título.

O comando `text`:
Uma caixa de texto pode ser inserida em um gráfico com os comandos `text` ou `gtext`:

```
text(x,y,'texto como string')
gtext('texto como string')
```

O comando `text` insere uma caixa de texto de tal forma que o primeiro caractere é inserido na posição indicada pelas coordenadas x, y (de acordo com os eixos da figura). O comando `gtext` insere uma caixa de texto na posição especificada pelo usuário. Executando o comando `gtext`, a janela Figure Window é aberta e o usuário é solicitado a especificar a posição da caixa com o mouse.

O comando `legend`:
O comando `legend` adiciona uma legenda ao gráfico. Uma legenda é útil para fazer distinção entre diversos tipos de gráficos que forem plotados em uma figura. A legenda apresenta uma "amostra" do tipo de linha (incluindo a cor) de cada gráfico e coloca um pequeno texto, especificado pelo usuário, ao lado da amostra da linha. A forma do comando é:

```
legend('string1','string2',...,pos)
```

As strings especificam os textos a serem colocados na legenda. Elas devem entrar na ordem em que os gráficos foram criados. O campo `pos` é um número opcional que especifica onde a legenda deve ser posicionada na figura. As opções são:

`pos=-1` Insere a legenda à direita da figura, fora do contorno delimitado pelos eixos.
`pos=0`   Insere a legenda dentro da figura, numa posição que interfira o mínimo no gráfico.
`pos=1`   Insere a legenda no canto direito superior do gráfico (default).
`pos=2`   Insere a legenda no canto esquerdo superior do gráfico.
`pos=3`   Insere a legenda no canto esquerdo inferior do gráfico.
`pos=4`   Insere a legenda no canto direito inferior do gráfico.

Formatando o texto dentro dos comandos `xlabel`, `ylabel`, `title`, `text` **e** `legend`:
Os textos inseridos pelos comandos de formatação de gráficos também podem ser formatados. A formatação é utilizada para definir o tipo, o tamanho, a posição (subs-

crito ou sobrescrito), o estilo (itálico, negrito, etc.) e a cor dos caracteres, a cor do segundo plano e muitos outros detalhes. Os comandos de formatação mais comuns são descritos a seguir. Uma explanação completa dos diversos comandos de formação pode ser encontrada na janela Help Window (veja a opção Text and Text Properties). A formatação pode ser realizada de duas formas: adicionando modificadores dentro da string, ou adicionando ao comando específico os argumentos opcionais Nome da Propriedade e Valor da Propriedade.

Os modificadores são caracteres que são inseridos dentro da string. Alguns modificadores comuns são:

Modificador	Efeito	Modificador	Efeito
\bf	fonte em negrito	\fontname{nome da fonte}	especifica a fonte a ser usada
\it	fonte em itálico	\fontsize{tamanho da fonte}	especifica o tamanho da fonte
\rm	fonte normal		

Esses modificadores afetam o texto a partir do ponto em que eles são inseridos até o fim da string. Também é possível ter modificadores aplicados a apenas uma seção da string. Isso é feito digitando o modificador e o texto a ser afetado entre chaves { }.

Subscrito e sobrescrito:
Digitando _ (sublinhar ou underscore) ou ^ antes de um caractere, esse caractere aparecerá como subscrito ou sobrescrito, respectivamente. Uma cadeia de caracteres pode ser inserida como subscrito ou sobrescrito. Basta digitar os caracteres dentro de chaves { }, seguidos de _ ou ^.

Caracteres gregos:
Caracteres gregos podem ser incluídos em um texto digitando \nome da letra dentro da string. Para exibir letras gregas minúsculas, o nome da letra deve ser digitado todo em letras minúsculas. Para escolher uma letra grega maiúscula, apenas a inicial da letra deve aparecer em maiúscula. Por exemplo:

Caracteres na string	Letra grega	Caracteres na string	Letra grega
\alpha	α	\Phi	Φ
\beta	β	\Delta	Δ
\gamma	γ	\Gamma	Γ
\theta	θ	\Lambda	Λ
\pi	π	\Omega	Ω
\sigma	σ	\Sigma	Σ

O texto que é exibido pelos comando `xlabel`, `ylabel`, `title` e `text` também pode ser formatado utilizando (após a string que especifica o texto) os argumentos opcionais Nome da Propriedade e Valor da Propriedade. Utilizando esses argumentos, o comando `text`, por exemplo, tem a forma:

```
text(x, y, 'texto como string', 'Nome da Propriedade',
Valor da Propriedade)
```

Nos demais comandos, os argumentos Nome da Propriedade e Valor da Propriedade são adicionados da mesma forma. O campo Nome da Propriedade é digitado como uma string e o campo Valor da Propriedade é digitado como um número se o valor da propriedade é um número e como uma string se o valor da propriedade é uma palavra ou um caractere. Algumas propriedades e possíveis valores correspondentes são:

Nome da propriedade	Descrição	Possíveis valores da propriedade
Rotation	Especifica a orientação do texto.	Escalar (graus) Padrão (default): 0
FontAngle	Especifica estilo dos caracteres (itálico ou normal).	normal, italic Padrão (default): normal
FontName	Especifica a fonte para o texto.	Nome da fonte disponível no sistema.
FontSize	Especifica o tamanho da fonte.	Escalar (pontos) Padrão (default): 10
FontWeight	Especifica o peso dos caracteres.	light, normal, bold Padrão (default): normal
Color	Especifica a cor do texto.	Especificadores de cor (veja Seção 5.1).
BackgroundColor	Especifica a cor do fundo retangular em volta do texto.	Especificadores de cor (veja Seção 5.1).
EdgeColor	Especifica a cor da borda de uma caixa retangular em volta do texto.	Especificadores de cor (veja Seção 5.1) Padrão (default): nenhum.
LineWidth	Especifica a largura da borda de uma caixa retangular em volta do texto.	Escalar (pontos) Padrão: 0.5.

O comando `axis`:
Quando o comando `plot(x,y)` é executado, o MATLAB cria eixos cujos limites estão baseados nos valores mínimo e máximo dos vetores x e y. O comando `axis`

pode ser usado para alterar o intervalo de valores exibidos nos eixos. Em muitas situações, um gráfico ilustra melhor determinado comportamento justamente quando a faixa dos eixos é estendida para além daquela definida pelos vetores utilizados no comando plot. Apresenta-se a seguir algumas das formas possíveis do comando axis:

axis([xmin,xmax,ymin,ymax])   Especifica os limites de ambos os eixos *x* e *y* (xmin, xmax, ymin e ymax são números).
axis equal   Especifica a mesma escala para ambos os eixos.
axis square   Especifica os eixos *x* e *y* de modo que a região do gráfico é um quadrado.
axis tight   Especifica os limites dos eixos de acordo com a faixa dos dados plotados.

O comando grid:
grid on   Adiciona linhas de grade (grid) à figura.
grid off   Retira linhas de grade (grid) da figura.

Um exemplo de utilização de comandos para formatação de um gráfico é apresentado no programa a seguir, que foi usado para gerar o gráfico formatado da Figura 5-1.

```
x=[10:0.1:22];
y=95000./x.^2;
xd=[10:2:22];
yd=[950   640   460   340   250   180   140];
plot(x,y,'-','LineWidth',1.0)
xlabel('Distância (cm)')
ylabel('Intensidade (lux)')
title('\fontname{Arial}Intensidade da Luz em Função da Distância','FontSize',14)
axis([8 24 0 1200])
text(13,700,'Comparação entre dados teóricos e experimentais.','EdgeColor','r','LineWidth',2)
hold on
plot(xd,yd,'ro--','linewidth',1.0,'markersize',10)
legend('Teoria','Experimento',0)
hold off
```

Formatando o texto dentro do comando title.

Formatando o texto dentro do comando text.

5.4.2 Formatando um gráfico na janela *Figure Window*

Um gráfico pode ser formatado interativamente na janela Figure Window clicando sobre a figura e/ou usando os menus. A Figura 5-8 mostra a janela Figure Window com o gráfico da Figura 5-1. Os menus na janela Figure Window podem ser usados para iniciar uma nova formatação ou para modificar formatações que foram inicialmente introduzidas através de comandos.

Capítulo 5 • Gráficos Bidimensionais **149**

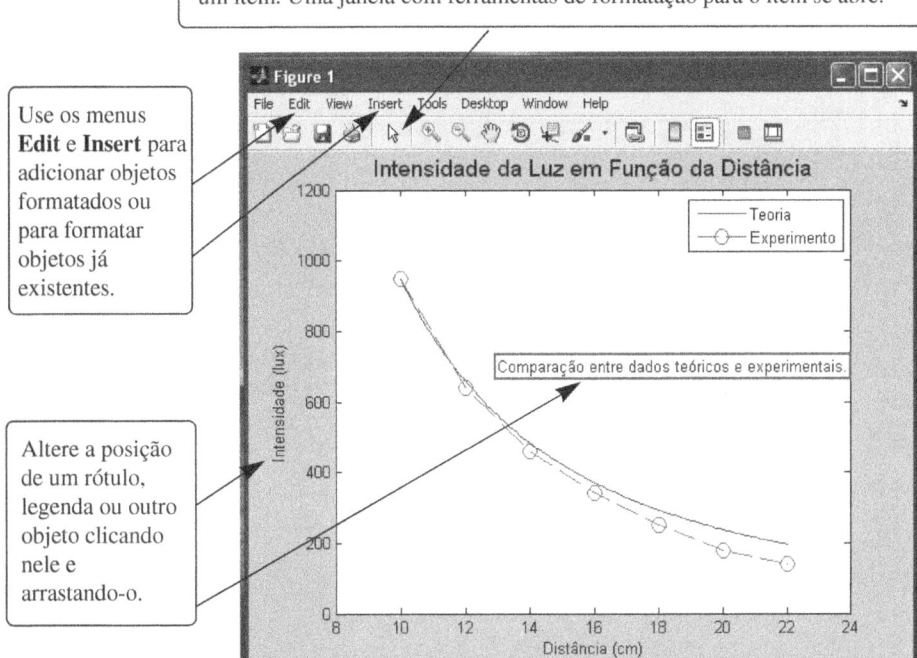

Clique na seta para iniciar o modo de edição. Após dê um duplo-clique sobre um item. Uma janela com ferramentas de formatação para o item se abre.

Use os menus **Edit** e **Insert** para adicionar objetos formatados ou para formatar objetos já existentes.

Altere a posição de um rótulo, legenda ou outro objeto clicando nele e arrastando-o.

Figura 5-8 Formatando um gráfico na janela Figure Window.

5.5 GRÁFICOS COM EIXOS LOGARÍTMICOS

Muitas aplicações das engenharias e das ciências exatas necessitam de gráficos em que um ou ambos os eixos têm uma escala logarítmica. As escalas logarítmicas permitem (e facilitam) a apresentação de dados ao longo de uma extensa faixa de valores. Elas também fornecem ferramentas para identificação do comportamento de determinados dados e definição de possíveis relações matemáticas que podem ser apropriadas para modelagem das grandezas avaliadas (veja a Seção 8.2.2).

Os comandos no MATLAB para gerar gráficos com eixos logarítmicos são:

`semilogy(x,y)`   Plota y *versus* x com uma escala logarítmica (base 10) para o eixo y e uma escala linear para o eixo x.

`semilogx(x,y)`   Plota y *versus* x com uma escala logarítmica (base 10) para o eixo x e uma escala linear para o eixo y.

`loglog(x,y)`   Plota y *versus* x com uma escala logarítmica (base 10) para ambos os eixos.

Os argumentos `Especificadores de linha`, `Nome da Propriedade` e `Valor da Propriedade` podem ser adicionados (opcionalmente) aos comandos anteriores, assim como no comando `plot`. Como exemplo, a Figura 5-9 mostra um gráfico da função $y = 2^{(-0.2x + 10)}$ para $0,1 \leq x \leq 60$. A figura mostra quatro gráficos para mesma função: um com ambos os eixos lineares, um com escala logarítmica para o eixo y, um com escala logarítmica para o eixo x e um com escala logarítmica para ambos os eixos.

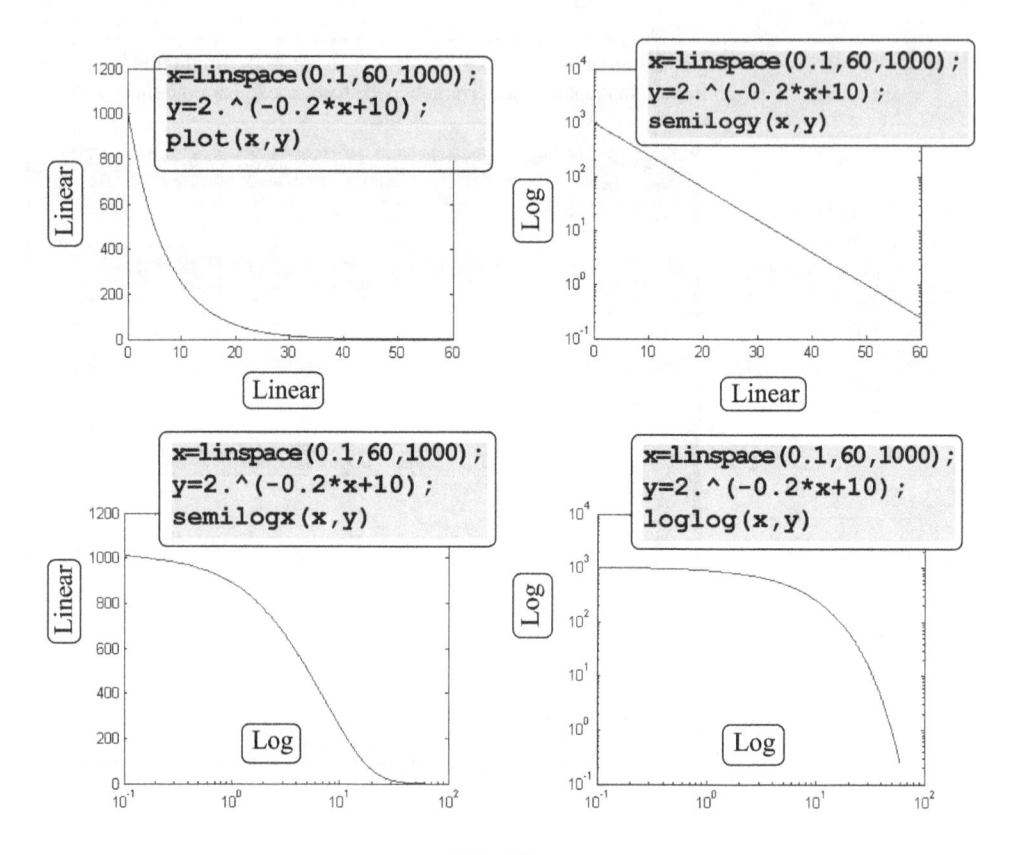

Figura 5-9 Gráficos de $y = 2^{(-0,2x + 10)}$ com escalas lineares (comando `plot`), semilogarítmicas (comandos `semilogx` e `semilogy`) e logarítmicas (comando `loglog`).

Observações para gráficos com eixos logarítmicos:
- O número zero não pode ser plotado em escala logarítmica (uma vez que um logaritmo de zero não é definido).
- Números negativos não podem ser plotados em escala logarítmica (uma vez que um logaritmo de um número negativo não é definido).

5.6 GRÁFICOS COM BARRAS DE ERRO

Dados experimentais obtidos por medição e depois exibidos em gráficos geralmente apresentam erros e dispersão. Mesmo dados gerados por modelos computacionais incluem erros e incertezas que dependem da precisão dos parâmetros de entrada e das aproximações assumidas nos modelos matemáticos empregados. A utilização da ferramenta barra de erros (*errors bars*) permite plotar dados e exibir os erros (ou incertezas) associados. Uma barra de erro é uma linha vertical, tipicamente curta, que é anexada a cada ponto do gráfico. Ela mostra a magnitude do erro que está associado com o valor de um ponto específico do gráfico. A Figura 5-10 mostra, por exemplo, um gráfico com barras de erro para os dados experimentais da Figura 5-1.

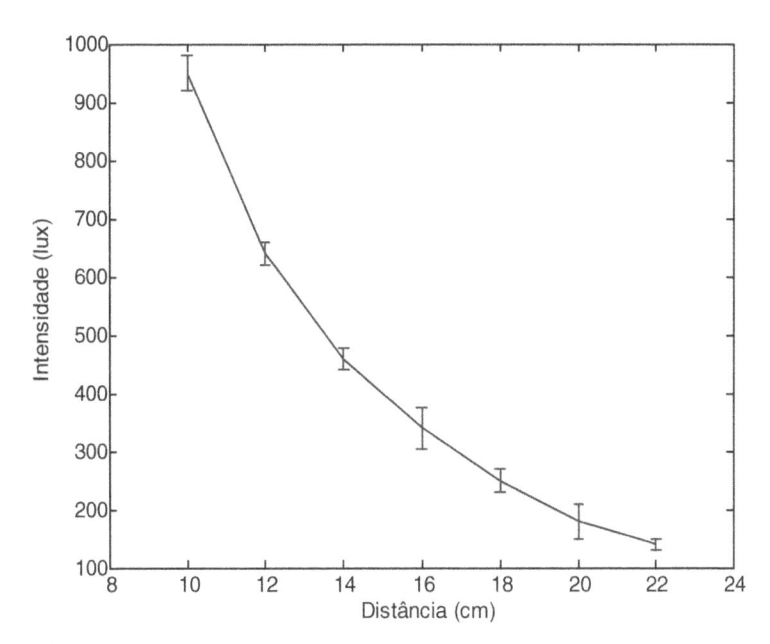

Figura 5-10 Um gráfico com barras de erro.

No MATLAB, gráficos com barras de erro podem ser feitos com o comando `errorbar`. Apresenta-se a seguir duas formas do comando: uma para gerar gráficos com barras de erro simétricas (em relação ao valor de cada ponto do gráfico) e outra para gerar barras não simétricas em cada ponto. Quando o erro é simétrico, a barra de erro se estende de um mesmo comprimento para cima e para baixo de cada ponto no gráfico. Nesse caso, o comando tem a seguinte forma:

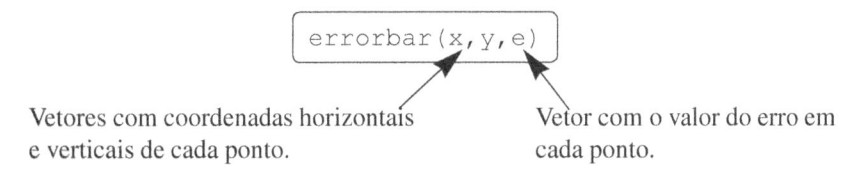

$$\boxed{\texttt{errorbar(x,y,e)}}$$

Vetores com coordenadas horizontais e verticais de cada ponto.

Vetor com o valor do erro em cada ponto.

- O comprimento dos três vetores x, y e e deve ser o mesmo.
- O comprimento da barra de erro é duas vezes o valor de e. Em cada ponto, a barra de erro se estende de y(i) − e(i) até y(i) + e(i).

O gráfico na Figura 5-10, que tem barras simétricas, foi gerado executando o seguinte código:

```
xd=[10:2:22];
yd=[950 640 460 340 250 180 140];
ydErr=[30 20 18 35 20 30 10]
errorbar(xd,yd,ydErr)
xlabel('Distância (cm)')
ylabel('Intensidade (lux)')
```

O comando para gerar gráficos com barras de erro não simétricas é:

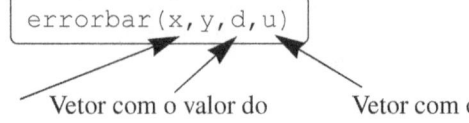

`errorbar(x,y,d,u)`

Vetores com coordenadas horizontais e verticais de cada ponto.

Vetor com o valor do limite superior do erro em cada ponto.

Vetor com o valor do limite inferior do erro em cada ponto.

- O comprimento dos quatro vetores x, y, d e u deve ser o mesmo.
- Em cada ponto, a barra de erro se estende de y(i) − d(i) até y(i) + u(i).

5.7 GRÁFICOS ESPECIAIS

Todos os gráficos gerados ao longo deste capítulo foram traçados a partir da união finita de linhas, isto é, cada par de valores (x, y) era interligado ao vizinho mais próximo através de linhas de diferentes tipos. Em algumas situações, gráficos de diferentes tipos ou geometria apresentam os dados de um modo mais efetivo. Estão incluídos nessa categoria os gráficos em barras, colunas, degraus, pizzas, hastes e muitos outros. A seguir são mostrados alguns exemplos de gráficos especiais fáceis de serem criados no MATLAB. Uma lista completa das funções para gerar gráficos no MATLAB e informações sobre como utilizá-las pode ser encontrada na janela Help Window. Nessa janela, selecione "Functions by Category", em seguida, escolha a opção "Graphics" e, por último, selecione "Basic Plots and Graphics" ou "Specialized Plotting".

A seguir são apresentados gráficos de barras (vertical e horizontal), degraus e hastes utilizando os dados de vendas da Seção 5.1.

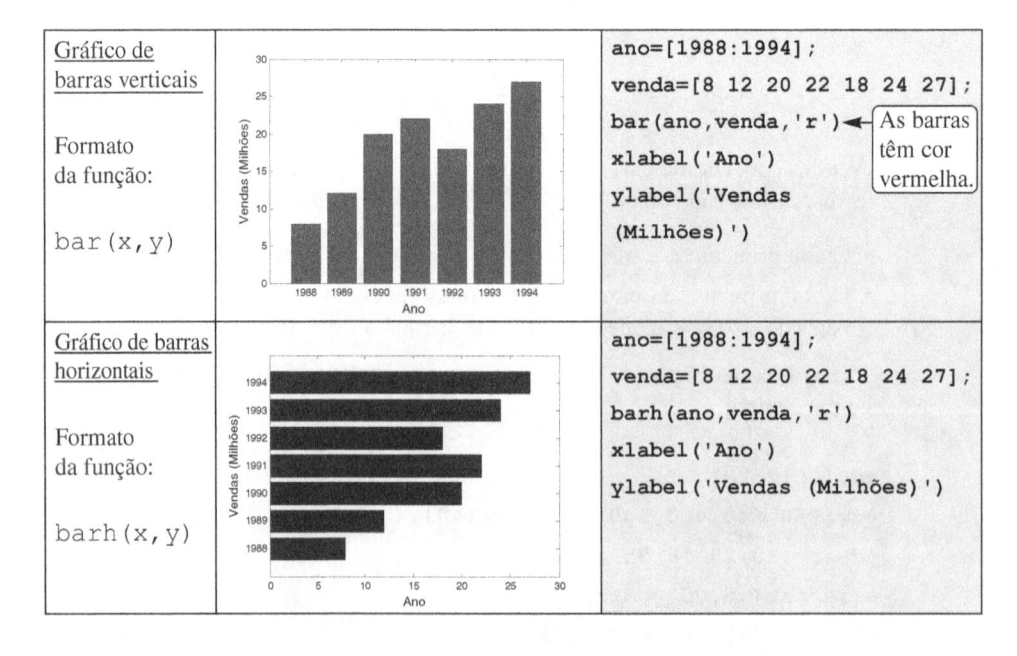

Gráfico de barras verticais
 	
Formato da função:
 	
`bar(x,y)`
		`ano=[1988:1994];`
		`venda=[8 12 20 22 18 24 27];`
		`bar(ano,venda,'r')` ← As barras têm cor vermelha.
		`xlabel('Ano')`
		`ylabel('Vendas (Milhões)')`

Gráfico de barras horizontais
 	
Formato da função:
 	
`barh(x,y)`
		`ano=[1988:1994];`
		`venda=[8 12 20 22 18 24 27];`
		`barh(ano,venda,'r')`
		`xlabel('Ano')`
		`ylabel('Vendas (Milhões)')`

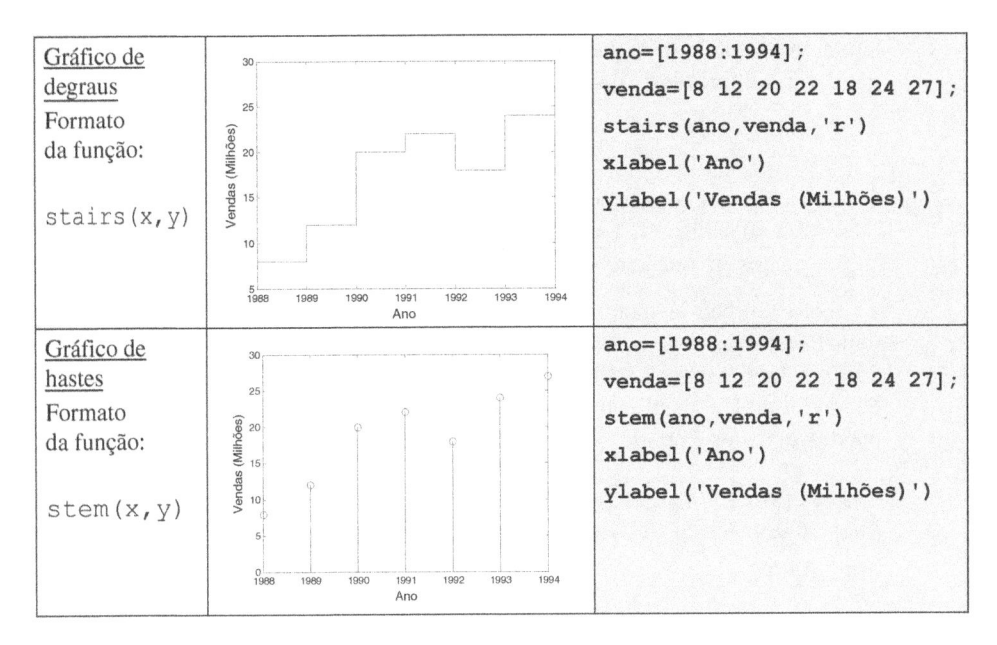

Gráfico de degraus Formato da função: `stairs(x,y)`	*[gráfico de degraus]*	`ano=[1988:1994];`
		`venda=[8 12 20 22 18 24 27];`
		`stairs(ano,venda,'r')`
		`xlabel('Ano')`
		`ylabel('Vendas (Milhões)')`

Gráfico de hastes Formato da função: `stem(x,y)`	*[gráfico de hastes]*	`ano=[1988:1994];`
		`venda=[8 12 20 22 18 24 27];`
		`stem(ano,venda,'r')`
		`xlabel('Ano')`
		`ylabel('Vendas (Milhões)')`

Gráficos de pizza são úteis para visualizar os tamanhos relativos de quantidades diferentes, porém relacionadas. Por exemplo, a tabela a seguir mostra as notas obtidas em uma classe. Os dados são usados para gerar o gráfico de pizza ilustrado.

Conceito	A	B	C	D	E
Número de estudantes	11	18	26	9	5

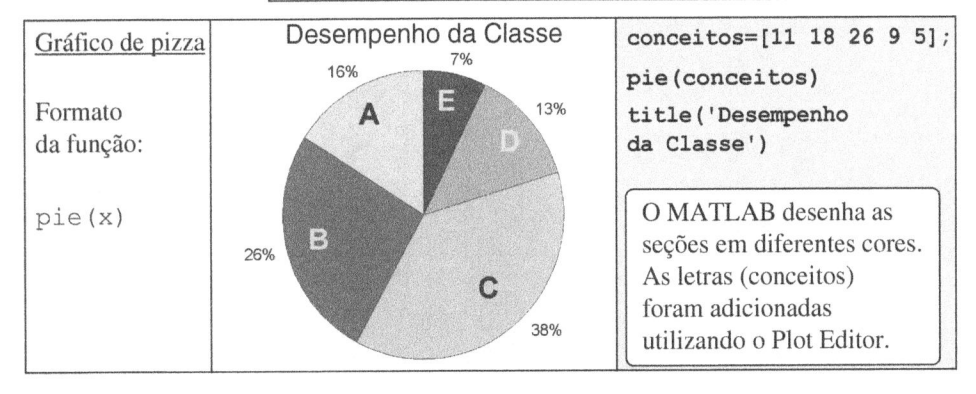

Gráfico de pizza Formato da função: `pie(x)`	*[gráfico de pizza "Desempenho da Classe": A 16%, E 7%, D 13%, C 38%, B 26%]*	`conceitos=[11 18 26 9 5];`
		`pie(conceitos)`
		`title('Desempenho da Classe')`
		
		O MATLAB desenha as seções em diferentes cores. As letras (conceitos) foram adicionadas utilizando o Plot Editor.

5.8 HISTOGRAMAS

Histogramas são gráficos destinados à apresentação de uma distribuição de dados. Toda a faixa de um determinado conjunto de dados é dividida em intervalos menores (subintervalos denominados bins no MATLAB) e o histograma mostra quantos pontos do conjunto de dados estão em cada intervalo. O histograma é um gráfico de barras verticais em que a largura de cada barra está associada ao intervalo (bin) e a altura corresponde ao número de pontos neste intervalo. Os histogramas são criados no MATLAB através do comando `hist`. A forma mais simples desse comando é:

```
hist(y)
```

y   é um vetor com os pontos (dados). O MATLAB divide o intervalo[‡] dos pontos em 10 subintervalos (bins) igualmente espaçados e, após, plota o número de pontos (frequência) em cada intervalo

Por exemplo, os dados abaixo correspondem à medição diária de temperatura (em °F) em Washington, DC, durante o mês de abril de 2002: 58, 73, 73, 53, 50, 48, 56, 73, 73, 66, 69, 63, 74, 82, 84, 91, 93, 89, 91, 80, 59, 69, 56, 64, 63, 66, 64, 74, 63, 69 (dados do U.S. National Oceanic and Atmospheric Administration). Um histograma desses dados é obtido com os comandos:

```
>> y=[58 73 73 53 50 48 56 73 73 66 69 63 74 82 84 91 93 89
91 80 59 69 56 64 63 66 64 74 63 69];
>> hist(y)
```

O gráfico gerado está ilustrado na Figura 5-11 (os títulos dos eixos foram adicionados utilizando o Plot Editor). O menor valor no conjunto de dados é 48 e o maior é 93, o que significa que o intervalo é 93 − 48 = 45 e a largura de cada subintervalo (bin) é 45/10=4,5. Desse modo, o primeiro subintervalo vai de 48 até 52,5 e contém dois pontos. O segundo subintervalo vai de 52,5 até 57 e contém três pontos, e assim por diante. Dois dos subintervalos (de 75 até 79,5 e de 84 até 88,5) não contém nenhum ponto.

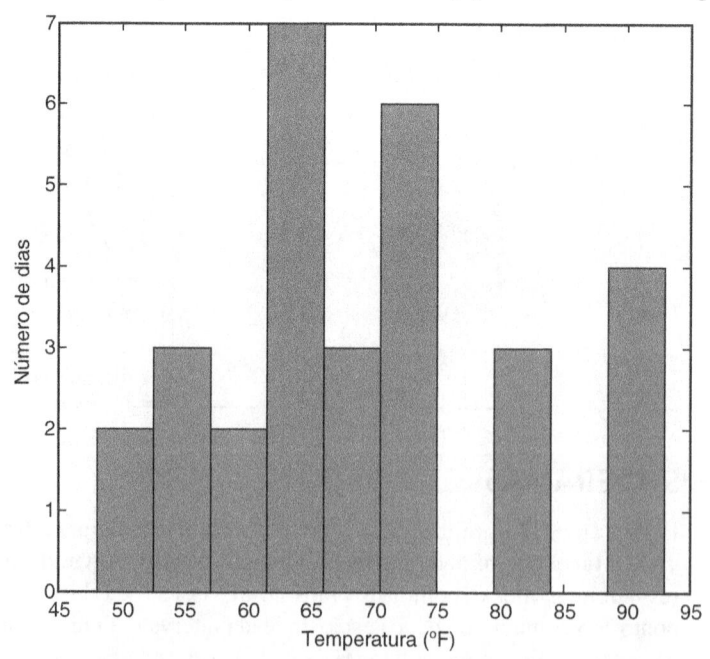

Figura 5-11   Histograma de dados de temperatura.

[‡] N. de R. T.: Este intervalo é definido pelo menor e maior valor do vetor de dados y.

Como a divisão em 10 subintervalos igualmente espaçados pode não ser a mais adequada, o número de bins pode ser definido pelo usuário. Isso é feito especificando-se o número de bins ou especificando o ponto central de cada bin, conforme as seguintes duas formas do comando `hist`:

$$\boxed{\text{hist(y,nbins)}} \quad \text{ou} \quad \boxed{\text{hist(y,x)}}$$

nbins   é um escalar que define o número de bins. O MATLAB divide o intervalo de dados em subintervalos igualmente espaçados.

x   é um vetor que especifica a localização do centro de cada bin (a distância entre os centros não precisa ser a mesma para todos os bins). As fronteiras entre os bins estão nos pontos médios entre os centros.

No exemplo anterior, o usuário pode preferir dividir os dados de temperatura em três subintervalos (bins). Isso poder feito com o comando

```
>> hist(y,3)
```

Como ilustrado no gráfico superior, o histograma que é gerado tem três subintervalos igualmente espaçados.

O número e a largura dos bins também podem ser especificados por um vetor x cujos elementos definem o centro dos bins. Por exemplo, o gráfico inferior ilustra um histograma dos dados anteriores de temperatura em seis subintervalos (bins) com uma largura igual de 10 graus (Fahrenheit). Os elementos do vetor x para esse gráfico são 45, 55, 65, 75, 85 e 95. O gráfico foi obtido com os seguintes comandos:

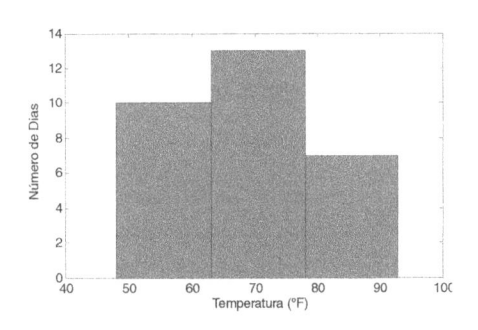

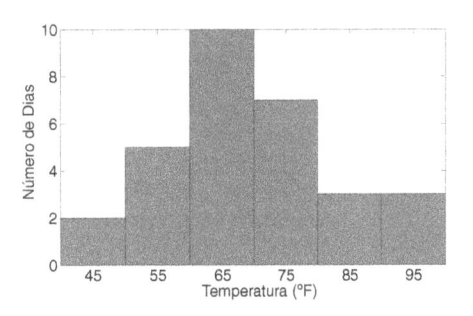

```
>> x=[45:10:95]
x =
    45   55   65   75   85   95
>> hist(y,x)
```

O comando `hist` também pode ser utilizado com opções adicionais que fornecem, além do histograma, saídas adicionais. Por exemplo, uma saída com o número de pontos em cada subintervalo pode ser obtida com um dos comandos a seguir:

$$\boxed{\text{n=hist(y)}} \quad \boxed{\text{n=hist(y,nbins)}} \quad \boxed{\text{n=hist(y,x)}}$$

A variável de saída n é um vetor. O número de elementos em n é igual ao número de bins (subintervalos) e o valor de cada elemento de n é o número de pontos no bin correspondente (frequência). Por exemplo, o histograma na Figura 5-11 também pode ser criado com o seguinte comando:

```
>> n = hist(y)
n =
     2    3    2    7    3    6    0    3    0    4
```
O vetor n mostra o número de elementos em cada subintervalo.

O vetor n mostra que o primeiro subintervalo tem dois pontos, o segundo tem três pontos e assim por diante.

Adicionalmente, também se pode ter como saída numérica do comando a localização dos bins. Essa saída é obtida com um dos comandos a seguir:

```
[n xout]=hist(y)          [n xout]=hist(y,nbins)
```

xout é um vetor cujos elementos correspondem à localização do centro do bin correspondente. Por exemplo, para o histograma na Figura 5-11:

```
>> [n xout]=hist(y)
n =
     2    3    2    7    3    6    0    3    0    4
xout =
    50.2500   54.7500   59.2500   63.7500   68.2500   72.7500
    77.2500   81.7500   86.2500   90.7500
```

O vetor xout mostra que o centro do primeiro bin está em 50,25, o centro do segundo bin está em 54,75 e assim por diante.

5.9 GRÁFICOS POLARES

As coordenadas polares especificam a localização de um ponto no plano dado um ângulo (θ) e uma distância radial (r) relativamente à origem do sistema de coordenadas. Essas coordenadas são muito importantes em problemas nas engenharias e ciências em geral. O comando polar é utilizado para plotar funções em coordenadas polares. O formato do comando é:

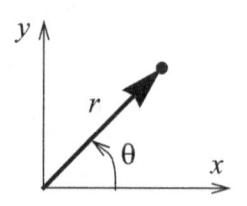

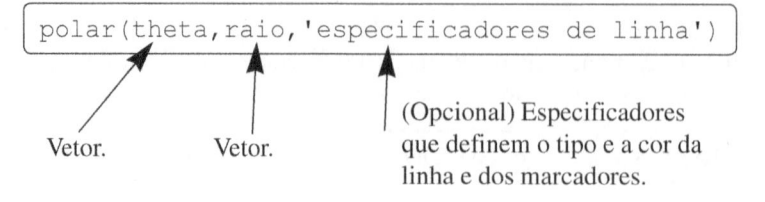

```
polar(theta,raio,'especificadores de linha')
```

Vetor.   Vetor.   (Opcional) Especificadores que definem o tipo e a cor da linha e dos marcadores.

onde `theta` e `raio` são vetores cujos elementos definem as coordenadas dos pontos a serem plotados. O comando `polar` plota os pontos e desenha o grid polar. Os especificadores de linha são os mesmos discutidos no comando `plot`. Para plotar uma função $r = f(\theta)$ em certo domínio, deve ser criado um vetor com os valores de θ e, em seguida, o vetor r com os correspondentes valores de $f(\theta)$ é criado usando operações elemento por elemento. Então, os dois vetores podem ser utilizados como argumentos do comando `polar`.

Por exemplo, vamos gerar o gráfico da função $r = 3\cos^2(0,5\theta) + \theta$, para $0 \leq \theta \leq 2\pi$:

```
t=linspace(0,2*pi,200);
r=3*cos(0.5*t).^2+t;
polar(t,r)
```

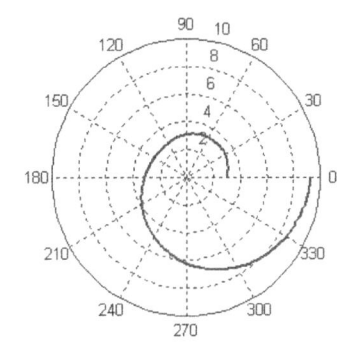

5.10 MÚLTIPLOS GRÁFICOS NA MESMA JANELA DE SAÍDA

O comando `subplot` é destinado à exibição de múltiplos gráficos em uma mesma janela. A forma desse comando é:

> subplot(m, n, p)

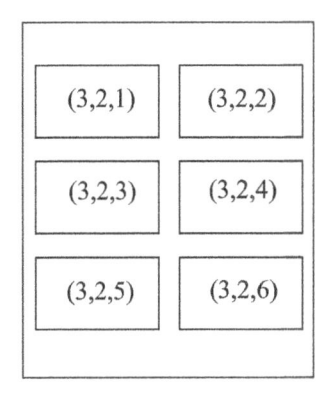

Este comando divide a janela Figure Window em $m \times n$ subjanelas onde os gráficos serão plotados. Os gráficos são organizados como elementos de uma matriz $m \times n$, onde cada elemento da matriz é um gráfico. As subjanelas são enumeradas de 1 até $m \cdot n$. A primeira subjanela está localizada no topo da matriz, no alto mais à esquerda, e a última subjanela é aquela na base da matriz, em baixo mais à direita. A numeração das subjanelas cresce da esquerda para a direita e de cima para baixo. O comando `subplot(m,n,p)` indica que o gráfico a ser plotado está localizado na janela endereçada por p. Isso significa que o próximo comando `plot` e quaisquer comandos de formatação serão criados nessa subjanela. Por exemplo, o comando `subplot(3,2,1)` cria 6 subjanelas organizadas em 3 linhas e 2 colunas (veja a figura), selecionando a subjanela localizada no alto, mais à esquerda. Um exemplo de utilização do comando `subplot` é mostrado na solução do Problema Exemplo 5-2.

5.11 MÚLTIPLAS JANELAS FIGURE WINDOW

Quando o comando `plot` ou qualquer outro comando que gera uma figura é executado, a janela Figure Window é aberta (se ainda não estiver aberta) e o gráfico é exibido. O MATLAB rotula a Figure Window como Figure 1 (veja no topo à esquerda da janela Figure Window exibida na Figura 5-4). Se a janela Figure Window já estiver aberta quando o comando `plot` (ou qualquer outro comando que gera uma figura) é executado, um novo gráfico é exibido na janela (substituindo o gráfico existente). Os comandos de formatação são aplicados à figura que estiver aberta na Figure Window.

É possível, no entanto, abrir janelas Figure Window adicionais ao mesmo tempo. Isso é feito digitando-se o comando `figure`. Toda vez que o comando `figure` é digitado (e executado), o MATLAB abre uma nova janela Figure Window. Se um comando que cria um gráfico é digitado depois do comando `figure`, o MATLAB gera e exibe um novo gráfico na última janela Figure Window que estiver aberta, que é chamada janela ativa ou janela corrente. O MATLAB rotula as novas janelas Figure Window sucessivamente, i.e., Figure 2, Figure 3 e assim por diante. Por exemplo, após digitar os três comandos a seguir, as duas janelas Figure Window ilustradas na Figura 5-12 são exibidas.

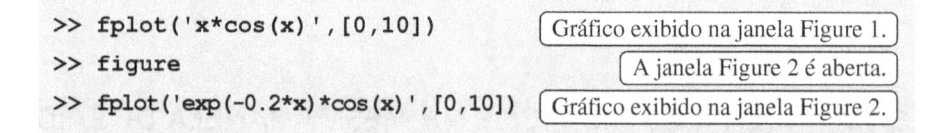

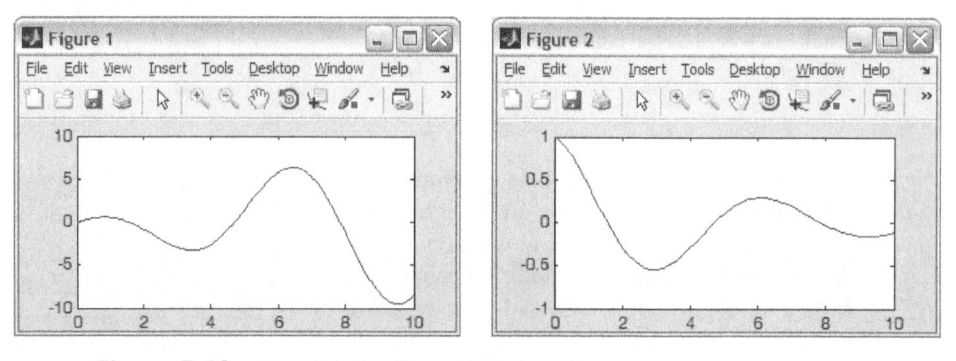

```
>> fplot('x*cos(x)',[0,10])         Gráfico exibido na janela Figure 1.
>> figure                           A janela Figure 2 é aberta.
>> fplot('exp(-0.2*x)*cos(x)',[0,10])   Gráfico exibido na janela Figure 2.
```

Figura 5-12 Duas janelas Figure Window abertas.

O comando `figure` também pode ter um argumento de entrada que é um número (inteiro), da forma `figure(n)`. O número indica o número correspondente da janela Figure Window. Quando o comando é executado, o número da janela n se torna a janela Figure Window ativa (se uma janela Figure Window com esse número não existir, uma nova janela com esse número é aberta). Quando comandos que geram gráficos são executados, os gráficos gerados são exibidos na janela Figure Window ativa. O comando `figure(n)` permite que o usuário escreva programas em que é possível plotar gráficos em janelas Figure Window com uma numeração definida. (Por outro lado, se vários comandos `figure` são usados em um programa, novas janelas Figure Window serão abertas toda vez que o programa for executado.)

As janelas Figure Window podem ser fechadas com o comando `close`. Algumas formas desse comando são:

`close` fecha a janela Figure Window ativa.
`close(n)` fecha a janela Figure Window de número `n`.
`close all` fecha todas as janelas Figure Window que estão abertas.

5.12 EXEMPLOS DE APLICAÇÃO DO MATLAB

Problema Exemplo 5-2: Mecanismo pistão-manivela

O mecanismo constituído de uma manivela de êmbolo é usado em muitas aplicações na engenharia. No mecanismo mostrado na figura a seguir, a manivela é girada a uma velocidade constante de 500 rpm.

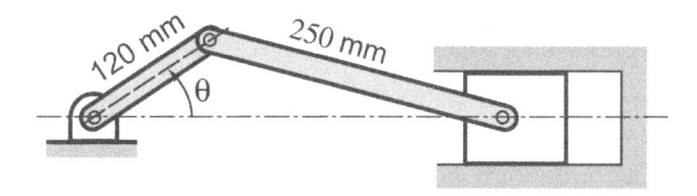

Calcule e esboce a posição, a velocidade e a aceleração do êmbolo (pistom) para uma revolução da manivela. Construa três gráficos na mesma janela de saída. Como condições iniciais, adote $\theta = 0°$ em $t = 0$.

Solução

O êmbolo está girando com uma velocidade angular constante $\dot\theta$. Utilizando as condições iniciais acima ($\theta = 0°$ quando $t = 0$), podemos dizer que o ângulo θ num determinado instante de tempo t é dado por $\theta = \dot\theta t$ e que $\ddot\theta = 0$, para todo t.

Baseado na figura, as distâncias d_1 e h são dadas por:

$$d_1 = r\cos\theta \text{ e } h = r\,\text{sen}\,\theta.$$

Conhecendo-se h, a distância d_2 pode ser calculada através do Teorema de Pitágoras:

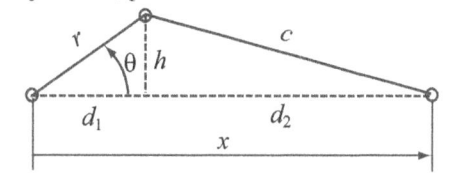

$$d_2 = (c^2 - h^2)^{1/2} = (c^2 - r^2\text{sen}^2\theta)^{1/2}$$

A posição x do pistão é dada por:

$$x = d_1 + d_2 = r\cos\theta + (c^2 - r^2\text{sen}^2\theta)^{1/2}$$

Derivando-se[‡] x em relação a t obtemos a velocidade do êmbolo:

$$\dot x = -r\dot\theta\,\text{sen}\,\theta - \frac{r^2\dot\theta\,\text{sen}\,2\theta}{2(c^2 - r^2\text{sen}^2\theta)^{1/2}}$$

[‡] N. de R. T.: Perceba que variável x não foi escrita explicitamente como uma função de t. Note, entretanto, que o ângulo θ está relacionado a t (através da constante $\dot\theta$). A regra da cadeia foi utilizada para derivar x em relação a t.

A derivada segunda de x em relação a t é a aceleração do êmbolo:

$$\ddot{x} = -r\dot{\theta}^2\cos\theta - \frac{4r^2\dot{\theta}^2\cos 2\theta(c^2 - r^2\mathrm{sen}^2\theta) + (r^2\dot{\theta}\mathrm{sen}2\theta)^2}{4(c^2 - r^2\mathrm{sen}^2\theta)^{3/2}}$$

Observando que na equação acima foi considerado que $\ddot{\theta} = 0$.

Um programa no MATLAB para calcular e esboçar a posição, a velocidade e a aceleração do êmbolo para uma revolução da manivela é mostrado a seguir.

```
THDrpm=500; r=0.12; c=0.25;           Define θ̇, r e c.
THD=THDrpm*2*pi/60;                   Converte a unidade de θ̇ de rpm para rad/s.
tf=2*pi/THD;                          Calcula o tempo para uma revolução da manivela.
t=linspace(0,tf,200);                 Cria um vetor para o tempo com 200 elementos.
TH=THD*t;                             Calcula θ para cada t.
d2s=c^2-r^2*sin(TH).^2;               Calcula o quadrado de d₂ para cada θ.
x=r*cos(TH)+sqrt(d2s);                Calcula x para cada θ.
xd=-r*THD*sin(TH)-(r^2*THD*sin(2*TH))./(2*sqrt(d2s));
xdd=-r*THD^2*cos(TH)-(4*r^2*THD^2*cos(2*TH).*d2s+
(r^2*sin(2*TH)*THD).^2)./(4*d2s.^(3/2));
subplot(3,1,1)                        Calcula ẋ e ẍ para cada θ.
plot(t,x)                             Plota x vs. t.
grid                                  Formata o primeiro gráfico.
xlabel('Tempo (s)')
ylabel('Posição (m)')
subplot(3,1,2)
plot(t,xd)                            Plota ẋ vs. t.
grid                                  Formata o segundo gráfico.
xlabel('Tempo (s)')
ylabel('Velocidade (m/s)')
subplot(3,1,3)
plot(t,xdd)                           Plota ẍ vs. t.
grid                                  Formata o terceiro gráfico.
xlabel('Tempo (s)')
ylabel('Aceleração (m/s^2)')
```

Executando o programa, serão exibidos três gráficos na mesma janela (veja a Figura 5-13). O gráfico Velocidade vs. Tempo mostra que, num período de revolução da manivela, a velocidade do êmbolo vale zero nas extremidades. A aceleração é máxima (dirigida para a esquerda) quando o êmbolo está na extremidade mais à direita.

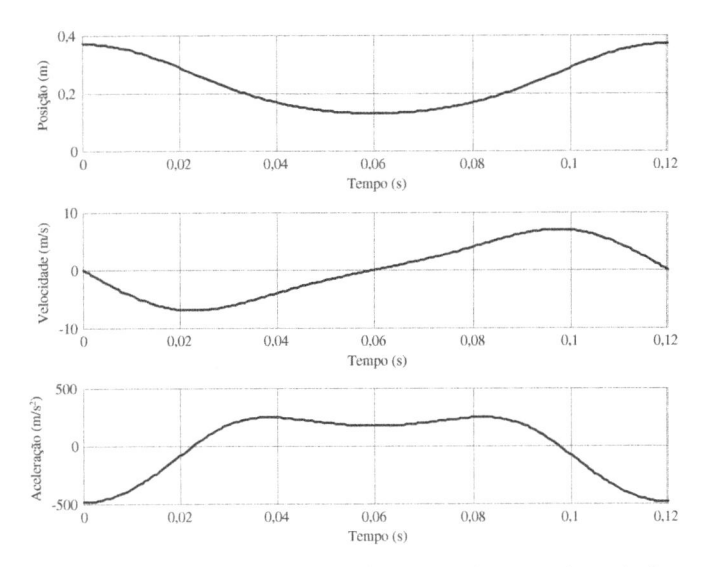

Figura 5-13 Gráficos da posição, velocidade e aceleração do êmbolo em função do tempo.

Problema Exemplo 5-3: Dipolo elétrico

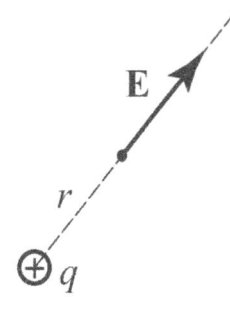

O campo elétrico em um ponto do espaço devido à presença de uma carga pontual q é um vetor $\mathbf{E}$ cujo módulo E é dado pela lei de Coulomb:

$$E = \frac{1}{4\pi\varepsilon_0}\frac{q}{r^2}$$

onde $\varepsilon_0 = 8{,}8541878 \times 10^{-12}$ $C^2/(N\cdot m^2)$ é a permissividade do vácuo, q é o módulo da carga elétrica e r é a distância entre a carga e o ponto em questão. A direção do campo $\mathbf{E}$ situa-se ao longo da linha que interliga a carga ao ponto. Se a carga q é positiva, o campo elétrico $\mathbf{E}$ aponta para fora da carga. Caso q seja negativa, o sentido de $\mathbf{E}$ aponta em direção à carga, ao longo da linha que interliga o ponto à carga. Um dipolo elétrico é um sistema composto por duas cargas elétricas pontuais, de mesmo valor, mas de sinais opostos, separadas por uma distância pequena. O campo elétrico produzido por essa configuração de cargas é a superposição dos campos elétricos individuais.

A figura a seguir ilustra um dipolo elétrico com o módulo da carga $q = 12 \times 10^{-9}$ C. Determine e esboce o módulo do campo elétrico ao longo do eixo x, entre $x = -5$ cm e $x = 5$ cm.

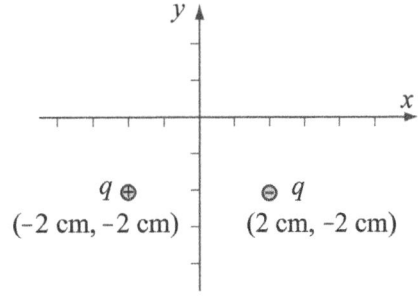

Solução

O campo elétrico **E** em um ponto arbitrário $(x, 0)$, ao longo do eixo x, é obtido superpondo os vetores campo elétrico devido a cada uma das cargas individuais:

$$\mathbf{E} = \mathbf{E}_- + \mathbf{E}_+$$

O módulo do campo elétrico é a intensidade do vetor campo elétrico **E**.

O problema será resolvido seguindo estes passos:

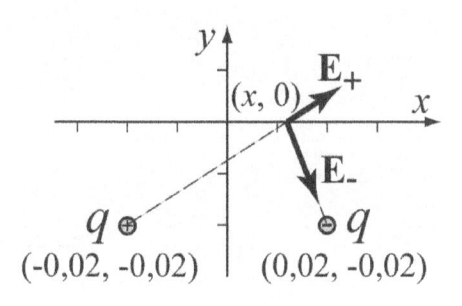

Passo 1: Declararemos um vetor x para representar os pontos ao longo do eixo x.

Passo 2: Determinaremos a distância (e a distância ao quadrado) de cada carga relativamente ao eixo x.

$$r_- = \sqrt{(0{,}02-x)^2 + 0{,}02^2} \quad r_+ = \sqrt{(x+0{,}02x)^2 + 0{,}02^2}$$

Passo 3: Escreveremos os vetores unitários ($\mathbf{e}_-$, $\mathbf{e}^+$) nas direções das linhas que ligam as cargas aos pontos sobre o eixo x.

$$e_- = \frac{1}{r_-}((0{,}02-x)\mathbf{i} - 0{,}02\mathbf{j})$$

$$e_+ = \frac{1}{r_+}((x+0{,}02)\mathbf{i} + 0{,}02\mathbf{j})$$

Passo 4: Determinaremos o módulo dos vetores $\mathbf{E}_-$ e $\mathbf{E}_+$ em cada ponto usando a lei de Coulomb:

$$|\mathbf{E}_-| = \frac{1}{4\pi\varepsilon_0}\frac{q}{r_-^2} \qquad |\mathbf{E}_+| = \frac{1}{4\pi\varepsilon_0}\frac{q}{r_+^2}$$

Passo 5: Determinaremos os vetores $\mathbf{E}_-$ e $\mathbf{E}_+$ multiplicando os vetores unitários pelos módulos $|\mathbf{E}_-|$ e $|\mathbf{E}_+|$.

Passo 6: Escreveremos o vetor **E** superpondo os vetores $\mathbf{E}_-$ e $\mathbf{E}_+$.

Passo 7: Determinaremos E, o módulo do campo **E**.

Passo 8: Esboçaremos E em função de x.

O programa a seguir resolve o problema de acordo com os passos anteriores.

```
q=12e-9;
epsilon0=8.8541878e-12;
x=[-0.05:0.001:0.05]';              Cria um vetor coluna x.
rmenosS=(0.02-x).^2+0.02^2;
rmenos=sqrt(rmenosS);               Passo 2. Cada variável
                                    é um vetor coluna.
rmaisS=(x+0.02).^2+0.02^2;
rmaisS=sqrt(rmais);
```

```
emenos= [((0.02-x)./rmenos),(-0.02./rmenos)];
emais=[((0.02+x)./rmais),(0.02./rmais)];
EmenosMOD=(q/(4*pi*epsilon0))./rmenosS;
EmaisMOD=(q/(4*pi*epsilon0))./rmaisS;
Emenos=[menosMOD.*emenos(:,1), EmenosMOD.*emenos(:,2)];
Emais=[EmaisMOD.*emais(:,1), EmaisMOD.*emais(:,2)];
E=Emenos+Emais;
EMOD=sqrt(E(:,1).^2+E(:,2).^2);
plot(x,EMOD,'k','linewidth',1)
xlabel('Posição ao longo do eixo x (m)','FontSize',12)
ylabel('Módulo do campo elétrico (N/C)','FontSize',12)
title('CAMPO ELÉTRICO DEVIDO A UM DIPOLO ELÉTRICO','FontSize',10)
```

Passos 3 & 4. Cada variável é uma matriz de duas colunas. Cada linha é o vetor para o x correspondente.

Passo 6.
Passo 7.
Passo 5.

Quando esse programa é executado na Command Window, a seguinte figura é gerada na Figure Window.

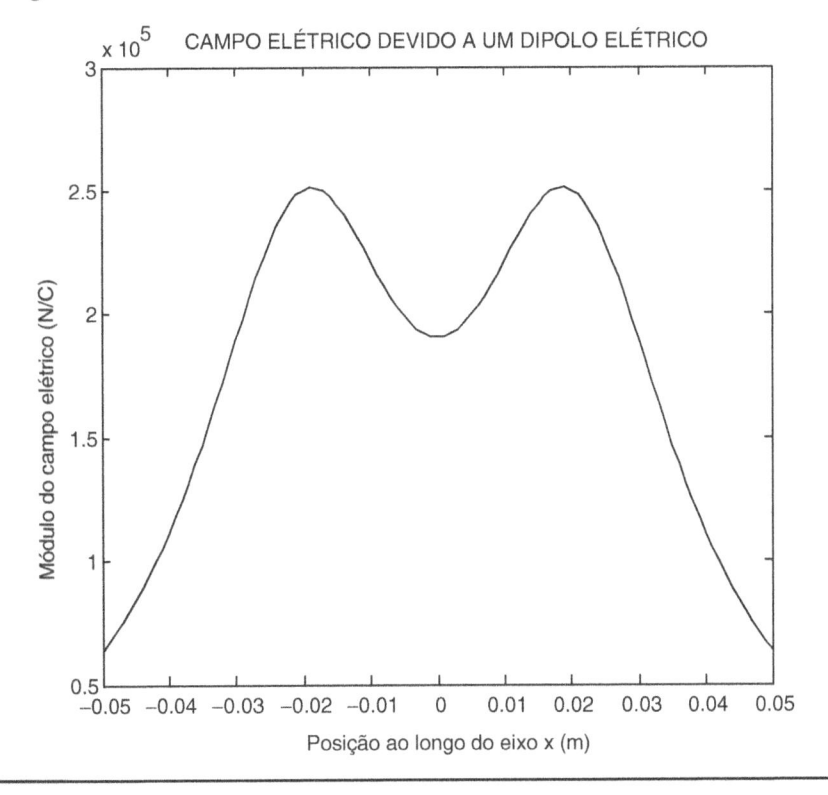

5.13 PROBLEMAS

1. Plote a função $f(x) = \dfrac{(x+5)^2}{4+3x^2}$ para $-3 \leq x \leq 5$.

2. Plote a função $f(x) = \dfrac{5\,\text{sen}(x)}{x + e^{-0{,}75x}} - \dfrac{3x}{5}$ para $-5 \le x \le 10$.

3. Faça dois gráficos separados para a função $f(x) = (x+1)(x-2)(2x-0{,}25) - e^x$, um deles para o intervalo $0 \le x \le 3$ e outro para o intervalo $-3 \le x \le 6$.

4. Use o comando `fplot` para plotar a função $f(x) = \sqrt{|\cos(3x)|} + \text{sen}^2(4x)$ no domínio $-2 \le x \le 2$.

5. Use o comando `fplot` para plotar a função $f(x) = e^{2\text{sen}(0{,}4x)} 5\cos(4x)$ no domínio $-20 \le x \le 30$.

6. Uma equação paramétrica é dada por

$$x = 1{,}5\,\text{sen}(5t)\,, \qquad y = 1{,}5\cos(3t)$$

Plote a função para $0 \le t \le 2\pi$. Formate o gráfico de modo que ambos os eixos se estendam de -2 a $+2$.

7. Plote a função $f(x) = \dfrac{x^2 + 3x + 3}{0{,}8(x+1)}$ para $-4 \le x \le 3$. Observe que a função tem uma assíntota vertical em $x = -1$. Para plotar a função, crie dois vetores para o domínio de x. O primeiro vetor (chamado $x1$) inclui elementos de -4 até $-1{,}1$ e o segundo vetor (chamado $x2$) inclui elementos de $-0{,}9$ até 3. Para cada vetor x, crie um vetor y (chamados $y1$ e $y2$) com os correspondentes valores de y de acordo com a função. Para plotar a função, faça duas curvas na mesma figura ($y1$ vs. $x1$ e $y2$ vs. $x2$).

8. Uma equação paramétrica é dada por

$$x = \frac{3t}{1+t^3}, \qquad y = \frac{3t^2}{1+t^3}$$

(Observe que o denominador tende a 0, quando t tende a -1). Plote a função (o gráfico resultante é chamado de Folium de Descartes) gerando duas curvas em uma mesma figura: uma para $-30 \le t \le -1{,}6$ e outra para $-0{,}6 \le t \le 40$.

9. Plote a função $f(x) = \dfrac{x^2 - 4x - 7}{x^2 - x - 6}$ para $-6 \le x \le 6$. Observe que a função tem duas assíntotas verticais. Plote a função dividindo o domínio de x em três partes: uma de -6 até um ponto próximo à assíntota à esquerda, outra entre as duas assíntotas e a última de um ponto próximo à assíntota à direita até 6. Defina o intervalo do eixo y de -20 até 20.

10. Um cicloide é uma curva (ilustrada na figura) definida por um ponto sobre um círculo que rola ao longo de uma reta. A equação paramétrica para o cicloide é dada por

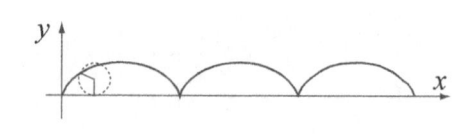

$$x = r(t - \text{sen}\,t) \text{ e } y = r(t - \cos t)$$

Plote um cicloide com $r = 1{,}5$ e $0 \le t \le 4\pi$.

11. Plote a função $f(x) = \cos x \, \text{sen}(2x)$ e sua derivada, ambas na mesma figura, no intervalo $0 \le x \le \pi$. Plote a função com uma linha sólida e a derivada com uma linha tracejada. Adicione uma legenda e rotule os eixos.

12. O arco de St. Louis (também conhecido como Portal para Oeste de St. Louis) tem sua forma descrita pela equação

$$y = 693{,}8 - 68{,}8\cosh\left(\frac{x}{99{,}7}\right) \text{ pés}$$

    Faça um gráfico do arco.

13. Considere o circuito elétrico apresentado na figura que inclui uma fonte de tensão v_s com uma resistência interna r_s, alimentando uma carga resistiva R_L. A potência P dissipada na carga é dada por

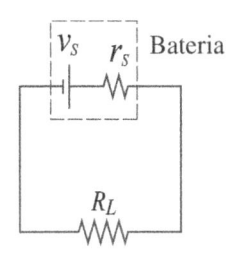

$$P = \frac{v_S^2 R_L}{(R_L + r_S)^2}$$

    Plote a potência P como uma função de R_L para $1 \le R_L \le 10 \, \Omega$, dado que $v_s = 12$ V e $r_s = 2{,}5 \, \Omega$.

14. Dois navios, A e B, viajam a uma velocidade de $v_A = 27$ mi/h e $v_B = 14$ mi/h, respectivamente. O sentido do movimento e a localização de cada navio às 8 h da manhã estão apresentados na figura do problema. Plote a distância entre os navios em função do tempo para as próximas 4 horas. O eixo horizontal deve representar o tempo real do dia (iniciando das 8h da manhã) e o eixo vertical deve indicar a distância. Rotule os eixos.

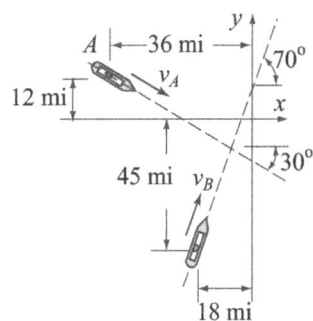

15. A concentração de plasma C_P de medicamentos administrados por via oral é uma função da taxa de absorção, K_{ab}, e da taxa de eliminação, K_{el}:

$$C_P = A \frac{K_{ab}}{K_{ab} - K_{el}} (e^{-K_{el}t} - e^{-K_{ab}t})$$

    onde A é uma constante (associada com o medicamento específico) e t é o tempo. Considere um caso em que $A = 140$ mg/L, $K_{ab} = 1{,}6$ h^{-1} e $K_{el} = 0{,}45$ h^{-1}. Faça um gráfico de C_P vs. tempo para $0 \le t \le 10$ n.

16. A posição em função do tempo de um esquilo correndo sobre um campo é dada, em coordenadas polares, por:

$$r(t) = 20 + 30(1 - e^{-0{,}1t}) \text{ m}$$
$$\theta(t) = \pi(1 - e^{-0{,}2t})$$

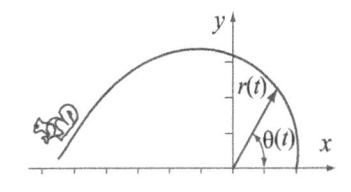

(a) Plote a trajetória (posição) do esquilo para $0 \leq t \leq 20$ s.

(b) Crie um (segundo) gráfico para a velocidade do esquilo, dada por $v = r\dfrac{d\theta}{dt}$, em função do tempo no mesmo intervalo $0 \leq t \leq 20$ s.

17. Em astronomia, a relação entre a luminosidade relativa L/L_{Sol} (brilho relativo ao sol), o raio relativo R/R_{Sol} e a temperatura relativa T/T_{Sol} de uma estrela é modelada por:

$$\frac{L}{L_{Sol}} = \left(\frac{R}{R_{Sol}}\right)^2 \left(\frac{T}{T_{Sol}}\right)^4$$

O diagrama HR (Hertzsprung-Russell) é um gráfico de L/L_{Sol} versus a temperatura. Considere os seguintes dados:

	Sol	Spica	Regulus	Alioth	Estrela de Barnard	Epsilon Indi	Beta Crucis
Temp. (K)	5840	22400	13260	9400	3130	4280	28200
L/L_{Sol}	1	13400	150	108	0,0004	0,15	34000
R/R_{Sol}	1	7,8	3,5	3,7	0,18	0,76	8

Para comparar os dados com o modelo, use o MATLAB para plotar um diagrama HR. O diagrama deve conter dois conjuntos de pontos. Um conjunto deve usar os valores de L/L_{Sol} da tabela (use marcadores do tipo asterisco) e o outro deve usar os valores de L/L_{Sol} calculados a partir da equação utilizando R/R_{Sol} da tabela (use marcadores do tipo círculo). No diagrama HR ambos os eixos são logarítmicos. Adicionalmente, os valores de temperatura ao longo do eixo horizontal decrescem da esquerda para a direita. Isso é feito com o comando `set(gca,'XDir','reverse')`. Rotule os eixos e use uma legenda.

18. A posição x em função do tempo t de uma partícula que se move ao longo de uma linha retilínea é dada por

$$x(t) = 0{,}41t^4 - 10{,}8t^3 + 64t^2 - 8{,}2t + 4{,}4 \text{ m}$$

A velocidade $v(t)$ da partícula é determinada pela derivada de $x(t)$ em relação a t e a aceleração $a(t)$ é determinada pela derivada de $v(t)$ em relação a t.

Determine as expressões para velocidade e aceleração da partícula e gere gráficos da posição, velocidade e aceleração em função do tempo para $0 \leq t \leq 8$ s. Use o comando `subplot` para incluir os três gráficos em uma mesma janela, com o gráfico de posição em cima, o de velocidade no meio e o de aceleração em baixo. Rotule os eixos adequadamente incluindo as unidades das grandezas.

19. Em um teste de tração de um corpo de prova (amostra na forma de um osso), as extremidades da amostra são forçadas recebendo uma tensão mecânica (veja a figura). Durante o teste, a força F necessária para distender a amostra de um com-

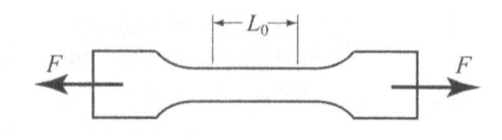

primento L é medida por um calibre de deformação. Esses dados são usados para plotar a curva de tensão-deformação do material que constitui o corpo. Existem duas definições usuais para tensão e deformação, uma bastante utilizada na engenharia e uma de uso geral. É claro que as duas definições coincidem em certo regime analítico. As definições de tensão (σ_e) e deformação (ε_e) utilizadas na engenharia são: $\sigma_e = \dfrac{F}{A_0}$ e $\varepsilon_e = \dfrac{L-L_0}{L_0}$, onde L_0 e A_0 são o comprimento e a área da seção reta iniciais da amostra, respectivamente. As definições gerais de tensão (σ_t) e deformação (ε_t) são: $\sigma_t = \dfrac{F}{A_0}\dfrac{L}{L_0}$ e $\varepsilon_t = \ln\dfrac{L}{L_0}$.

A tabela a seguir apresenta dados medidos da força e deformação em uma amostra de alumínio. A amostra possui seção reta circular de raio 6,4 mm (antes do teste). Considere o comprimento inicial da amostra $L_0 = 25$ mm. Use os dados da tabela para calcular e construir as curvas de tensão-deformação usando as definições da engenharia e a geral. Inclua ambas as curvas na mesma figura. Rotule os eixos e identifique as curvas. Unidades de medida: Quando a força é medida em Newton (N) e a área em m^2, a unidade de tensão é o Pascal (Pa).

F (N)	0	13345	26689	40479	42703	43592	44482	44927
L (mm)	25	25,037	25,073	25,113	25,122	25,125	25,132	25,144
F (N)	45372	46276	47908	49035	50265	53213	56161	
L (mm)	25,164	25,208	25,409	25,646	26,084	27,398	29,150	

20. A área da válvula aórtica, A_V em cm^2, pode ser estimada pela equação (Fórmula de Hakki)

$$A_V = \frac{Q}{\sqrt{PG}}$$

onde Q é o débito cardíaco em L/min e PG é a diferença entre a pressão sistólica do ventrículo esquerdo e a pressão sistólica da aórtica (em mmHg). Faça um gráfico com duas curvas de A_V versus PG, para $2 \leq PG \leq 60$ mmHg – uma curva para $Q = 4$ L/min e outra para $Q = 5$ L/min. Rotule os eixos e insira uma legenda.

21. A figura ilustra um circuito RLC série com uma fonte de tensão alternada. A amplitude da corrente neste circuito é dada por

$$I = \frac{v_m}{\sqrt{R^2 + (\omega_d L - 1/(\omega_d C))^2}}$$

onde $\omega_d = 2\pi f_d$ em que f_d é a frequência da fonte; R, L e C são a resistência do resistor, a indutância do indutor e a capacitância do capacitor, respectivamente; e v_m é a amplitude de V.

Considere $R = 80\ \Omega$, $C = 18 \times 10^{-6}$ F, $L = 260 \times 10^{-3}$ H e $v_m = 10$ V. Faça um gráfico de I em função de f_d para $10 \leq f_d \leq 10000$ Hz. Use uma escala linear para I e uma escala logarítmica para f_d.

22. A distribuição de velocidades, $N(v)$, das moléculas de um gás pode ser modelada pela lei de distribuição de velocidades de Maxwell:

$$N(v) = 4\pi \left(\frac{m}{2\pi kT}\right)^{3/2} v^2 e^{\frac{-mv^2}{2kT}}$$

onde m (kg) é a massa de cada molécula, v (m/s) é a velocidade, T (K) é a temperatura e $k = 1,38 \times 10^{-23}$ J/K é a constante de Boltzmann. Faça um gráfico de $N(v)$ versus v para $0 \leq v \leq 1200$ m/s para as moléculas de oxigênio ($m = 5,3 \times 10^{-26}$ kg). Faça dois gráficos na mesma figura, um para $T = 80$ K e outro para $T = 300$ K. Rotule os eixos e insira uma legenda.

23. Um resistor, $R = 4\,\Omega$, e um indutor, $L = 1,3$ H, são conectados em série com uma fonte de tensão, conforme ilustra a figura (a) abaixo (um circuito RL série).

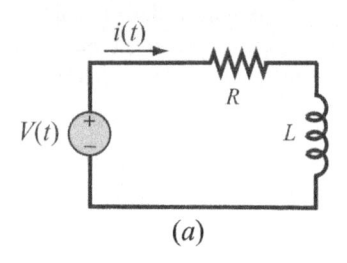

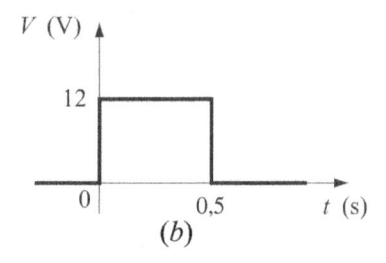

Quando é aplicado um pulso retangular de tensão com amplitude de $V = 12$ V e duração de 0,5 s, como ilustrado na figura (b), a corrente $i(t)$ resultante no circuito, em função do tempo, é dada por:

$$i(t) = \frac{V}{R}(1 - e^{(-Rt)/L}) \quad \text{para} \quad 0 \leq t \leq 0,5 \text{ s}$$

$$i(t) = e^{-(Rt)/L}\frac{V}{R}(e^{(0,5R)/L} - 1) \quad \text{para} \quad 0,5 \leq t \text{ s}$$

Faça um gráfico da corrente em função do tempo para $0 \leq t \leq 2$s.

24. A forma de um aerofólio simétrico de 4 dígitos da NACA é descrita pela equação

$$y = \pm\frac{tc}{0,2}\left[0,2969\sqrt{\frac{x}{c}} - 0,1260\frac{x}{c} - 0,3516\left(\frac{x}{c}\right)^2 + 0,2843\left(\frac{x}{c}\right)^3 - 0,1015\left(\frac{x}{c}\right)^4\right]$$

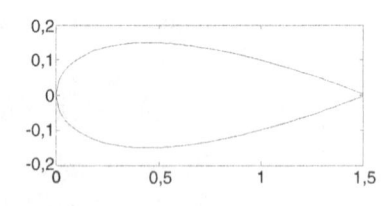

onde c é o comprimento da corda e t é a espessura máxima como uma fração do comprimento da corda (tc = espessura máxima). Os aerofólios simétricos de 4 dígitos da NACA são designados 00XX, onde XX é $100t$ (isto é, para um NACA 0012 temos $t = 0,12$). Plote a forma de um aerofólio NACA 0020 com um comprimento da corda de 1,5 m.

25. Os módulos dinâmicos de armazenamento (G') e perda (G'') são medidas da resposta mecânica de um material a um carregamento harmônico. Para muitos materiais biológicos, esses módulos podem ser descritos pelo modelo de Fung:

$$G'(\omega) = G_\infty \left\{ 1 + \frac{c}{2} \ln\left[\frac{1 + (\omega\tau_2)^2}{1 + (\omega\tau_1)^2}\right] \right\} \quad \text{e} \quad G''(\omega) = cG_\infty [\tan^{-1}(\omega\tau_2) - \tan^{-1}(\omega\tau_1)]$$

onde ω é a frequência do carregamento harmônico e G_∞, c, τ_1 e τ_2 são constantes do material. Plote G' e G'' *versus* ω (dois gráficos separados na mesma janela – comando `subplot`) para $G_\infty = 5$ ksi; $c = 0{,}05$; $\tau_1 = 0{,}05$ s e $\tau_2 = 500$ s. Considere ω variando entre $0{,}0001$ e 1000 s^{-1}. Use uma escala logarítmica para o eixo de ω.

26. As vibrações do corpo de um helicóptero devido à força periódica aplicada pela rotação do rotor podem ser modeladas por um sistema massa-mola-amortecedor, sujeito a uma força periódica externa (veja a figura). A posição da massa é dada pela equação:

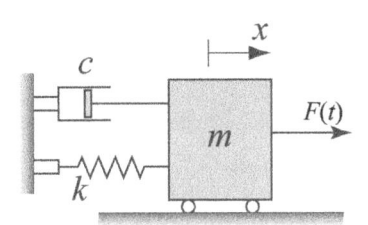

$$x(t) = \frac{2f_0}{\omega_n^2 - \omega^2} \operatorname{sen}\left(\frac{\omega_n - \omega}{2}t\right) \operatorname{sen}\left(\frac{\omega_n - \omega}{2}t\right)$$

onde $F(t) = F_0 \operatorname{sen}\omega t$ e $f_0 = F_0/m$, ω é a frequência da força aplicada e ω_n é a frequência natural do helicóptero. Quando o valor de ω é muito próximo do valor de ω_n, as vibrações consistem em oscilações rápidas com alterações lentas da amplitude. Considerando $F_0/m = 12$ N/Kg, $\omega_n = 10$ rad/s e $\omega = 12$ rad/s, plote $x(t)$ em função de t para $0 \le t \le 10$s.

27. Considere o circuito com diodo ilustrado na figura. A corrente i_D e a tensão v_D podem ser determinadas a partir da solução do seguinte sistema de equações:

$$i_D = I_0\left(e^{\frac{qv_D}{kT}} - 1\right), \quad i_D = \frac{v_S - v_D}{R}$$

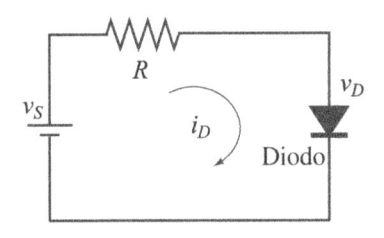

O sistema pode ser resolvido numericamente ou graficamente. A solução gráfica é obtida plotando i_D em função de v_D a partir de ambas as equações. A solução é a interseção das duas curvas. Plote as curvas e estime a solução para o caso em que $I_0 = 10^{-14}$ A; $v_S = 1{,}5$ V; $R = 1200$ Ω e $\frac{kT}{q} = 30$mV.

28. A equação de estado dos gases ideais (ou perfeitos) estabelece que $\frac{PV}{RT} = n$, onde P é a pressão, V é o volume, T é a temperatura, $R = 0{,}08206$ (L atm)/(mol K) é a constante universal dos gases perfeitos e n é o número de moles. Para um mole ($n = 1$), a relação $\frac{PV}{RT}$ é constante e igual a 1 para todos os valores de pressão.

Gases reais, especialmente em altas temperaturas, têm comportamento diferente. A resposta deles pode ser modelada com a equação de van der Waals:

$$P = \frac{nRT}{V-nb} - \frac{n^2 a}{V^2}$$

onde a e b são constantes do material. Considere 1 mole ($n=1$) de gás nitrogênio em $T = 300$ K. (Para o gás nitrogênio, $a = 1{,}39$ (L^2 atm)/mol^2 e $b = 0{,}0391$ L/mol.) Use a equação de van der Waals para calcular P em função de V para $0{,}08 \le V \le 6$ L utilizando incrementos de $0{,}02$ L. Para cada valor de V, determine o valor da relação $\frac{PV}{RT}$ e faça um gráfico de $\frac{PV}{RT}$ versus P. A resposta do nitrogênio concorda com a equação dos gases ideais?

29. Quando uma luz monocromática passa através de uma fenda, ela produz em um anteparo um padrão de difração, que consiste em franjas brilhantes e escuras (veja a figura). A intensidade das franjas brilhantes, I, em função de θ pode ser calculada por

$$I = I_{max}\left(\frac{\operatorname{sen}\alpha}{\alpha}\right)^2, \quad \text{sendo} \quad \alpha = \frac{\pi a}{\lambda}\operatorname{sen}\theta$$

onde λ é o comprimento de onda da luz e a é a largura da fenda. Plote a intensidade relativa I/I_{max} em função de θ para $-20° \le \theta \le 20°$. Faça um gráfico contendo três curvas para os casos $a = 10\lambda$, $a = 5\lambda$ e $a = \lambda$. Rotule os eixos e insira uma legenda.

30. Com o objetivo de suprir certo fluido para o ponto D, um novo tubo CD de diâmetro d_2 é conectado a um tubo já existente de diâmetro d_1, no ponto C, entre os pontos A e B (veja a figura do problema). A resistência R ao fluxo do fluido ao longo do caminho ACD é dada por

$$R = \frac{L_1 - L_2 \cot\theta}{r_1^4}K + \frac{L_2}{r_2^4 \operatorname{sen}\theta}K$$

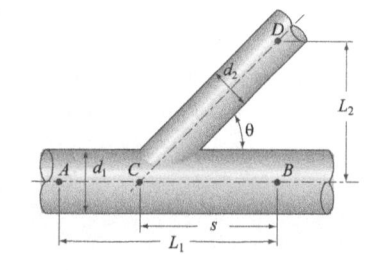

onde K é uma constante. Determine a localização do ponto C (a distância s) que minimiza a resistência ao fluxo R. Defina um vetor θ com elementos variando de $30°$ a $85°$ com espaçamento de $0{,}5°$. Calcule R/K para cada valor de θ e faça um gráfico de R/K versus θ. Use a função nativa `min` do MATLAB para determinar o valor mínimo de R/K e o correspondente θ e, então, calcule o valor de s. Use $d_1 = 1{,}75$ pol., $d_2 = 1{,}5$ pol., $L_1 = 50$ pés e $L_2 = 40$ pés.

31. Uma viga suspensa através de suas extremidades fixas está submetida a uma carga constante w (uniformemente distribuída) ao longo de metade de seu comprimento e tem um momento M associado, conforme ilustrado na figura. A deflexão y, em função de x, é dada pelas equações

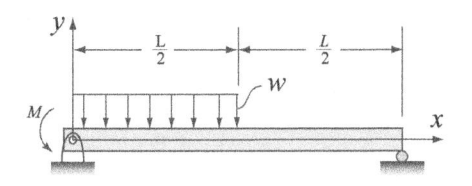

$$y = \frac{-wx}{384EI}(16x^3 - 24Lx^2 + 9L^2) + \frac{Mx}{6EIL}(x^2 - 3Lx + 2L^2) \text{ para } 0 \leq x \leq \frac{1}{2}L$$

$$y = \frac{-wL}{384EI}(8x^3 - 24Lx^2 + 17L^2x - L^3) + \frac{Mx}{6EIL}(x^2 - 3Lx + 2L^2) \text{ para } \frac{1}{2}L \leq x \leq L$$

onde E é o módulo de elasticidade, I é o momento de inércia e L é o comprimento da viga. Para a viga mostrada na figura, considere $L = 20$ m, $E = 200 \times 10^9$ Pa (aço), $I = 348 \times 10^{-6}$ m^4, $w = 5{,}4 \times 10^3$ N/m e $M = 200 \times 10^3$ N m. Faça um gráfico da deflexão da viga y em função x.

32. A lei dos gases ideais relaciona a pressão P, o volume V e a temperatura T de um gás ideal:

$$PV = nRT$$

onde n é o número de moles e $R = 8{,}3145$ J/(K mol). As curvas de pressão versus volume para uma temperatura constante são chamadas de isotermas. Plote as isotermas para um mole de um gás ideal, considerando o volume variando de 1 a 10 m^3 e temperaturas de $T = 100, 200, 300$ e 400 K (quatro curvas em uma mesma figura). Rotule os eixos e insira uma legenda. A unidade de pressão é o Pascal (Pa).

33. A diferença de potencial v_{AB} entre os pontos A e B do circuito da figura, denominado ponte de Wheatstone, é dada por:

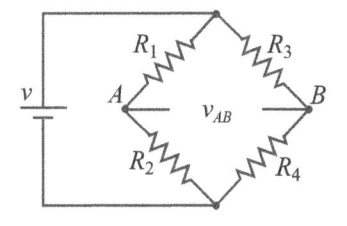

$$v_{AB} = v\left(\frac{R_2}{R_1 + R_2} - \frac{R_4}{R_3 + R_4}\right)$$

Considere o caso em que $v = 12$ V, $R_3 = R_4 = 250$ Ω. Faça os seguintes gráficos:

(a) v_{AB} versus R_1 para $0 \leq R_1 \leq 500$ Ω, dado $R_2 = 120$ Ω.
(b) v_{AB} versus R_2 para $0 \leq R_2 \leq 500$ Ω, dado $R_1 = 120$ Ω.

Plote ambos os gráficos em uma mesma janela (dois gráficos em uma coluna – comando `subplot`).

34. A frequência de ressonância f (em Hz) para o circuito ilustrado é dada por:

$$f = \frac{1}{2\pi}\sqrt{LC\,\frac{R_1^2 C - L}{R_2^2 C - L}}$$

Dados $L = 0{,}2$ H e $C = 2 \times 10^{-6}$ F, faça os seguintes gráficos:

(a) f versus R_2 para $500 \leq R_2 \leq 2000$ Ω, dado $R_1 = 1500$ Ω.
(b) f versus R_1 para $500 \leq R_1 \leq 2000$ Ω, dado $R_2 = 1500$ Ω.

Plote ambos os gráficos em uma mesma janela (dois gráficos em uma coluna – comando `subplot`).

35. A série de Taylor para sen(x) é:

$$x - \frac{x^3}{3!} + \frac{x^5}{5!} - \frac{x^7}{7!} + \frac{x^9}{9!} - \frac{x^{11}}{11!} + \ldots$$

Reproduza a figura ao lado, que mostra, no intervalo $-2\pi \leq x \leq 2\pi$, a função sen(x) e os gráficos da expansão em série de Taylor de sen(x) considerando um, dois e cinco termos. Rotule os eixos e insira uma legenda.

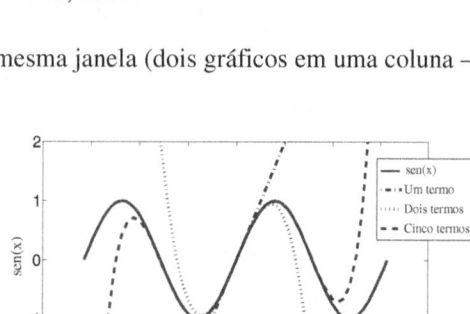

Capítulo 6
Programando no MATLAB

Um programa de computador é uma sequência de comandos devidamente ordenados que visam à resolução de um problema. Em um programa elementar, os comandos são executados um após o outro, na ordem em que são digitados. Os programas apresentados nos capítulos anteriores são exemplos de programas elementares. Entretanto, em muitas situações, são necessários programas mais sofisticados, em que os comandos não são executados necessariamente na ordem em que são digitados, ou diferentes comandos (ou grupos de comandos) são executados dependendo do valor das variáveis de entrada. Por exemplo, um programa de computador que calcula o custo de postagem de pacotes nos Correios usa diferentes expressões matemáticas para calcular o custo final, dependendo do peso e tamanho do pacote, dos itens a serem enviados (o envio de CDs é mais barato que o de livros, etc.) e do tipo de serviço de transporte disponibilizado (terrestre, marítimo ou aéreo). Em outras situações, pode ser necessário repetir uma sequência de comandos várias vezes dentro de um programa. Por exemplo, um programa que resolve equações numericamente repete uma sequência de cálculos até que o erro na resposta seja menor que alguma medida ou parâmetro especificado.

O MATLAB dispõe de ferramentas que podem ser utilizadas para controlar o fluxo de um programa. As sentenças condicionais (Seção 6.2) e a estrutura `switch` (Seção 6.3) tornam possível selecionar comandos ou executar grupos específicos de comandos em diferentes situações. Laços `for` e `while` (Seção 6.4) proporcionam a repetição sistemática de comandos.

Evidentemente, o redirecionamento do fluxo de um programa requer alguma espécie de estrutura de decisão. O programa deve decidir se executa o próximo comando ou se ignora um ou mais comandos e continua em uma linha de programa diferente. O programa toma essas decisões comparando os valores assumidos pelas variáveis. Um modo de fazê-lo é usar operadores lógicos e relacionais que serão explicados na Seção 6.1.

Para finalizar, deve ser mencionado que funções definidas pelo usuário (introduzidas no Capítulo 7) também podem ser utilizadas na programação. Uma função em si é um subprograma. Quando o programa principal encontra uma linha de comando contendo uma função, essa função é chamada, enquanto o programa principal aguarda o retorno do(s) resultado(s) dessa função. Terminada a execução da função, os cálculos são encerrados, os resultados são retornados para o programa que chamou a função e o programa principal segue para a próxima linha de comando.

6.1 OPERADORES LÓGICOS E RELACIONAIS

Um operador relacional compara dois números determinando se o resultado da sentença de comparação é verdadeiro (V) ou falso (F) (ex.: $5 < 8 \Rightarrow$ V). Se a sentença for verdadeira, o valor retornado é 1. Caso contrário, o valor retornado é 0. Um operador lógico examina sentenças verdadeiras/falsas e produz um resultado que é verdadeiro (1) ou falso (0), de acordo com a funcionalidade do operador. Por exemplo, o operador lógico AND resulta 1 (verdadeiro) se, e somente se, todas as sentenças envolvidas na operação forem verdadeiras (1s). Tanto operadores lógicos quanto relacionais podem ser utilizados em expressões matemáticas ou, como será mostrado adiante, serem combinados com outros comandos para controlar ou tomar decisão sobre o fluxo do programa.

Operadores relacionais:
Os operadores relacionais no MATLAB são:

Operador relacional	Descrição
<	Menor que
>	Maior que
<=	Menor que ou igual a
>=	Maior que ou igual a
==	Igual a
~=	Diferente de

Perceba que o operador relacional que testa a igualdade entre dois objetos é representado por dois sinais de igualdade (==), sem espaço entre eles. Isso porque um único sinal de igualdade representa o operador de atribuição. Os demais operadores duplos (representados por dois caracteres) também não possuem espaços entre os caracteres (<=, >=, ~=).

- Operadores relacionais são utilizados juntamente com operadores aritméticos dentro de expressões matemáticas. O resultado pode ser utilizado em outras operações matemáticas, no endereçamento de arranjos ou para controlar o fluxo do programa no MATLAB (juntamente com estruturas de tomada de decisão, ex.: if).
- Quando dois números são comparados, o resultado será 1 (verdadeiro) se, de acordo com o operador relacional, a comparação é verdadeira e 0 (falso) se a comparação é falsa.
- Se dois escalares são comparados, o resultado é o escalar 1 ou 0. Se dois arranjos são comparados (apenas arranjos de mesma dimensão podem ser comparados), a

comparação é feita *elemento por elemento* do arranjo e o resultado é um arranjo lógico de 1s e 0s, cuja dimensão é a mesma dos arranjos originais.
- Se um escalar é comparado com um arranjo, o escalar será comparado com cada elemento do arranjo e o resultado é um arranjo lógico de 1s e 0s, de acordo com a posição de cada elemento no arranjo.

Alguns exemplos:

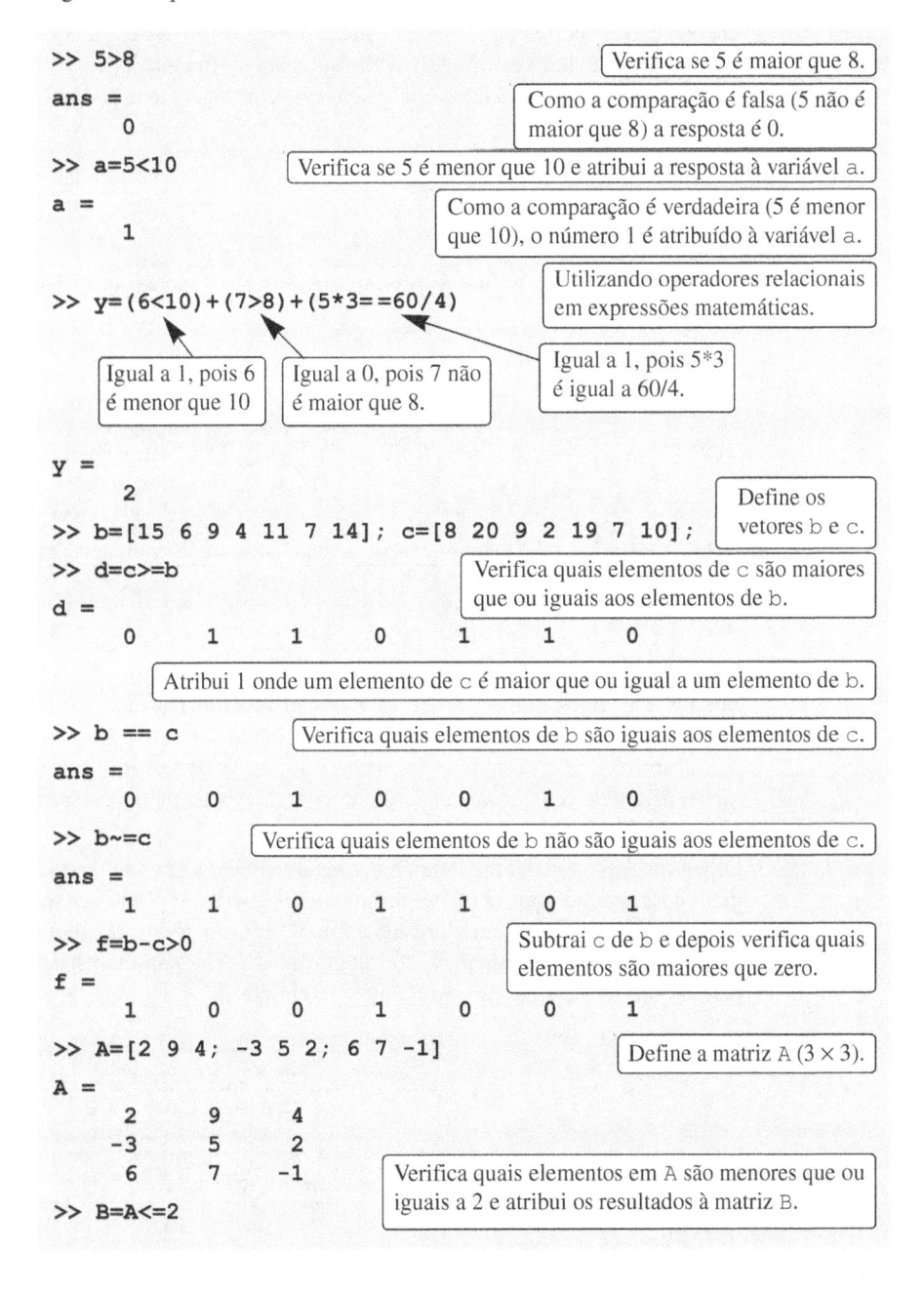

```
>> 5>8                    Verifica se 5 é maior que 8.
ans =                     Como a comparação é falsa (5 não é
    0                     maior que 8) a resposta é 0.
>> a=5<10                 Verifica se 5 é menor que 10 e atribui a resposta à variável a.
a =                       Como a comparação é verdadeira (5 é menor
    1                     que 10), o número 1 é atribuído à variável a.
>> y=(6<10)+(7>8)+(5*3==60/4)   Utilizando operadores relacionais
                                em expressões matemáticas.
```

Igual a 1, pois 6 é menor que 10 | Igual a 0, pois 7 não é maior que 8. | Igual a 1, pois 5*3 é igual a 60/4.

```
y =
    2
>> b=[15 6 9 4 11 7 14]; c=[8 20 9 2 19 7 10];   Define os vetores b e c.
>> d=c>=b                 Verifica quais elementos de c são maiores
d =                       que ou iguais aos elementos de b.
    0    1    1    0    1    1    0
```

Atribui 1 onde um elemento de c é maior que ou igual a um elemento de b.

```
>> b == c                 Verifica quais elementos de b são iguais aos elementos de c.
ans =
    0    0    1    0    0    1    0
>> b~=c                   Verifica quais elementos de b não são iguais aos elementos de c.
ans =
    1    1    0    1    1    0    1
>> f=b-c>0                Subtrai c de b e depois verifica quais
f =                       elementos são maiores que zero.
    1    0    0    1    0    0    1
>> A=[2 9 4; -3 5 2; 6 7 -1]     Define a matriz A (3 × 3).
A =
    2    9    4
   -3    5    2
    6    7   -1
>> B=A<=2                 Verifica quais elementos em A são menores que ou
                          iguais a 2 e atribui os resultados à matriz B.
```

```
B =
     1     0     0
     1     0     1
     0     0     1
```

- Os resultados de uma operação relacional com vetores, que são vetores com 0s e 1s, são chamados vetores lógicos e podem ser utilizados no endereçamento de outros vetores. Quando um vetor lógico é utilizado para tal finalidade, ele extrai do vetor endereçado os elementos nas posições onde o vetor lógico tem 1s. Por exemplo:

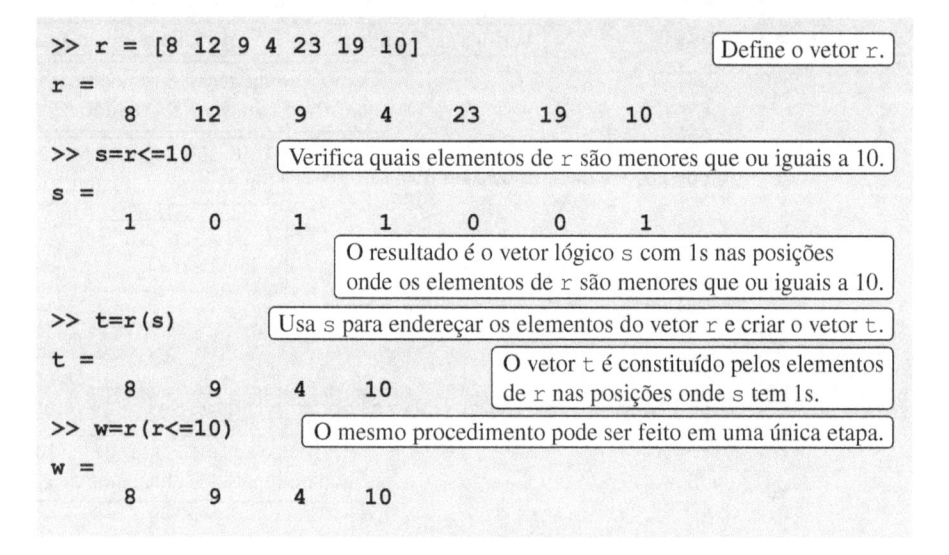

```
>> r = [8 12 9 4 23 19 10]            Define o vetor r.
r =
     8    12     9     4    23    19    10
>> s=r<=10       Verifica quais elementos de r são menores que ou iguais a 10.
s =
     1     0     1     1     0     0     1
                    O resultado é o vetor lógico s com 1s nas posições
                    onde os elementos de r são menores que ou iguais a 10.
>> t=r(s)        Usa s para endereçar os elementos do vetor r e criar o vetor t.
t =
                                O vetor t é constituído pelos elementos
     8     9     4    10        de r nas posições onde s tem 1s.
>> w=r(r<=10)    O mesmo procedimento pode ser feito em uma única etapa.
w =
     8     9     4    10
```

- Vetores e arranjos numéricos de 0s e 1s não funcionam como vetores/arranjos lógicos de 0s e 1s. Arranjos numéricos não podem ser utilizados para endereçar outros arranjos. Por outro lado, os arranjos lógicos podem ser utilizados em operações aritméticas. Uma vez utilizado em operações aritméticas, o arranjo lógico torna-se um arranjo numérico.

- Ordem de precedência: em uma expressão matemática que inclua operadores lógicos e aritméticos, as operações aritméticas (+, −, *, /, \) precedem todas as operações relacionais. Os operadores relacionais têm, entre eles, igual precedência e são avaliados da esquerda para a direita. Muitas vezes, parênteses são utilizados para modificar a ordem de precedência. Exemplos:

```
>> 3+4<16/2        As operações + e / são executadas primeiro.
ans =              A resposta é 1, pois 7 < 8 é verdadeiro.
     1
>> 3+(4<16)/2      4 < 16 é executado primeiro, sendo o resultado
ans =              igual 1, pois a sentença é verdadeira.
    3.5000         3,5 é obtido de 3 + 1/2.
```

Operadores lógicos:
Os operadores lógicos no MATLAB são:

Operador lógico	Nome	Descrição
& Exemplo: A&B	AND	Age em dois operandos (A, B). Se ambos forem verdadeiros, o resultado será verdadeiro (1). De outro modo, o resultado será falso (0).
| Exemplo: A|B	OR	Age em dois operandos (A, B). Se um dos operandos for verdadeiro, ou se ambos forem verdadeiros, o resultado será verdadeiro (1). De outro modo (ou seja, ambos falsos), o resultado será falso (0).
~ Exemplo: ~A	NOT	Age em um operando (A). Resulta na negação do operando: verdadeiro (1), se o operando for falso, e falso (0), se o operando for verdadeiro.

- Operadores lógicos recebem números como operandos. Qualquer número diferente de zero é verdadeiro e apenas o número zero é falso.
- Operadores lógicos (como os relacionais) podem ser usados juntamente com operadores aritméticos dentro de expressões matemáticas. O resultado pode ser utilizado em outras operações matemáticas, no endereçamento de arranjos ou para controlar o fluxo do programa no MATLAB (juntamente com estruturas de tomada de decisão, ex.: `if`).
- Operadores lógicos (como os relacionais) agem tanto em escalares quanto em arranjos genéricos.
- As operações lógicas AND e OR podem agir em escalares puros, arranjos puros ou numa combinação de ambos, i.e., entre um escalar e um arranjo. Se ambos os objetos são escalares, o resultado será um escalar 0 ou 1. Se ambos são arranjos, eles devem possuir a mesma dimensão e a operação lógica será executada *elemento por elemento*. O resultado será um arranjo lógico de mesma dimensão com 0s e 1s de acordo com a posição que os elementos originais ocupam no arranjo. Caso um operando seja um escalar e o outro um vetor, a operação lógica é feita entre o escalar e cada um dos elementos no arranjo. O resultado é um arranjo lógico de 0s e 1s, de mesma dimensão do arranjo que entra na operação.
- A operação lógica NOT possui apenas um operando. Quando utilizada num escalar, resulta no escalar 0 ou 1. Se utilizada em arranjos, cada elemento do arranjo será negado, i.e., os elementos falsos serão feitos verdadeiros e os elementos verdadeiros (aqueles diferentes de zero) serão feitos falsos.

Seguem alguns exemplos:

>> 3&7   3 AND 7.

```
ans =
    1
>> a=5|0                        [5 OR 0 (atribuído à variável a).]
a =                             1 é atribuído à variável a, dado que pelo menos
    1                           um número é verdadeiro (diferentes de zero).
>> ~25                          [NOT 25.]
ans =                           O resultado é 0, dado que 25 é verdadeiro
    0                           (diferentes de zero) e o oposto é falso.
>> t=25*((12&0)+(~0)+(0|5))     Utilizando operadores lógicos
t =                             em expressões matemáticas.
   50
>> x=[9 3 0 11 0 15]; y=[2 0 13 -11 0 4];   Define dois vetores x e y.
>> x&y      A saída é um vetor com 1 em toda a posição onde ambos os vetores x e y são
ans =       verdadeiros (ou seja, onde possuem elementos diferentes de zero) e zero nas demais.
    1    0    0    1    0    1
>> z=x|y    A saída é um vetor com 1 em toda a posição onde ou x ou y ou ambos
z =         são verdadeiros (elementos diferentes de zero) e zero nas demais.
    1    1    1    1    0    1
            A saída é um vetor com 0 em toda posição onde o vetor x + y
>> ~(x+y)   é verdadeiro (elementos diferentes de zero) e 1 em toda posição
ans =       onde x + y é falso (elementos iguais a zero).
    0    0    0    1    1    0
```

ans = 1 — 3 e 7 são ambos verdadeiros (diferentes de zero), então o resultado é verdadeiro (1).

Ordem de precedência:

Operadores aritméticos, lógicos e relacionais podem ser utilizados simultaneamente em expressões matemáticas. O resultado da expressão depende do modo como os operadores estão organizados. O MATLAB segue a ordem de precedência abaixo:

Precedência	Operação
1 (Mais alta)	Parênteses (se existirem parênteses aninhados, os internos têm precedência mais alta).
2	Exponenciação.
3	Lógica NOT (~).
4	Multiplicação e divisão.
5	Adição e subtração.
6	Operadores relacionais (>, <, >=, <=, ==, ~=).
7	Lógica AND (&).
8 (Mais baixa)	Lógica OR (|).

Se duas ou mais operações possuem a mesma ordem de precedência, a operação mais à esquerda é executada primeiro, depois as demais vão sendo resolvidas uma a uma até encontrar a operação mais à direita.

É importante mencionar que a ordem supracitada foi adotada no MATLAB a partir da versão 6. Versões anteriores do MATLAB têm uma ordem de precedência ligeiramente diferente. Nelas, o operador & não precede o operador |. O usuário deve estar atento a isso. Os problemas de compatibilidade entre versões do MATLAB podem ser resolvidos facilmente através do uso sistemático de parênteses (até mesmo quando eles não são requeridos).

Os exemplos de expressões a seguir ilustram o uso de operadores aritméticos, lógicos e relacionais:

`>> x=-2; y=5;`	Declara as variáveis x e y.

`>> -5<x<-1`
`ans =`
`    0`
	Esta desigualdade está matematicamente correta. O resultado, porém, é falso, pois o MATLAB a executa da esquerda para direita. $-5 < x$ é verdadeiro (=1), então $1 < -1$ é falso (0).

`>> -5<x & x<-1`
`ans =`
`    1`
	O resultado matematicamente correto é obtido usando o operador lógico &. As desigualdades são executadas em primeiro lugar. Sendo ambas verdadeiras (1), a resposta é 1.

`>> ~(y<7)`
`ans =`
`    0`
	$y < 7$ é executado primeiro, o resultado é verdadeiro (1) e ~1 é 0.

`>> ~y<7`
`ans =`
`    1`
	~y é executado primeiro. y é verdadeiro (1) (pois y é diferente de zero), ~1 é 0 e $0 < 7$ é verdadeiro (1).

`>> ~((y>=8)|(x<-1))`
`ans =`
`    0`
	$y >= 8$ (falso) e $x < -1$ (verdadeiro) são executados primeiro. Em seguida, a operação OR é executada e resulta em verdadeiro. Por fim, ~ é executado e resulta em falso (0).

`>> ~(y>=8)|(x<-1)`
`ans =`
`    1`
	$y >= 8$ (falso) e $x < -1$ (verdadeiro) são executados primeiro. Em seguida, a operação NOT de $(y >= 8)$ é executada e resulta em verdadeiro. Por fim, OR é executado e resulta em verdadeiro (1).

Funções lógicas nativas do MATLAB:

O MATLAB possui um conjunto de funções nativas que são equivalentes aos operadores lógicos. Algumas dessas funções são:

`and(A,B)`   equivalente a `A&B`
`or(A,B)`   equivalente a `A|B`
`not(A)`   equivalente a `~A`

Adicionalmente, o MATLAB ainda possui as seguintes funções:

Função	Descrição	Exemplo

xor(a,b)	OR Exclusivo. Retorna verdadeiro (1) se houver desigualdade entre os operandos, i.e., se um é verdadeiro e o outro é falso.	`>> xor(7,0)`
		`ans =`
		`    1`
		`>> xor(7,-5)`
		`ans =`
		`    0`

all(A)	Retorna verdadeiro (1) se todos os elementos de um vetor A são verdadeiros (diferentes de zero). Retorna falso (0) se um ou mais elementos são falsos (0). Se A for uma matriz, trata as colunas de A como vetores e retorna um vetor de 1s e 0s.	`>> A=[6 2 15 9 7 11];`
		`>> all(A)`
		`ans =`
		`    1`
		`>> B=[6 2 15 9 0 11];`
		`>> all(B)`
		`ans =`
		`    0`

any(A)	Retorna verdadeiro (1) se qualquer elemento de A é verdadeiro (diferente de zero). Retorna falso (0) se todos os elementos de A são falsos (zero). Se A for uma matriz, trata as colunas de A como vetores e retorna um vetor 1s e 0s.	`>> A=[6 0 15 0 0 11];`
		`>> any(A)`
		`ans =`
		`    1`
		`>> B = [0 0 0 0 0 0];`
		`>> any(B)`
		`ans =`
		`    0`

find(A)
find(A>d)
	Se A é um vetor, retorna os índices dos elementos diferentes de zero.
	Se A é um vetor, retorna o endereço dos elementos que são maiores que d (qualquer operador relacional pode ser utilizado).
		`>> A=[0 9 4 3 7 0 0 1 8];`
		`>> find(A)`
		`ans =`
		`    2    3    4    5    8    9`
		`>> find(A>4)`
		`ans =`
		`    2    5    9`

As quatro operações lógicas and, or, xor e not podem ser resumidas em uma tabela verdade:

Entrada		Saída				
A	B	AND A&B	OR A|B	XOR (A,B)	NOT ~A	NOT ~B
falso	falso	falso	falso	falso	verdadeiro	verdadeiro
falso	verdadeiro	falso	verdadeiro	verdadeiro	verdadeiro	falso
verdadeiro	falso	falso	verdadeiro	verdadeiro	falso	verdadeiro
verdadeiro	verdadeiro	verdadeiro	verdadeiro	falso	falso	falso

Problema Exemplo 6-1: Análise de dados de temperatura

Os dados a seguir foram coletados na capital americana (Washington, DC) durante o mês de abril de 2002 e correspondem às temperaturas máximas diárias (em °F): 58 73 73 53 50 48 56 73 73 66 69 63 74 82 84 91 93 89 91 80 59 69 56 64 63 66 64 74 63 69 (dados da U.S. National Oceanic and Atmospheric Administration). Use operações lógicas e relacionais para determinar:

(*a*) O número de dias em que a temperatura esteve acima de 75 °F.

(*b*) O número de dias em que a temperatura esteve entre 65 °F e 80 °F.

(*c*) Os dias do mês em que a temperatura esteve entre 50 °F e 60 °F.

Solução

No programa a seguir, as temperaturas foram colocadas em um vetor. Em seguida, operadores lógicos e relacionais foram usados para analisar os dados.

```
T = [58 73 73 53 50 48 56 73 73 66 69 63 74 82 84...
    91 93 89 91 80 59 69 56 64 63 66 64 74 63 69];
Tmaior_igual75=T>=75;
```
Um vetor com 1s nos endereços onde T>=75.
```
Ndias_Tmaior_igual75=sum(Tmaior_igual75)
```
Adiciona todos os 1s no vetor Tmaior_igual75.
```
Tentre65_80=(T>=65)&(T<=80);
```
Um vetor com 1s nos endereços onde T>=65 e T<=80.
```
Ndias_Tentre65_80=sum(Tentre65_80)
```
Adiciona todos os 1s no vetor Ndias_Tentre65_80.
```
datasTentre50_60=find((T>=50)&(T<=60))
```
A função find retorna os endereços dos elementos em T que têm valores entre 50 e 60.

O programa (salvo como Capitulo6_Exemplo1) executado na Command Window resulta:

```
>> Exp6_1
Ndias_Tmaior_igual75 =
           7
Ndias_Tentre65_80 =
          12
datasTentre50_60 =
     1    4    5    7    21    23
```

- A temperatura foi superior a 75°F em 7 dias.
- A temperatura esteve entre 65 e 80°F em 12 dias.
- Dias do mês em que a temperatura esteve entre 50 e 60°F.

6.2 SENTENÇAS CONDICIONAIS

As sentenças condicionais são estruturas que permitem ao MATLAB tomar decisões e escolher executar um grupo de comandos que seguem dessa sentença (caso seja verdadeira) ou selecionar um desvio (salto no grupo de comandos), seguindo para a próxima linha de instrução. Em uma sentença condicional é imperativo uma expressão de teste. Se a expressão de teste é verdadeira, o MATLAB executa um grupo de comandos que segue a sentença. Se a expressão for falsa, o programa salta para outro comando ou grupo de comandos. A forma básica de uma sentença condicional é

> if expressão condicional consistindo de operadores relacionais e/ou lógicos.

Exemplos:

```
if a < b
if c >= 5
if a == b
if a ~= 0
if (d<h) & (x>7)
if (x~=13) | (y<0)
```

Todas as variáveis devem ter sido inicializadas com algum valor.

- Sentenças condicionais podem fazer parte de um programa ou de uma função (Capítulo 7).
- Conforme mostrado a seguir, cada sentença if deve ser seguida de um comando end.

A sentença if é usada geralmente em três estruturas: if-end, if-else-end e if-elseif-else-end, que são os objetos de estudo das próximas seções.

6.2.1 A estrutura if-end

A estrutura condicional if-end tem a estrutura esquemática mostrada na Figura 6-1. Essa figura mostra como os comandos devem ser digitados no programa e o fluxograma que, simbolicamente, dita o fluxo ou a sequência segundo a qual os comandos serão executados. Quando um programa é executado e encontra uma sentença if, se a expressão condicional de teste for verdadeira (1), o programa continua a executar os comandos listados abaixo da sentença if, até encontrar o comando end. Se a expressão de teste é falsa (0), o programa salta o grupo de comandos entre as sentenças if e end, continuando a execução dos comandos listados abaixo de end. Assim, o programa executa a sentença apenas se o resultado do teste for verdadeiro.

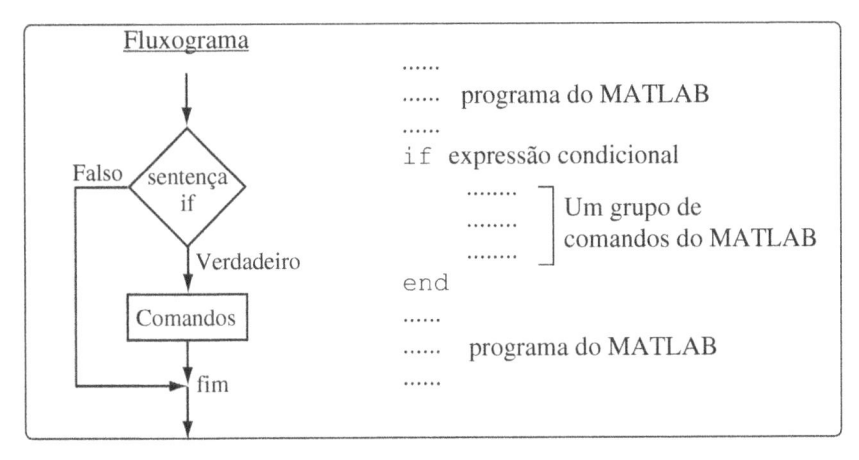

Figura 6-1 Estrutura da sentença condicional if-end.

As instruções if e end aparecem na tela em azul, e os comandos entre as sentenças if e end são automaticamente indentados ou alinhados, o que facilita a leitura e a organização do programa. Um exemplo onde a sentença if-end é utilizada é mostrado a seguir, no Problema Exemplo 6-2.

Problema Exemplo 6-2: Calculando o salário de um trabalhador

Um trabalhador é pago de acordo com a jornada semanal de 40 horas, mais 50% sobre as horas extras trabalhadas. Escreva um programa que calcule o salário do trabalhador. O programa deve solicitar ao usuário a quantidade de horas trabalhadas e o valor pago pela hora trabalhada. Por último, o programa deve retornar o salário.

Solução

O programa é mostrado a seguir. Inicialmente, o programa determina o salário, multiplicando o número de horas trabalhadas pelo valor da hora. Então, uma sentença if verifica se o número de horas trabalhadas excede a 40 horas semanais. Caso exceda, os comandos internos à sentença calculam o pagamento extra e adicionam o valor ao salário base. Caso não, o programa deve saltar para a sentença end.

```
t=input('Por favor, digite o número de horas trabalhadas: ');
h=input('Por favor, digite o valor da hora trabalhada: R$');
Salario=t*h;
if t>40
```

```
        Salario=Salario+(t-40)*0.5*h;
end
fprintf('O salário do trabalhador é R$%5.2f\n',Salario)
```

A Aplicação do programa a dois casos pode ser vista a seguir (o arquivo foi salvo como Capitulo6_Exemplo2).

```
>> Capitulo6_Exemplo2
Por favor, digite o número de horas trabalhadas: 35
Por favor, digite o valor da hora trabalhada: R$8
O salário do trabalhador é R$280.00
>> Capitulo6_Exemplo2
Por favor, digite o número de horas trabalhadas: 50
Por favor, digite o valor da hora trabalhada: R$10
O salário do trabalhador é R$550.00
```

6.2.2 A estrutura `if-else-end`

Esta estrutura executa um grupo de comandos, se o resultado do teste for verdadeiro, ou o outro grupo, se o resultado do teste for falso. A estrutura `if-else-end` é mostrada na Figura 6-2. A figura mostra como os comandos devem ser digitados e o

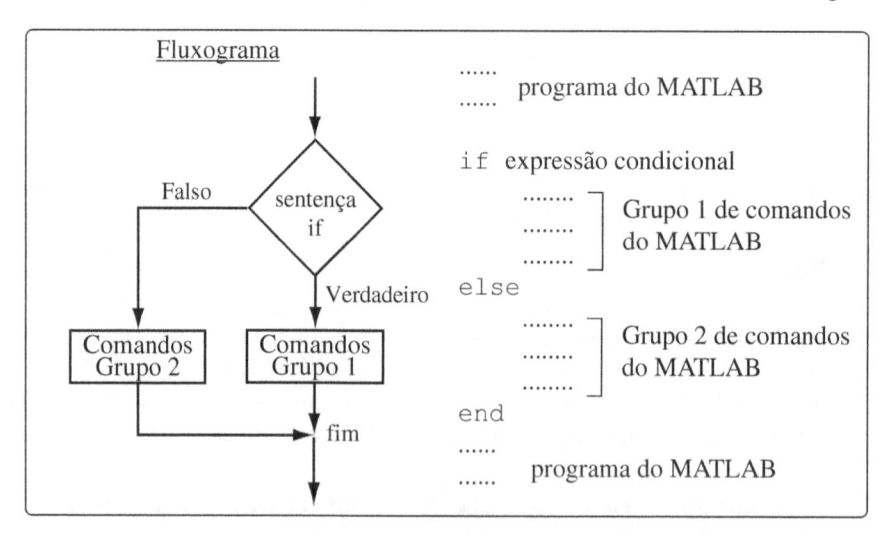

Figura 6-2 Estrutura da sentença condicional `if-else-end`.

fluxograma ilustra o fluxo ou a sequência do programa segundo a qual os comandos serão executados. A primeira linha contém uma sentença `if` com a respectiva expressão de teste. Se o resultado da expressão de teste é verdadeiro, o programa executa os comandos do grupo 1 (entre as sentenças `if` e `else`) e salta para o comando `end`. Se o resultado do teste é falso, o programa salta para a sentença `else` e executa os comandos do grupo 2 (entre as sentenças `else` e `end`).

6.2.3 A estrutura `if-elseif-else-end`

A estrutura de `if-elseif-else-end` está indicada na figura 6-3. Essa figura mostra como os comandos devem ser digitados no programa e ilustra o fluxo e/ou a sequência através de um fluxograma segundo a qual os comandos serão executados. Esta estrutura possui duas sentenças de teste (`if` e `elseif`) que tornam possível selecionar um dos três grupos de comandos para a execução. A primeira linha traz a sentença `if` com a expressão de teste. Se o resultado do teste é verdadeiro, o programa executa os comandos do grupo 1 (entre as sentenças `if` e `elseif`) e salta para `end`. Se o resultado do teste da sentença `if` é falso, o programa salta para a sentença `elseif`. Caso a expressão de teste de `elseif` seja verdadeira, o programa executa os comandos do grupo 2 (entre `elseif` e `else`) e salta para `end`. Se a expressão de teste de `elseif` é falsa, o programa salta para `else` e executa os comandos do grupo 3 (entre `else` e `end`).

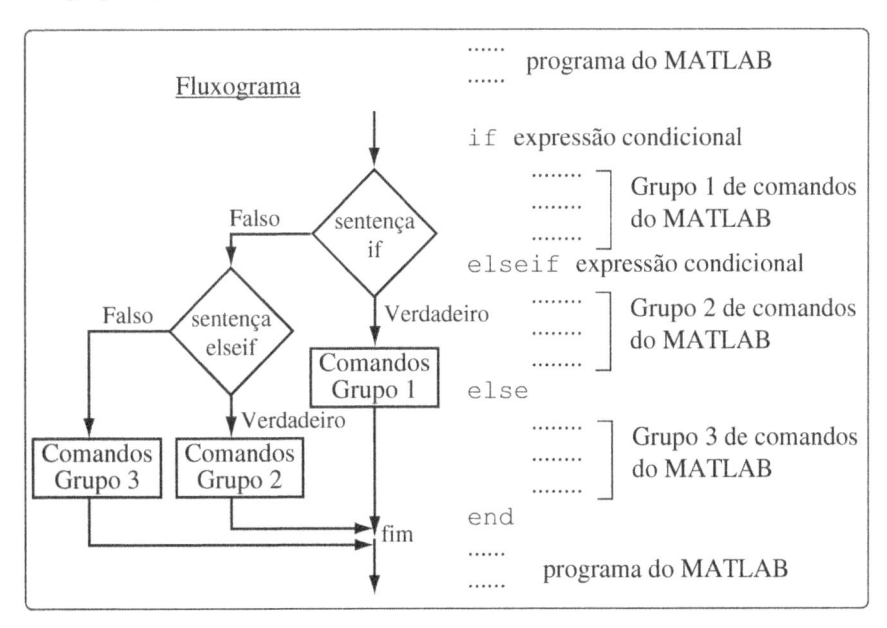

Figura 6-3 Estrutura da sentença condicional `if-elseif-else-end`.

É importante mencionar que é possível adicionar várias sentenças `elseif` e grupos de comandos associados. Isto possibilita testar muitas condições num único programa. Além disso, o comando `else` é opcional. Isso significa que, caso sejam utilizadas várias sentenças `elseif`, qualquer sentença condicional verdadeira terá os respectivos comandos executados. De outro modo, não há execução de nenhum grupo de comandos (a menos que exista um `else` na estrutura).

O exemplo a seguir usa a estrutura `if-elseif-else-end` em um programa.

Problema Exemplo 6-3: Nível de uma caixa d'água

O tanque de uma caixa d'água possui a geometria mostrada na figura (a parte debaixo é um cilindro e a parte de cima é um cone invertido cortado). Dentro do tanque há uma boia que indica o nível d'água. Escreva um programa que determine o volume d'água armazenada no tanque a partir da posição indicada pela boia (altura h). O programa deve receber a variável h (em m) e retornar o volume d'água (em m^3).

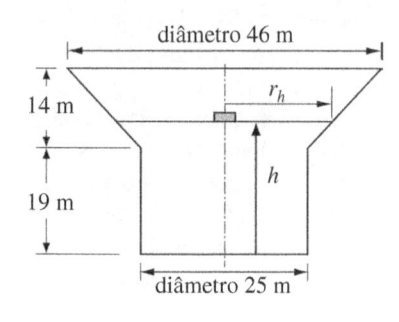

Solução

Para $0 \leq h \leq 19$ m, o volume do tanque é dado pelo volume de um cilindro de altura h: $V = (12{,}5)^2 \pi h$.

Para $19 \leq h \leq 33$ m, o volume do tanque é dado pela adição do volume de um cilindro com $h = 19$ m e do volume d'água na porção do cone invertido:

$$V = \pi 12{,}5^2 \cdot 19 + \frac{1}{3}\pi(h-19)(12{,}5^2 + 12{,}5 \cdot r_h + r_h^2)$$

onde $r_h = 12{,}5 + \frac{10{,}5}{14}(h-19)$.

O programa é:

```
%O programa calcula o volume de água em uma caixa d'água.

h=input('Por favor, entre com a altura indicada pela boia em metros ');
if h>33
    disp('ERRO. A altura não pode ser superior a 33 m.')
elseif h<0
    disp('ERRO. A altura não pode ser um número negativo.')
elseif h<=19
    v=pi*12.5^2*h;
    fprintf('O volume de água é %7.3f metros cúbicos.\n',v)
else
    rh=12.5+10.5*(h-19)/14;
    v=pi*12.5^2*19+pi*(h-19)*(12.5^2+12.5*rh+rh^2)/3;
    fprintf('O volume de água é %7.3f metros cúbicos.\n',v)
end
```

A seguir têm-se os resultados exibidos na Command Window, quando o programa é utilizado com três valores diferentes para altura da água.

```
Por favor, entre com a altura indicada pela boia em metros 8
O volume de água é 3926.991 metros cúbicos.
Por favor, entre com a altura indicada pela boia em metros 25.7
O volume de água é 14114.742 metros cúbicos.
Por favor, entre com a altura indicada pela boia em metros 35
ERRO. A altura não pode ser superior a 33 m.
```

6.3 A SENTENÇA switch-case

A sentença `switch-case` é outro método de selecionar uma dentre várias opções de um programa. A estrutura da sentença é mostrada na Figura 6-4.

- A primeira linha deve conter o comando `switch`, escrito da seguinte forma:

```
switch expressão do switch
```

A expressão do switch pode ser um número ou uma string. É, tipicamente, uma variável inicializada com um número ou uma string. Entretanto, também é possível introduzir uma expressão matemática que inclua variáveis previamente inicializadas.

- Seguindo na estrutura do comando `switch`, vem um ou muitos comandos `case`. Cada `case` possui um valor característico (numérico ou string) indicado logo ao seu lado (valor1, valor2, etc.) e um grupo de comandos associados abaixo.
- Após o último comando `case` vem o comando opcional `otherwise`, seguido de um grupo de comandos.
- A última linha sempre deve conter uma sentença `end`.

Como funciona a sentença switch-case?
O valor da expressão do switch no comando `swicth` é comparado com os valores relacionados a cada `case`. Caso seja encontrada uma coincidência (combinação), o grupo de comandos relacionados ao `case` é executado. (Somente um grupo de comandos – aquele situado entre dois `cases`, ou entre um `case` e um `otherwise` ou entre `otherwise` e `end` – é executado.)

- Se houver mais de uma combinação, apenas a primeira é executada.
- Se nenhuma combinação for encontrada e a sentença `otherwise` estiver presente, o grupo de comandos entre `otherwise` e `end` é executado.

```
......
......     programa do MATLAB

switch expressão de switch
     case valor 1
        ........
        ........  ] Grupo 1 de comandos.
     case valor 2
        ........
        ........  ] Grupo 2 de comandos.
     case valor 3
        ........
        ........  ] Grupo 3 de comandos.
     otherwise
        ........
        ........  ] Grupo 4 de comandos.
end
......
......     programa do MATLAB
```

Figura 6-4 Estrutura da sentença switch-case.

- Se nenhuma combinação for encontrada e a sentença otherwise não estiver presente, nenhum grupo de comandos é executado.
- Uma sentença case pode possuir mais de um valor. Isso pode ser feito digitando os valores entre chaves, na forma: {valor1, valor2, valor3,...}. Essa forma, não descrita neste livro, é denominada arranjo de células. O case será executado se pelo menos um dos valores entre chaves for encontrado.

OBSERVAÇÃO: No MATLAB, somente o primeiro case combinado é executado. Após o grupo de comandos associado ao primeiro case combinado ter sido executado, o programa salta para a sentença end. Isto difere o MATLAB de outras linguagens de programação (por exemplo, o C), em que um comando break é necessário na parada de cada case.

Problema Exemplo 6-4: Convertendo unidades de energia

Escreva um programa que converta uma quantidade de energia ou trabalho escrita em Joule, ft-lb, cal ou eV nas quantidades de energia equivalentes nas demais unidades especificadas pelo usuário. O programa deve solicitar ao usuário que entre com a quantidade de energia, a unidade atual e a nova unidade requerida. A saída é a quantidade de energia escrita na nova unidade.

Fatores de conversão: 1 J = 0,738 ft-lb = 0,239 cal = $6,24 \times 10^{18}$ eV.

Teste o programa para converter:

(*a*) 150 J para ft-lb.
(*b*) 2800 cal para J.
(*c*) 2,7 eV para cal.

Solução

O programa solução inclui dois conjuntos de sentenças `switch-case` e um conjunto `if-else-end`. O primeiro conjunto `switch-case` é utilizado para converter a quantidade de energia inicial em Joules. O segundo é utilizado para converter a quantidade em Joules para as novas unidades. A estrutura `if-else-end` é utilizada para gerar uma mensagem de erro, caso as unidades sejam digitadas incorretamente.

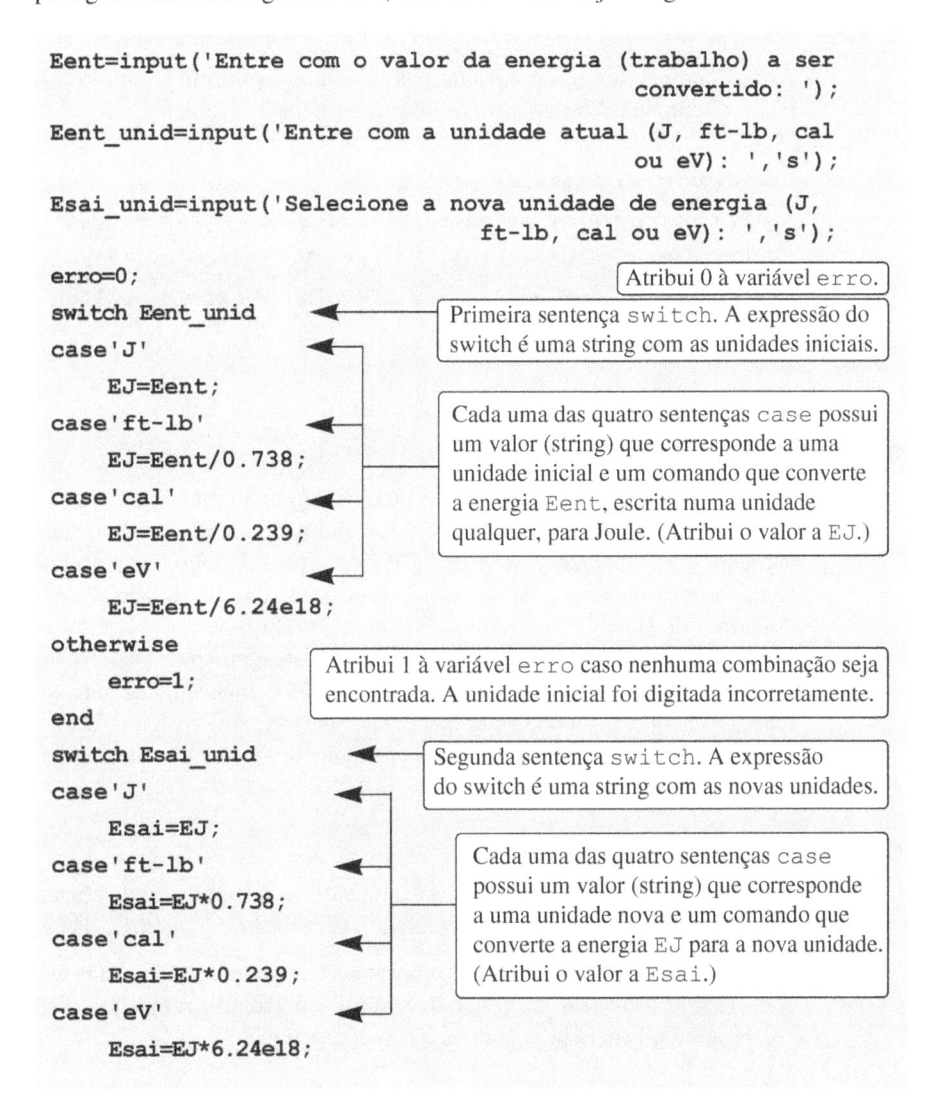

```
Eent=input('Entre com o valor da energia (trabalho) a ser
                                          convertido: ');
Eent_unid=input('Entre com a unidade atual (J, ft-lb, cal
                                       ou eV): ','s');
Esai_unid=input('Selecione a nova unidade de energia (J,
                             ft-lb, cal ou eV): ','s');
erro=0;
switch Eent_unid
    case'J'
        EJ=Eent;
    case'ft-lb'
        EJ=Eent/0.738;
    case'cal'
        EJ=Eent/0.239;
    case'eV'
        EJ=Eent/6.24e18;
    otherwise
        erro=1;
end
switch Esai_unid
    case'J'
        Esai=EJ;
    case'ft-lb'
        Esai=EJ*0.738;
    case'cal'
        Esai=EJ*0.239;
    case'eV'
        Esai=EJ*6.24e18;
```

Atribui 0 à variável `erro`.

Primeira sentença `switch`. A expressão do switch é uma string com as unidades iniciais.

Cada uma das quatro sentenças `case` possui um valor (string) que corresponde a uma unidade inicial e um comando que converte a energia `Eent`, escrita numa unidade qualquer, para Joule. (Atribui o valor a `EJ`.)

Atribui 1 à variável `erro` caso nenhuma combinação seja encontrada. A unidade inicial foi digitada incorretamente.

Segunda sentença `switch`. A expressão do switch é uma string com as novas unidades.

Cada uma das quatro sentenças `case` possui um valor (string) que corresponde a uma unidade nova e um comando que converte a energia `EJ` para a nova unidade. (Atribui o valor a `Esai`.)

```
otherwise
    erro=1;
end
if erro
    disp('ERRO!!! A unidade atual ou a requerida foi digitada
                                                  incorretamente.')
else
    fprintf('E=%g %s\n',Esai,Esai_unid)
end
```

- `otherwise erro=1;` — Atribui 1 à variável `erro` caso nenhuma combinação seja encontrada. A unidade nova foi digitada incorretamente.
- `if erro` — Estrutura `if-else-end`.
- `else fprintf(...)` — Se a variável `erro` é verdadeira (não nula), uma mensagem de erro é exibida.
- `end` — Se `erro` é falsa, a saída exibe a energia convertida.

A título de exemplo, o programa (salvo como Capitulo6_Exemplo4) é testado na janela Command Window para resolver a letra (*b*) do problema.

```
>> Capitulo6_Exemplo4
Entre com o valor da energia (trabalho) a ser convertido: 2800
Entre com a unidade atual (J, ft-lb, cal ou eV): cal
Selecione a nova unidade de energia (J, ft-lb, cal ou eV): J
E = 11715.5 J
```

6.4 LAÇOS (*LOOPS*)

Um laço é outro método de alterar o fluxo de um programa. Em um laço, a execução de um comando ou de um grupo de comandos é repetida diversas vezes, sucessivamente. Cada sequência de execução (repetição) do laço é denominada passo. A cada passo, ao menos uma variável é modificada dentro do laço. O MATLAB traz dois tipos de laços: `for-end` e `while-end`. No laço `for-end` (Seção 6.4.1), o número de repetições é conhecido (definido) desde o início do laço. No laço `while-end` (Seção 6.4.2), o número de repetições não é conhecido de antemão e o laço é repetido até que uma condição específica de parada seja satisfeita. Ambos os tipos de laços podem ser finalizados a qualquer momento através do comando `break` (veja a Seção 6.6).

6.4.1 Laços `for-end`

Neste tipo de laço, a execução de um comando ou de um grupo de comandos é repetida um número de vezes predeterminado. A forma do laço é mostrada na Figura 6-5.

- O nome da variável índice é arbitrário (tipicamente, são usadas as letras i, j, k, m e n. As letras i e j não devem ser utilizadas se o MATLAB estiver sendo programado para lidar com números complexos).

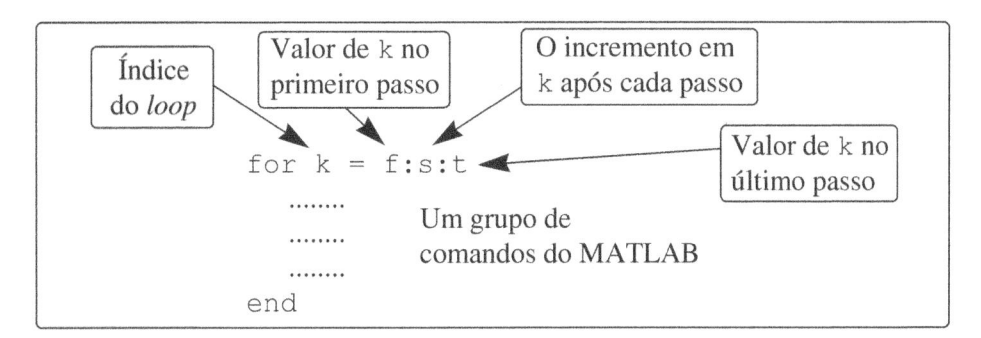

```
        ┌─ Índice ─┐  ┌─ Valor de k no ─┐  ┌─ O incremento em ─┐
        │ do loop  │  │ primeiro passo  │  │ k após cada passo │
        └──────────┘  └─────────────────┘  └───────────────────┘
                   ↘         ↓          ↙
                                                ┌─ Valor de k no ─┐
                      for k = f:s:t  ←──────────│ último passo    │
                      ........                  └─────────────────┘
                      ........   Um grupo de
                      ........   comandos do MATLAB
                      end
```

Figura 6-5 Estrutura do laço for-end.

- Inicialmente, k = f e o computador executa os comandos entre for e end. Em seguida, o programa retorna ao comando for, incrementa o valor de k = f + s, compara com o valor de t e, caso sejam diferentes, segue para um novo passo (repetição) dos comandos entre for e end. O processo é repetido até que a condição k = t seja satisfeita. Nesse caso, o programa não retorna ao for, mas salta o grupo de comandos do laço e continua abaixo do end. Por exemplo, se k = 1:2:9, serão executados cinco laços e os valores de k em cada laço são 1, 3, 5, 7 e 9.
- O incremento s pode ser um número negativo (por exemplo, k = 25:–5:10 produz quatro laços com k = 25, 20, 15, 10).
- Se o incremento s for omitido, o MATLAB assume o valor padrão ou default 1 (por exemplo, k = 3:7 gera cinco laços k = 3, 4, 5, 6, 7).
- Se f = t, o laço é executado uma vez.
- Se f>t e s>0, ou se f<t e s<0, o laço não é executado.
- Se os valores de k, s e t forem tais que k não possa ser igual a t, então, se s>0, o último passo acontecerá para o último valor de k menor que a condição de parada t (Por exemplo, k = 8:10:50 produz cinco repetições do laço, k = 8, 18, 28, 38, 48). Se s<0, a última repetição acontecerá para o último valor de k maior que a condição de parada t.
- Em um comando for, é possível atribuir valores específicos a k, como num vetor. Por exemplo: k = [7 9 –1 3 3 5].
- O valor de k não deve ser redefinido dentro do laço.
- Cada comando for dentro de um programa **deve** terminar em um comando end.
- O valor da variável índice do laço (k) não é mostrado automaticamente. É possível exibir o valor de k a cada passo (às vezes, útil no trabalho de debugging – depuração – do programa), digitando k como um dos comandos do laço.
- Terminado o laço, a variável índice (k) sai com o último valor atribuído a ela.

Um exemplo simples de um laço for-end (escrito como um programa) é:

```
for k=1:3:10
    x = k^2
end
```

Executando o programa, o laço é repetido quatro vezes. O valor de k nas quatro repetições é k = 1, 4, 7 e 10, e os respectivos valores atribuídos à variável x são: x = 1, 16, 49 e 100. Como não foi digitado um ponto e vírgula após a segunda linha, os valores de x são exibidos, um a um, na janela Command Window. Executando o programa, os resultados de x na janela Command Window são:

```
>> x =
     1
x =
    16
x =
    49
x =
   100
```

Problema Exemplo 6-5: Soma de séries

(a) Construa um laço `for-end` em um programa para determinar a soma dos n primeiros termos da série: $\sum_{k=1}^{n} \frac{(-1)^k k}{2^k}$. Execute o programa para $n = 4$ e $n = 20$.

(b) A função sen(x) pode ser escrita em termos da série de Taylor como:

$$\text{sen}(x) = \sum_{k=0}^{\infty} \frac{(-1)^k x^{2k+1}}{(2k+1)!}$$

Escreva uma função que calcula sen(x) usando a série de Taylor. Sugestão para o nome da função e argumentos: `y=Tsen(x,n)`. Os argumentos de entrada são o ângulo x, em graus, e o número de termos da série n. Teste a função para calcular sen($150°$), usando 3 e 7 termos.

Solução

(a) Um programa elaborado para calcular a soma dos n primeiros termos da série é mostrado a seguir:

```
n=input('Entre com o número de termos da série: ');
S=0;     Estabelecendo o resultado inicial da soma em zero.
for k=1:n
    S=S+(-1)^k*k/2^k;     Laço for-end.   Em cada passo, um elemento da série é calculado e é adicionado à soma dos elementos dos passos anteriores.
end
fprintf('A soma da série é: %f \n',S)
```

A somatória é realizada dentro do laço. A cada passo, um termo da série é calculado, sendo automaticamente adicionado à soma dos termos precedentes na série.

Resta-nos executar o arquivo (salvo como Capitulo6_Exemplo5) duas vezes na janela Command Window:

```
>> Capitulo6_Exemplo5
Entre com o número de termos da série: 4
A soma da série é: -0.125000
>> Capitulo6_Exemplo5
Entre com o número de termos da série: 20
A soma da série é: -0.222216
```

(b) Uma função[‡] que determina sen(x) adicionando n termos da fórmula de Taylor é mostrada a seguir:

```
function y = Tsen(x,n)
% Tsen(x) determina o sen(x) com base na fórmula de Taylor.
% Argumentos de entrada:
% x (ângulo em graus) e n (número de termos da serie).

xr=x*pi/180;          ← Convertendo o ângulo de graus para radianos.
y=0;
for k=0:n-1
    y=y+(-1)^k*xr^(2*k+1)/factorial(2*k+1);   ← Laço for-end.
end
```

O primeiro elemento da série corresponde a $k = 0$ e o último passo acontece para $k = n - 1$, de modo a adicionar n termos da série. Utilizando a função duas vezes na janela Command Window para calcular o sen(150°), com 3 e 7 termos na série, respectivamente, temos:

```
>> Tsen(150,3)        ← Calculando o sen(150°) com 3 termos na série de Taylor.
ans =
    0.6523
```

[‡] N. de R. T.: Uma função é um subprograma. Mais detalhes sobre o desenvolvimento de funções no MATLAB serão apresentados no Capítulo 7 deste livro.

```
>> Tsen(150,7)            Calculando o sen(150°) com 7 termos na série de Taylor.
ans =
    0.5000                O valor exato é 0,5.
```

Uma observação sobre o laço `for-end` e as operações elemento por elemento:
- Em algumas situações, resultados semelhantes podem ser produzidos usando o laço `for-end` ou operações envolvendo elemento por elemento de um arranjo. O Problema Exemplo 6-5 ilustra como funciona o laço `for-end`. Esse mesmo problema poderia ser resolvido usando operações elemento por elemento (veja os Problemas 7 e 8 na Seção 3.9). As operações elemento por elemento com arranjos são um dos diferenciais do MATLAB, se comparado a outras ferramentas de programação (como, por exemplo, a linguagem C). Em geral, operações elemento por elemento são mais rápidas que os laços e são recomendadas quando um problema é passível de solução pelos dois métodos.

Problema Exemplo 6-6: Modificando elementos de um vetor

Um vetor é dado por: $V = [5, 17, -3, 8, 0, -7, 12, 15, 20, -6, 6, 4, -2, 16]$. Escreva um programa que duplica os elementos positivos do vetor, divisíveis por 3 e/ou 5, e eleve à terceira potência os elementos que são negativos, porém maiores que -5.

Solução

O problema será resolvido através de um laço `for-end`, chamando internamente uma sentença condicional `if-elseif-end`. O número de repetições será igual ao número de elementos do vetor. Um elemento do vetor será verificado pela sentença condicional cada vez que o laço for executado (cada passo). O elemento verificado será modificado se obedecer a uma das condições apresentadas no enunciado do problema. O programa a seguir realiza as operações desejadas:

```
V=[5, 17, -3, 8, 0, -7, 12, 15, 20 -6, 6, 4, -2, 16];
n=length(V);                    Definindo n igual ao número de elementos em V.
for k=1:n
   if V(k)>0 & (rem(V(k),3)==0 | rem(V(k),5)==0)    Laço for-end.
      V(k)=2*V(k);
   elseif V(k)<0&V(k)>-5                            Sentença
      V(k)=V(k)^3;                                  condicional
   end                                              if-elseif-end.
end
V
```

Executando o programa (salvo como Capitulo6_Exemplo6) na janela Command Window:

```
>> Capitulo6_Exemplo6
V =
    10    17   -27    8    0    -7   24   30   40   -6   12    4
    -8    16
```

6.4.2 Laços while-end

O comando `while-end` é útil quando se deseja realizar um laço, mas o número de repetições não é conhecido de antemão. Sendo assim, nesse laço, o formato do comando não contém um campo especificando o número de repetições (antes de iniciá-lo). Em vez disso, o processo continua sendo executado até que certa condição seja satisfeita. A estrutura do laço `while-end` é mostrada na Figura 6-6.

```
while expressão condicional
   ........
   ........        Um grupo de
   ........        comandos do MATLAB
end
```

Figura 6-6 Estrutura do laço `while-end`.

A primeira linha traz a sentença `while`, que inclui uma sentença condicional. Ao encontrar essa linha, o programa verifica a expressão condicional. Sendo falsa (0), o MATLAB salta para a sentença `end` e continua na primeira linha abaixo. Sendo verdadeira (1), o MATLAB executa o grupo de comandos compreendidos entre `while` e `end`. Depois disso, o MATLAB salta para a sentença `while` e verifica a expressão condicional. O laço é realizado enquanto a expressão condicional for verdadeira, abandonando o laço apenas quando o resultado do teste for falso.

Para um laço `while-end` ser executado corretamente:
- A expressão condicional no comando `while` deve incluir ao menos uma variável.
- As variáveis na expressão condicional devem ter sido inicializadas com os valores corretos quando o MATLAB encontrar, na primeira vez, o comando `while`.
- Ao menos uma variável na expressão condicional deve ser modificada dentro do laço, ou seja, entre os comandos `while` e `end`. De outro modo, o programa entrará em um laço infinito.

Um exemplo simples de laço `while-end` é mostrado no programa a seguir. Nesse programa, a variável x, inicializada com o valor 1, é dobrada a cada passo até que seu valor seja menor ou igual a 15.

```
x=1                    │ Inicializa a variável x com o valor 1. │
while x<=15            │ O próximo comando é executado apenas se x <= 15. │
    x=2*x              │ Em cada passo o valor de x é dobrado. │
end
```

Quando o programa é executado, o resultado na janela Command Window é:

```
x =                    │ Valor inicial de x. │
    1
x =
    2
x =                    │ Em cada passo o valor de x é dobrado. │
    4
x =
    8
x =                    │ Quando x = 16, a expressão condicional no
    16                   comando while torna-se falsa e o laço termina. │
```

Observação:
Ao escrever um programa que utilize um laço `while-end`, o programador deve certificar-se que a variável ou variáveis presente(s) na expressão condicional, que deve ser modificada dentro do laço, receberá um valor que tornará falsa a expressão condicional do comando `while`. De outro modo, como já comentado, o laço continuará indefinidamente (laço infinito). No exemplo acima, se a expressão condicional for modificada para x>=0.5, o laço nunca terminará. Essas situações podem ser evitadas contando-se o número de repetições antes de parar o laço. Isto pode ser feito adicionando-se o número máximo admissível de repetições ou utilizando um comando `break` (Seção 6.6).

Mesmo os melhores programadores cometem erros e um laço infinito pode ocorrer por descuido do programador. Caso isto aconteça, o usuário pode parar a execução do programa pressionando, simultaneamente, as teclas **Ctrl+C** ou **Ctrl+break**.

Problema Exemplo 6-7: Representação em série de Taylor de uma função

A função $f(x) = e^x$ pode ser representada em série de Taylor por: $e^x = \sum_{n=0}^{\infty} \frac{x^n}{n!}$.

Escreva um programa que determine e^x usando a representação em série de Taylor. O programa deve calcular e^x adicionando-se os termos da série e parar quando o valor absoluto da última parcela adicionada tornar-se menor que 0,0001. Use um laço `while-end`, mas limite o número de repetições a 30. Se, na trigésima repetição, o valor absoluto do termo ainda for maior que 0,0001, o programa deve parar e exibir uma mensagem do tipo: "São necessários mais de 30 termos para a representação em série de Taylor com a precisão requerida.".

Teste o programa para calcular e^2, e^{-4} e e^{21}.

Solução

Alguns dos primeiros termos dessa série são:

$$e^x = 1 + x + \frac{x^2}{2!} + \frac{x^3}{3!} + \dots$$

A seguir está indicado um programa que utiliza a série para calcular a função. O programa solicita ao usuário que entre com o valor de x. O primeiro termo da série é declarado como an = 1 e será adicionado ao restante da soma S. Em seguida, do segundo termo em diante, o programa chama um laço while para calcular o n-ésimo termo da série e adicioná-lo à soma (S). O programa também conta o número de termos já utilizados. A expressão condicional no comando while é verdadeira enquanto o valor absoluto do n-ésimo termo for maior ou igual 0,0001 e o número de repetições n for menor ou igual a 30. Significa que, se o trigésimo termo não for menor que 0,0001, o programa para e exibe a mensagem.

```
x=input('Entre com o valor de x: ');
n=1; an=1; S=an;
while abs(an)>=0.0001&n<=30          Início do laço while.
    an=x^n/factorial(n);             Calculando o n-ésimo termo.
    S=S+an;                          Adicionando o n-ésimo termo à soma.
    n=n+1;                           Contando o número de repetições.
end                                  Fim do laço while.
if n>=30                             Estrutura if-else-end.
    disp('São necessários mais de 30 termos.')
else
    fprintf('exp(%f)=%f',x,S)
    fprintf('\nO número de termos utilizado foi: %i\n',n)
end
```

O programa utiliza uma estrutura if-else-end para exibir os resultados. Se o loop for terminado porque o trigésimo termo não ficou menor que 0,0001 (em módulo), o programa exibe uma mensagem indicando isso. Se o valor da função é calculado com sucesso, o programa exibe o valor da função e o número de termos utilizado. Perceba que o número de repetições depende do valor da variável x. Testando o programa (salvo como Capitulo6_Exemplo7) na linha do prompt da janela Command Window para e^2, e^{-4} e e^{21}:

```
>> Capitulo6_Exemplo7
```

```
Entre com o valor de x: 2                    │ Calculando exp(2). │
exp(2.000000)=7.389046
O número de termos utilizado foi: 12         │ 12 termos foram utilizados. │
>> Capitulo6_Exemplo7
Entre com o valor de x: -4                   │ Calculado exp(-4). │
exp(-4.000000)=0.018307
O número de termos utilizado foi: 18         │ 18 termos foram utilizados. │
>> Capitulo6_Exemplo7
Entre com o valor de x: 21                   │ Tentando calcular exp(21). │
São necessários mais de 30 termos.
```

6.5 LAÇOS ANINHADOS E SENTENÇAS CONDICIONAIS ANINHADAS

Laços e sentenças condicionais podem ser aninhadas entre si. Isso significa que um loop ou uma sentença condicional pode ser inicializada (e terminada) dentro de outro loop ou sentença condicional. Não há limites para o número de laços e sentenças condicionais que podem ser aninhadas. Entretanto, deve ser salientado que toda estrutura `if`, `case`, `for` e `while` deve terminar em um comando `end` correspondente. A Figura 6-7 ilustra a estrutura de um ninho de `for-end` dentro de outro laço `for-end`.

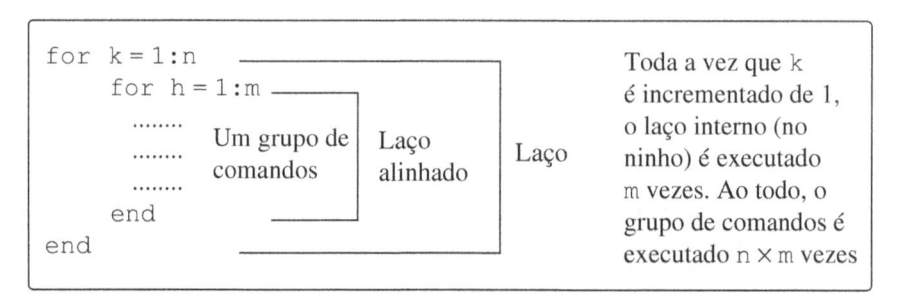

```
for k = 1:n
    for h = 1:m
        ........
        ........    Um grupo de    Laço
        ........    comandos       alinhado    Laço
    end
end
```

Toda a vez que k é incrementado de 1, o laço interno (no ninho) é executado m vezes. Ao todo, o grupo de comandos é executado n × m vezes

Figura 6-7 Estrutura de laços aninhados.

Nos laços mostrados na figura, se, por exemplo, n = 3 e m = 4, então primeiro k = 1 e o laço aninhado é executado quatro vezes, para h = 1, 2, 3 e 4. Em seguida, k = 2 e o laço aninhado é executado novamente outras quatro vezes com h = 1, 2, 3 e 4. Por último, k = 3 e outra sequência de quatro laços internos é executada. Toda vez que laços aninhados são digitados, o MATLAB automaticamente promove a indentação do laço mais interno, relativamente ao(s) laço(s) externo(s). O Problema Exemplo 6-8 demonstra o uso de ninhos de laços e sentenças condicionais.

Problema Exemplo 6-8: Criando uma matriz com um loop

Escreva um programa que crie uma matriz $n \times m$ cujos elementos tenham os seguintes valores: os valores dos elementos da primeira linha seguem a numeração das colunas. Os valores dos elementos da primeira coluna seguem a numeração das linhas. Os demais elementos são iguais à soma dos elementos imediatamente acima e à esquerda do elemento em questão. Quando executado, o programa deve solicitar ao usuário entrar com os valores de n e m.

Solução

O programa a seguir possui dois laços (um ninho) e uma sentença condicional aninhada `if-elseif-else-end`. Os elementos na matriz são inicializados um a um, linha por linha. A variável índice do primeiro loop, `k`, endereça as linhas da matriz e a variável índice do segundo loop, `h`, endereça as colunas da matriz.

```
n=input('Entre com o número de linhas da matriz: ');
m=input('Entre com o número de colunas da matriz: ');
A=[];                                    Define a matriz A como vazia.
for k=1:n                                Início do primeiro laço for-end.
    for h=1:m                            Início do segundo laço for-end.
        if k==1                          Início da sentença condicional.
            A(k,h)=h;                    Atribui valores aos elementos da primeira linha.
        elseif h==1
            A(k,h)=k;                    Atribui valores aos elementos da segunda linha.
        else
            A(k,h)=A(k,h-1)+A(k-1,h);    Atribui valores aos outros elementos.
        end                              end da sentença if.
    end                                  end do laço for-end interno (segundo laço).
end                                      end do laço for-end externo (primeiro laço).
A
```

Executando o programa (salvo como Capitulo6_Exemplo8) na linha do prompt da janela Command Window é gerada uma matriz 4×5.

```
>> Capitulo6_Exemplo8
Entre com o número de linhas da matriz: 4
Entre com o número de colunas da matriz: 5
```

```
A =
     1     2     3     4     5
     2     4     7    11    16
     3     7    14    25    41
     4    11    25    50    91
```

6.6 OS COMANDOS break E continue

O comando break:
- Quando inserido em um laço, for ou while, provoca a saída imediata do laço. Assim, quando o MATLAB encontra um comando break dentro do laço, o programa salta para o comando end desse laço e segue para o próximo comando imediatamente abaixo, saindo incondicionalmente do laço.
- Inserido dentro de um loop aninhado, finaliza somente o loop que contém o break.
- Aparecendo na estrutura de um programa ou função, provoca o término imediato da sua execução, a partir do ponto onde está situado.
- Geralmente, aparece dentro de sentenças condicionais. Caso certa condição de teste seja satisfeita, é um modo rápido e seguro de provocar a parada na execução do processo de looping (processo de repetição). Por exemplo, se o número de laços exceder um valor predeterminado ou se o erro em algum procedimento numérico é menor que um valor predeterminado. Quando digitado fora do laço, o comando break fornece uma maneira de interromper a execução do programa. Isso é útil, por exemplo, quando dados fornecidos por alguma função estão incorretos (inconsistentes com o esperado).

O comando continue:
- É utilizado dentro de um laço, for ou while, de maneira a parar o passo atual e iniciar o próximo passo no processo de looping.
- Geralmente, o comando continue entra como parte de uma sentença condicional. Quando o MATLAB encontra o comando continue, deixa de executar o restante do laço atual, saltando para o comando end no final do laço, para, então, iniciar um novo passo.

6.7 EXEMPLOS DE APLICAÇÃO DO MATLAB

Problema Exemplo 6-9: Saques em uma conta de poupança

Um aposentado depositou R$300.000,00 em uma caderneta de poupança que paga uma taxa de juros anual de 5%. Ele planeja sacar o dinheiro da conta uma vez a cada ano, começando com um saque de R$25.000,00 no primeiro ano e incrementando a quantia anual de acordo com a inflação. Por exemplo, se a inflação anual for 3%, ele sacará R$25.750,00 após o segundo ano. Sabendo disso, determine a quantidade de saques que ele poderá fazer na conta (em número de anos), assumindo uma inflação anual constante de 2%. Construa um gráfico que mostre os saques anuais e o saldo da conta ao longo dos anos.

Solução

O problema será resolvido usando um laço (no caso, será utilizado `while`, pois o número de repetições não é conhecido de antemão). A cada passo, a quantia a ser sacada e o novo saldo da conta devem ser calculados. O processo de repetição continua até que o saldo da conta seja menor ou igual à quantidade a ser sacada. O programa a seguir resolve o problema. No código, as variáveis `ano`, `saque` e `saldo` são vetores que representam o número de anos, a quantia sacada anualmente e o saldo anual da conta, respectivamente.

```
juros=0.05; inf=0.02;
clear saque saldo ano
ano(1)=0;                          Primeiro elemento é o ano 0.
saque(1)=0;                        Quantia sacada no ano 0.
saldo(1)=0;                        Saldo da conta no ano 0.
prosaque=25000;                    Quantia a ser sacada no ano 1.
saldocor=300000*(1+juros);         Saldo da conta no final do ano 1.
n=2;
    while saldocor >= prosaque     while verifica se o saldo corrigido
        ano(n) = n-1;              é maior que o próximo saque.
        saque(n) = prosaque;       Quantia a ser sacada no ano n – 1.
        saldo(n) = saldocor-saque(n); Saldo da conta no ano n – 1, após o saque.
        saldocor=saldo(n)*(1+juros); Saldo corrigido no final de um ano.
        prosaque=saque(n)*(1+inf);
        n=n+1;                     Quantia a ser sacada no final
end                                do próximo ano.
fprintf('Os saques serão efetuados durante %.f anos.\n',ano(n-1))
bar(ano,[saldo' saque'],2.0)
```

O programa (salvo como Capitulo6_Exemplo9) executado Command Window:

```
>> Capitulo6_Exemplo9
Os saques serão efetuados durante 15 anos.
```

O programa também gera a figura a seguir (os rótulos dos eixos e a legenda foram inseridos utilizando o Plot Editor).

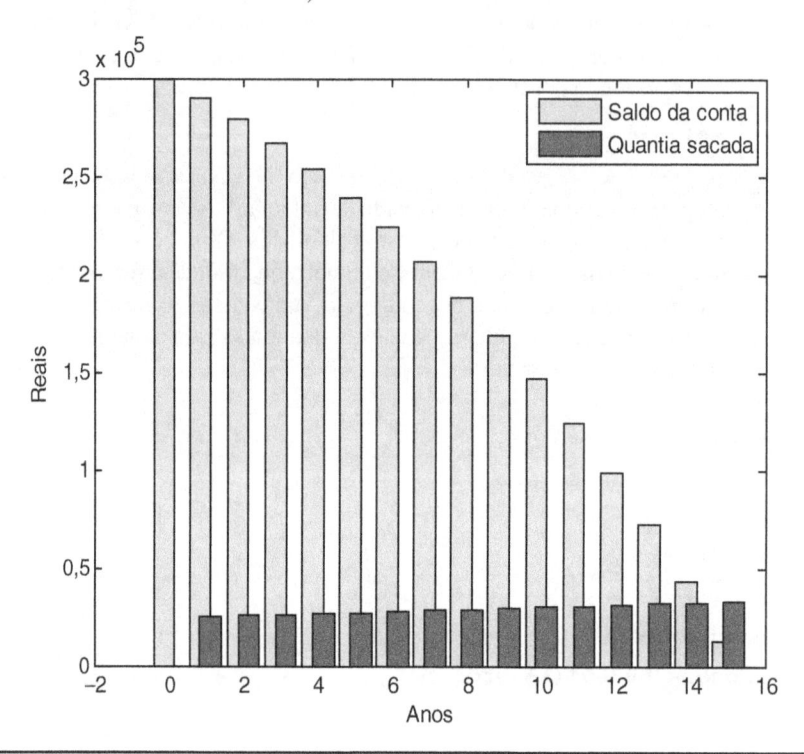

Problema Exemplo 6-10: Criando uma lista aleatória

Seis cantores – João, Maria, Joana, Marcos, Cátia e Pedro – estão participando de uma competição. Escreva um programa no MATLAB que gere uma lista aleatória da ordem em que os cantores irão se apresentar.

Solução

Um inteiro (de 1 até 6) é atribuído a cada nome (1 para João, 2 para Maria, 3 para Joana, 4 para Marcos, 5 para Cátia e 6 para Pedro). O programa (apresentado a seguir) cria primeiramente uma lista de inteiros de 1 até 6 em uma ordem aleatória. Esses inteiros são utilizados na definição de um vetor de seis elementos. Isso é feito utilizando a função nativa `randi` do MATLAB (veja a Seção 3.7) para atribuir inteiros aos elementos do vetor. Para garantir que todos os elementos (inteiros) são diferentes entre si, eles são atribuídos um a um. Cada inteiro sugerido pela função `randi` é comparado com todos os outros elementos que já foram atribuídos. Se alguma combinação é encontrada, o inteiro não é atribuído e a função `randi` é novamente utilizada para sugerir um novo inteiro. Uma vez que cada cantor está associado a um número, uma vez concluída a lista de inteiros, a estrutura `switch-case` é usada para criar a lista de nomes correspondente.

```
clear, clc
```

```
n=6;
L(1)=randi(n);                    Atribui o primeiro inteiro a L(1).
for p=2:n
    L(p)=randi(n);                Atribui o próximo inteiro a L(p).
    r=0;                          Define r igual a zero.
    while r==0                    Veja explicação abaixo.
        r=1;                      Define r igual a 1.
        for k=1:p-1    Dentro do laço for, o inteiro atribuído a L(p) é comparado
                       com os outros elementos já atribuídos ao vetor.
            if L(k)==L(p)
                               Se alguma combinação é
                L(p)=randi(n); encontrada, um novo inteiro
                               é atribuído a L(p) e a variável
                r=0;           r é definida igual a zero.
                break       ◄  O laço interno é interrompido. O programa
            end                retorna para o laço while. Como r = 0, o laço
        end                    interno é novamente executado e verifica se o
    end                        novo inteiro atribuído a L(p) é igual a algum
                               outro inteiro já atribuído ao vetor L.
end
disp('A ordem de apresentação é:')
for i=1:n
    switch L(i)         ◄       A estrutura switch-case
    case 1                      lista os nomes de acordo com
        disp('João')            os valores dos inteiros nos
    case 2                      elementos do vetor L.
        disp('Maria')
    case 3
        disp('Joana')
    case 4
        disp('Marcos')
    case 5
        disp('Cátia')
    case 6
        disp('Pedro')
    end
end
```

O laço `while` verifica que todo novo inteiro (elemento) que é adicionado ao vetor L não é igual a nenhum outro elemento já previamente adicionado a esse vetor. Se uma combinação é encontrada, o programa continua gerando novos inteiros aleatórios até que o novo inteiro seja diferente de todos os elementos já adicionados ao vetor L.

Quando o programa é executado, uma lista de nomes é exibida na Command Window. Obviamente, uma lista em uma ordem diferente será exibida toda vez que o programa for executado.

```
A ordem de apresentação é:
```

```
Cátia
João
Joana
Pedro
Marcos
Maria
```

Problema Exemplo 6-11: Modelo de movimento de um foguete

A trajetória de um pequeno foguete pode ser modelada como segue. Durante os primeiros 0,15 s, o foguete é propulsionado para cima com uma força de 16 N. Assim, o foguete segue em voo vertical enquanto a força da gravidade age, puxando-o para baixo. Atingindo o ápice da trajetória, o foguete começa a cair sob a ação da força da gravidade. Quando a velocidade do foguete atinge 20 m/s, um sistema de paraquedas é aberto para reduzir a velocidade de queda do foguete (assumindo que o paraquedas é aberto instantaneamente) e o foguete continua a queda a uma velocidade constante de 20 m/s até atingir o solo. Escreva um programa que calcule e plote a velocidade e altura do foguete em função do tempo de voo.

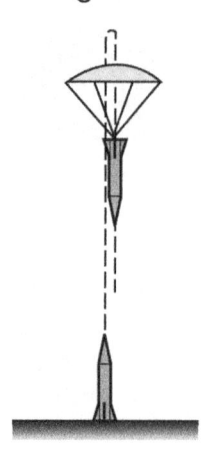

Solução

Assumiremos que o foguete é uma partícula que se move ao longo de uma linha reta na vertical. Para o movimento retilíneo com aceleração constante, a velocidade e a posição de uma partícula são dadas, respectivamente, por:

$$v(t) = v_0 + at \quad \text{e} \quad s(t) = s_0 + v_0 t + \frac{1}{2}at^2$$

onde v_0 e s_0 são a velocidade e posição iniciais, respectivamente. No programa, o voo do foguete será dividido em três partes. Cada uma delas é calculada por um laço `while`. Em cada passo, o tempo é incrementado de um infinitésimo.

Parte 1: Os primeiros 0,15 s, quando o propulsor está ligado. Durante esse período, o foguete move-se verticalmente para cima. A aceleração pode ser determinada desenhando-se as forças em um diagrama de corpo livre e a partir do diagrama da aceleração resultante (mostrado à direita). Da segunda Lei de Newton, a soma das forças na direção vertical é igual a massa vezes a aceleração do foguete (equação de equilíbrio):

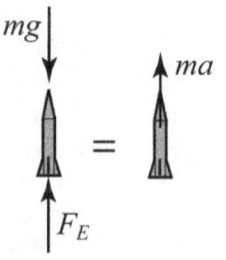

$$+\uparrow \Sigma F = F_E - mg = ma$$

Resolvendo a equação para a aceleração:

$$a = \frac{F_E - mg}{m}$$

A velocidade e a altura em função do tempo são respectivamente:

$$v(t) = 0 + at \quad \text{e} \quad h(t) = 0 + 0 + \frac{1}{2}at^2$$

onde a velocidade e a posição iniciais são nulas. No programa, essa parte do problema inicia-se quando $t = 0$ e o laço se repete enquanto $t < 0,15$ s. A velocidade, a altura e o tempo são denotados por v_1, h_1 e t_1, respectivamente.

Parte 2: O movimento do foguete desde o instante em que o motor para até o instante em que o paraquedas é aberto. Nessa parte, o foguete move-se com uma desaceleração constante $-g$. A velocidade e a altura do foguete em função do tempo são dadas, respectivamente, por:

$$v(t) = v_1 - g(t - t_1) \quad \text{e} \quad h(t) = h_1 + v_1(t - t_1) - \frac{1}{2}g(t - t_1)^2$$

O processo de repetição continua até que a velocidade final do foguete atinja -20m/s (negativa porque o foguete move-se para baixo). A altura e o tempo são denotados por h_2 e t_2.

Parte 3: O movimento a partir da abertura do paraquedas até que o foguete atinja o solo. O foguete move-se com velocidade constante (aceleração zero). A altura em função do tempo é dada por: $h(t) = h_2 - v_{paraquedas}(t - t_2)$, onde $v_{paraquedas}$ é a velocidade constante após a abertura do paraquedas. O processo de repetição continua enquanto a altura é maior que zero.

Um programa que desenvolve esses cálculos é apresentado a seguir.

```
m=0.05; g=9.81; tmotor=0.15; Forca=16; vparaquedas=-20; Dt=0.01;
clear t v h
n=1;
t(n)=0; v(n)=0; h(n)=0;
% Parte 1
a1=(Forca-m*g)/m;
while t(n) < tmotor & n < 50000             Primeiro laço while.
    n=n+1;
    t(n)=t(n-1)+Dt;
    v(n)=a1*t(n);
    h(n)=0.5*a1*t(n)^2;
end
v1=v(n); h1=h(n); t1=t(n);
% Parte 2
while v(n) >= vparaquedas & n < 50000       Segundo laço while.
    n=n+1;
    t(n)=t(n-1)+Dt;
    v(n)=v1-g*(t(n)-t1);
```

```
        h(n)=h1+v1*(t(n)-t1)-0.5*g*(t(n)-t1)^2;
end
v2=v(n); h2=h(n); t2=t(n);
% Parte 3
while h(n) > 0 & n < 50000         Terceiro laço while.
    n=n+1;
    t(n)=t(n-1)+Dt;
    v(n)=vparaquedas;
    h(n)=h2 + vparaquedas*(t(n)-t2);
end
subplot(1,2,1)
plot(t,h,t2,h2,'o')
subplot(1,2,2)
plot(t,v,t2,v2,'o')
```

A precisão dos resultados depende do valor do incremento Dt. Um incremento de 0,01 apresenta bons resultados. A expressão condicional no comando while inclui uma condição para n (se n é maior que 50000 o laço é interrompido). Isso é uma precaução para evitar um loop infinito, caso exista um erro em alguma sentença dentro do loop. Os gráficos gerados pela rotina (salva como Capitulo6_Exemplo11) são mostrados a seguir (os rótulos dos eixos e o texto foram adicionados usando o Plot Editor).

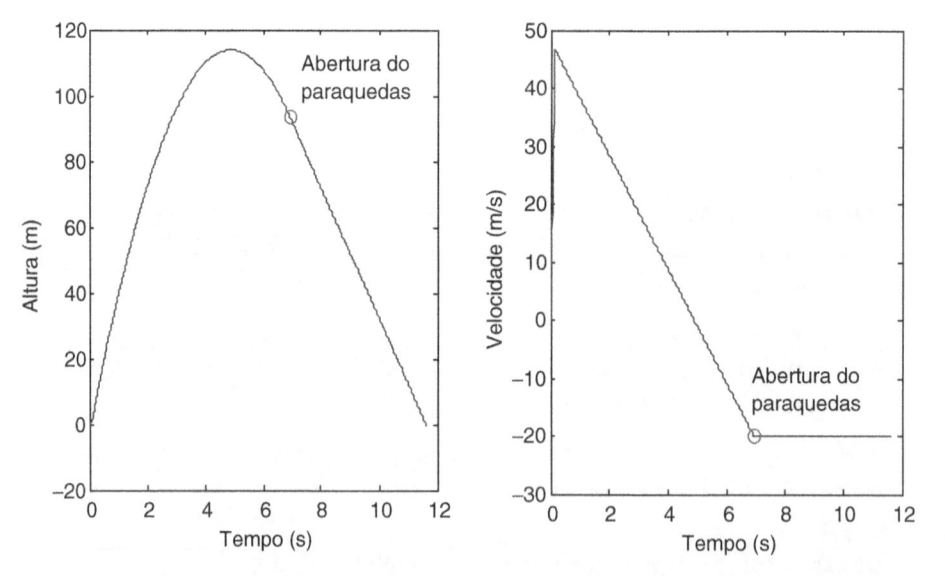

Observação: O problema pode ser resolvido e programado de diversas formas diferentes. A solução dada aqui é uma opção. Por exemplo, em vez de usar laços while, os instantes de tempo para o paraquedas ser aberto e o foguete atingir o solo podem ser calculados primeiro e laços for-end podem ser utilizados no lugar dos laços `while`. Se os tempos são determinados primeiramente, também é possível usar cálculos elemento por elemento em vez de laços.

Problema Exemplo 6-12: Conversor CA/CC (circuito retificador)

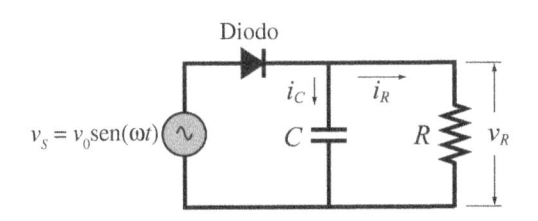

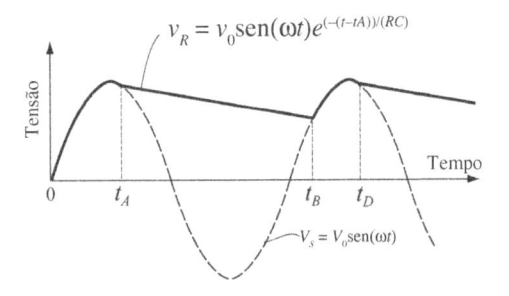

Um circuito retificador de meia-onda a diodo é um circuito eletrônico que, em síntese, converte uma tensão CA para uma tensão CC. Um circuito retificador de meia-onda é constituído de uma fonte CA, um diodo, um capacitor e uma carga (no caso, um resistor), conforme ilustrado na figura. A tensão da fonte varia de acordo com $v_s = v_0 \text{sen}(\omega t)$, onde $\omega = 2\pi f$ e f é a frequência da fonte CA. A operação do circuito pode ser ilustrada nas formas de onda (vide figura ao lado do circuito), onde a linha tracejada corresponde à forma de onda da fonte CA e a linha cheia mostra a queda de tensão através do resistor. No primeiro ciclo, o diodo está ligado (conduzindo corrente) de $t = 0$ a $t = t_A$. Durante o intervalo de tempo que o diodo está desligado (polarizado reversamente), a potência consumida pela carga é toda fornecida pelo capacitor em descarga (de $t = t_A$ a $t = t_B$). Em $t = t_B$, o diodo é ligado novamente (polarizado diretamente) e passa a conduzir corrente, alimentando a carga e repondo as perdas do capacitor até $t = t_D$. O ciclo é repetido enquanto a fonte de tensão estiver ligada. Nessa análise simplificada, consideraremos que o diodo é ideal e que o capacitor não possui nenhuma carga inicial (em $t = 0$). Quando o diodo está ligado, a queda de tensão e a corrente através do resistor são dadas por:

$$v_R = v_0 \text{sen}(\omega t) \quad \text{e} \quad i_R = v_0 \text{sen}(\omega t)/R$$

A corrente no capacitor é:

$$iC = \omega C v_0 \cos(\omega t)$$

Quando o diodo está desligado a queda de tensão através da carga é dada por:

$$v_R = v_0 \text{sen}(\omega t_A) e^{(-(t - t_A))/(RC)}$$

Os instantes em que o diodo passa ao estado desligado (t_A, t_D, etc.) são calculados a partir da imposição de que $i_R = -i_C$. O diodo chaveia para o estado ligado quando a tensão da fonte torna-se maior ou igual à tensão no resistor (o instante t_B na figura).

Escreva um programa no MATLAB que construa as formas de onda no resistor v_R e na fonte v_s, em função do tempo para $0 \leq t \leq 70$ ms. A resistência da carga é 1800 Ω, a fonte de tensão possui uma amplitude $v_0 = 12$ V e $f = 60$ Hz. Estude o efeito da capacitância do capacitor sobre a tensão na carga, testando o programa para dois valores de capacitância: $C = 45$ μF e $C = 10$ μF.

Solução

Abaixo temos um programa que resolve o problema. O programa foi dividido em duas partes: a primeira calcula a tensão v_R quando diodo está no estado ligado e a segunda calcula a tensão v_R quando o diodo está desligado. O comando `switch` é utilizado para comutar entre as duas partes do programa. Os cálculos começam com o diodo no estado ligado (variável `estado='on'`) e, quando $i_R - i_C \leq 0$, o valor da variável `estado` é alterado para `'off'`, comutando para o grupo de comandos que determinam v_R para esse estado. Estes cálculos continuam até que $v_s \geq v_R$, quando o programa retorna às equações válidas para o diodo no estado ligado.

```
V0=12; C=45e-6; R=1800; f=60;
Tf=70e-3; w=2*pi*f;
clear t VR Vs
t=0:0.05e-3:Tf;
n=length(t);
estado='on';                                    % Atribui 'on' à variável estado.
for i=1:n
    Vs(i)=V0*sin(w*t(i));                       % Determina a tensão da fonte
                                                %   no instante de tempo t(i).
    switch estado
        case 'on'                               % Diodo ligado.
            VR(i)=Vs(i);
            iR=Vs(i)/R;
            iC=w*C*V0*cos(w*t(i));
            sumI=iR+iC;
            if sumI <= 0                        % Verifica se i_R - i_C ≤ 0.
                estado='off';                   % Se verdadeiro, atribui 'off' à variável estado.
                tA=t(i);                        % Atribui o valor de t(i) a t_A.
            end
        case 'off'                              % Diodo desligado.
            VR(i)=V0*sin(w*tA)*exp(-(t(i)-tA)/(R*C));
            if Vs(i) >= VR(i)                   % Verifica se v_s ≥ v_R.
                estado='on';                    % Se verdadeiro,
                                                %   atribui 'on' à
            end                                 %   variável estado.
    end
end
plot(t,Vs,':',t,VR,'k','linewidth',1)
xlabel('Tempo (s)'); ylabel('Tensão (V)')
```

Os dois gráficos gerados pelo programa são apresentados a seguir. Um dos gráficos mostra o resultado com $C = 45$ μF e o outro com $C = 10$ μF (o valor da capacitância pode ser modificado alterando-se a variável C na primeira linha do programa). Pode-se observar que, com o capacitor maior, a tensão sobre a carga é mais suave [onda com menor ondulação (ripple)].

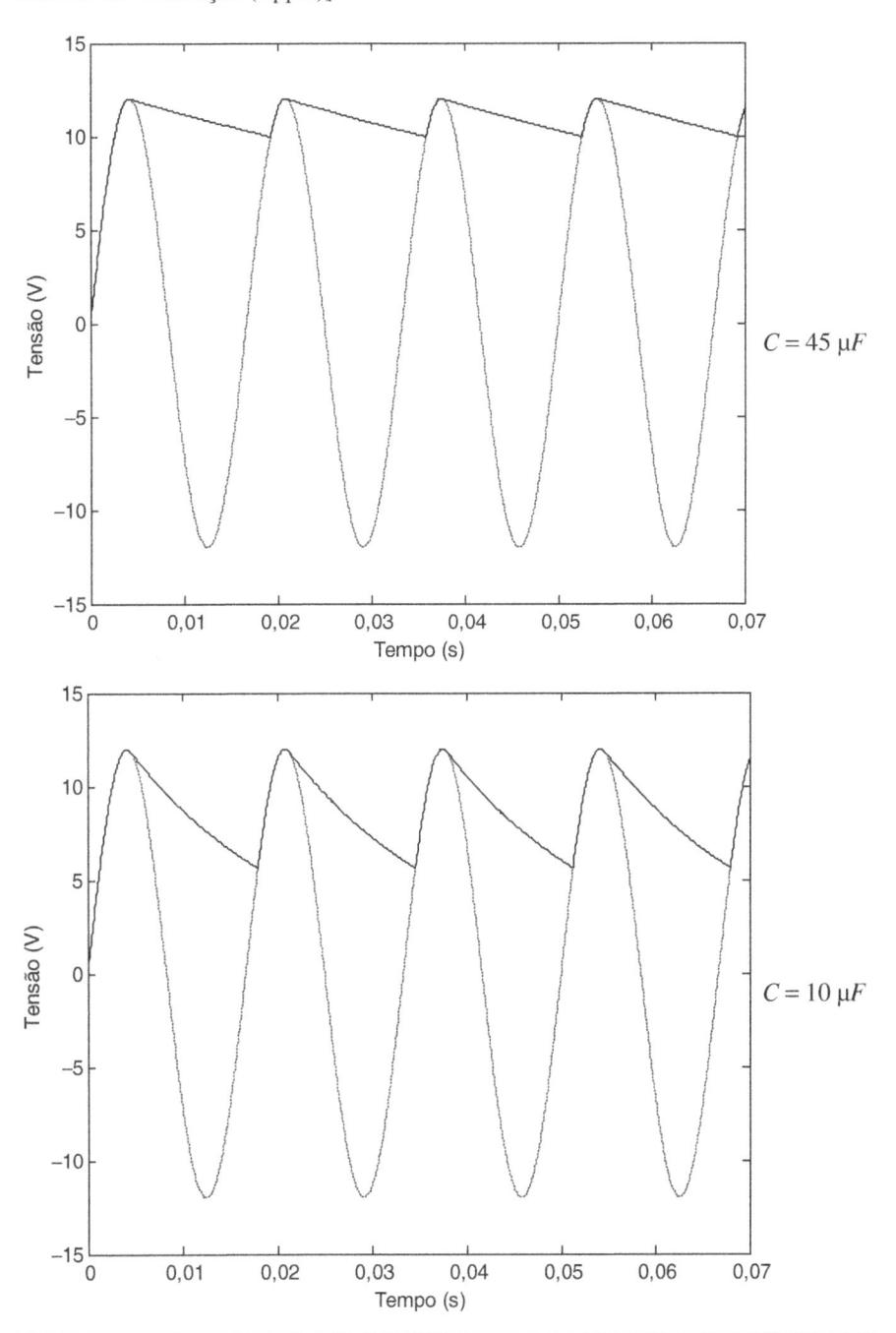

6.8 PROBLEMAS

1. Avalie as expressões a seguir sem utilizar o MATLAB. Após, verifique suas respostas com o MATLAB.
   (a) 5 + 3 > 32/4
   (b) $y = 2 \times 3 > 10 / 5 + 1 > 2^2$
   (c) $y = 2 \times (3 > 10/5) + (1 > 2)^2$
   (d) $5 \times 3 - 4 \times 4 <= \sim 2 \times 4 - 2 + \sim 0$

2. Dados: $a = 6$, $b = 2$ e $c = -5$. Avalie as expressões a seguir sem utilizar o MATLAB. Após, verifique suas respostas com o MATLAB.
   (a) $y = a + b > a - b < c$
   (b) $y = -6 < c < -2$
   (c) $y = b + c >= c > a/b$
   (d) $y = a + c \mathrel{==} \sim(c + a \mathrel{\sim=} a/b - b)$

3. Dados: $v = [4\ -2\ -1\ 5\ 0\ 1\ -3\ 8\ 2]$ e $w = [0\ 2\ 1\ -1\ 0\ -2\ 4\ 3\ 2]$. Avalie as expressões a seguir sem utilizar o MATLAB. Após, verifique suas respostas com o MATLAB.
   (a) $\sim(\sim v)$
   (b) $u \mathrel{==} v$
   (c) $u - v < u$
   (d) $u - (v < u)$

4. Considere os vetores v e w do Problema 3. Use operadores relacionais para criar um vetor y que é obtido dos elementos de w que são maiores que ou iguais aos elementos de v.

5. Avalie as expressões a seguir sem utilizar o MATLAB. Após, verifique suas respostas com o MATLAB.
   (a) 0&21
   (b) ~~2>~1&11>=~0
   (c) 4~7/2&6<5|~3
   (d) 3|~1&~2*~3|0

6. As temperaturas máximas diárias (em °F) para Chicago e São Francisco, durante o mês de agosto de 2009 são dadas nos vetores abaixo (dados da U.S. National Oceanic and Atmospheric Administration).
   TCH = [75 79 86 86 79 81 73 89 91 86 81 82 86 88 89 90 82 84 81 79 73 69 73 79 82 72 66 71 69 66 66]
   TSF = [69 68 70 73 72 71 69 76 85 87 74 84 76 68 79 75 68 68 73 72 79 68 68 69 71 70 89 95 90 66 69]
   Escreva um programa para responder os seguintes itens:
   (a) Calcule a temperatura média para o mês em cada cidade.
   (b) Quantos dias a temperatura foi superior à média em cada cidade?
   (c) Quantos dias e em quais datas do mês a temperatura em São Francisco foi menor que a temperatura em Chicago?
   (d) Quantos dias e em quais datas do mês a temperatura foi a mesma em ambas as cidades?

7. Os números de Fibonacci são os números em uma sequência em que os dois primeiros elementos são 0 e 1 e o valor de cada elemento subsequente é a soma dos dois elementos anteriores:

$$0, 1, 1, 2, 3, 5, 8, 13,...$$

Escreva um programa no MATLAB que determine e exiba os 20 primeiros números de Fibonacci.

8. Use laços para criar uma matriz 4×3 em que o valor de cada elemento é a soma do número da linha e da coluna do elemento divido pelo quadrado do número da coluna. Por exemplo, o valor do elemento (2, 3) é $(2 + 3)/3^2 = 0{,}5555$.

9. Os elementos da matriz simétrica de Pascal são obtidos de:

$$P_{ij} = \frac{(i+j-2)!}{(i-1)!(j-1)!}$$

Escreva um programa no MATLAB que crie uma matriz simétrica de Pascal de dimensão $n \times n$. Use o programa para criar matrizes de Pascal 4×4 e 7×7.

10. A sequência de Fibonacci é uma sequência de números iniciando com 0 e 1, sendo que o valor de cada elemento subsequente é a soma dos dois elementos anteriores:

$$a_{i+1} = a_i + a_{i-1}, \text{ i.e}, 0, 1, 1, 2, 3, 5, 8, 13,...$$

Sequências similares podem ser obtidas considerando outros números no início da série. Escreva um programa no MATLAB que construa uma matriz $n \times n$ de modo que a primeira linha contém os primeiros n elementos da sequência, a segunda linha contém os elementos da sequência com índice entre $n + 1$ e $2n$ e assim por diante. A primeira linha do programa deve mostrar a ordem n da matriz seguida pelos valores dos dois primeiros elementos da sequência. Esses dois elementos podem ser qualquer dois inteiros (com a exceção de que ambos não podem ser nulos). Uma propriedade de matrizes assim construídas é que o determinante delas é sempre nulo. Execute o programa para $n = 4$ e $n = 6$ e para diferentes valores dos dois primeiros elementos. Verifique que o determinante é zero em cada caso (use a função nativa `det` do MATLAB).

11. Escreva um programa que determine as raízes reais da equação quadrática $ax^2 + bx + c = 0$. Salve o arquivo como `raizquad`. Quando o programa for executado, o usuário deverá entrar com os valores das constantes a, b e c. Para calcular as raízes da equação, o programa deve primeiro calcular o discriminante D dado por:

$$D = b^2 - 4ac$$

Se $D > 0$, o programa deve exibir a mensagem: "A equação possui duas raízes reais.", e as raízes devem ser mostradas na próxima linha.

Se o $D = 0$, o programa deve exibir a mensagem: "A equação possui duas raízes iguais.", e a raiz deve ser mostrada na próxima linha.

Se $D < 0$, o programa deve exibir a mensagem: "A equação não possui raízes reais".

Execute o programa na janela Command Window para obter a solução das seguintes equações:

(a) $2x^2 + 8x + 8 = 0$
(b) $-5x^2 + 3x - 4 = 0$
(c) $-2x^2 + 7x + 4 = 0$

12. Escreva um programa que encontre o menor inteiro ímpar que é divisível por 11 e cuja raiz quadrada é maior que 132. Use um laço no programa. O laço deve iniciar em 1 e parar quando o número for encontrado. O programa deve exibir a mensagem: "O número requerido é:" e então mostrar o número.

13. Escreva um programa (utilizando um laço) que determine a expressão:

$$\sqrt{12} \sum_{n=0}^{m} \frac{(-1/3)^n}{2n+1}$$

Execute o programa com $m = 5$, $m = 10$ e $m = 20$. Compare o resultado com π. (Use o formato long.)

14. Escreva um programa (utilizando um laço) que determine a expressão:

$$2 \prod_{n=1}^{m} \frac{(2n)^2}{(2n)^2 - 1} = 2\left(\frac{4}{3} \cdot \frac{16}{15} \cdot \frac{36}{35} \cdot \ldots\right)$$

Execute o programa com $m = 100$, $m = 100000$ e $m = 1000000$. Compare o resultado com π. (Use o formato long.)

15. Um vetor é dado por $x = [-3,5\ -5\ 6,2\ 11\ 0\ 8,1\ -9\ 0\ 3\ -1\ 3\ 2,5]$. Utilizando sentenças condicionais e laços, escreva um programa que crie dois vetores a partir de x – um (chamado P) que contém os elementos positivos de x e um segundo (chamado N) que contém os elementos negativos de x. Em ambos os vetores P e N, os elementos devem aparecer na mesma ordem que aparecem em x.

16. Um vetor é dado por $x = [-3,5\ 5\ -6,2\ 11,1\ 0\ 7\ -9,5\ 2\ 15\ -1\ 3\ 2,5]$. Utilizando sentenças condicionais e laços, escreva um programa que rearranje os elementos de x em ordem do menor para o maior. Não utilize a função nativa `sort` do MATLAB.

17. Os números a seguir constituem uma lista de 20 notas obtidas em uma prova. Escreva um programa que calcule a média das 8 melhores notas.
    Notas: 73, 91, 37, 81, 63, 66, 50, 90, 75, 43, 88, 80, 79, 69, 26, 82, 89, 99, 71, 59

18. A expansão em série de Taylor para a função sen(x) é

$$\text{sen}(x) = x - \frac{x^3}{3!} + \frac{x^5}{5!} - \frac{x^7}{7!} + \ldots = \sum_{n=0}^{\infty} \frac{(-1)^n}{(2n+1)!} x^{2n+1}$$

onde x está em radianos. Escreva um programa no MATLAB que determine sen(x) utilizando a expansão em série de Taylor. O programa deve solicitar ao usuário o valor do ângulo em graus. Após, o programa usa um laço para adicionar os termos da série de Taylor. Se a_n é o n-ésimo termo na série, então a soma S_n dos n termos é $S_n = S_{n-1} + a_n$. Em cada passo, calcule o erro estimado E dado por $E = \left| \dfrac{S_n - S_{n-1}}{S_{n-1}} \right|$. Pare de adicionar termos quando $E \leq 0{,}000001$. Concluídos os cálculos, o programa deve exibir o valor de sen(x). Use o programa para calcular:

(a) sen(45°)   (b) sen(195°)

Compare os resultados com aqueles obtidos utilizando a função nativa `sin` do MATLAB.

19. Escreva um programa no MATLAB que encontre um inteiro positivo n, de modo que a soma de todos os inteiros 1 + 2 + 3 +... + n é um número entre 100 e 1000 e com os três dígitos idênticos. Como saída, o programa deve exibir o inteiro n e o resultado da soma.

20. As fórmulas a seguir podem ser utilizadas para calcular a frequência cardíaca de treino (FCT) para homens e mulheres:

    Para homens (Fórmula de Karvonen): $FCT = [(220 - IDADE) - FCR] \times NCF + FCR$

    Para mulheres: $FCT = [(206 - 0{,}88 \times IDADE) - FCR] \, NCF + FCR$

    onde *IDADE* é a idade do indivíduo, *FCR* é a frequência cardíaca de repouso e *NCF* é o nível de condicionamento físico (0,55 para baixo; 0,65 para médio; e 0,8 para alto condicionamento físico). Escreva um programa que determine a *FCT*. O programa deve solicitar ao usuário os seguintes dados: sexo (masculino ou feminino), idade (número), frequência cardíaca de repouso (número) e o nível de condicionamento físico (baixo, médio ou alto). Após, o programa efetua os cálculos e exibe a frequência cardíaca de treino. Use o programa para determinar a *FCT* para os dois indivíduos a seguir:

    (a) Um homem de 21 anos, frequência cardíaca de repouso de 62 e baixo condicionamento físico.

    (b) Uma mulher de 19 anos, frequência cardíaca de repouso de 67 e alto condicionamento físico.

21. Escreva um programa que determine o centro e o raio de uma circunferência que passa por três pontos conhecidos. O programa deve solicitar que o usuário entre com as coordenadas dos pontos, uma de cada vez. O programa deve exibir as coordenadas do centro, o raio e apresentar um gráfico da circunferência com os três pontos especificados pelo usuário marcados com asteriscos. Execute o programa para encontrar a circunferência que passa pelos pontos (13, 15), (4, 18) e (19, 3).

22. O Índice de Massa Corporal (*IMC*) é uma medida de obesidade. Ele pode ser calculado por:

$$IMC = \dfrac{P}{H^2}$$

onde *P* é o peso em kg e *H* é a altura em m. A classificação de obesidade é:

IMC	Classificação
Inferior a 18,5	Abaixo do peso
Entre 18,5 e 24,9	No peso normal
Entre 25 e 29,9	Acima do peso
30 ou superior	Obeso

Escreva um programa que calcule o *IMC* de uma pessoa. O programa deve solicitar ao usuário que entre com sua altura (m) e seu peso (kg). O programa deve exibir o resultado em uma sentença do tipo: "O valor do seu IMC é XXX, que o classifica como SSSS.", onde XXX é o valor do IMC arredondado para o décimo mais próximo e SSSS é a classificação correspondente. Use o programa para determinar a obesidades dos dois indivíduos a seguir:

(*a*) Uma pessoa de 1,85 m com um peso de 82 kg.

(*b*) Uma pessoa de 1,55 m com um peso de 68 kg.

23. Escreva um programa que calcula o custo de uma ligação telefônica de acordo com a seguinte tabela de preços:

Período em que a ligação foi realizada	Duração da ligação		
	1-10 min	10-30 min	Mais de 30 min
Dia: 8h às 18h	R$ 0,10/min	R$1,00 + R$0,08 por cada min. adicional além de 10 min.	R$2,60 + R$0,06 por cada min. adicional além de 30 min.
Tarde: 18h às 00h	R$ 0,07/min	R$0,70 + R$0,05 por cada min. adicional além de 10 min.	R$1,70 + R$0,04 por cada min. adicional além de 30 min.
Noite: 00h às 8h	R$ 0,04/min	R$0,40 + R$0,03 por cada min. adicional além de 10 min.	R$1,00 + R$0,02 por cada min. adicional além de 30 min.

O programa deve solicitar o período em que a ligação foi realizada (dia, tarde ou noite) e a duração da ligação (um número com apenas um digito após a vírgula decimal). Se a duração da ligação não é um número inteiro, o programa arredonda a duração para o próximo inteiro. Como saída, o programa exibe o custo da ligação.

Execute o programa e calcule o custo das seguintes ligações;

(*a*) 8,3 min às 13h32min.

(*b*) 34,5 min às 20h00min.

(*c*) 29,6 min às 01h00min.

24. Escreva um programa que determine a diferença (o troco) a ser dada a um cliente em um caixa de auto-atendimento de um supermercado para compras de até

R$ 20,00. O programa gera um número aleatório entre 0,01 e 20,00 e exibe o número como sendo a quantidade a ser paga. Após, o programa deve solicitar que o usuário entre com o valor do pagamento, que pode ser feito com uma nota de R$ 2,00; ou com uma nota de R$ 5,00; ou com uma nota de R$ 10,00 ou com uma nota de R$ 20,00. Se o valor do pagamento digitado for menor que o valor a ser pago, uma mensagem de erro é exibida. Se o pagamento for suficiente, o programa calcula a diferença a ser devolvida ao cliente e lista as notas e/ou moedas necessárias para compor o valor. Essa lista deve ser composta pelo menor número possível de notas e moedas. Por exemplo, se o valor a ser pago é R$ 2,33 e o pagamento é feito com uma nota de R$ 10,00, então a diferença entregue ao cliente deve ser composta por uma nota de R$ 5,00, uma nota de R$ 2,00, uma moeda de R$ 0,50, uma moeda de R$ 0,10, uma moeda de R$ 0,05 e duas moedas de R$ 0,01.

25. A concentração C_P de uma droga no corpo pode ser modelada pela equação

$$Cp = \frac{D_G}{V_d} \frac{k_a}{(k_a - k_e)} (e^{-k_e t} - e^{-k_a t})$$

onde D_G é a dose administrada (mg), V_d é o volume de distribuição (L), k_a é a constante da taxa de absorção (h^{-1}), k_e é a constante da taxa de eliminação (h^{-1}) e t é o tempo desde que a droga foi administrada. Para certa droga, têm-se os seguintes dados: $D_G = 150$ mg, $V_d = 50$ L, $k_a = 1,6$ h^{-1} e $k_e = 0,4$ h^{-1}.

(a) Uma única dose é administrada em $t = 0$. Calcule e plote C_P versus t para 10 horas.

(b) Uma primeira dose é administrada em $t = 0$ e quatro outras doses subsequentes são administradas em intervalos de 4 horas (i.e., em $t = 4, 8, 12, 16$). Calcule e plote C_P versus t para 24 horas.

26. O método Babilônico é um método numérico para calcular a raiz quadrada de um número. Nesse método, $\sqrt{P}$ é calculada em iterações. O processo de solução se inicia com a escolha de um valor x_1 como uma primeira estimativa da solução. Usando esse valor, uma segunda estimativa x_2 mais precisa é calculada por $x_2 = (x_1 + P/x_1)/2$. Essa segunda estimativa é usada para calcular uma terceira, x_3, mais precisa (na equação anterior, x_2 é substituída por x_3 e x_1 é substituída por x_2), e assim por diante. A equação geral para calcular o valor da solução x_{i+1} a partir da solução x_i é $x_{i+1} = (x_i + P/x_i)/2$. Escreva um programa no MATLAB que calcula a raiz quadrada de um número. No programa, use $x = P$ como primeira estimativa da solução. Após, usando a equação geral em um loop, calcule novas soluções mais precisas. Interrompa o laço quando o erro relativo E, definido por $E = \left|\dfrac{x_{i+1} - x_i}{x_i}\right|$, for menor que 0,00001. Use o programa para calcular:

(a) $\sqrt{110}$ (b) $\sqrt{93,443}$ (c) $\sqrt{23,25}$

27. Dois números primos são números primos gêmeos se a diferença entre eles é igual a 2 (por exemplo, 17 e 19). Escreva um programa no MATLAB que deter-

mine todos os números primos gêmeos entre 10 e 500. O programa deve exibir os resultados em uma matriz de duas colunas, sendo que cada linha da matriz contém um par de números primos gêmeos.

28. Escreva um programa que converta uma medida de volume dada em unidades de m^3, L, pés^3 ou gal (galão americano) para a quantidade equivalente em uma unidade diferente especificada pelo usuário. O programa deve solicitar ao usuário o valor do volume, a unidade atual e a nova unidade desejada. A saída é o valor do volume na nova unidade. Use o programa para:

    (a) Converter 3,5 m^3 para gal.
    (b) Converter 200 L para pés^3.
    (c) Converter 480 pés^3 para m^3.

    Fatores de conversão: 1 L = 1 × 10^{-3} m^3 = 0,035314667 pés^3 = 0,264172052 gal.

29. Em um passeio aleatório unidimensional, a posição x de um caminhante é computada por

    $$x_j = x_j + s$$

    onde s é um número aleatório. Escreva um programa que calcula o número de passos necessários para que o caminhante alcance uma fronteira $x = \pm B$. Use a função nativa `randn(1,1)` do MATLAB para calcular s. Rode o programa 100 vezes (usando um loop) e calcule o número médio de passos quando $B = 10$.

30. O triângulo de Sierpinski pode ser implementado no MATLAB plotando pontos iterativamente de acordo com uma das três regras a seguir, que são selecionadas aleatoriamente com igual probabilidade.

    Regra 1: $x_{n+1} = 0{,}5x_n$; $y_{n+1} = 0{,}5y_n$
    Regra 2: $x_{n+1} = 0{,}5x_n + 0{,}25$; $y_{n+1} = 0{,}5y_n + \dfrac{\sqrt{3}}{4}$
    Regra 3: $x_{n+1} = 0{,}5x_n + 0{,}5$; $y_{n+1} = 0{,}5y_n$

    Escreva um programa que calcule os vetores x e y e após plote y versus x como pontos individuais (use `plot(x,y,'^')`). Inicie com $x_1 = 0$ e $y_1 = 0$. Rode o programa quatro vezes com 10, 100, 1000 e 10000 iterações.

31. Há 12 times em um campeonato, enumerados de 1 a 12. Seis jogos estão planejados para um fim de semana. Escreva um programa no MATLAB que determine aleatoriamente os confrontos. Exiba os resultados em uma tabela com duas colunas, sendo que cada linha indica um confronto entre dois times.

32. A variação da capacidade térmica C_p com a temperatura para vários gases pode ser descrita em termos de uma equação cúbica:

    $$C_p = a + bT + cT^2 + dT^3$$

A tabela a seguir fornece os coeficientes da equação cúbica para quatro gases. C_p está em J/(g mol)(°C) e T está em °C.

Gás	a	b	c	d
SO_2	38,91	$3,904 \times 10^{-2}$	$-3,105 \times 10^{-5}$	$8,606 \times 10^{-9}$
SO_3	48,50	$9,188 \times 10^{-2}$	$-8,540 \times 10^{-5}$	$32,40 \times 10^{-9}$
O_2	29,10	$1,158 \times 10^{-2}$	$-0,6076 \times 10^{-5}$	$1,311 \times 10^{-9}$
N_2	29,00	$0,2199 \times 10^{-2}$	$-0,5723 \times 10^{-5}$	$-2,871 \times 10^{-9}$

Escreva um programa que faça o seguinte:
- Imprime os quatro gases na tela e solicita que o usuário escolha para qual gás ele deseja determinar a capacidade térmica.
- Solicita o valor da temperatura.
- Pergunta ao usuário se outro valor de temperatura é necessário (deve-se digitar 'sim' ou 'não'). Se a resposta é sim, solicita-se ao usuário o outro valor de temperatura. Esse processo continua até o usuário digitar 'não'.
- Exibe uma tabela contendo as temperaturas solicitadas e as capacidades térmicas correspondentes.

(a) Use o programa para determinar a capacidade térmica do SO_3 em 100°C e 180°C.

(b) Use o programa para determinar a capacidade térmica do N_2 em 220°C e 300°C.

33. A nota final em um curso é determinada a partir das notas de 5 listas de exercícios, 3 avaliações parciais e 1 exame final, utilizando o seguinte critério:

Listas de exercícios: As listas de exercícios são avaliadas em uma escala de 0 a 10. A menor nota das 5 listas é descartada e a média das 4 notas restantes corresponde a 25% dos pontos totais distribuídos no curso (100 pontos).

Avaliações parciais: As avaliações parciais são avaliadas em uma escala de 0 a 100. Se a média das notas das três avaliações for superior à nota no exame final, então desconsidera-se o exame final e a média das três avaliações corresponde a 75% dos pontos distribuídos no curso. Caso contrário, a média das três avaliações corresponde a 35% dos pontos totais do curso.

Exame final: O exame final é avaliado em uma escala de 0 a 100 e corresponde a 40% dos pontos totais distribuídos.

Escreva um programa no MATLAB que determine a nota final de um estudante no curso. O programa deve solicitar que o usuário entre com as notas na forma de um vetor na seguinte ordem: os cinco primeiros elementos são as notas das listas de exercícios, os três próximos elementos são as notas das avaliações parciais e o último elemento é a nota do exame final. Após, o programa deve calcular a nota final do estudante (um número entre 0 e 100). Finalmente, o programa atribui uma letra (conceito) à nota de acordo com o seguinte critério: *A* para Nota ≥ 90, *B* para 80 ≤ Nota ≤ 90, *C* para 70 ≤ Nota ≤ 80, *D* para 60 ≤ Nota ≤ 70 e *E* para uma nota menor que 60. Execute o programa para os seguintes casos:

(*a*) Notas das listas de exercícios: 7, 9, 4, 8, 7. Notas das avaliações parciais: 93, 83, 87. Nota do exame final: 89.

(*b*) Notas das listas de exercícios: 8, 6, 9, 6, 9. Notas das avaliações parciais: 81, 75, 79. Nota do exame final: 72.

34. O *handicap* para uma partida de golfe é calculado pela seguinte fórmula:

$$handicap = \frac{(\text{Pontos} - \text{CourseRating})}{\text{slope rating}} \times 113$$

O *course rating* e o *slope rating* são parâmetros que medem a dificuldade de uma partida particular. Uma tabela de *handicaps* para jogadores de golfe é calculada a partir de um dado número *N* dos seus melhores (mais baixos) *handicaps* de acordo com a tabela a seguir.

#Partidas jogadas	N	#Partidas jogadas	N
5-6	1	15-16	6
7-8	2	17	7
9-10	3	18	8
11-12	4	19	9
13-14	5	20	10

Por exemplo, se 13 partidas foram jogadas, apenas os cinco melhores *handicaps* são usados no cálculo. Não se pode computar um *handicap* para um número inferior a 5 partidas. Se mais de 20 partidas foram jogadas, devem-se utilizar apenas os resultados mais recentes (ou seja, os 10 melhores *handicaps* nas últimas 20 partidas).

Uma vez identificados os *N handicaps* menores (ou seja, os melhores), calcula-se a média deles e o resultado é arredondado (para baixo) para o décimo mais próximo. O valor final é o *handicap* do jogador. Escreva um programa que calcule o *handicap* de um jogador. O programa deve solicitar ao usuário que entre com os registros do jogador na forma de uma matriz de três colunas, onde a primeira coluna contém os pontos obtidos em uma partida e a segunda e terceira contém, respectivamente, o *course rating* e o *slope rating* correspondentes da partida. Cada linha da matriz corresponde a uma partida diferente. O programa deve exibir o *handicap* do jogador. Execute o programa para jogadores com os seguintes registros:

(*a*)

Course Rating	Slope Rating	Pontos
71,6	122	85
72,8	118	87
69,7	103	83
70,3	115	81
70,9	116	79
72,3	117	91
71,6	122	89
70,3	115	83
72,8	118	92
70,9	109	80
73,1	132	94
68,2	115	78
74,2	135	103
71,9	121	84

(*b*)

Course Rating	Slope Rating	Pontos
72,2	119	71
71,6	122	73
74,0	139	78
68,2	125	69
70,2	130	74
69,6	109	69
66,6	111	74

Capítulo 7

Funções

Matematicamente, uma função $f(x)$ é um objeto que relaciona dois conjuntos (o domínio e o contradomínio), onde a cada elemento x do domínio corresponde um só elemento do contradomínio y. É comum se expressar uma função na forma $y = f(x)$, onde $f(x)$ é, usualmente, uma expressão matemática em termos da variável x. Um valor de y (saída) é obtido quando um valor de x (entrada) é substituído na expressão. Existem muitas funções nativas do MATLAB, isto é, residentes na estrutura interna do programa. Para serem utilizadas em expressões matemáticas, basta digitar o nome da função na linha do prompt, com o(s) devido(s) argumento(s) (veja a Seção 1.5). Alguns exemplos de funções nativas: `sin(x)`, `cos(x)`, `sqrt(x)`, `exp(x)`, etc. Entretanto, a maioria dos programas requer frequentemente funções que não possuem estruturas previamente declaradas, i.e., residentes, dentro do MATLAB. Nesses casos, a função de interesse deve ser declarada, isto é, personalizada dentro do MATLAB. Quando se faz necessário usar uma determinada função apenas uma vez dentro de um programa, é possível digitá-la como parte do programa em si. Porém, quando o programa fizer várias chamadas a uma mesma função para diferentes valores de argumentos, é bastante conveniente personalizar essa função. Uma vez criada e salva uma função, essa nova função adquire os mesmos privilégios das funções nativas do MATLAB.

Uma função personalizada é um programa do MATLAB que é criado pelo usuário, salvo como um arquivo de função e, depois, pode ser usado como uma função nativa. A função pode ser constituída por uma única expressão matemática ou por um conjunto de expressões complexas, envolvendo uma série de cálculos. Em muitos casos, uma função é um subprograma dentro de um programa no MATLAB. A principal característica de uma função é produzir uma resposta de saída de acordo com uma solicitação de entrada. Isto significa que as operações realizadas dentro da função são desenvolvidas com base nos dados de entrada e os resultados dos cálculos são transferidos para a saída. Tanto a entrada quanto a saída podem possuir uma ou várias variáveis, e cada variável pode ser um escalar, um vetor, uma matriz ou um arranjo genérico. Esquematicamente, uma função pode ser ilustrada como segue:

Dados de entrada → **Função** → Dados de saída

Um exemplo de declaração de uma função simples é uma função que calcula a altura máxima atingida por uma bola arremessada na vertical com certa velocidade inicial. Supondo que a velocidade inicial seja denotada por v_0, a altura máxima é $h_{max} = \frac{v_0^2}{2g}$, onde g é a aceleração da gravidade. A dependência funcional poderia ser explicitada tal que $h_{max}(v_0) = \frac{v_0^2}{2g}$. Nesse caso, o dado de entrada é a velocidade inicial (um número) e a saída é a altura máxima (outro número) atingida pela bola. Por exemplo, em unidades do SI, se a entrada vale 15 m/s, a saída seria 11,47 m (para g = 9,81 m/s^2). Esquematicamente:

15 m/s → **Função** → 11,47 m

Uma função declarada e salva como um arquivo no MATLAB pode ser chamada em qualquer parte do MATLAB. Desse modo, programas extensos podem ser segmentados em blocos menores passíveis de serem testados independentemente. Nesses casos, as funções assemelham-se às subrotinas do Basic e Fortran, aos *procedures* do Pascal e às funções em C/C++.

Os fundamentos da declaração de funções no MATLAB são apresentados nas Seções 7.1 a 7.7. Além das funções que são salvas em arquivos separados e chamadas em um programa, o MATLAB inclui a opção de se definir e usar uma função matemática dentro do próprio programa (sem a necessidade de se criar um arquivo separado). Isso pode ser feito utilizando as funções anônimas (anonymous) e/ou inline, que são apresentadas na Seção 7.8. Existem funções que tem como argumento de entrada outra função. Essas funções (conhecidas como função-função ou *function function* no MATLAB) são introduzidas na Seção 7.9. As duas últimas seções abordam subfunções e funções aninhadas. Esses dois tópicos são métodos para incorporar duas ou mais funções em um único arquivo.

7.1 CRIANDO UMA FUNÇÃO NO MATLAB

As funções são criadas e editadas, assim como os programas (script files), na janela Editor/Debugger Window. Essa janela é aberta a partir da Command Window. No menu **File**, selecione **New** e então selecione **Function**. Uma vez aberta, a janela Editor/Debugger Window assemelha-se à Figura 7-1. O editor contém algumas linhas pré-digitadas que definem a estrutura de uma função. A primeira linha define a função, sendo seguida por comentários que descrevem a função (dados de entrada, dados de saída, finalidade da função, etc.). Após, vem o programa (as linhas vazias 4 e 5 na Figura 7-1) e a última linha contém um sentença `end`, que é opcional. A estrutura de uma função é descrita em detalhes na próxima seção.

Observação: A janela Editor/Debugger Window também pode ser aberta (como foi descrito no Capítulo 1) selecionando **File**, **New** e **Script**. Nesse caso, a janela aberta é vazia, sem linhas pré-digitadas. A janela pode ser utilizada para escrever um programa (script file) ou uma função (function file). Também, se a janela Editor/Debugger Window é aberta selecionando **File**, **New** e **Function**, ela pode ser utilizada para escrever um programa um programa (script file) ou uma função (function file).

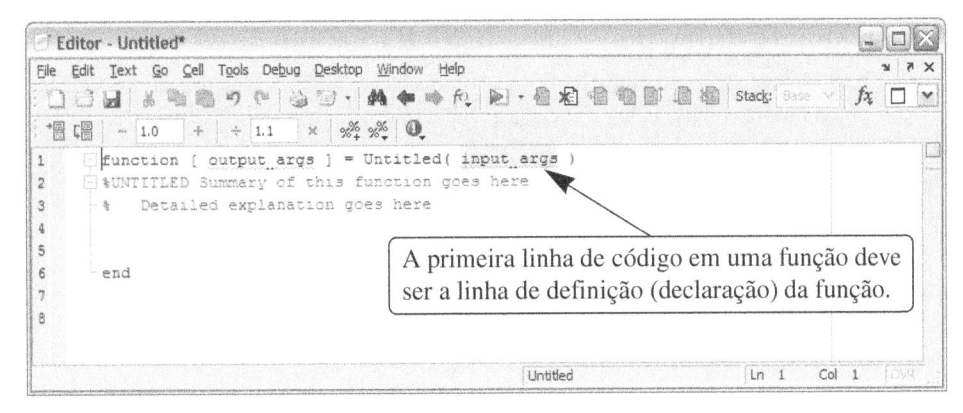

Figura 7-1 A janela Editor/Debugger Window.

7.2 ESTRUTURA DE UMA FUNÇÃO

A estrutura típica de uma função é mostrada na Figura 7-2. Essa função particular foi criada para calcular o pagamento de um empréstimo (as parcelas mensais e o valor to-

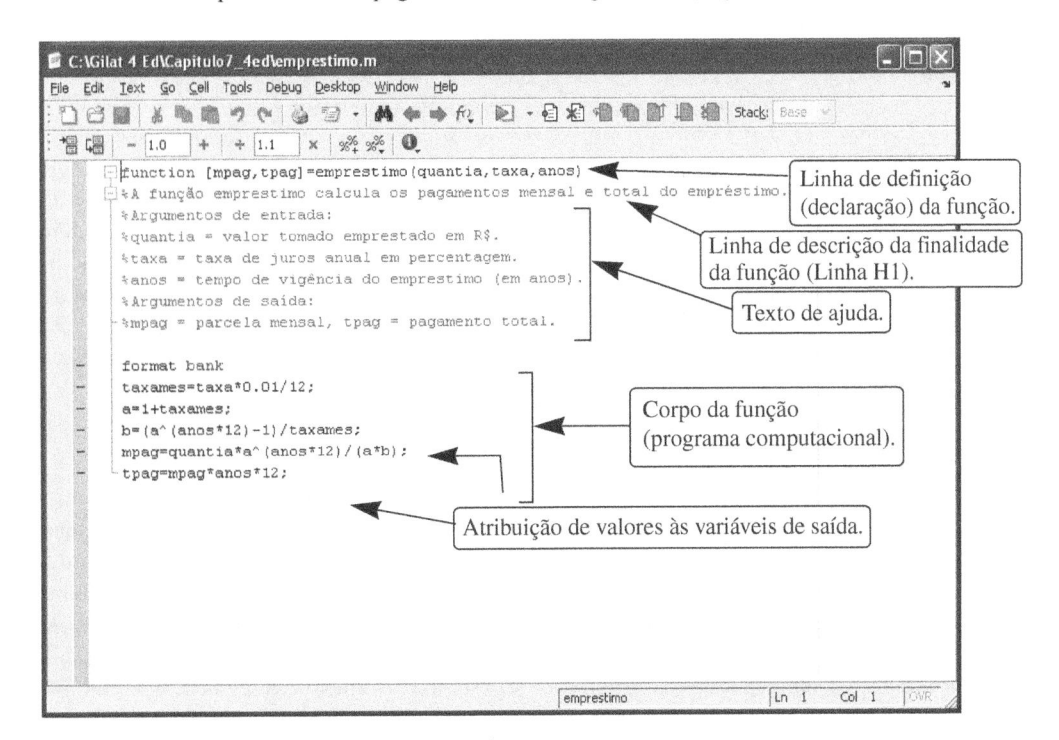

Figura 7-2 Estrutura de uma função típica.

tal). A função recebe como entradas o valor total do empréstimo, a taxa de juros anual e o tempo de duração do empréstimo (em anos). A função calcula e exibe na saída o valor parcelado mensalmente e o valor final do empréstimo (corrigido pela taxa de juros).

As várias partes de uma função são descritas em detalhes nas seções a seguir.

7.2.1 Linha de definição (declaração) da função

A primeira linha executável no arquivo deve ser a linha de declaração da função. De outro modo, o MATLAB trata o arquivo como um programa. A linha de declaração de uma função:

- Define o arquivo como uma função (diferenciando-o de um programa).
- Define o nome da função.
- Define o número e a ordem das variáveis de entrada, além de especificar o que a função irá retornar (variáveis de saída).

O formato característico da linha de declaração de uma função é:

```
function [argumentos de saída]=nome_função(argumentos de entrada)
```

Toda função começa com a palavra function (em inglês). Deve ser digitada em letras minúsculas.

Uma lista de argumentos (parâmetros) de saída pode ser digitada entre colchetes.

Nome da função.

Uma lista de argumentos de entrada pode ser digitada entre parênteses.

A palavra "function", digitada em letras minúsculas, deve preceder qualquer outro objeto (comando) na declaração de uma função. Você perceberá que, ao digitá-la na janela Editor/Debugger, o MATLAB muda a cor do comando para azul. O nome da função vem logo após o sinal de igualdade (operador de atribuição). Em geral, os nomes característicos de uma função podem conter letras, números e o caractere sublinhar (underscore). Ou seja, as regras de atribuição de nomes às funções são as mesmas já comentadas para as variáveis (descritas na Seção 1.6.2). Durante a declaração de funções, é uma prática recomendada evitar a atribuição de nomes de funções nativas e variáveis que fazem parte de um determinado problema e/ou são variáveis/constantes predefinidas pelo MATLAB.

7.2.2 Argumentos de entrada e saída

Os argumentos de entrada e saída são utilizados na passagem de um ou mais parâmetros (dados ou variáveis) à função. Conforme indicado, os argumentos de entrada seguem logo após o nome da função. Usualmente, toda função tem pelo menos um argumento de entrada, embora seja possível declarar funções que não recebem argumentos de entrada. Entretanto, é mais frequente declarar funções com múltiplas entradas. Nesses casos, devemos separar os argumentos de entrada por vírgulas. O código de programa que a função desempenha deve, estritamente, ser escrito em termos dos argumentos de entrada, e tais argumentos devem ser inicializados numericamente antes que a função seja chamada. Significa que as expressões matemáticas na declaração da função precisam ser escritas de acordo com as dimensões dos argumentos, visto que os argumentos são, em geral, grandezas escalares, vetoriais, matriciais ou arranjos genéricos quaisquer. No exemplo mostrado na Figura 7-2, há três argumentos de entrada (`quantia,taxa,anos`) e, nas expressões matemáticas, eles são usados como escalares. Os valores reais dos argumentos de entrada de uma função são passados na ocasião da chamada da função. Se forem esperados argumentos de entrada tipo vetores ou matrizes, as expressões matemáticas no corpo da função devem ser escritas de acordo com as regras da álgebra linear, ou então de modo a realizar operações elemento por elemento do vetor/matriz.

Os argumentos de saída (quando requeridos) precisam ser listados dentro de colchetes na linha de declaração da função, à esquerda do operador de atribuição, e devem conter os parâmetros cujos valores serão retornados pela função. Entretanto, não é obrigatório que as funções retornem valores. Caso algum retorno seja necessário, um ou vários parâmetros de saída podem recebê-los ao mesmo tempo. Se houver necessidade de retornar mais de um valor simultaneamente, devemos separar os parâmetros de retorno mediante o uso de vírgulas. Além disso, se houver apenas um parâmetro de retorno na função, é possível digitá-lo sem os colchetes. Em suma, *para que uma função funcione corretamente, valores devem ser atribuídos aos argumentos de saída, quando da execução das linhas de código dentro do corpo da função*. No exemplo da Figura 7-2, existem dois parâmetros de saída [`mpag,tpag`]. Finalmente, se uma função não possui argumentos de saída, o operador de atribuição na linha de declaração da função pode ser omitido. Uma função que não retorna valores pode, por exemplo, gerar um gráfico ou salvar dados em um arquivo de saída.

É possível ainda passar strings para uma função. Basta digitar a string como parte das variáveis de entrada (o texto deve aparecer entre aspas simples). Frequentemente, as strings são utilizadas para passar nomes de outras funções, nativas ou personalizadas, para dentro de uma determinada função.

Usualmente, todos os dados de entrada e de saída de uma função são transferidos através dos argumentos de entrada e de saída. Entretanto, todas as características de entrada e saída estudadas para os programas (Capítulo 4) são válidas e podem ser utilizadas em funções. Isso significa, por exemplo, que toda variável declarada nas linhas de código da função terá o conteúdo exibido na tela a menos que seja digitado ponto e vírgula no fim do comando. Adicionalmente, o comando `input` pode ser usado para passar dados interativamente a uma função e os comandos `disp`, `fprintf` e `plot` podem exibir informações na tela, salvar um arquivo ou plotar figuras, assim como num programa. A seguir estão indicados alguns exemplos de linhas de declaração de funções, com diferentes combinações de argumentos de entrada e saída.

Linha de declaração da função	Comentários
function [mpag, tpag] = emprestimo(quantia, taxa, anos)	Três argumentos (parâmetros) de entrada e dois parâmetros de saída.
function [A] = RetArea(a,b)	Dois argumentos de entrada e um parâmetro de saída.
function A = RetArea(a,b)	Mesma função declarada acima. Função com um único parâmetro de saída pode ser digitada sem os colchetes.
function [V,S] = EsferaVolArea(r)	Uma variável de entrada e duas variáveis de saída.
function trajetoria(v,h,g)	Três parâmetros de entrada e nenhum parâmetro de saída.

7.2.3 Linha de descrição da função (linha H1) e linhas de comentários (ajuda)

A linha H1 e as linhas de comentários são precedidas do caractere %, porque não fazem parte do código do programa em si, e são escritas logo após a linha de declaração da função. Uma função não precisa conter essas linhas, mas é de praxe usá-las para fornecer informações sobre a função. Geralmente, a linha H1 é a primeira linha de comentário da função e recomenda-se que ela faça menção ao nome da função, enfatizando sua funcionalidade. Quando o usuário digitar `lookfor uma_palavra_chave` na linha do prompt da janela Command Window, o MATLAB procura a palavra chave requerida em todas as linhas H1 de todas as funções nativas e personalizadas, e, se a palavra procurada estiver em alguma linha H1, o MATLAB exibirá o conteúdo dessa linha.

Todas as demais linhas de comentários devem suceder a linha H1. Essas linhas geralmente trazem um descritivo completo da função e instruções sobre os argumentos de entrada e saída da função. Tais linhas de comentários, junto com a linha H1, podem ser visualizadas quando o usuário digitar `help nome_da_função` na janela Command Window. As linhas H1 e de comentários das funções nativas do MATLAB também podem ser vislumbradas através do comando `help`. Por exemplo, para a função `emprestimo` da Figura 7-2, digitando `help emprestimo` na linha do prompt da janela Command Window, supondo que o caminho onde se encontra o arquivo da função seja especificado no campo Current Directory e que a função tenha sido criada, o resultado será:

```
>> help emprestimo
A função emprestimo calcula os pagamentos mensal e total do empréstimo.
Argumentos de entrada:
quantia = valor tomado emprestado em R$.
taxa = taxa de juros anual em percentagem.
anos = tempo de vigência do empréstimo (em anos).
Argumentos de saída:
mpag = parcela mensal, tpag = pagamento total.
```

É claro que uma função pode possuir linhas de comentários no corpo da função. Essas linhas de comentário são ignoradas pelo comando `help`.

7.2.4 Corpo da função

O corpo da função deve conter o código de programa necessário à execução, cálculo e inicialização de todos os parâmetros da função. As linhas de código podem utilizar todas as características de programação do MATLAB. Isso inclui cálculos, atribuições, qualquer função nativa ou personalizada, controle do fluxo do programa (sentenças condicionais e laços – Capítulo 6), comentários, linhas vazias e entradas e saídas interativas.

7.3 VARIÁVEIS LOCAIS E GLOBAIS

Todas as variáveis de uma função são locais, i.e., os valores dos parâmetros de entrada e saída estão definidos e são reconhecidos somente dentro da estrutura da função. Quando a função é chamada, o MATLAB se utiliza de um espaço de memória diferente do espaço ocupado pela área de trabalho (o espaço de memória onde é executada a janela Command Window e os programas). Numa função, as variáveis de entrada são inicializadas toda vez que a função é chamada. Assim, as variáveis podem ser utilizadas em cálculos dentro do corpo da função. Terminada a execução da função, os valores dos argumentos de saídas são passados às variáveis utilizadas para chamar a função. Logo, uma função pode possuir variáveis com nomes idênticos às variáveis declaradas na janela Command Window ou em um programa. Em síntese, a chamada de uma função não acarretará em um conflito entre variáveis internas e externas a ela. Portanto, os valores atribuídos às variáveis internas às funções não serão modificados por nenhum tipo de atribuição feito fora do ambiente da função (e vice-versa, ou seja, ao se alterar uma variável dentro da função, isso não significa que uma variável com o mesmo nome, porém externa à função, será alterada).

Toda função possui um conjunto particular de variáveis locais que não são compartilhadas com outras funções ou com a área de trabalho da janela Command Window e/ou dos programas. Entretanto, é possível tornar uma variável comum (pública) às várias funções e, possivelmente, a toda área de trabalho. Para declarar uma variável global, é necessário especificar o comando `global` utilizando-se a seguinte sintaxe:

```
global nome_variável
```

A declaração múltipla de variáveis globais pode ser feita listando-se e separando-se as variáveis através de espaços após um único comando global. Por exemplo:

```
global Acelera_gravidade Coef_Atrito
```

- A variável tem que ser declarada global em toda função que o usuário quiser que ela seja reconhecida. Desse modo, a variável torna-se comum a essas funções.
- O comando `global` deve aparecer antes da variável ser utilizada. Recomenda-se empregar esse comando no início da função (após as linhas de declaração, H1 e dos comentários).
- O comando `global` deve ser digitado na janela Command Window e/ou dentro do programa para que a variável seja reconhecida na área de trabalho (workspace).
- O valor da variável pode ser atribuído ou modificado em qualquer parte comum do domínio de validade dessa variável.
- É recomendado usar nomes descritivos extensos (ou usar letras maiúsculas) para variáveis globais de maneira a distingui-las das variáveis locais.

7.4 SALVANDO UMA FUNÇÃO

Uma função deve ser salva antes que se faça uso dela. Isso é feito, semelhantemente aos programas, escolhendo a opção **Save As...** no menu **File**, selecionando um local (muitos estudantes salvam em uma unidade removível) e digitando o nome do arquivo a ser identificado como a função. É bastante recomendável que o arquivo seja salvo com um nome idêntico ao nome da função (definido na linha de declaração da função). Desse modo, a função é chamada utilizando o próprio nome da função. (Se uma função é salva com um nome diferente, o nome dado ao arquivo deve ser utilizado quando a função for chamada.) Os arquivos de funções são salvos com a extensão .m. Exemplos:

Linha de declaração da função	Nome do arquivo
function [mpag, tpag] = emprestimo(quantia, taxa, anos)	emprestimo.m
function [A] = RetArea(a,b)	RetArea.m
function [V,S] = EsferaVolArea(r)	EsferaVolArea.m
function trajetoria(v,h,g)	trajetoria.m

7.5 CHAMANDO UMA FUNÇÃO

Uma função personalizada é utilizada do mesmo modo que as funções nativas do MATLAB. A função pode ser chamada na janela Command Window, em um programa ou noutra função. Para usar a função, o diretório (pasta) onde foi salva a função precisa ser especificado no campo Current Directory ou em um caminho específico utilizado pelo usuário (veja as Seções 1.8.3 e 1.8.4).

Uma função muitas vezes é utilizada para atribuir um valor a uma ou mais variáveis, como parte de uma expressão matemática, como um argumento em outra função, em programas ou, simplesmente, usada como um comando na linha do prompt da janela Command Window. Em todos os casos, o usuário deve ter em mente quais são os argumentos (parâmetros) de entrada e saída. Em geral, um argumento de entrada são valores/expressões numéricas ou, então, uma variável previamente inicializada. Os parâmetros vão sendo utilizados pelo MATLAB de acordo com a posição que ocupam na lista de argumentos de entrada e saída na linha de declaração da função.

Os dois modos de utilização de uma função estão ilustrados abaixo, baseados na função `emprestimo` (Figura 7-2), que calcula as parcelas mensais e o valor total de um empréstimo (os dois argumentos de saída). Os argumentos de entrada são a quantia tomada emprestada, a taxa de juros anual e o período de financiamento do empréstimo (número de anos). No primeiro exemplo, a função `emprestimo` recebe diretamente os parâmetros numéricos de entrada na linha do prompt:

```
>> [mes total]=emprestimo(25000,7.5,4)

mes =
      600.72
total =
      28834.47
```

O primeiro argumento é a quantia tomada emprestada, o segundo é a taxa de juros e o terceiro é o tempo de duração do empréstimo (em anos).

Já no segundo exemplo, a função `emprestimo` utiliza as variáveis a e b, previamente declaradas, mais uma constante numérica correspondente ao tempo total de financiamento (anos).

```
>> a=70000; b=6.5;        ┤ Define as variáveis a e b.
>> [x y]=emprestimo(a,b,30)   ┤ Usa as variáveis a, b e o número 30 como
                                argumentos de entrada e x (parcela mensal) e y
                                (pagamento total) como argumentos de saída.
x =
       440.06
y =
    158423.02
```

7.6 EXEMPLO DE FUNÇÕES SIMPLES

Problema Exemplo 7-1: Função matemática

Escreva uma função que retorne o resultado da função $f(x) = \dfrac{x^4\sqrt{3x+5}}{(x^2+1)^2}$. Salve-a como Capitulo7_Exemplo1. O parâmetro de entrada da função é a variável x e o parâmetro de saída é a função $f(x)$. Escreva a função de modo que a variável x seja um vetor. Use a função para calcular:

(a) $f(x)$ para $x = 6$.
(b) $f(x)$ para $x = 1, 3, 5, 7, 9$ e 11.

Solução

A declaração da função correspondente à função matemática $f(x)$ é:

```
function y=Capitulo7_Exemplo1(x)        ┤ Linha de declaração da função.
y=(x.^4.*sqrt(3*x+5))./(x.^2+1).^2;     ┤ Atribuição do valor da expressão de
                                          f(x) ao argumento de saída (y).
```

Note que a expressão matemática no corpo da função inclui cálculos envolvendo elemento por elemento do vetor. Desse modo, se x é um vetor, y também será um vetor. A função deve ser salva e o diretório (pasta) onde ela se encontra deve ser indicado no campo Current Directory. Como mostrado a seguir, podemos testar a função na Command Window.

(a) Para calcular a função em $x = 6$, basta digitar `Capitulo7_Exemplo1(6)` (e pressionar a tecla **Enter**) na linha do prompt. Nesse caso, o resultado é atribuído à variável padrão (ans). O valor da função também pode ser atribuído a uma nova variável (por exemplo, F).

```
>> Capitulo7_Exemplo1(6)
ans =
    4.5401
>> F=Capitulo7_Exemplo1(6)
F =
    4.5401
```

(b) Para calcular a função se o argumento *x* é um vetor, basta criar e inicializar o vetor *x* e, então, utilizá-lo como argumento da função Capitulo7_Exemplo1(x).

```
>> x=1:2:11
x =
     1     3     5     7     9    11
>> Capitulo7_Exemplo1(x)
ans =
    0.7071    3.0307    4.1347    4.8971    5.5197    6.0638
```

Também é possível digitar o vetor *x* diretamente no argumento da função.

```
>> H=Capitulo7_Exemplo1([1:2:11])
H =
    0.7071    3.0307    4.1347    4.8971    5.5197    6.0638
```

Problema Exemplo 7-2: Convertendo unidades de temperatura

Escreva uma função que converta temperaturas em graus Fahrenheit (F) para graus Celsius (C). Salve a função como FparaC e utilize-a para resolver o seguinte problema: a variação no comprimento de um objeto (ΔL), devido a variação de temperatura (ΔT), é dada por: $\Delta L = \alpha L \Delta T$, onde α é o coeficiente de dilatação linear e *L* é o comprimento inicial do objeto. Determine a variação na área de uma chapa de alumínio de dimensões 4,5 m por 2,25 m ($\alpha = 23 \cdot 10^{-6}\,°C^{-1}$), se a temperatura variar de 40 °F para 92 °F.

Solução

A seguir é apresentada a declaração da função que converte da escala Fahrenheit para a escala Celsius:

```
function C=FparaC(F)                    Linha de declaração da função.
%FparaC converte da escala Fahrenheit para a escala Celsius
C=5*(F-32)./9;                          Atribuição do argumento de saída.
```

Um programa (salvo como Capitulo7_Exemplo2) que calcula a variação na área da chapa decorrente da mudança na temperatura é:

```
a1=4.5; b1=2.25; T1=40; T2=92; alpha=23e-6;
deltaT=FparaC(T2)-FparaC(T1);   Usando a função FparaC para calcular a
                                diferença de temperatura em graus Celsius.
a2=a1+alpha*a1*deltaT;          Calculando o novo comprimento da chapa.
b2=b1+alpha*b1*deltaT;          Calculando a nova largura da chapa.
VarArea=a2*b2-a1*b1;            Calculando a variação total na área da chapa.
fprintf('A variação na área da chapa é %6.5f m2.\n', VarArea)
```

Executando o programa na Command Window temos a seguinte solução:

```
>> Capitulo7_Exemplo2
A variação na área da chapa é 0.01346 m2.
```

7.7 COMPARAÇÃO ENTRE PROGRAMAS (SCRIPT FILES) E FUNÇÕES (FUNCTION FILES)

À primeira vista, alguns estudantes do MATLAB têm dificuldades em compreender quais são exatamente as diferenças entre programas e funções visto que, em muitos problemas, ambos os arquivos (programas e funções) podem ser utilizados para se obter uma solução. As principais diferenças (e semelhanças) entre programas e funções podem ser resumidas como segue:

- Ambos os arquivos são salvos com a extensão .m (motivo pelo qual, às vezes, são chamados de M-files).
- A primeira linha de toda função é (deve ser) a linha de declaração da função.
- As variáveis em uma função são sempre locais. As variáveis de um programa são reconhecidas na área de trabalho (Command Window).
- Programas podem fazer uso de variáveis declaradas na área de trabalho.
- Programas possuem sequências de comandos (sentenças) do MATLAB.
- Funções podem receber dados de entrada, através de argumentos (parâmetros) de entrada, e podem retornar dados para os argumentos de saída.
- Para o caso de funções é recomendado salvar o arquivo com um nome idêntico ao nome da função.

7.8 FUNÇÕES ANÔNIMAS (ANONYMOUS FUNCTION) E INLINE

As funções podem ser utilizadas para calcular funções matemáticas simples, para determinação de expressões matemáticas mais complexas que requerem extensa programação ou, ainda, como subprogramas em programas computacionais de grande porte. Naqueles casos em que o valor de uma expressão matemática relativamente simples deve ser determinado várias vezes dentro de um programa, o MATLAB oferece a opção de se utilizar uma função anônima (*anonymous function*). Uma função anônima é uma função que é declarada e escrita dentro do código do programa (não é um arquivo separado) e então usada pelo próprio programa. As funções anônimas podem ser declaradas em qualquer parte do MATLAB (na Command Window, em um programa ou mesmo dentro de uma função comum).

As funções anônimas foram introduzidas no MATLAB 7. Elas substituem as funções inline que foram utilizadas para o mesmo propósito em versões anteriores do MATLAB. Ambas as funções, anônima e inline, podem ser utilizadas no MATLAB R2010b. No entanto, as funções anônimas têm muitas vantagens em relação às funções inline, de modo que, provavelmente, a utilização das funções inline se reduzirá gradualmente. As funções anônimas são abordadas em detalhes na Seção 7.8.1 e as funções inline são descritas na Seção 7.8.2.

7.8.1 Funções anônimas (anonymous functions)

Uma função anônima é uma função simples (de uma única linha), que é definida sem a necessidade se criar um arquivo separado (M-file). As funções anônimas podem ser declaradas na Command Window, em um programa ou dentro de uma função comum.

Uma função anônima é criada digitando-se o seguinte comando:

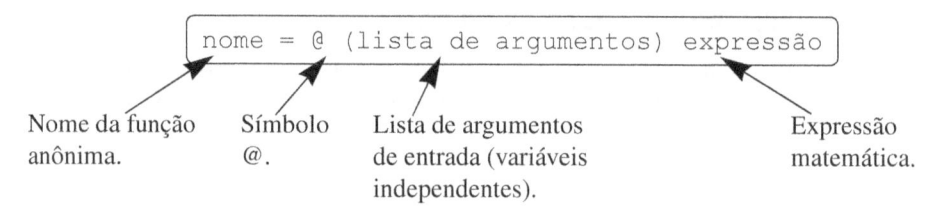

```
nome = @ (lista de argumentos) expressão
```

Nome da função anônima. Símbolo @. Lista de argumentos de entrada (variáveis independentes). Expressão matemática.

Um exemplo simples é: `cube = @ (x) x^3`, que calcula o cubo do argumento de entrada.

- O comando cria uma função anônima e atribui um identificador (handle) para a função. Esse identificador é o nome à esquerda do sinal de =. (Os identificadores de função – function handles – fornecem meios de chamar a função e utilizá-la como argumento de outras funções; veja a Seção 7.9.1).
- O campo `expressão` consiste em uma expressão matemática válida no MATLAB.
- A expressão matemática pode conter uma ou várias variáveis independentes. A(s) variável(eis) é (são) digitada(s) no campo `(lista de argumentos)`. Múltiplas variáveis independentes devem ser separadas por vírgula. Um exemplo de uma função anônima que tem duas variáveis independentes é: `circunferencia = @ (x,y) 16*x^2+9*y^2`
- A expressão matemática pode conter funções nativas e/ou funções criadas pelo usuário.
- A expressão deve ser escrita de acordo com a dimensão dos argumentos de entrada (ou seja, no caso de arranjos, devem-se seguir as regras da álgebra linear ou utilizar operações elemento por elemento).

- A expressão pode incluir variáveis previamente definidas, quando a função anônima é declarada. Por exemplo, se as variáveis a, b e c são declaradas (ou seja, foram inicializadas com valores numéricos), então elas podem ser usadas na expressão da função anônima parabola = @ (x) a*x^2+b*x+c

Observação importante: O MATLAB captura os valores das variáveis previamente definidas quando a função anônima é declarada. Isso significa que, se os valores dessas variáveis são modificados posteriormente, a função anônima não é modificada. Para que os novos valores das variáveis previamente definidas sejam utilizados na expressão, a função anônima deve ser redefinida.

Chamando uma função anônima:
- Uma vez declarada a função anônima, ela pode ser usada digitando-se seu nome e um valor para o argumento (ou argumentos) em parênteses (veja os exemplos logo a seguir).
- Funções anônimas também podem ser usadas como argumentos em outras funções (veja a Seção 7.9.1).

Exemplo de uma função anônima com uma variável independente:

Podemos definir a função $f(x) = \dfrac{e^{x^2}}{\sqrt{x^2+5}}$ (na Command Window) como uma função anônima, sendo o argumento de entrada o escalar x:

```
>> FA = @ (x) exp(x^2)/sqrt(x^2+5)
FA = 
    @(x)exp(x^2)/sqrt(x^2+5)
```

Se um ponto e vírgula não é digitado no fim do comando, o MATLAB exibe a função. Uma vez declarada a função, ela pode ser utilizada para diferentes valores de x, conforme mostrado a seguir.

```
>> FA(2)
ans =
   18.1994
>> z = FA(3)
z = 
   2.1656e+003
```

No caso de x ser um arranjo, com a função calculada para cada elemento, então a função deve ser modificada para efetuar cálculos elemento por elemento.

```
>> FA = @ (x) exp(x.^2)./sqrt(x.^2+5)
FA =
    @(x)exp(x.^2)./sqrt(x.^2+5)
>> FA([1 0.5 2])          Usando um vetor como argumento de entrada.
ans =
    1.1097    0.5604   18.1994
```

Exemplo de uma função anônima com várias variáveis independentes:
Podemos definir a função $f(x, y) = 2x^2 - 4xy + y^2$ como uma função anônima da seguinte forma:

```
>> HA = @ (x,y) 2*x^2 - 4*x*y + y^2
HA =
    @(x,y)2*x^2-4*x*y+y^2
```

Uma vez declarada, a função pode ser utilizada para diferentes valores de x e y. Por exemplo, digitando `HA(2,3)` temos:

```
>> HA(2,3)
ans =
    -7
```

Outro exemplo de utilização de função anônima com múltiplos argumentos de entrada é apresentado no Problema Exemplo 7-3.

Problema Exemplo 7-3: Distância entre dois pontos em coordenadas polares

Escreva uma função anônima que calcula a distância entre dois pontos em um plano, sendo a posição dos pontos dada em coordenadas polares. Use a função anônima para calcular a distância entre o pontos $A(2, \pi/6)$ e $B(5, 3\pi/4)$.

Solução
A distância entre dois pontos em coordenadas polares pode ser calculada usando a lei dos Cossenos:

$$d = \sqrt{r_A^2 + r_B^2 - 2r_A r_B \cos(\theta_A - \theta_B)}$$

A fórmula para distância é definida como uma função anônima com quatro argumentos de entrada (r_A, θ_A, r_B, $_B$). A utilização da função para cálculo da distância entre os pontos A e B é mostrada a seguir.

```
>> d= @ (rA,thetA,rB,thetB) sqrt(rA^2+rB^2-2*rA*rB*cos(thetB-thetA))
```
← Lista de argumentos de entrada.

```
d =
    @(rA,thetA,rB,thetB)sqrt(rA^2+rB^2-2*rA*rB*cos(thetB-thetA))
>> DistAtoB = d(2,pi/6,5,3*pi/4)
DistAtoB =
    5.8461
```
Os argumentos devem ser digitados na ordem definida na função.

7.8.2 Funções inline

De modo similar a uma função anônima, uma função inline é uma função que é definida sem que seja necessário criar um arquivo separado (M-file). Como já mencionado, as funções anônimas substituem as funções inline utilizadas nas versões mais antigas do MATLAB. As funções inline são criadas com o comando `inline`, de acordo com o seguinte formato:

```
nome=inline('expressão matemática digitada como uma string')
```

Um exemplos simples é `cubo = inline('x^3')`, que calcula o cubo do argumento de entrada.

- A expressão matemática pode ter uma ou mais variáveis independentes.
- Quaisquer letras, exceto i e j, podem ser utilizadas para as variáveis independentes na expressão.
- A expressão matemática pode conter funções nativas e/ou funções criadas pelo usuário.
- A expressão deve ser escrita de acordo com a dimensão dos argumentos de entrada (ou seja, no caso de arranjos devem-se seguir as regras da álgebra linear ou utilizar operações elemento por elemento).
- As expressões *não podem* conter variáveis previamente definidas.
- Uma vez declarada a função, ela pode ser usada digitando-se seu nome e um valor para o argumento (ou argumentos) em parênteses (veja os exemplos logo a seguir).
- Uma função `inline` pode ser utilizada como argumento em outras funções.

Por exemplo, a função $f(x) = \dfrac{e^{x^2}}{\sqrt{x^2 + 5}}$ pode ser definida como uma função inline para x da seguinte forma:

```
>> FA=inline('exp(x.^2)./sqrt(x.^2+5)')      Expressão escrita com
FA =                                         operação elemento
     Inline function:                        por elemento.
     FA(x) = exp(x.^2)./sqrt(x.^2+5)
>> FA(2)                                     Usando um escalar como o argumento.
ans =
    18.1994
>> FA([1 0.5 2])                             Usando um vetor como o argumento.
ans =
     1.1097    0.5604   18.1994
```

Uma função inline que tem duas ou mais variáveis independentes pode ser escrita usando o seguinte formato:

```
nome=inline('expressão matemática','arg1','arg2','arg3')
```

Nesse formato, a ordem em que os argumentos são definidos no comando também define a ordem em que esses mesmos argumentos devem ser digitados quando a função for chamada. Se as variáveis independentes (arg1, arg2, etc.) não são listadas no comando, o MATLAB coloca os argumentos em ordem alfabética. Por exemplo, a função $f(x, y) = 2x^2 - 4xy + y^2$ pode ser definida como uma função inline por:

```
>> HA=inline('2*x^2-4*x*y+y^2')
HA =
     Inline function:
     HA(x,y) = 2*x^2-4*x*y+y^2
```

Após definida, a função pode ser utilizada para quaisquer valores de x e y. Por exemplo, HA(2,3) fornece:

```
>> HA(2,3)
ans =
    -7
```

7.9 FUNÇÃO-FUNÇÃO (FUNCTION FUNCTION)

Existem diversas situações em que uma função (Função *A*) faz uso de outra função (Função *B*). Isso significa que quando a Função *A* é chamada e executada, ela tem como um dos parâmetros de entrada a Função *B*. Uma função que aceita outra função como argumento de entrada é chamada função-função (function function). Por exemplo, o MATLAB possui a função nativa `fzero` (Função *A*) que calcula o zero de uma função matemática $f(x)$ (Função *B*), i.e., o valor de *x* para o qual $f(x) = 0$. O programa da função `fzero` é escrito de tal forma que é possível calcular o zero de qualquer função $f(x)$. Quando a função `fzero` é chamada, a função específica a ser resolvida é passada para `fzero`, que encontra o(s) zero(s) da função $f(x)$. (A função `fzero` é descrita em detalhes no Capítulo 9.)

Uma função-função, que aceita outra função (também chamada função importada), inclui em seus argumentos um nome que representa a função importada. O nome da função importada é usado para as operações no programa (código) da função-função. Quando a função-função é usada (chamada), a função específica que é importada é listada em seus argumentos de entrada. Dessa maneira, diferentes funções podem ser importadas (passadas) para a função-função. Há dois métodos para listar o nome de uma função importada na lista de argumentos de uma função-função. Um deles é utilizar o identificador da função (function handle – Seção 7.9.1) e o outro é digitar o nome da função como uma string (Seção 7.9.2). O método que é usado afeta o modo como as operações na função-função são escritas (isso será explicado em mais detalhes nas duas próximas seções). A utilização dos identificadores de função é mais fácil e mais eficiente, de modo que esse é o método sugerido.

7.9.1 Usando identificadores de função (function handles) para passar uma função para uma função-função

Os identificadores de função (function handles) são usados para passar (importar) funções desenvolvidas (personalizadas) pelo usuário, funções nativas e funções anônimas para uma função-função, que pode aceitá-las como um parâmetro de entrada. Essa seção explica primeiramente o que é um identificador de função, depois mostra como escrever funções-funções que aceitam identificadores de função e, finalmente, mostra como usar identificadores de função para passar funções como parâmetro de uma função-função.

Identificador de função (function handle):

Um identificador de função (function handle) é um valor do MATLAB que está associado a uma dada função. Ele é um tipo de dado do MATLAB e pode ser passado como um argumento em outra função. Uma vez passado, o identificador de função fornece meios de chamar (usar) a função à qual ele está associado. Os identificadores de função podem ser usados com qualquer tipo de função do MATLAB. Isso inclui funções nativas, funções personalizadas (e salvas em um arquivo) e funções anônimas.

- Para funções nativas e desenvolvidas pelo usuário, um identificador de função é criado digitando-se o símbolo @ na frente do nome da função. Por exemplo, `@cos` é o identificador da função nativa `cos` e `@FparaC` é o identificador da função personalizada `FparaC` que foi desenvolvida no Problema Exemplo 7-2.
- O identificador de função também pode ser atribuído a uma variável. Por exemplo, `identificador_cos=@cos` atribui o identificador `@cos` à variável `identificador_cos`. Assim, o nome `identificador_cos` pode ser usado para passar o identificador.
- No caso das funções anônimas (veja a Seção 7.8.1), o nome da função já é o próprio identificador.

Escrevendo uma função-função que aceita um identificador de função como um argumento de entrada:

Como já mencionado, os argumentos de entrada de uma função-função (que aceita outra função) inclui um nome (um nome fictício da função) que representa a função importada. Essa função fictícia (incluindo seus eventuais argumentos entre parênteses) é usada para as operações dentro do programa da função-função.

- A função que está sendo importada deve estar em uma forma consistente com o modo como a função fictícia é usada no programa. Isso significa que ambas devem ter o mesmo número e tipo de argumentos de entrada e saída.

A seguir temos um exemplo de função-função, chamada de `funplot`, que gera um gráfico de uma função (qualquer função $f(x)$ que é passada para ela) entre os pontos $x = a$ e $x = b$. Os argumentos de entrada são (`Fun,a,b`), onde `Fun` é um nome fictício que representa a função importada, e `a` e `b` são os pontos extremos do domínio. A função-função `funplot` também tem uma saída numérica `xy_saida`, que é uma matriz 3 × 2 com os valores de x e $f(x)$ em três pontos $x = a$, $x = (a + b)/2$ e $x = b$. Observe que no programa, a função fictícia `Fun` tem um argumento de entrada (`x`) e um argumento de saída `y`, sendo ambos vetores.

```
                              ┌─ Um nome (fictício) para a função que
                              │  é passada como argumento.
function xy_saida=funplot(Fun,a,b)
% funplot gera um gráfico da função Fun, que é passada para dentro
% da função quando funplot é chamada no domínio [a, b].
% Os argumentos de entrada são:
% Fun: Identificador da função a ser plotada.
% a:   O primeiro ponto do domínio.
% b:   O último ponto do domínio.
% Os argumentos de saída são:
% xy_saida: Os valores de x e y em x=a, x=(a+b)/2, e x=b
% listados em uma matriz 3 por 2.
x=linspace(a,b,100);
y=Fun(x);         ┌─ Usando a função importada para calcular f(x) em 100 pontos.
xy_saida(1,1)=a; xy_saida(2,1)=(a+b)/2; xy_saida(3,1)=b;
xy_saida(1,2)=y(1);
xy_saida(2,2)=Fun((a+b)/2);  ◄── Usando a função importada para
xy_saida(3,2)=y(100);             calcular f(x) no ponto médio.
plot(x,y)
xlabel('x'), ylabel('y')
```

Como exemplo, a função $f(x) = e^{-0.17x}x^3 - 2x^2 + 0{,}8x - 3$ ao longo do domínio [0,5; 4] é passada para a função-função `funplot`. Isso é feito de duas maneiras: primeiro, escrevendo uma função personalizada (salva em um M-file), e depois escrevendo $f(x)$ como uma função anônima.

Passando uma função personalizada como argumento de uma função-função:

Primeiro, uma função personalizada é escrita (e salva) para $f(x)$. A função, nomeada `Fdemo`, calcula $f(x)$ para um dado valor de x e é escrita usando operações elemento por elemento.

```
function y=Fdemo(x)
y=exp(-0.17*x).*x.^3-2*x.^2+0.8*x-3;
```

Após, a função `Fdemo` é passada como argumento de entrada para função-função `funplot` na janela Command Window. Observe que o identificador da função

Fdemo (@Fdemo) é digitado para o argumento de entrada Fun na função-função funplot[‡].

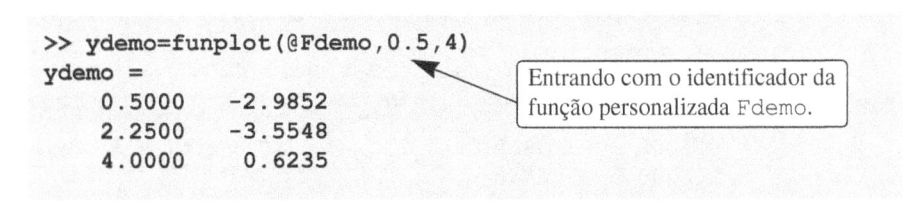

```
>> ydemo=funplot(@Fdemo,0.5,4)
ydemo =
    0.5000   -2.9852
    2.2500   -3.5548
    4.0000    0.6235
```

Entrando com o identificador da função personalizada Fdemo.

Adicionalmente ao resultado de saída numérico, quando o comando anterior é executado, o gráfico ilustrado na Figura 7-3 é exibido.

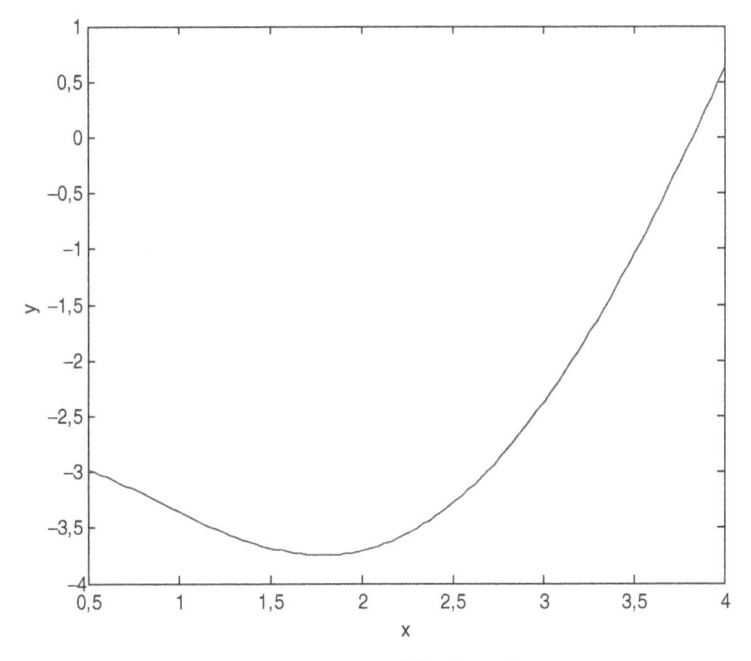

Figura 7-3 Um gráfico da função $f(x) = e^{-0,17x}x^3 - 2x^2 + 0,8x - 3$.

Passando uma função anônima como argumento de uma função-função

Para usar uma função anônima, a função $f(x) = e^{-0,17x}x^3 - 2x^2 + 0,8x - 3$ deve primeiramente ser escrita como uma função anônima e, após, passada como argumento de entrada para função-função `funplot`. O código a seguir mostra como esses dois passos podem ser feitos na janela Command Window. Observe que o nome da função anônima `FdemoAnony` é digitado sem o sinal @ para o argumento de entrada `Fun` na função-função `funplot` (uma vez que, no caso de funções anônimas, o nome já é o próprio identificador).

---

‡ N. de R. T.: Ou seja, observe que o identificador @Fdemo foi atribuído à variável Fun. Essa variável (Fun) foi anteriormente chamada de nome fictício da função. Essa denominação não faz mais sentido agora?

```
>> FdemoAnony=@(x) exp(-0.17*x).*x.^3-2*x.^2+0.8*x-3
FdemoAnony =
    @(x) exp(-0.17*x).*x.^3-2*x.^2+0.8*x-3
```
Cria uma função anônima para $f(x)$.

```
>> ydemo=funplot(FdemoAnony,0.5,4)
ydemo =
    0.5000    -2.9852
    2.2500    -3.5548
    4.0000     0.6235
```
Entra com o nome da função anônima (FdemoAnony).

De modo similar, além do resultado de saída numérico, quando o comando anterior é executado, o gráfico ilustrado na Figura 7-3 é exibido.

7.9.2 Usando o nome da função para passar uma função para uma função-função

Um segundo método para passar uma função como argumento de uma função-função é digitando (como uma string) o nome da função que está sendo importada como argumento de entrada da função-função. Como já mencionado, a utilização de identificadores de função é mais fácil e mais eficiente, sendo o método recomendado para passar uma função como argumento de uma função-função. A importação de funções utilizando o nome da função é abordada na presente edição deste livro com o intuito apenas de abranger aqueles usuários que necessitam entender programas escritos antes do MATLAB 7. Os novos programas desenvolvidos devem utilizar identificadores de função (function handles).

Quando uma função personalizada é importada utilizando seu nome, o valor da função importada dentro da função-função tem que ser calculado com o comando `feval`. Observe que esse procedimento é diferente do caso em que um identificador de função é usado. Isso significa que há uma diferença no modo de se escrever o código (programa) na função, dependendo do modo como a função importada é passada para a função-função.

O comando `feval`:
O comando `feval` calcula o valor de uma função para um dado valor (ou valores) do argumento da função (ou argumentos). O formato do comando é:

```
variável = feval('nome da função', valor do argumento)
```

O valor determinado pelo comando `feval` pode ser atribuído a uma variável. No caso do resultado não ser atribuído a nenhuma variável, o MATLAB exibe ans = e o valor da função.

- O nome da função é digitado como uma string.
- A função pode ser nativa ou personalizada.
- Se existir mais de um argumento, os argumentos devem ser separados por vírgula.
- Se existir mais de um argumento de saída, as variáveis à esquerda do operador de atribuição são digitadas entre colchetes e separadas por vírgulas.

A seguir, temos dois exemplos de utilização do comando `feval` com funções nativas.

```
>> feval('sqrt',64)
ans =
     8
>> x=feval('sin',pi/6)
x =
    0.5000
```

O exemplo seguinte mostra a utilização do comando `feval` com a função personalizada `emprestimo`, que foi criada no início do capítulo (Figura 7-2). Essa função tem três argumentos de entrada e dois argumentos de saída.

```
                          ┌─ Empréstimo de R$ 50.000,00; taxa de juros de 3,9%; 10 anos.
>> [M,T]=feval('emprestimo',50000,3.9,10)
M =
       502.22                             ┌─ Pagamento mensal.
T =
      60266.47                            ┌─ Pagamento total.
```

Escrevendo uma função-função que aceita uma função digitando seu nome como argumento de entrada:

Como já mencionado, quando uma função personalizada é importada utilizando seu nome, o valor da função dentro da função-função tem que ser calculado com o comando `feval`. Isso é demonstrado na função-função indicada a seguir (chamada `funplotS`). Essa função é similar à função `funplot` da Seção 7.9.1, exceto que na `funplotS` o comando `feval` é usado para efetuar os cálculos com a função importada.

```
                                    ┌─ Um nome (fictício) para a função que é passada
                                    │   como argumento.
function xy_saida=funplotS(Fun,a,b)
% funplot gera um gráfico da função Fun, que é passada para dentro
% da função quando funplotS é chamada no domínio [a, b].

% Os argumentos de entrada são:
% Fun: Função a ser plotada. Seu nome é digitado
% como uma string.

% a:  O primeiro ponto do domínio.
% b:  O último ponto do domínio.

% Os argumentos de saída são:
% xy_saida: Os valores de x e y em x=a, x=(a+b)/2, e x=b
% listados em uma matriz 3 por 2.

x=linspace(a,b,100);
```

```
y=feval(Fun,x);                    Usando a função importada para calcular f(x) em 100 pontos.
xy_saida(1,1)=a; xy_saida(2,1)=(a+b)/2; xy_saida(3,1)=b;
xy_saida(1,2)=y(1);
xy_saida(2,2)=feval(Fun,(a+b)/2);      Usando a função importada para
xy_saida(3,2)=y(100);                  calcular f(x) no ponto médio.
plot(x,y)
xlabel('x'), ylabel('y')
```

Passando uma função personalizada como argumento de uma função-função utilizando uma string:

A linha de comando a seguir mostra como passar uma função personalizada como argumento de uma função-função digitando o nome da função importada como uma string no argumento de entrada. A função $f(x) = e^{-0.17x}x^3 - 2x^2 + 0,8x - 3$ da Seção 7.9.1, criada como uma função personalizada chamada `Fdemo`, é passada para função-função `funplotS`. Observe que o nome `Fdemo` é digitado como uma string para o argumento de entrada `Fun` na função-função `funplotS`.

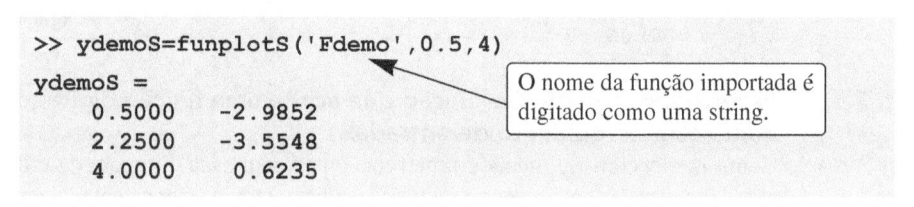

```
>> ydemoS=funplotS('Fdemo',0.5,4)
ydemoS =                              O nome da função importada é
    0.5000   -2.9852                  digitado como uma string.
    2.2500   -3.5548
    4.0000    0.6235
```

Além da saída numérica na Command Window, o gráfico ilustrado na Figura 7-3 também é exibido.

7.10 SUBFUNÇÕES

Um arquivo M-file de uma função pode conter mais de uma função personalizada. As funções são digitadas uma após a outra, sendo que cada uma inicia com uma linha de declaração da função. A primeira função é chamada de função primária e as demais funções são chamadas de subfunções. As subfunções podem ser digitadas em qualquer ordem. O nome do arquivo salvo deve corresponder ao nome da função primária. Cada uma das funções no arquivo pode ser chamada por outra função do mesmo arquivo. Funções externas ou programas podem chamar apenas a função primária. Também é importante mencionar que cada função no arquivo tem sua própria área de trabalho, o que significa que em cada função as variáveis são locais. Em outras palavras, a função primária e as subfunções não podem acessar as variáveis umas das outras (a menos que as variáveis sejam declaradas globais).

As subfunções podem ajudar no desenvolvimento de funções personalizadas mais organizadas. O programa na função primária pode ser dividido em pequenas tarefas, cada uma delas sendo realizada em uma subfunção. Isso é demonstrado no Problema Exemplo 7-4.

Problema Exemplo 7-4: Média e desvio padrão

Escreva uma função que calcula a média e o desvio padrão de uma lista de números. Use a função para calcular a média e o desvio padrão da seguinte lista de notas:
80 75 91 60 79 89 65 80 95 50 81

Solução

A média x_{med} de um dado conjunto de números $x_1, x_2,..., x_n$ é dada por:

$$x_{med} = (x_1 + x_2 +...+ x_n)/n$$

O desvio padrão é dado por:

$$\sigma = \sqrt{\frac{\sum_{i=1}^{i=n}(x_i - x_{med})^2}{n-1}}$$

Uma função, chamada mdp, é escrita para resolver o problema. Para demonstrar o uso de subfunções, o arquivo da função inclui a função mdp como primária e duas subfunções chamadas MEDIA e DESVIO. A função MEDIA calcula x_{med} e a função DESVIO calcula σ. As subfunções são chamadas pela função primária. O código a seguir é salvo como uma única função chamada mdp.

```
function [med DP] = mdp(v)                    A função primária.
n=length(v);
med=MEDIA(v,n);
DP=DESVIO(v,med,n);


function me=MEDIA(x,num)                      Subfunção.
me=sum(x)/num;


function desvP=DESVIO(x,x_med,num)            Subfunção.
xdif=x-x_med;
xdif2=xdif.^2;
desvP=sqrt(sum(xdif2)/(num-1));
```

Utilizando a função mdp na janela Command Window para calcular a média e o desvio padrão das notas:

```
>> notas=[80 75 91 60 79 89 65 80 95 50 81];
>> [Nota_Media Desvio_Padrao] = mdp(notas)
Nota_Media =
    76.8182
Desvio_Padrao =
    13.6661
```

7.11 FUNÇÕES ANINHADAS

Uma função aninhada é uma função que é escrita dentro de outra função. A porção do código que corresponde à função aninhada (função mais interna) começa com uma linha de declaração (definição) da função e termina com uma sentença end. Uma sentença end também deve ser adicionada no fim da função que contém a função aninhada. (Normalmente, não é necessário incluir um end no fim de uma função personalizada. No entanto, se a função contém uma ou mais funções aninhadas, a sentença end é necessária.) Uma função aninhada também pode conter outra função aninhada. Obviamente, uma função com vários níveis de funções aninhadas pode ser confusa e deve ser evitada. Nesta seção abordaremos apenas dois níveis de funções aninhadas.

Uma função aninhada:
O formato de uma função A (chamada de função primária), que contém uma função aninhada B é:

```
function y=A(a1,a2)
......
   function z=B(b1,b2)
   ......
   end
......
end
```

- Observe a sentença end no fim das funções A e B.
- A função aninhada B pode acessar a área de trabalho da função primária A e vice-versa. Isso significa que uma variável definida na função primária A pode ser lida e redefinida na função aninhada B e vice-versa.
- A função A pode chamar a função B e a função B pode chamar a função A.

Duas (ou mais) funções aninhadas no mesmo nível:
O formato de uma função A (chamada de função primária), que contém duas funções aninhadas B e C no mesmo nível é:

```
function y=A(a1,a2)
......
   function z=B(b1,b2)
   ......
   end
......
   function w=C(c1,c2)
   ......
   end
......
end
```

- As três funções podem acessar a área de trabalho uma da outra.
- As três funções podem chamar umas às outras.

Como um exemplo, a função personalizada a seguir (chamada de `fun_aninhada`), com duas funções aninhadas no mesmo nível, resolve o Problema Exemplo 7-4. Observe que as funções aninhadas estão usando variáveis (n e med) que são definidas na função primária.

```
function [med DP]=fun_aninhada(v)         A função primária.
n=length(v);
med=MEDIA(v,n);

    function me=MEDIA(x,num)              Função aninhada.
    me=sum(x)/num;
    end


    function desvP=DESVIO(x)              Função aninhada.
    xdif=x-med;
    xdif2=xdif.^2;
    desvP=sqrt(sum(xdif2)/(n-1));
    end

DP=DESVIO(v);
end
```

Utilizando a função `fun_aninhada` na janela Command Window para calcular a média e o desvio padrão das notas:

```
>> notas=[80 75 91 60 79 89 65 80 95 50 81];
>> [Nota_Media Desvio_Padrao] = fun_aninhada(notas)
Nota_Media =
   76.8182
Desvio_Padrao =
   13.6661
```

Dois níveis de funções aninhadas:

Dois níveis de funções aninhadas são criados quando funções aninhadas são escritas dentro de funções aninhadas. As linhas a seguir mostram um exemplo para o formato de uma função com quatro funções aninhadas em dois níveis:

```
function y=A(a1,a2)              (Função primária A.)
......
   function z=B(b1,b2)           (B é uma função aninhada em A.)
   ......
      function w=C(c1,c2)        (C é uma função aninhada em B.)
      ......
      end
   end
   function u=D(d1,d2)           (D é uma função aninhada em A.)
   ......
      function h=E(e1,e2)        (E é uma função aninhada em D.)
      ......
      end
   end
......
end
```

As seguintes regras se aplicam às funções aninhadas:

- Uma função aninhada pode ser chamada de um nível superior a ela. (No exemplo anterior, a função A pode chamar B e/ou D, mas não pode chamar C e/ou E.)
- Uma função aninhada pode ser chamada de outra função aninhada no mesmo nível dentro da função primária. (No exemplo anterior, a função B pode chamar D e a função D pode chamar B.)
- Uma função aninhada pode ser chamada de outra função aninhada em qualquer nível inferior.
- Uma variável definida na função primária é reconhecida e pode ser redefinida por uma função que está aninhada em qualquer nível dentro da função primária.
- Uma variável definida em uma função aninhada é reconhecida e pode ser redefinida por qualquer uma das funções que contêm a função aninhada.

7.12 EXEMPLOS DE APLICAÇÃO DO MATLAB

Problema Exemplo 7-5: Dinâmica populacional e decaimento radioativo

Um modelo para o crescimento populacional e/ou decaimento radioativo é dado por:

$$A(t) = A_0 e^{kt}$$

onde $A(t)$ e A_0 se referem às quantidades estudadas no tempo t e $t = 0$, respectivamente, e k é uma constante característica (única) para cada aplicação.

Escreva uma função que, utilizando o modelo acima, determine a quantidade $A(t)$ para o tempo t, conhecidos A_0 e $A(t_1)$. Sugestão para o nome da função e dos argumentos: At=expCD(A0,At1,t1,t), sendo At o argumento de saída, correspondendo a $A(t)$, e os argumentos `A0, At1, t1, t` correspondem a A_0, $A(t_1)$, t_1 e t, respectivamente.

Use a função na linha do prompt da janela Command Window para resolver os seguintes problemas:

(a) A população do México era de 67 milhões no ano 1980 e 79 milhões no ano 1986. Estime a população no ano 2000.

(b) A meia-vida de um material radioativo é 5,8 anos. Após 30 anos, quanto restará de uma amostra de 7 gramas desse material?

Solução

Primeiramente, para se utilizar o modelo de crescimento populacional deve ser determinado o valor da constante k, resolvendo-se a equação para k em termos de A_0, $A(t_1)$ e t_1:

$$k = \frac{1}{t_1} \ln \frac{A(t_1)}{A_0}$$

Assim, fica determinado o valor de k e o modelo pode ser utilizado para estimar a população em um tempo t qualquer.

Uma função que resolve o problema acima é:

```
function At=expCD(A0,At1,t1,t)           Linha de declaração da função.
% A função expCD determina o crescimento ou decaimento exponencial.
% Os argumentos (parâmetros) de entrada são:
% A0: quantidade no tempo zero.
% At1: quantidade no tempo t1.
% t1: tempo t1.
% t: tempo t.
% Os argumentos de saída são:
% At: quantidade no tempo t.
k=log(At1/A0)/t1;                         Determinação de k.
At=A0*exp(k*t);                           Determinação de A(t).
                                          (Atribuição do valor à variável de saída.)
```

Uma vez salva a função, basta alternar para a janela Command Window e avaliar os dois casos.

Primeiro caso *a*) $A_0 = 67$, $A(t_1) = 79$, $t_1 = 6$ e $t = 20$:

```
>> expCD(67,79,6,20)
ans =
   116.0332                               Estimativa da população no ano 2000.
```

Segundo caso b) $A_0 = 7$, $A(t_1) = 3,5$ (tomando t_1 como o tempo de meia-vida, que é o tempo necessário para que o material radioativo decaia à metade da quantidade inicial), $t_1 = 5,8$ e $t = 30$.

```
>> expCD(7,3.5,5.8,30)
ans =
    0.1941
```
A quantidade de material após 30 anos.

Problema Exemplo 7-6: Movimento de um projétil

Escreva uma função para determinar a trajetória de um projétil. As variáveis de entrada são a velocidade inicial e o ângulo de lançamento do projétil. Os argumentos de saída são a altura máxima atingida (h_{max}) e a distância de alcance (d_{max}) do projétil. Além disso, a função deve plotar um gráfico da trajetória do projétil. Use a função para calcular a trajetória de um projétil lançado com uma velocidade inicial de 230 m/s num ângulo de 39°.

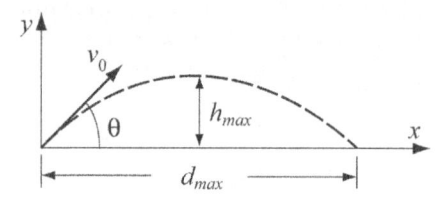

Solução

O movimento de um projétil pode ser analisado com base nas componentes horizontal e vertical da velocidade. A velocidade inicial v_0 é decomposta em suas componentes como segue:

$$v_{0x} = v_0 \cos(\theta) \text{ e } v_{0y} = v_0 \text{sen}(\theta)$$

Na direção vertical, a velocidade e a posição do projétil são dadas por:

$$v_y = v_{0y} - gt \text{ e } y = v_{0y}t - \tfrac{1}{2}g\, t^2$$

O tempo para que o projétil atinja a altura máxima ($v_y = 0$) e o valor correspondente da altura são dados por:

$$t_{hmax} = \frac{v_{0y}}{g} \text{ e } h_{max} = \frac{v_{0y}^2}{2g}$$

O tempo total de voo do projétil é duas vezes o tempo necessário para que o projétil alcance o ponto vertical mais alto (altura máxima), i.e., $t_{tot} = 2t_{hmax}$. Na direção horizontal, a velocidade é constante e a posição do projétil é dada por:

$$x = v_{0x} t$$

Sugestão de notação para a função no MATLAB: `[hmax,dmax]=trajetoria(v0,teta)`. A seguir, temos uma função exemplo para o problema:

```
function [hmax,dmax]=trajetoria(v0,teta)   [Linha de declaração da função.]
% A função trajetória determina a altura máxima e a distância de
% alcance de um projétil. Em seguida, plota o gráfico da trajetória.
% Os argumentos de entrada são:
% v0: velocidade inicial em (m/s).
% teta: angulo em graus.
% Os argumentos de saída são:
% hmax: atura máxima do projétil em (m).
% dmax: distância máxima de alcance do projétil em (m).
% A função esboça o gráfico da trajetória.
g=9.81;
v0x=v0*cos(teta*pi/180);
v0y=v0*sin(teta*pi/180);
thmax=v0y/g;
hmax=v0y^2/(2*g);
ttot=2*thmax;
dmax=v0x*ttot;
% Criando um gráfico da função trajetória.
tplot=linspace(0,ttot,200);   [Criando um vetor tempo com 200 elementos.]
x=v0x*tplot;
y=v0y*tplot-0.5*g*tplot.^2;   [Calculando as coordenadas x e y do projétil para cada tempo.]
plot(x,y)                     [Multiplicação elemento por elemento do vetor.]
xlabel('Distância (m)')
ylabel('Altura (m)')
title('Trajetória de um projétil')
```

Salvando a função, podemos usá-la na Command Window com os argumentos desejados, ou seja, $v_0 = 230$ m/s e ângulo 39°.

```
>> [h d]=trajetoria(230,39)
h =
   1.0678e+003
d =
   5.2746e+003
```

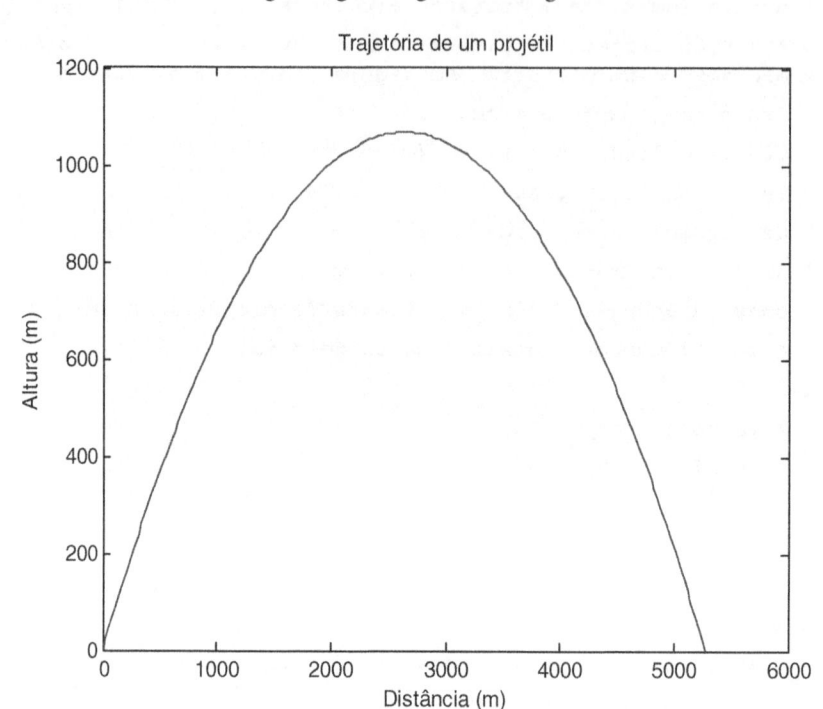

Adicionalmente, temos o seguinte gráfico gerado na Figure Window:

[Gráfico: Trajetória de um projétil — Altura (m) vs Distância (m)]

7.13 PROBLEMAS

1. A eficiência do consumo de combustível de um automóvel é medida em mi/gal (milhas por galão dos Estados Unidos) ou em km/L (quilômetros por litro). Escreva uma função no MATLAB que converta os valores de eficiência de km/L para mi/gal. Para nome da função e argumentos use `mpg=kml_para_mpg(kml)`. O argumento de entrada `kml` é a eficiência em km/L e o argumento de saída `mpg` é a eficiência em mi/gal. Use a função na Command Window para:

    (a) Determinar a eficiência em mi/gal de um carro que consome 9 km/L.

    (b) Determinar a eficiência em mi/gal de um carro que consome 14 km/L.

    Observação: 1 mi/gal dos Estados Unidos = 0,425143707 km/L.

2. Escreva uma função personalizada no MATLAB para a seguinte função matemática:

    $$y(x) = -0,2x^4 + e^{-0,5x}x^3 + 7x^2$$

    A entrada para função é x e a saída é y. Escreva a função de tal maneira que x possa ser um vetor (use operações elemento por elemento).

    (a) Use a função para calcular $y(-2,5)$ e $y(3)$;

    (b) Use a função para plotar um gráfico de $y(x)$ no intervalo $-3 \leq x \leq 4$.

3. Escreva uma função no MATLAB, com dois argumentos de entrada e dois argumentos de saída, que determine a altura em centímetros (cm) e a massa em quilogramas (kg) de uma pessoa a partir de sua altura em polegadas (pol.) e massa em libras (lb). Os argumentos de entrada são a altura em polegadas e a massa em libras. Os argumentos de saída são a altura em centímetros e a massa em quilogramas. Use a função na Command Window para:

   (a) Determinar a altura e massa no sistema de unidade SI de uma pessoa que mede 5 pés e 8 pol. e pesa 175 lb.

   (b) Determinar a altura e massa no sistema de unidade SI de uma pessoa que mede 3 pés e 5 pol. e pesa 105 lb.

4. Escreva uma função no MATLAB que converta velocidade dada em milhas por hora para velocidade em metros por segundo. Para nome da função e argumentos use `mps=mph_para_mps(mph)`. O argumento de entrada é a velocidade em mi/h e o argumento de saída é a velocidade em m/s. Use a função para converter 55 mi/h para unidades de m/s.

5. Escreva uma função personalizada no MATLAB para a seguinte função matemática:

   $$r(\theta) = 2\cos\theta\,\text{sen}\theta\,\text{sen}(\theta/4)$$

   A entrada para função é θ (em radianos) e a saída é r. Escreva a função de tal maneira que θ possa ser um vetor.

   (a) Use a função para calcular $r(3\pi/4)$ e $r(7\pi/4)$;

   (b) Use a função para plotar (gráfico polar) $r(\theta)$ no intervalo $0 \leq \theta \leq 2\pi$.

6. Escreva uma função no MATLAB que determine a área de um triângulo, dados os comprimentos dos lados. Para nome da função e argumentos use `area=triangulo(a,b,c)`. Use a função para determinar as áreas de triângulos com os seguintes lados:

   (a) $a=3, b=8, c=10$ (b) $a=7, b=7, c=5$

7. A figura do problema ilustra um tanque de combustível cilíndrico com tampas hemisféricas. O raio do cilindro e das tampas hemisféricas é $r=40$ cm e a altura da seção intermediária cilíndrica é 100 cm.

   Escreva uma função personalizada (para nome da função e argumentos use `V=Vol_combu(h)`) que forneça o volume de combustível no tanque (em litros) em função da altura h (medida a partir do fundo do tanque). Use a função para fazer um gráfico do volume em função de h para $0 \leq h \leq 180$ cm.

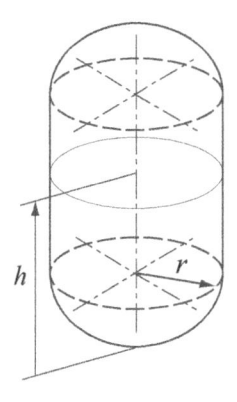

8. A área superficial de um anel na forma de um toróide com um raio interno *r* e um diâmetro *d* é dada por:

$$S = \pi^2(2r+d)d$$

O anel deve ser coberto com uma fina camada de revestimento. O peso *W* do revestimento pode ser calculado aproximadamente por $W = \gamma St$, onde γ é o peso específico do material do revestimento e *t* é sua espessura. Escreva uma função anônima que calcula o peso do revestimento. A função deve ter quatro argumentos de entrada: *r*, *d*, *t* e γ. Use a função anônima para calcular o peso de um revestimento de ouro ($\gamma = 0{,}696$ lb/pol.^{3}) de um anel com $r = 0{,}35$ pol., $d = 0{,}12$ pol. e $t = 0{,}002$ pol.

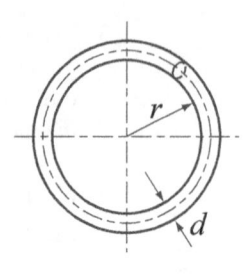

9. O valor dos depósitos mensais em uma conta poupança necessários para se atingir uma meta de investimento *S* pode ser calculado pela fórmula

$$M = S \frac{\dfrac{r}{1200}}{(1 + \dfrac{r}{1200})^{12N} - 1}$$

onde *M* é o valor do depósito mensal, *S* é a meta de investimento, *N* é o número de anos e *r* é a taxa anual de juros (%). Escreva uma função no MATLAB que calcule o depósito mensal *M* em uma conta poupança. Para nome da função e argumentos use `M=investimento(S,r,N)`. Os argumentos de entrada são `S` (a meta de investimento), `r` (a taxa anual de juros) e `N` (duração da poupança em anos). A saída `M` é o valor do depósito mensal. Use a função para calcular o depósito mensal ao longo de 10 anos, se a meta de investimento é R$ 25.000,00 e a taxa anual de juros é 4,25%.

10. O índice de calor (*IC* em graus F) é uma temperatura aparente. Para temperaturas superiores a 80°F e umidade superior a 40%, tal índice pode ser calculado por:

$$HI = C_1 + C_2T + C_3R + C_4TR + C_5T^2 + C_6R^2 + C_7T^2R + C_8TR^2 + C_9R^2T^2$$

onde *T* é a temperatura em graus F, *R* é a umidade relativa em porcentagem e $C_1 = -42{,}379$; $C_2 = 2{,}04901523$; $C_3 = 10{,}14333127$; $C_4 = -0{,}22475541$; $C_5 = -6{,}83783 \times 10^{-3}$; $C_6 = -5{,}481717 \times 10^{-2}$; $C_7 = 1{,}22874 \times 10^{-3}$; $C_8 = 8{,}5282 \times 10^{-4}$ e $C_9 = -1{,}99 \times 10^{-6}$. Escreva uma função para calcular *IC*, dados *T* e *R*. Para nome da função e argumentos use `IC=Idc_calor(T,R)`. Os argumentos de entrada são `T` em °F e `R` em %. O argumento de saída é `IC` em °F (arredondado para o inteiro mais próximo). Use a função para determinar o índice de calor para as seguintes condições:

(a) $T = 95°F$ e $R = 80\%$.
(b) $T = 100°F$ e $R = 100\%$ (condição em uma sauna).

11. O percentual de gordura corporal (*PGC*) de uma pessoa pode ser estimado pela fórmula

$$PGC = 1{,}2 \times IMC + 0{,}23 \times idade - 10{,}8 \times gênero - 5{,}4$$

onde *IMC* é o índice de massa corporal dado por $IMC = \dfrac{P}{H^2}$, sendo *P* o peso em kg e *H* a altura em metros, *idade* é a idade da pessoa e *gênero* = 1 para homens e *gênero* = 0 para mulheres.

Escreva um programa no MATLAB que calcule o percentual de gordura corporal. Para nome da função e argumentos use `PGC=Gordura_corporal(w,h,idade,gen)`. Os argumentos de entrada são o peso, a altura, a idade e o gênero (1 para homens e 0 para mulheres), respectivamente. O argumento de saída é o valor do *PGC*. Use a função para calcular o percentual de gordura corporal de:

(*a*) Um homem de 35 anos, 100 kg e 1,88 m de altura.

(*b*) Uma mulher de 22 anos, 61 kg e 1,70 m de altura.

12. Escreva uma função que calcula a média global das notas[‡] (MGlobal) segundo uma escala de 0 a 4, sendo *A* = 4, *B* = 3, *C* = 2, *D* = 1 e *E* = 0. Para nome da função e argumentos use `media=MGlobal(g,h)`. O argumento de entrada g é um vetor cujos elementos são as letras referentes aos conceitos *A*, *B*, *C*, *D* ou *E* (tais argumentos devem ser digitados como strings). O argumento h é um vetor com os créditos correspondentes da disciplina cursada. O argumento de saída é o valor da média global. Use a função para calcular a média global das notas a seguir de um estudante:

Nota	B	A	C	E	A	B	D	B
Créditos	3	4	3	4	3	4	3	2

Para esse caso, os argumentos de entrada são;
`g=['BACEABDB']` e `h=[3 4 3 4 3 4 3 2]`.

13. O fatorial *n*! de um número (inteiro) positivo é definido por $n! = n \cdot (n-1) \cdot (n-2) \cdot \ldots \cdot 3 \cdot 2 \cdot 1$, sendo por definição 0! = 1. Escreva uma função que calcule o fatorial *n*! de um número. Para nome da função e argumentos use `y=fatorial(x)`, onde o argumento de entrada x é o número cujo fatorial será calculado e o argumento de saída y é o valor de *x*!. A função deve exibir uma mensagem de erro se um número não inteiro e/ou um número negativo for digitado como argumento da função. Use a função fatorial para os seguintes casos:

(*a*) 12! (*b*) 0! (*c*) −7! (*d*) 6,7!

[‡] N. de R. T.: Também conhecida como Grade Point Average (GPA). Esse índice é muito comum em universidades americanas.

14. Escreva uma função no MATLAB que determine o vetor que conecta dois pontos *A* e *B*. Para nome da função e argumentos use `V=vetor(A,B)`. Os argumentos de entrada para a função são os vetores A e B, cada um com as coordenadas cartesianas dos pontos *A* e *B*. A saída V é o vetor que aponta do ponto *A* para o ponto *B*. Se os pontos *A* e *B* têm duas coordenadas cada (ou seja, eles estão no plano *xy*), então V é um vetor com dois elementos. Se os pontos *A* e *B* têm três coordenadas cada (ou seja, um ponto qualquer no espaço), então V é um vetor com três elementos. Use a função `vetor` para determinar os seguintes vetores:
    (*a*) O vetor do ponto (0,5; 1,8) para o ponto (–3, 16).
    (*b*) O vetor do ponto (–8,4; 3,5; –2,2) para o ponto (5; –4,6; 15).

15. Escreva uma função no MATLAB que determine o produto escalar de dois vetores. Para nome da função e argumentos use `D=escalar(u,v)`. Os argumentos de entrada para a função são dois vetores, que podem ser bi- ou tridimensionais. A saída D é o resultado (um escalar). Use a função `escalar` para determinar o produto escalar de:
    (*a*) Vetores: $a = 3i + 11j$ e $b = 14i - 7,3j$.
    (*b*) Vetores: $c = -6i + 14,2j + 3k$ e $d = 6,3i - 8j - 5,6k$.

16. Escreva uma função no MATLAB que determine o vetor unitário na direção da linha que conecta dois pontos (*A* e *B*) no espaço. Para nome da função e argumentos use `n=vetor_unit(A,B)`. Os argumentos de entrada da função são os vetores A e B, cada um com as coordenadas cartesianas do ponto correspondente. A saída é um vetor com as componentes do vetor unitário apontando de *A* para *B*. Se os pontos *A* e *B* têm duas coordenadas cada (ou seja, eles estão no plano *xy*), então n é um vetor com dois elementos. Se os pontos *A* e *B* têm três coordenadas cada (ou seja, um ponto qualquer no espaço), então n é um vetor com três elementos. Use a função para determinar:
    (*a*) O vetor unitário apontando do ponto (1,2; 3,5) para o ponto (12, 15).
    (*b*) O vetor unitário apontando do ponto (–10; –4; 2,5) para o ponto (–13; 6; –5).

17. Escreva uma função no MATLAB que determine o produto vetorial de dois vetores. Para nome da função e argumentos use `W=vetorial(u,v)`. Os argumentos de entrada para a função são dois vetores, que podem ser bi- ou tridimensionais. A saída W é o resultado (um vetor). Use a função `vetorial` para determinar o produto vetorial de:
    (*a*) Vetores: $a = 3i + 11j$ e $b = 14i - 7,3j$.
    (*b*) Vetores: $c = -6i + 14,2j + 3k$ e $d = 6,3i - 8j - 5,6k$.

18. A área de um triângulo *ABC* pode ser calculada por:

$$A = \frac{1}{2}|AB \times AC|$$

onde **AB** é um vetor do ponto *A* para o ponto *B* e **AC** é um vetor do ponto *A* para o ponto *C*. Escreva uma função no MATLAB que determine a área do triângulo, dadas as coordenadas do vértice. Para nome da função e argumentos use

[Area]=TriArea(A,B,C). Os argumentos de entrada A, B e C são vetores, cada um com as coordenadas do vértice correspondente. Escreva o código da função TriArea de modo que ele tenha duas subfunções – uma que determina os vetores ***AB*** e ***AC*** e uma outra que calcula o produto vetorial. Se disponível, use as funções criadas para solução dos Problemas 15 e 17. A função TriArea deve funcionar para um triângulo no plano *xy* (cada vértice é definido por duas coordenadas) ou para um triângulo no espaço (cada vértice é definido por três coordenadas). Use a função para calcular as áreas dos triângulos com os seguintes vértices:

(*a*) $A = (1, 2)$, $B = (10, 3)$ e $C = (6, 11)$.
(*b*) $A = (-1,5; -4,2; -3)$, $B = (-5,1; 6,3; 2)$ e $C = (12,1; 0; -0,5)$.

19. Escreva uma função no MATLAB que plote uma circunferência dadas as coordenadas do centro e o raio. Para nome da função e argumentos use plot_circ(x,y,R). Os argumentos de entrada são as coordenadas *x* e *y* do centro e o raio. Essa função não tem argumentos de saída. Use a função para plotar as seguintes circunferências:

(*a*) $x = 3,5$; $y = 2,0$; $R = 8,5$.
(*b*) $x = -4,0$; $y = -1,5$; $R = 10$.

20. Escreva uma função que plote uma circunferência que passa por três pontos dados. Para nome da função e argumentos use cirpnts(P). O argumento de entrada é uma matriz 3×2 em que os dois elementos de uma linha são as coordenadas *x* e *y* de um ponto. Essa função não tem argumentos de saída. A figura que é gerada pela função deve exibir o círculo e os três pontos marcados com asteriscos. Use a função para plotar um círculo que passa pelos pontos (6; 1,5), (2; 4), (-3; -1,8).

21. Em coordenadas polares, um vetor bidimensional é dado por seu raio e ângulo (*r*, θ). Escreva uma função no MATLAB que adicione dois vetores que são dados em coordenadas polares. Para nome da função e argumentos use [r teta]=AdVetPol(r1,teta1,r2,teta2), onde os argumentos de entrada são (r_1, θ_1) e (r_2, θ_2) e os argumentos de saída são o raio e o ângulo do vetor resultante. Use a função para adicionar os seguintes vetores:

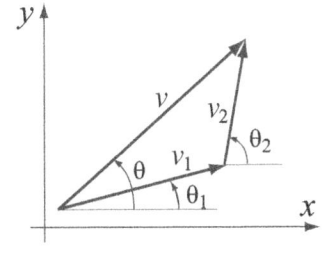

(*a*) $v_1 = (5, 23°)$, $v_2 = (12, 40°)$
(*b*) $v_1 = (6, 80°)$, $v_2 = (15, 125°)$

22. Escreva uma função que plote uma elipse com eixos que são paralelos aos eixos *x* e *y*, dadas as coordenadas do seu centro e o comprimento dos eixos. Para nome da função e argumentos use elipse-plot(xc,yc,a,b). Os argumentos de entrada xc e yc são as coordenadas

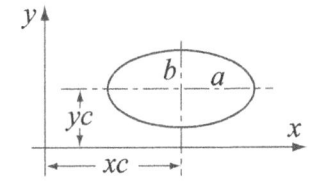

do centro e a e b são metade do comprimento dos eixos horizontal e vertical, respectivamente (veja a figura do problema). Essa função não tem argumentos de saída. Use a função para plotar as seguintes elipses:

(a) $xc = 3,5$; $yc = 2,0$; $a = 8,5$; $b = 3$.
(b) $xc = -5$; $yc = 1,5$; $a = 4$; $b = 8$.

23. Escreva uma função no MATLAB que encontre todos os números primos entre dois números m e n. Para nome da função e argumentos use `pr=primo(m,n)`, onde os argumentos de entrada são dois inteiros positivos m e n e o argumento de saída é um vetor `pr` com os números primos entre m e n. Se a função é chamada com argumentos tais que $m > n$, a mensagem de erro "O valor de n deve ser maior que o valor de m" é exibida. Se um número negativo ou um número não inteiro é digitado como argumento de entrada, a mensagem de erro "O argumento de entrada deve ser um número inteiro positivo" é exibida. Use a função com:

(a) `prime(12,80)`   (b) `prime(21,63.5)`
(c) `prime(100,200)`   (d) `prime(90,50)`

24. A média geométrica (*MG*) de um conjunto de n números positivos $x_1, x_2, ..., x_n$ é definida por:

$$MG = (x_1 \cdot x_2 \cdot ... \cdot x_n)^{1/n}$$

Escreva uma função que calcule a média geométrica de um conjunto de números. Para nome da função e argumentos use `MG=Media_Geo(x)`, onde o argumento de entrada `x` é um vetor de números (de qualquer tamanho) e o argumento de saída `MG` é a média geométrica desses números. A média geométrica é útil para calcular o retorno médio de um estoque. A seguinte tabela fornece os retornos para o estoque da IBM ao longo de dez anos (um retorno de 16% significa 1,16). Use a função `Media_Geo` para calcular o retorno médio do estoque.

Ano	1997	1998	1999	2000	2001	2002	2003	2004	2005	2006
Retorno	1,38	1,76	1,17	0,79	1,42	0,64	1,2	1,06	0,83	1,18

25. Escreva uma função que determine as coordenadas polares de um ponto a partir das coordenadas cartesianas em um plano bidimensional. Para nome da função e argumentos use `[teta raio]=Cart_para_Polar(x,y)`. Os argumentos de entrada são as coordenadas x e y do ponto e os argumentos de saída são o ângulo θ e a distância radial do ponto. O ângulo θ está em graus e é medido relativamente ao eixo x positivo, de modo que ele é um número positivo nos quadrantes I e II e um número negativo nos quadrantes III e IV (veja a figura do problema). Use a função para determinar as coordenadas polares dos pontos (14; 9), (–11; –20), (–15; 4) e (13,5; –23,5).

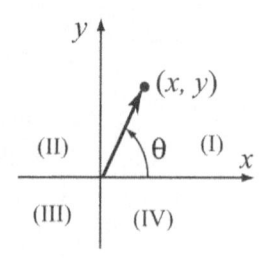

26. Escreva uma função que ordene os elementos de um vetor do maior para o menor elemento. Para nome da função e argumentos use `y=ordena_decrescente(x)`. O argumento de entrada da função é um vetor x de qualquer tamanho e o argumento de saída é um vetor y em que os elementos de x são arranjados na ordem decrescente. Não use as funções nativas do MATLAB `sort`, `max` e `min`. Teste sua função para um vetor com 14 números (inteiros) aleatoriamente distribuídos entre −30 e 30. Use a função `randi` do MATLAB para gerar o vetor inicial.

27. Escreva uma função que ordene os elementos de uma matriz. Para nome da função e argumentos use `B=ordena_matriz(A)`, onde A é uma matriz de qualquer tamanho e B é uma matriz do mesmo tamanho com os elementos de A rearranjados em ordem decrescente, linha após linha, com o elemento (1,1) sendo o maior e o elemento (m, n) o menor (considerando que a dimensão da matriz A seja m × n). Se disponível, use a função `ordena_decrescente` do Problema 26 como uma subfunção dentro da função `ordena_matriz`.

Teste sua função com uma matriz 4 × 7 com elementos (inteiros) aleatoriamente distribuídos entre −30 e 30. Use a função `randi` do MATLAB para gerar a matriz inicial.

28. Escreva uma função no MATLAB que calcula o determinante de uma matriz 3 × 3 usando a fórmula:

$$det = A_{11}\begin{vmatrix} A_{22} & A_{23} \\ A_{32} & A_{33} \end{vmatrix} - A_{12}\begin{vmatrix} A_{21} & A_{23} \\ A_{31} & A_{33} \end{vmatrix} + A_{13}\begin{vmatrix} A_{21} & A_{22} \\ A_{31} & A_{32} \end{vmatrix}$$

Para nome da função e argumentos use `d3=det3x3(A)`, onde o argumento de entrada A é uma matriz e o argumento de saída d3 é o valor do determinante. Escreva o código de `det3x3` de modo que ele tenha uma subfunção que calcula o determinante de uma matriz 2 × 2. Use `det3x3` para calcular os determinantes de:

(a) $\begin{bmatrix} 1 & 3 & 2 \\ 6 & 5 & 4 \\ 7 & 8 & 9 \end{bmatrix}$
(b) $\begin{bmatrix} -2,5 & 7 & 1 \\ 5 & -3 & -2,6 \\ 4 & 2 & -1 \end{bmatrix}$

29. A tensão (stress) aplicada em um ponto de um objeto bidimensional submetido a uma carga, é definida através de três componentes de tensão σ_{xx}, σ_{yy} e τ_{xy}. As tensões normais mínima e máxima (tensões principais) em um ponto, σ_{min} e σ_{max}, são calculadas a partir dessas três componentes:

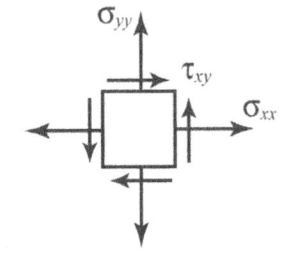

$$\sigma_{\substack{max \\ min}} = \frac{\sigma_{xx} + \sigma_{yy}}{2} \pm \sqrt{\left(\frac{\sigma_{xx} - \sigma_{yy}}{2}\right)^2 + \tau_{xy}^2}$$

Crie uma função no MATLAB que determine as tensões principais a partir das três componentes de tensão. Para nome da função e argumentos use `[Smax,`

Smin]=tensoes(Sxx,Syy,Sxy). Os argumentos de entrada são as três componentes de tensão e os argumentos saída são as tensões principais (máxima e mínima).

Use a função para determinar as tensões principais para os seguintes casos:

(a) $\sigma_{xx} = -190$ MPa, $\sigma_{yy} = 145$ MPa e $\tau_{xy} = 110$ MPa.

(a) $\sigma_{xx} = 14$ ksi, $\sigma_{yy} = -15$ ksi e $\tau_{xy} = 8$ ksi.

30. A temperatura de ponto de orvalho T_d e a umidade relativa UR podem ser calculadas (aproximadamente) a partir das temperaturas de bulbo seco T e de bulbo úmido T_w, de acordo com as seguintes expressões

$$e_s = 6{,}112\exp\left(\frac{17{,}67T}{T+243{,}5}\right) \qquad e_w = 6{,}112\exp\left(\frac{17{,}67T_w}{T_w+243{,}5}\right)$$

$$e = e_w - p_{sta}(T - T_w)0{,}00066(1 + 0{,}00115T_w)$$

$$RH = 100\frac{e}{e_s} \qquad T_d = \frac{243{,}5\ln(e/6{,}112)}{17{,}67 - \ln(e/6{,}112)}$$

onde as temperaturas estão em graus Celsius, UR está em % e p_{sta} é a pressão barométrica em unidade de milibar.

Escreva uma função no MATLAB que calcule a temperatura de ponto de orvalho e a umidade relativa, dadas as temperaturas de bulbo seco e bulbo úmido e a pressão barométrica. Para nome da função e argumentos use [Td,UR]=PO_UR(T,Tw,PB), onde os argumentos de entrada são T, T_w e p_{sta} e os argumentos de saída são T_d e UR. Os valores dos argumentos de saída devem ser arredondados para o décimo mais próximo. Use a função PO_UR para calcular a temperatura de orvalho e a umidade relativa para os seguintes casos:

(a) $T = 25$ °C, $T_w = 19$ °C e $p_{sta} = 985$ mbar.

(b) $T = 36$ °C, $T_w = 31$ °C e $p_{sta} = 1020$ mbar.

31. Escreva uma função no MATLAB que calcule a nota final de um aluno em um curso usando as notas de três avaliações parciais, um exame final e seis listas de exercícios. As três avaliações parciais são avaliadas em uma escala de 0 a 100 e cada uma corresponde a 15% dos pontos totais distribuídos no curso. O exame final é avaliado em uma escala de 0 a 100 e corresponde a 40% dos pontos totais do curso. As seis listas de exercício são avaliadas em uma escala de 0 a 10. O exercício com a menor nota é descartado e a média das notas dos exercícios restantes corresponde a 15% dos pontos totais do curso. Adicionalmente, o seguinte ajuste é considerado no cálculo da nota final. Se a média das notas das três avaliações parciais for maior que a nota do exame final, então a nota do exame final não é usada e a média das notas das três avaliações parciais corresponderá a 85% dos pontos totais do curso. A função deve calcular a nota final que corresponde a um número entre 0 e 100.

Para nome da função e argumentos use nota_final=nota(R). O argumento de entrada R é uma matriz em que os elementos em cada linha são as notas de um estudante. As primeiras seis colunas são as notas das listas de exercícios (números entre 0 e 10), as próximas três colunas são as notas das avaliações parciais (números entre 0 e 100) e a última coluna é a nota do exame final (um número entre 0 e 100). O argumento de saída g é um vetor coluna com as notas finais dos estudantes no curso (nas linhas correspondentes da matriz R).

A função pode ser usada para calcular as notas de qualquer quantidade de estudantes. Para um estudante, a matriz R tem uma linha. Use a função para os seguintes casos:

(a) Teste a função na Command Window para calcular a nota final de um estudante com as seguintes notas: 8, 9, 6, 10, 9, 7, 76, 86, 91, 80.

(b) Escreva um programa no MATLAB que solicite ao usuário entrar com as notas do estudante em um arranjo (um estudante por linha). Após, o programa deve calcular as notas finais utilizando a função nota_final. Rode o programa na Command Window e calcule as notas finais para os seguintes quatro estudantes:

Estudante A: 7, 10, 6, 9, 10, 9, 91, 71, 81, 88.
Estudante B: 5, 5, 6, 1, 8, 6, 59, 72, 66, 59.
Estudante C: 6, 8, 10, 4, 5, 9, 72, 78, 84, 78.
Estudante D: 7, 7, 8, 8, 9, 8, 83, 82, 81, 84.

32. Em uma loteria, o jogador tem que selecionar vários números de uma lista. Escreva um programa do MATLAB que gere uma lista de n inteiros que estão uniformemente distribuídos entre os números a e b. Todos os números da lista devem ser diferentes.

(a) Use a função para gerar uma lista de sete números considerando números entre 1 e 59.

(b) Use a função para gerar uma lista de oito números considerando números entre 50 e 65.

(c) Use a função para gerar uma lista de nove números considerando números entre −25 e −2.

33. A solução da equação não linear $x^5 - P = 0$ fornece a raiz quinta do número P. Uma solução numérica da equação pode ser calculada com o método de Newton. O processo de solução se inicia com a escolha de um valor x_1 com primeira estimativa da solução. Usando esse valor, uma estimativa mais precisa x_2 da solução pode ser calculada com $x_2 = x_1 - \dfrac{x_1^5 - P}{5x_1^4}$, que é então usada para calcular uma terceira estimativa mais precisa x_3, e assim por diante. A equação geral para determinação do valor da solução x_{i+1} a partir da solução x_i é $x_{i+1} = x_i - \dfrac{x_i^5 - P}{5x_i^4}$.

Escreva uma função que calcule a raiz quinta de um número. Para nome da função e argumentos use y=raiz_quinta(P), onde o argumento de entrada P é o número cuja raiz quinta deseja-se determinar e o argumento de saída y é o valor de $\sqrt[5]{P}$. No programa, use $x = P$ como primeira estimativa da solução. Após, usando a equação geral em um loop, estime outros valores mais precisos para a solução. Interrompa o loop quando o erro relativo estimado E, definido por $E = \left|\dfrac{x_{i+1} - x_i}{x_i}\right|$, for menor que 0,00001. Use a função `raiz_quinta` para calcular:

(a) $\sqrt[5]{120}$ (b) $\sqrt[5]{16807}$ (c) $\sqrt[5]{-15}$

34. Escreva uma função que determine a coordenada y_c do centroide da área da seção transversal em formato de "T" ilustrada na figura. Para nome da função e argumentos use `yc = centroideT(w,h,t,d)`, onde os argumentos de entrada `w, h, t` e `d` são as dimensões indicadas na figura e o argumento de saída `yc` é a coordenada y_c. Use a função para determinar y_c de uma área com $w = 240$ mm, $h = 380$ mm, $d = 42$ mm e $t = 60$ mm.

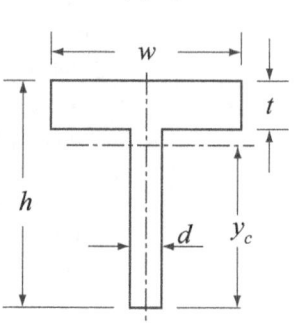

35. O momento de inércia I_{xo} de um retângulo em relação a um eixo x_o que passa pelo centroide é: $I_{xo} = (1/12)bh^3$. O momento de inércia em relação ao eixo x, paralelo a x_0, é dado por: $I_x = I_{xo} + Ad_x^2$, onde A é a área do retângulo e d_x é a distância normal entre os dois eixos (veja a figura a seguir).

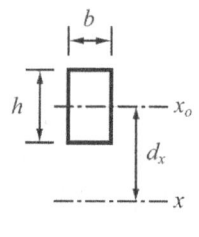

Escreva uma função no MATLAB que determine o momento de inércia de um objeto na forma de um "T" em relação a um eixo que passa pelo centroide (veja o desenho). Para nome da função e argumentos use `Ixc=IxcT(w,h,t,d)`. Os argumentos de entrada `w, h, t` e `d` são as dimensões indicadas na figura, e o argumento de saída `Ixc` é o valor de I_{x_c}. Para determinar a coordenada y_c do centroide use a função `centroideT` criada no Problema 34 como uma subfunção dentro do código da função `IxcT`. (O momento de inércia de um objeto composto pode ser obtido dividindo-se o objeto em várias partes e adicionando-se os momentos de inércia das partes.)

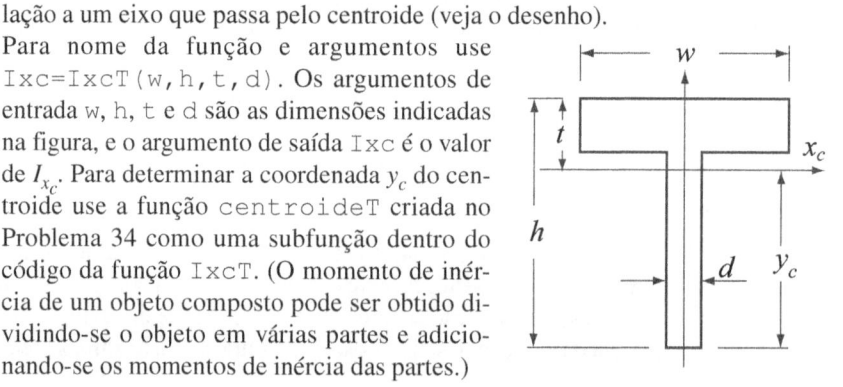

Use a função para determinar o momento de inércia de um objeto tipo "T" com $w = 240$ mm, $h = 380$ mm, $d = 42$ mm e $t = 60$ mm.

36. Em um filtro passa-baixas RC (um filtro que permite a passagem de sinais de baixa frequência), o módulo da razão entre as tensões de saída e entrada é:

$$A_v = \left|\dfrac{V_o}{V_i}\right| = \dfrac{1}{\sqrt{1 + (\omega RC)^2}}$$

onde ω é a frequência do sinal de entrada e a razão A_v é denominada ganho de tensão.

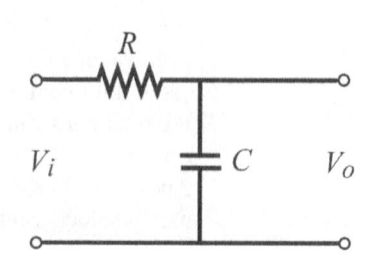

Escreva uma função no MATLAB que determine o módulo de A_v. Para nome da função e argumentos use `AV=pbaixa(R,C,w)`. Os argumentos de entrada são: resistência do resistor (`R`), em Ohms (Ω); a capacitância do capacitor (`C`), em Farads (F), e a frequência angular do sinal de entrada (`w`), em rad/s. Escreva a função de tal forma que `w` possa ser um vetor.

Em seguida, escreva um programa que utilize a função `pbaixa` para gerar um gráfico do ganho A_v em função de ω, $10^{-2} \leq \omega \leq 10^6$ rad/s. Escalone logaritmicamente o eixo horizontal (para ω). Quando o programa for executado, o usuário deverá ser solicitado a digitar os valores de R e C. Rotule os eixos do gráfico.

Rode o programa com $R = 1200$ Ω e $C = 8$ μF.

37. Um filtro passa-faixa permite a passagem de sinais com frequências compreendidas em uma faixa entre duas frequências limite. Nesse filtro, o ganho de tensão é dado por:

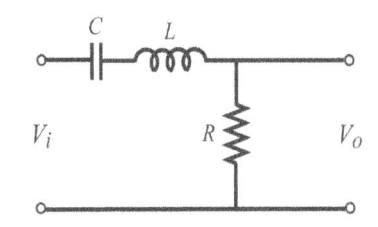

$$A_v = \left|\frac{V_o}{V_i}\right| = \frac{\omega RC}{\sqrt{(1-\omega^2 LC)^2 + (\omega RC)^2}}$$

onde ω é a frequência do sinal de entrada.

Escreva uma função no MATLAB que calcule o ganho A_v. Para nome da função e argumentos use `AV=pfaixa(R,C,L,w)`. Os argumentos de entrada são: resistência do resistor (`R`), em Ohms (Ω); a capacitância do capacitor (`C`), em Farads (F), a indutância do indutor (`L`), em Henrys (H), e a frequência angular do sinal de entrada (`w`), em rad/s. Escreva a função de tal forma que `w` possa ser um vetor.

Em seguida, escreva um programa que utilize a função `pfaixa` para gerar um gráfico do ganho A_v em função de ω, $10^{-2} \leq \omega \leq 10^7$ rad/s. Escalone logaritmicamente o eixo horizontal (para ω). Quando o programa for executado, o usuário deverá ser solicitado a digitar os valores de R, L e C. Rotule os eixos do gráfico.

Rode o programa para os seguintes dois casos:
(a) $R = 1100$ Ω, $C = 9$ μF e $L = 7$ mH.
(b) $R = 500$ Ω, $C = 300$ μF e $L = 400$ mH.

38. A primeira derivada $\frac{df(x)}{dx}$ de uma função $f(x)$ no ponto $x = x_0$ pode ser determinada aproximadamente pelo método das diferenças finitas centrais com 4 pontos aplicando a seguinte fórmula:

$$\frac{df(x)}{dx} = \frac{f(x_0-2h)-f(x_0-h)+f(x_0+h)-f(x_0+2h)}{12h}$$

onde h é um número pequeno em relação a x_0. Escreva uma função-função (veja a Seção 7.9) que calcula a derivada de uma função matemática $f(x)$ utilizando a fórmula anterior. Para nome da função-função use `dfdx=Der_Fun(Fun,x0)`, onde `Fun` é um nome para a função que é passada para a função-função `Der_Fun` e x0 é o ponto onde a derivada é calculada. Use $h = x_0 / 10$ na fórmula das diferenças finitas centrais. Use a função `Der_Fun` para calcular:

(a) A derivada de $f(x) = x^2 e^x$ em $x_0 = 0{,}25$.

(b) A derivada de $f(x) = \dfrac{2^x}{x}$ em $x_0 = 2$.

Em ambos os casos, compare a resposta obtida com a função `Der_Fun` com a solução analítica (na comparação, use o formato `long`).

39. As novas coordenadas (X_r, Y_r) de um ponto no plano xy que é girado em relação ao eixo z de um ângulo θ (positivo no sentido horário) são dadas por

$$X_r = X_0\cos\theta - Y_0\operatorname{sen}\theta$$
$$Y_r = X_0\operatorname{sen}\theta + Y_0\cos\theta$$

onde (X_0, Y_0) são as coordenadas do ponto antes da rotação. Escreva uma função que calcula (X_r, Y_r), dados (X_0, Y_0) e θ. Para nome da função e argumentos use `[xr,yr]=rotacao(x,y,teta)`. Os argumentos de entrada são as coordenadas iniciais do ponto e o ângulo de rotação em graus. Os argumentos de saída são as novas coordenadas.

(a) Use a função `rotacao` para determinar as novas coordenadas de um ponto originalmente em (6,5; 2,1) que é girado em relação ao eixo z de um ângulo de 25°.

(b) Considere a função $y = (x - 7)^2 + 1{,}5$ para $5 \leq x \leq 9$. Escreva um programa que faça um gráfico dessa função. Após, use a função `rotacao` para girar todos os pontos que compõem o gráfico anterior e fazer um gráfico da função girada. Inclua ambos os gráficos na mesma figura e defina a faixa de ambos os eixos de 0 a 10.

Capítulo 8
Polinômios, Ajuste de Curvas e Interpolação

Polinômios são objetos matemáticos encontrados frequentemente na modelagem e solução de problemas nas engenharias e demais ciências exatas. Em muitos casos, uma equação escrita para um determinado problema admite solução polinomial, e a solução desejada são os zeros de um polinômio. O MATLAB tem uma seleção enorme de funções escritas especialmente para tratar polinômios. A Seção 8.1 ensina como utilizar polinômios no MATLAB.

O ajuste de curvas é um processo que consiste em encontrar uma função que melhor se ajusta a um conjunto discreto de pontos no plano xy. A função de ajuste não passa necessariamente através dos pontos, mas se aproxima dos pontos com o menor erro possível. Não há limitações para os tipos de equações que podem ser usadas no ajuste de curvas. No entanto, geralmente são utilizados polinômios, funções potência, funções logarítmicas, trigonométricas, etc. O ajuste de curvas no MATLAB é feito escrevendo-se um programa específico ou analisando-se os dados interativamente na janela Figure Window. A Seção 8.2 descreve como usar programação no MATLAB para ajustar curvas através de polinômios e outras funções. A Seção 8.4 descreve o mecanismo básico da interface utilizada para ajustar e interpolar curvas interativamente.

Interpolação é o nome dado ao processo em que se determina o valor de uma função em um ponto interno a um intervalo a partir dos valores da função nas fronteiras desse intervalo. A interpolação mais simples é feita desenhando-se uma linha reta entre dois pontos. Em uma interpolação mais sofisticada, são utilizados dados de pontos adicionais. As Seções 8.3 e 8.4 ensinam como interpolar um conjunto de pontos no MATLAB.

8.1 POLINÔMIOS

Polinômios são funções que têm a forma:

$$f(x) = a_n x^n + a_{n-1} x^{n-1} + \ldots + a_1 x + a_0$$

Os coeficientes $a_n, a_{n-1},..., a_1, a_0$ são números reais e n é um número inteiro não negativo que define o grau ou a ordem do polinômio. Exemplos de polinômios:

$f(x) = 5x^5 + 6x^2 + 7x + 3$ Polinômio de grau 5
$f(x) = 2x^2 - 4x + 10$ Polinômio de grau 2
$f(x) = 11x - 5$ Polinômio de grau 1

Uma função constante é um polinômio de grau zero. Ex.: $f(x) = 6$.

No MATLAB, polinômios são representados por um vetor linha onde os elementos são os coeficientes $a_n, a_{n-1},..., a_1, a_0$. O primeiro elemento do vetor é o coeficiente do termo de potência mais elevada na variável x. O vetor deve incluir todos os coeficientes, inclusive os coeficientes iguais a zero. Por exemplo:

Polinômio	Representação no MATLAB
$8x + 5$	p = [8 5]
$2x^2 - 4x + 10$	d = [2 –4 10]
$6x^2 - 150$ (forma no MATLAB: $6x^2 + 0x - 150$)	h = [6 0 –150]
$5x^5 + 6x^2 - 7x$ (forma no MATLAB: $5x^5 + 0x^4 + 0x^3 + 6x^2 - 7x + 0$)	c = [5 0 0 6 –7 0]

8.1.1 Valor numérico de um polinômio

O valor numérico de um polinômio em um ponto $x = \alpha$ é o resultado da substituição de x por α, efetuando-se as operações pertinentes. No MATLAB, a função `polyval` tem esse propósito. A sintaxe de `polyval` é

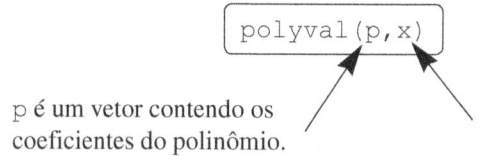

`polyval(p,x)`

p é um vetor contendo os coeficientes do polinômio.

x é um número, uma variável inicializada ou uma expressão matemática computável.

x também pode ser um vetor ou uma matriz. Nesses casos, o polinômio é calculado para cada elemento do arranjo (operações elemento por elemento) e a resposta é um vetor, ou uma matriz, com os valores correspondentes do polinômio.

Problema Exemplo 8-1: Determinando valores numéricos de polinômios no MATLAB

Considere o polinômio: $f(x) = x^5 - 12,1x^4 + 40,59x^3 - 17,015x^2 - 71,95x + 35,88$

(*a*) Determine $f(9)$.
(*b*) Esboce o polinômio para $-1,5 \le x \le 6,7$.

Solução

O problema é resolvido na janela Command Window.

(*a*) Os coeficientes do polinômio são atribuídos ao vetor p. Em seguida, a função `polyval` é utilizada para calcular o valor do polinômio em $x = 9$.

```
>> p = [1 -12.1 40.59 -17.015 -71.95 35.88];
>> polyval(p,9)
ans =
   7.2611e+003
```

(b) Para esboçar o polinômio, um vetor auxiliar x é primeiramente definido contendo elementos distribuídos no intervalo de −1,5 a 6,7. Em seguida, outro vetor (y) é criado para armazenar os valores do polinômio calculado para cada elemento de x. Finalmente, é gerado um gráfico de y vs. x.

```
>> x=-1.5:0.1:6.7;
>> y=polyval(p,x);          ◄── Calculando o valor numérico do polinômio
>> plot(x,y)                     para cada elemento do vetor x.
```

O gráfico gerado pelo MATLAB está apresentado a seguir (os eixos foram adicionados com o Plot Editor).

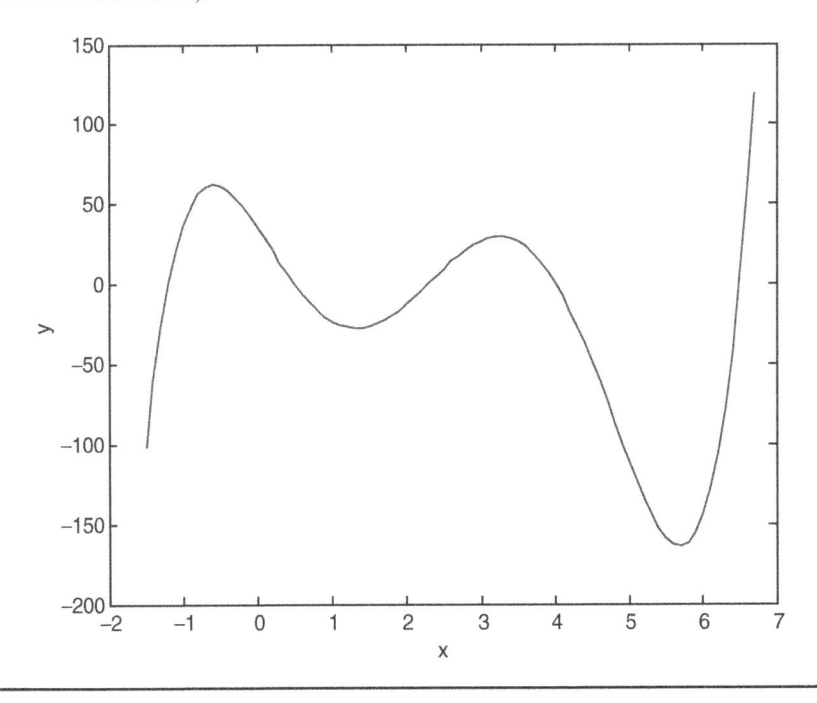

8.1.2 Raízes de um polinômio

As raízes de um polinômio são os valores dos argumentos x ($x = \alpha_i$, $i = 0, 1,..., n$; onde n é grau do polinômio) para os quais $P(\alpha_i) = 0$. Por exemplo, as raízes do polinômio $f(x) = x^2 - 2x - 3$ são os valores de x tais que $x^2 - 2x - 3 = 0$, ou seja, $x = -1$ e $x = 3$.

O MATLAB possui uma função nativa, chamada `roots`, que determina a raiz (ou raízes) de um polinômio. A forma da função é:

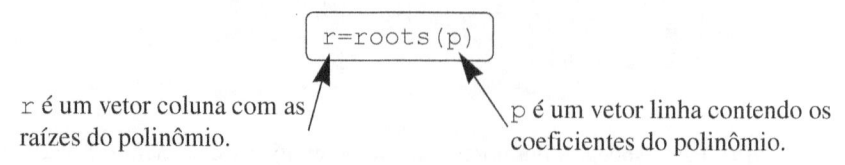

`r=roots(p)`

`r` é um vetor coluna com as raízes do polinômio.

`p` é um vetor linha contendo os coeficientes do polinômio.

Por exemplo, as raízes do polinômio do Problema Exemplo 8-1 podem ser determinadas por:

```
>> p= 1 -12.1 40.59 -17.015 -71.95 35.88];
>> r=roots(p)
r =
    6.5000
    4.0000
    2.3000
   -1.2000
    0.5000
```

Conhecendo-se as raízes de um polinômio, podemos escrevê-lo na forma fatorada:
$f(x) = (x + 1,2)(x - 0,5)(x - 2,3)(x - 4)(x - 6,5)$

O comando `roots` é bastante útil na determinação das raízes de uma equação quadrática. Por exemplo, para determinar as raízes de $f(x) = 4x^2 + 10x - 8$, digite:

```
>> roots([4 10 -8])
ans =
   -3.1375
    0.6375
```

Quando as raízes de um polinômio são conhecidas, o comando `poly` possibilita inverter o processo, ou seja, determinar os coeficientes do polinômio. A forma do comando `poly` é:

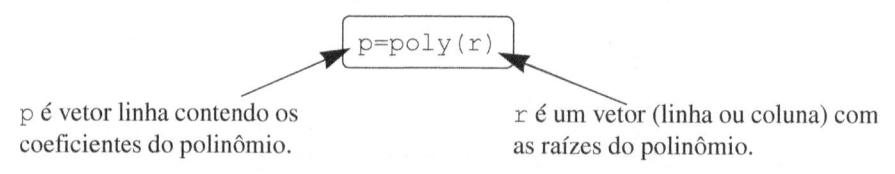

`p=poly(r)`

`p` é vetor linha contendo os coeficientes do polinômio.

`r` é um vetor (linha ou coluna) com as raízes do polinômio.

Por exemplo, os coeficientes do polinômio do Problema Exemplo 8-1 podem ser obtidos a partir das raízes do polinômio:

```
>> r=6.5 4 2.3 -1.2 0.5];
>> p=poly(r)
p =
    1.0000  -12.1000   40.5900  -17.0150  -71.9500   35.8800
```

8.1.3 Adição, multiplicação e divisão de polinômios

Adição

A adição ou subtração de polinômios é feita adicionando-se ou subtraindo-se os coeficientes dos termos de mesma potência. Se dois polinômios não têm o mesmo grau, isto é, os vetores correspondentes não têm a mesma dimensão, o vetor mais curto deve ser modificado, recebendo zeros, de modo a possibilitar a adição dos vetores no MATLAB. Por exemplo, os polinômios:

$$f_1(x) = 3x^6 + 15x^5 - 10x^3 - 3x^2 + 15x - 40 \quad \text{e} \quad f_2(x) = 3x^3 - 2x - 6$$

podem ser adicionados da seguinte forma:

```
>> p1=[3 15 0 -10 -3 15 -40];
>> p2=[3 0 -2 -6];
>> p=p1+[0 0 0 p2]
p =
     3    15     0    -7    -3    13   -46
```

Três zeros foram adicionados ao vetor p2 de maneira a ajustá-lo ao grau de p1, visto que o grau de p1 é 6 e de p2 é 3.

Multiplicação

Dois polinômios podem ser multiplicados usando a função nativa `conv` do MATLAB, que tem a forma:

```
c=conv(a,b)
```

c é um vetor cujos elementos são os coeficientes do polinômio resultante da multiplicação.

a e b são dois vetores cujos elementos representam os coeficientes dos dois polinômios a serem multiplicados.

- Não é necessário que os dois polinômios possuam o mesmo grau.
- A multiplicação de três ou mais polinômios é feita através do uso repetido da função `conv`.

Por exemplo, a multiplicação dos polinômios $f_1(x)$ e $f_2(x)$ acima resulta:

```
>> pm=conv(p1,p2)
pm =
     9    45    -6   -78   -99    65   -54   -12   -10   240
```

que significa que o resultado da multiplicação é o seguinte polinômio:

$$9x^9 + 45x^8 - 6x^7 - 78x^6 - 99x^5 + 65x^4 - 54x^3 - 12x^2 - 10x + 240$$

Divisão

Um polinômio pode ser divido por outro polinômio com a função nativa `deconv` do MATLAB, que tem a forma:

```
[q,r]=deconv(u,v)
```

q é um vetor cujos elementos são os coeficientes do quociente da divisão polinomial.
r é um vetor cujos elementos são os coeficientes do resto da divisão polinomial.

u é um vetor cujos elementos são os coeficientes do polinômio do numerador.
v é um vetor cujos elementos são os coeficientes do polinômio do denominador.

Por exemplo, a divisão de $2x^3 + 9x^2 + 7x - 6$ por $x + 3$ pode ser feita da seguinte forma:

```
>> u=[2 9 7 -6];
>> v=[1 3];
>> [a b]=deconv(u,v)
a =
     2     3    -2
b =
     0     0     0     0
```

A resposta é: $2x^2 + 3x - 2$.

O resto é zero.

Um exemplo de divisão com resto diferente de zero é a divisão do polinômio $2x^6 - 13x^5 + 75x^3 + 2x^2 - 60$ por $x^2 - 5$:

```
>> w=[2 -13 0 75 2 0 -60];
>> z=[1 0 -5];
>> [g h]=deconv(w,z)
g =
     2   -13    10    10    52
h =
     0     0     0     0     0    50   200
```

O quociente é: $2x^4 - 13x^3 + 10x^2 + 10x + 52$.

O resto é: $50x + 200$.

A resposta é $2x^4 - 13x^3 + 10x^2 + 10x + 52 + \dfrac{50x + 200}{x^2 - 5}$.

8.1.4 Derivadas de polinômios

A derivada de um polinômio é outro polinômio. A função nativa `polyder` pode ser utilizada para calcular a derivada de um polinômio ou de um produto ou quociente de dois polinômios. A sintaxe do comando é apresentada a seguir.

Capítulo 8 • Polinômios, Ajuste de Curvas e Interpolação

`k=polyder(p)`	Derivada de um polinômio. `p` é o vetor cujos elementos são os coeficientes do polinômio que se deseja derivar. `k` é o vetor cujos elementos são os coeficientes do polinômio representando a derivada do polinômio `p`.
`k=polyder(a,b)`	Derivada de um produto de dois polinômios. `a` e `b` são os vetores cujos elementos são os coeficientes dos polinômios que estão sendo multiplicados. `k` é um vetor cujos elementos são os coeficientes do polinômio representando a derivada do produto.
`[n d]=polyder(u,v)`	Derivada de um quociente de dois polinômios. `u` e `v` são os vetores contendo os coeficientes dos polinômios do numerador e do denominador. `n` e `d` são vetores cujos elementos são os coeficientes dos polinômios do numerador e do denominador (após a derivação).

A única diferença entre os dois últimos comandos é o número de argumentos de saída. Com dois argumentos, o MATLAB calcula a derivada do quociente de polinômios. Com um argumento, o MATLAB calcula a derivada do produto.

Por exemplo, se $f_1(x) = 3x^2 - 2x + 4$ e $f_2(x) = x^2 + 5$, as derivadas de $f_1(x)$; $f_1(x) * f_2(x)$ e $f_1(x) / f_2(x)$ podem ser determinadas por:

```
>> f1=[3 -2 4];
>> f2=[1 0 5];
>> k=polyder(f1)
k =
     6    -2
>> d=polyder(f1,f2)
d =
    12    -6    38   -10
>> [n d]=polyder(f1,f2)
n =
     2    22   -10
d =
     1     0    10     0    25
```

Criando os vetores coeficientes de f_1 e f_2.

A derivada de f_1 é: $6x - 2$.

A derivada de $f_1 * f_2$ é: $12x^3 - 6x^2 + 38x - 10$.

A derivada de $\dfrac{3x^2 - 2x + 4}{x^5 + 5}$ é $\dfrac{2x^2 + 22x - 10}{x^4 + 10x^2 + 25}$.

8.2 AJUSTE DE CURVAS

O ajuste de curvas, também denominado análise de regressão, é um processo de ajustar uma função a um conjunto de pontos. Assim, a função ajustada pode ser utilizada como um modelo matemático representativo dos dados. Como existem muitos tipos de funções matemáticas (por exemplo, linear, polinomial, potências, exponencial, etc.), o processo de ajustar curvas tende a ser bastante complicado. Entretanto, muitas vezes o conjunto de pontos exibe uma tendência, o que induz ao tipo de função necessária ao ajuste dos pontos e, consequentemente, permite a determinação dos coeficientes da função de ajuste. Em outras situações, os dados não permitem intuir nada a respeito da função. Nesses casos, uma solução é construir um conjunto de diferentes gráficos dos dados de forma a gerar uma ideia, mesmo que vaga, a respeito do possível aspecto da função de ajuste. Esta seção descreve as técnicas básicas de ajuste de curvas e apresenta algumas ferramentas de ajuste de curvas do MATLAB.

8.2.1 Ajuste de curvas com polinômios – A função `polyfit`

Polinômios podem ser utilizados de duas maneiras no ajuste de um conjunto de pontos. Na primeira, o polinômio é forçado a passar através de todos os pontos e, na segunda, o polinômio dá apenas uma boa aproximação do conjunto de pontos, i.e., dentro da margem de erro. As duas maneiras são descritas a seguir.

Polinômio que passa por todos os pontos:
Quando são dados n pontos (x_i, y_i), é possível escrever um polinômio de grau $n-1$ que passe através de todos eles. Por exemplo, se são dados dois pontos, é possível escrever uma equação linear da forma $y = ax + b$ que passe através desses pontos. No caso de três pontos, a equação parabólica $y = ax^2 + bx + c$ é utilizada no ajuste. Com n pontos, o polinômio assume a forma: $a_{n-1}x^{n-1} + a_{n-2}x^{n-2} + ... + a_1x + a_0$. Os coeficientes do polinômio são determinados substituindo-se cada ponto no polinômio e, então, o sistema de n equações é resolvido para os coeficientes. Como será mostrado adiante nesta seção, a escolha de um polinômio de ordem muito elevada como polinômio interpolador não resolve imediatamente o problema. Em geral, esses polinômios tendem a gerar erros inaceitáveis quando utilizados para estimar os valores entre os pontos.

Polinômios que não passam necessariamente por nenhum dos pontos:
Quando são conhecidos n pontos, é possível escrever um polinômio de grau menor que $n-1$ que não passa necessariamente sobre os pontos, mas que, no geral, dá uma boa aproximação desse conjunto de pontos. O método mais conhecido de encontrar o melhor ajuste do conjunto de pontos é o método dos Mínimos Quadrados. Nesse método, os coeficientes do polinômio são determinados minimizando-se a soma dos quadrados dos resíduos de todo o conjunto de pontos. O resíduo de cada ponto é definido como a diferença entre o valor do polinômio de ajuste e o valor do dado real. Por exemplo, considere o caso de encontrar a equação de uma reta que melhor se ajusta a um conjunto de quatro pontos, como mostra a Figura 8-1.

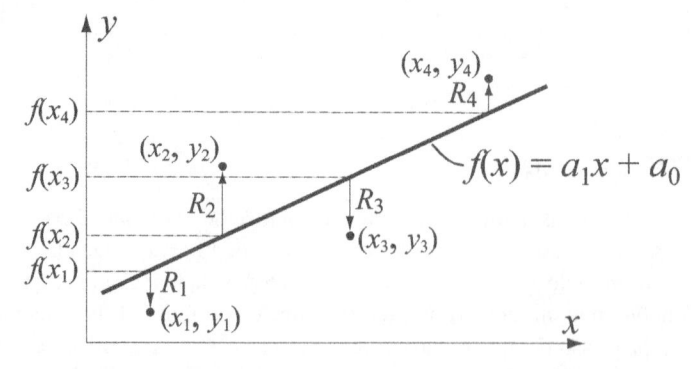

Figura 8-1 Método dos Mínimos Quadrados para ajuste de um polinômio de primeira ordem (uma reta) a um conjunto de quatro pontos.

Os pontos são marcados como (x_1, y_1), (x_2, y_2), (x_3, y_3) e (x_4, y_4) e o polinômio de primeira ordem foi escrito como: $f(x) = a_1 x + a_0$. O resíduo R_i para cada ponto é a diferença entre o valor da função $f(x)$ no ponto x_i e o valor de y_i, i.e., $R_i = f(x_i) - y_i$. A equação para a soma dos quadrados dos resíduos (R_i) de todos os pontos é dada por:

$$R = [f(x_1) - y_1]^2 + [f(x_2) - y_2]^2 + [f(x_3) - y_3]^2 + [f(x_4) - y_4]^2$$

ou, após a substituição da equação da reta em cada ponto:

$$R = [a_1 x_1 + a_0 - y_1]^2 + [a_1 x_2 + a_0 - y_2]^2 + [a_1 x_3 + a_0 - y_3]^2 + [a_1 x_4 + a_0 - y_4]^2$$

Logo, R é uma função dos coeficientes a_1 e a_0. O mínimo de R é determinado tomando-se as derivadas parciais de R em relação a a_1 e a_0, e igualando-as a zero. Matematicamente,

$$\frac{\partial R}{\partial a_1} = 0 \quad \text{e} \quad \frac{\partial R}{\partial a_0} = 0$$

Disso resulta um sistema de duas equações e duas incógnitas: a_1 e a_0. A solução dessas equações são os valores dos coeficientes do polinômio que melhor se ajusta aos dados. O mesmo procedimento deve ser seguido com um conjunto maior de pontos e polinômios de ordem mais elevadas. Maiores detalhes sobre o método dos Mínimos Quadrados podem encontrados em livros sobre Cálculo Numérico.

O ajuste de curvas com polinômios é feito muito facilmente no MATLAB por meio da função nativa `polyfit` (baseada no método dos Mínimos Quadrados). A forma básica da função `polyfit` é:

```
p=polyfit(x,y,n)
```

p é o vetor cujos elementos são os coeficientes do polinômio que ajusta os dados.

x é um vetor contendo as abscissas dos pontos (variável independente).
y é um vetor contendo as ordenadas dos pontos (variável dependente).
n é o grau do polinômio de ajuste.

Para um mesmo conjunto de m pontos, a função `polyfit` pode ser utilizada para ajustar polinômios de ordem até $m - 1$. Se $n = 1$, o polinômio é evidentemente uma reta. Se $n = 2$, o polinômio é uma parábola e assim por diante. O polinômio passará por todos os pontos se $n = m - 1$ (a ordem do polinômio é uma abaixo da quantidade de pontos). Deve ser ressaltado que um polinômio que passe por todos os pontos, ou polinômios com ordem muito elevada, não fornecem, necessariamente, o melhor ajuste global.

A Figura 8-2 ilustra como polinômios de diferentes ordens se ajustam a um conjunto de sete pontos, dados por: (0,9; 0,9), (1,5; 1,5), (3; 2,5), (4; 5,1), (6; 4,5), (8; 4,9) e (9,5; 6,3).

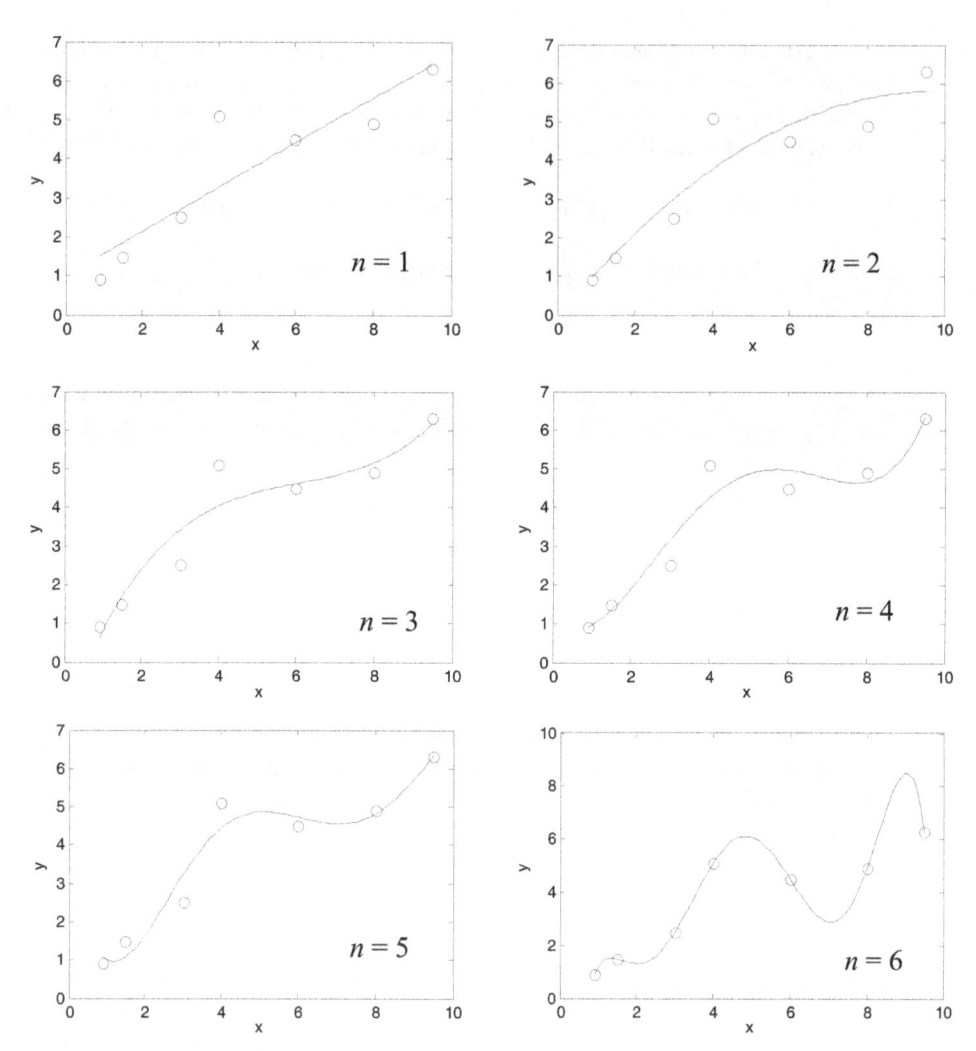

Figura 8-2 Ajustando um conjunto de pontos com polinômios de diferentes ordens.

Os pontos foram ajustados através da função `polyfit` com polinômios de ordem 1 a 6. Cada gráfico na Figura 8-2 traz o mesmo conjunto de pontos, destacados por círculos, e uma curva que se ajusta aos pontos com um polinômio de ordem específica. Está claro que o polinômio correspondendo a $n = 1$ é uma reta e com $n = 2$ é uma linha ligeiramente curva. À medida que o grau do polinômio cresce, a curva aproxima-se mais do conjunto de pontos. Quando $n = 6$, um a menos que o número de pontos, a curva toca todos os pontos. Porém, entre alguns pontos, a curva tende a desviar-se significativamente da inclinação sugerida pelos dados.

O programa utilizado na geração de um dos gráficos da Figura 8-2 (o polinômio com $n = 3$) é apresentado a seguir. Perceba que foi criado um novo vetor `xp`, incrementado de 0,1 entre os limites, de modo a esboçar o polinômio. Este vetor foi utilizado juntamente com a função `polyval` para criar um vetor `yp` contendo os valores do polinômio para cada elemento de `xp`.

Capítulo 8 • Polinômios, Ajuste de Curvas e Interpolação

```
x=[0.9 1.5 3 4 6 8 9.5];              Declara os vetores x e y com as
y=[0.9 1.5 2.5 5.1 4.5 4.9 6.3];      coordenadas dos pontos.
p=polyfit(x,y,3)                      Gera um vetor p utilizando a função polyfit.
xp=0.9:0.1:9.5;                       Declara um vetor xp a ser utilizado no esboço do polinômio.
yp=polyval(p,xp);                     Declara um vetor yp contendo os valores do polinômio para cada
                                      elemento de xp.
plot(x,y,'o',xp,yp)                   Gera um gráfico dos setes pontos e do polinômio ajustado.
xlabel('x'); ylabel('y')
```

Quando o programa é executado, o seguinte vetor p é exibido na Command Window:

```
p =
    0.0220   -0.4005    2.6138   -1.4158
```

Isto significa que o polinômio de ordem três na Figura 8-2 é escrito algebricamente na forma: $0{,}022x^3 - 0{,}4005x^2 + 2{,}6138x - 1{,}4148$.

8.2.2 Ajuste de curvas com outras funções

Não são raras as situações nas ciências exatas e nas engenharias em que se deseja ajustar um conjunto de pontos com funções *não polinomiais*. Teoricamente, qualquer função pode ser usada para modelar um conjunto de dados dentro de certa faixa. Entretanto, para certos conjuntos de pontos, algumas funções mostram-se mais eficazes que outras. Além disso, a determinação dos coeficientes da função de ajuste torna-se mais difícil para certas escolhas. Esta seção aborda o ajuste de curvas mediante o uso das funções exponencial, logarítmica, recíproca e potências, que, depois dos polinômios, são as mais comuns. A forma geral dessas funções é:

$y = bx^m$ (potência)

$y = be^{mx}$ ou $y = b10^{mx}$ (exponencial)

$y = m \ln(x) + b$ ou $y = m \log(x) + b$ (logarítmica)

$y = \dfrac{1}{mx + b}$ (recíproca)

Todas essas funções podem facilmente ajustar-se a um conjunto de pontos pela função `polyfit`. Para tanto, reescreva as funções de modo que elas possam ser ajustadas como um polinômio de grau 1 (uma reta) da forma:

$$y = mx + b$$

A função logarítmica já tem a forma de uma equação de reta. As demais funções, potência, exponencial e recíproca, podem ser reescritas como:

$\ln(y) = m \ln(x) + \ln(b)$ (potência)

$\ln(y) = mx + \ln(b)$ ou $\log(y) = mx + \log(b)$ (exponencial)

$\dfrac{1}{y} = mx + b$ (recíproca)

Essas equações exibem relações funcionais lineares entre ln(y) e ln(x) para a potência; ln(y) ou log(y) e x para a função exponencial; y e ln(x) ou log(x) para a função logarítmica e entre $1/y$ e x para a função recíproca. Logo, a função `polyfit(x,y,1)` aplica-se na determinação das constantes m e b para o melhor ajuste se, em vez de `x` e `y`, os seguintes argumentos forem utilizados:

Função		Forma da função `polyfit`
potência:	$y = bx^m$	`p=polyfit(log(x),log(y),1)`
exponencial:	$y = be^{mx}$ ou	`p=polyfit(x,log(y),1)` ou
	$y = b10^{mx}$	`p=polyfit(x,log10(y),1)`
logarítmica	$y = m\ln(x) + b$ ou	`p=polyfit(log(x),y,1)` ou
	$y = m\log(x) + b$	`p=polyfit(log10(x),y,1)`
recíproca	$y = \dfrac{1}{mx+b}$	`p=polyfit(x,1./y,1)`

O resultado da função `polyfit` é atribuído à variável `p`, que é um vetor com dois elementos. O primeiro elemento, `p(1)`, é a constante m e o segundo elemento, `p(2)`, fornece a constante b para as funções logarítmica e recíproca, as constantes ln(b) ou log(b) para a função exponencial e a constante ln(b) para a função potência.

Para um dado conjunto de pontos, é possível estimar, até certo ponto, quais funções proporcionam o melhor ajuste. Basta plotar os pontos em um gráfico para diferentes combinações de escalas dos eixos (linear e logarítmica). Se o conjunto de pontos numa combinação qualquer de escalas aparecer em linha reta, a função correspondente que proporciona o melhor ajuste pode ser uma das listadas abaixo:

Eixo x	Eixo y	Função
linear	linear	linear: $y = mx + b$
logarítmica	logarítmica	potência: $y = bx^m$
linear	logarítmica	exponencial: $y = be^{mx}$ ou $y = b10^{mx}$
logarítmica	linear	logarítmica: $y = m\ln(x) + b$ ou $y = m\log(x) + b$
linear	linear (plote $1/y$)	recíproca: $y = \dfrac{1}{mx+b}$

Outras considerações quanto à escolha de uma função de ajuste:
- Exponenciais não passam pela origem.
- Exponenciais só podem ser utilizadas para o ajuste se todos os pontos tiverem as coordenadas ys positivas ou todos os ys negativos.
- Funções logarítmicas não podem se aproximar de um ponto em $x = 0$ ou de valores negativos de x.
- Em uma potência, $y = 0$ quando $x = 0$.
- A equação recíproca não é definida para $y = 0$.

O exemplo a seguir ilustra o processo de ajuste de um conjunto de pontos por uma função.

Problema Exemplo 8-2: Ajustando uma equação a um conjunto de pontos

A tabela a seguir mostra um conjunto de pontos medidos em um experimento. Determine uma função $w = f(t)$ (onde t e w são as variáveis independente e dependente, respectivamente), que melhor ajusta os dados da tabela.

t	0,0	0,5	1,0	1,5	2,0	2,5	3,0	3,5	4,0	4,5	5,0
w	6,00	4,83	3,70	3,15	2,41	1,83	1,49	1,21	0,96	0,73	0,64

Solução

O gráfico é plotado, em princípio, escolhendo-se ambas as escalas lineares. A figura, mostrada ao lado, indica que uma reta não será o melhor ajuste dos pontos, visto que esses não parecem formar um padrão linear. Analisando a função logarítmica e a função potência, a exclusão é imediata porque a função logarítmica tem problemas em $t = 0$ e, para a potência, em $t = 0$, $w \neq 0$.

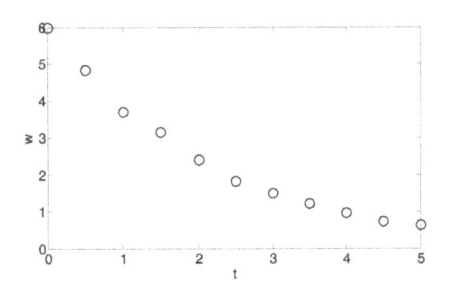

Para verificar se as demais funções (exponencial e recíproca) produzem um ajuste melhor, foram construídos dois outros gráficos adicionais, mostrados abaixo. O gráfico à esquerda possui uma escala logarítmica no eixo vertical e linear no horizontal. No gráfico à direita, ambos os eixos foram escalonados linearmente e a grandeza $1/w$ foi plotada no eixo vertical.

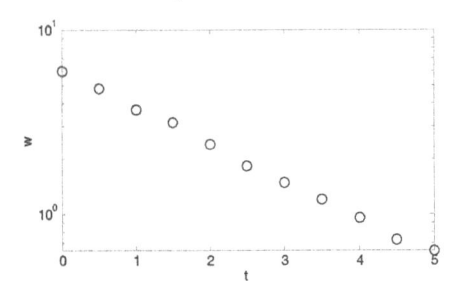

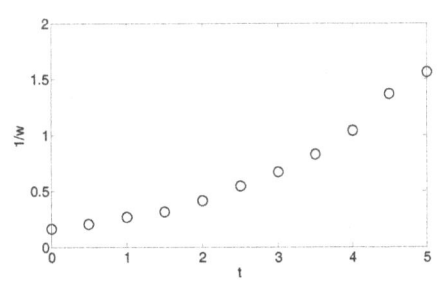

Na figura da esquerda, os pontos aparecem ao longo de uma linha reta. Isto sugere que uma função exponencial na forma $y = be^{mx}$ pode fornecer um bom ajuste do conjunto de pontos. Um programa para determinar as constantes b e m e gerar o gráfico da função e do conjunto de pontos é apresentado a seguir.

```
t=0:0.5:5;                                    Declara os vetores t e w com as coordenadas dos pontos.
w=[6 4.83 3.7 3.15 2.41 1.83 1.49 1.21 0.96 0.73 0.64];
p=polyfit(t,log(w),1);                        Usa a função polyfit com os argumentos t e log(w).
```

```
m=p(1)
b=exp(p(2))                    Determina os coeficientes b e m.
tm=0:0.1:5;      Cria um vetor auxiliar tm a ser utilizado para plotar a função de ajuste.
wm=b*exp(m*tm);        Calcula o valor da função para cada elemento de tm.
plot(t,w,'o',tm,wm)           Plota os dados juntamente com a função de ajuste.
```

Quando o programa é executado, os valores das constantes m e b são exibidos na Command Window.

```
m =
    -0.4580
b =
     5.9889
```

O gráfico gerado pelo programa mostra o conjunto de pontos e a função de ajuste (os rótulos dos eixos foram adicionados com o Plot Editor):

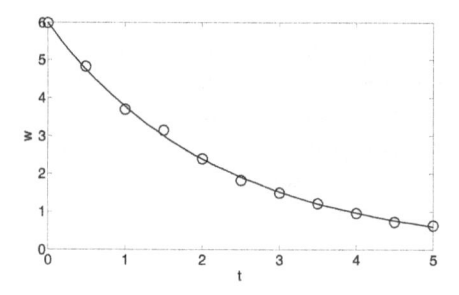

Cabe ressaltar que embora as funções exponencial, potência, logarítmica e recíproca tenham sido discutidas nessa seção, muitas outras funções podem, juntamente com a função nativa `polyfit`, ser escritas de maneira a solucionar um problema de ajuste de curvas. No Problema Exemplo 8-7, a função $y = e^{(a_2 x^2 + a_1 x + a_0)}$ é ajustada por um polinômio de terceira ordem através da função `polyfit`.

8.3 INTERPOLAÇÃO

Conforme mencionado na introdução, interpolação é o nome dado ao processo em que se determina o valor de uma função em um ponto interno a um intervalo a partir dos valores da função nas fronteiras desse intervalo. O MATLAB tem várias funções interpoladoras nativas baseadas em polinômios, descritas nessa seção, e baseadas nas transformadas de Fourier (estão fora do escopo deste livro). Em uma interpolação unidimensional, a cada ponto é associado uma variável independente (x) e uma variável dependente (y). Em uma interpolação bidimensional, a cada ponto são associadas duas variáveis independentes (x e y) e uma variável dependente (z).

Interpolação unidimensional:

Se existirem apenas dois pontos, esses pontos podem ser interligados através de um segmento de reta, e uma equação linear (polinômio de primeira ordem) permite estimar os valores entre esses pontos. De acordo com a seção anterior, se existirem três ou quatro pontos, um polinômio de segunda ou terceira ordem, respectivamente, que passa por todos os pontos pode ser determinado e utilizado para estimar valores entre os pontos. À medida que o número de pontos cresce, é necessário lançar mão de polinômios de ordens elevadas para se conseguir ajustar uma curva ao conjunto de pontos. Entretanto, não há garantias de que esses polinômios dão a melhor aproximação dos valores entre os pontos. Veja a Figura 8-2 com $n = 6$.

Um método de interpolação mais exato descarta pontos do conjunto original, em detrimento do ajuste, considerando apenas uma coleção de poucos pontos na vizinhança onde a interpolação é necessária. Nesse método, denominado interpolação spline, são utilizados vários polinômios de ordem reduzida, onde o domínio de validade se verifica apenas na vizinhança do conjunto de pontos selecionados.

O método mais simples de interpolação spline é a linear. Nesse método, ilustrado abaixo, todo par de pontos adjacentes se interligam através de uma reta. A equação da reta que passa através de dois pontos vizinhos (x_i, y_i) e (x_{i+1}, y_{i+1}) pode ser utilizada para avaliar o valor de y para qualquer x entre os dois pontos considerados:

$$y = \frac{y_{i+1} - y_i}{x_{i+1} - x_i}x + \frac{y_i x_{i+1} - y_{i+1} x_i}{x_{i+1} - x_i}$$

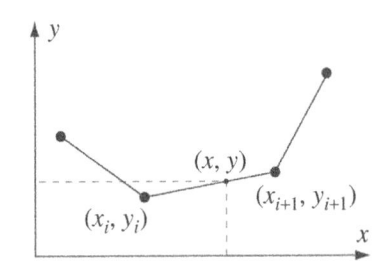

Em uma interpolação linear, a reta entre os dois pontos tem inclinação constante e, a cada par de pontos considerados, ocorrem variações na inclinação. Uma curva interpoladora suave é obtida usando polinômios quadráticos ou cúbicos. Nesses métodos, denominados splines quadráticos e splines cúbicos, um polinômio de segunda ou terceira ordem é usado para interpolação entre cada dois pontos. Os coeficientes do polinômio são determinados utilizando-se dados sobre os demais pontos adjacentes ao par de pontos em questão. O embasamento teórico para a determinação das constantes dos polinômios não será dado nesse livro, mas pode ser encontrado em livros específicos sobre Cálculo Numérico.

A função nativa do MATLAB que trata de interpolação unidimensional é a função `interp1` (o último caractere é o número um), cuja forma é:

```
yi=interp1(x,y,xi,'método')
```

`yi` representa o valor interpolado.

`x` é um vetor com as coordenadas horizontais do conjunto de pontos de entrada (variável independente).

`y` é um vetor com as coordenadas verticais do conjunto de pontos de entrada (variável dependente).

`xi` é a coordenada horizontal do ponto de interpolação (variável independente).

Método de interpolação digitado como uma string (opcional).

- O vetor x deve ser monotônico, i.e., os elementos devem estar na ordem crescente ou decrescente.
- xi pode ser um escalar (interpolação de um ponto) ou um vetor (interpolação de muitos pontos). yi será um número ou um vetor dependendo dos valores interpolados.
- O MATLAB pode fazer interpolação usando um dos muitos métodos nativos disponíveis. Alguns deles são:

'nearest' retorna o valor do ponto que está mais próximo do ponto interpolado
'linear'   usa interpolação spline linear.
'spline'   usa interpolação spline cúbica.
'pchip'   utiliza interpolação por partes, cúbica hermitiana, também denominada 'cubic'

- Quando os métodos 'nearest' e 'linear' são utilizados, os valores dos xi's devem pertencer ao domínio de x. Se forem usados os métodos 'spline' e 'pchip', xi admite valores fora do domínio de x, sendo que a função interp1 realiza a extrapolação.
- O método 'spline' pode produzir grandes erros quando aplicado a um conjunto de pontos não uniforme, tal que alguns pontos estão mais próximos que outros.
- A especificação do método é opcional. Caso não seja especificado, o padrão é 'linear'.

Problema Exemplo 8-3: Interpolação

A tabela a seguir mostra um conjunto de pontos obtidos da função $f(x) = 1{,}5^x \cos(2x)$. Utilize os métodos de interpolação linear, spline e pchip para calcular o valor de y entre os pontos. Construa gráficos para cada método de interpolação. Em cada figura, mostre os pontos, o gráfico da função e a curva correspondente ao método de interpolação.

x	0	1	2	3	4	5
y	1,0	−0,6242	−1,4707	3,2406	−0,7366	−6,3717

Solução

O programa a seguir resolve o problema:

```
x=0:1.0:5;                              Declara os vetores x e y com as coordenadas dos pontos.
y=[1.0 -0.6242 -1.4707 3.2406 -0.7366 -6.3717];
xi=0:0.1:5;                             Declara um vetor xi com os pontos de interpolação.
yilin=interp1(x,y,xi,'linear');         Determina os pontos y's a partir da interpolação linear.
yispl=interp1(x,y,xi,'spline');         Determina os pontos y's a partir da interpolação spline.
yipch=interp1(x,y,xi,'pchip');          Determina os pontos y's a partir da interpolação pchip.
yfun=1.5.^xi.*cos(2*xi);                Determina os pontos y's a partir da função.
```

```
subplot(1,3,1)
plot(x,y,'o',xi,yfun,xi,yilin,'--');
subplot(1,3,2)
plot(x,y,'o',xi,yfun,xi,yispl,'--');
subplot(1,3,3)
plot(x,y,'o',xi,yfun,xi,yipch,'--');
```

Os três gráficos gerados na rotina são mostrados abaixo (os rótulos dos eixos foram inseridos com o Plot Editor). Os pontos estão destacados com círculos, as curvas de interpolação foram plotadas com linhas tracejadas e a função é mostrada em linha cheia. A figura à esquerda mostra a interpolação linear, a figura do meio mostra a spline e a figura à direita mostra a interpolação pchip.

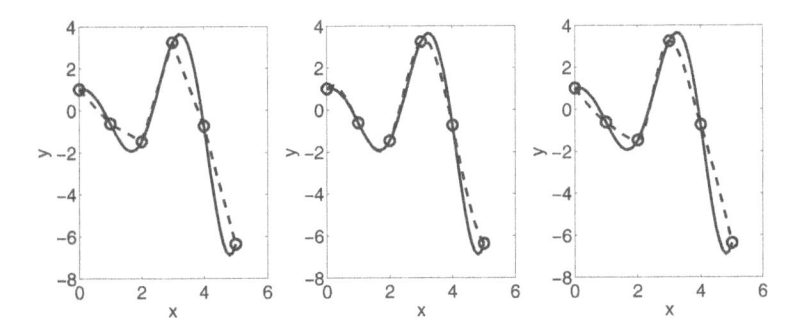

8.4 A INTERFACE BASIC FITTING

O ajuste de curvas ou a interpolação podem ser realizados interativamente através da interface Basic Fitting. Usando a interface o usuário pode:

- Ajustar curvas a um conjunto de pontos com polinômios de várias ordens (até 10) e com os métodos interpolação spline e hermitiano.
- Plotar vários ajustes simultaneamente em um mesmo gráfico, de modo a permitir a comparação entre os ajustes.
- Plotar os resíduos de vários ajustes polinomiais e comparar as respectivas normas.
- Determinar o valor da função em pontos específicos para vários ajustes.
- Inserir as equações dos polinômios interpoladores nos gráficos.

Para ativar a interface Basic Fitting, o usuário deve primeiramente plotar o conjunto de pontos correspondente aos dados. Em seguida, na janela Figure, no menu **Tools**, podemos selecionar a opção **Basic Fitting** (veja a figura à direita).

A Figura 8-3 mostra o ambiente da interface **Basic Fitting**. Quando aberta, somente o primeiro painel da interface **Plot fits** mostra-se visível. Para maximizar a janela e mostrar o segundo e terceiro painéis, o usuário deve clicar no botão (→). O segundo e terceiro painéis são denominados **Numerical Results** e **Find Y = f(x)**, respectivamente (veja a Figura 8-3). O tamanho da janela pode ser minimizado clicando no botão (←). Os dois primeiros itens da interface Basic Fitting estão relacionados à seleção do conjunto de pontos:

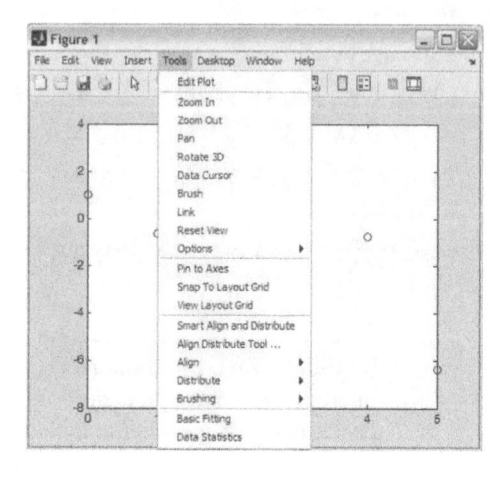

Select data: Utilizado na seleção de um conjunto específico de dados para que se possa efetuar o ajuste de curvas. Somente um conjunto de pontos pode ser ajustado por vez, mas diversos tipos de ajustes podem ser realizados simultaneamente ao mesmo conjunto de pontos plotados.

Center and scale x data: Selecionando esta caixa, os dados ficarão centralizados na vizinhança de zero e exibirão desvio padrão unitário. Esta opção é necessária sempre que se deseja melhorar a precisão dos cálculos numéricos.

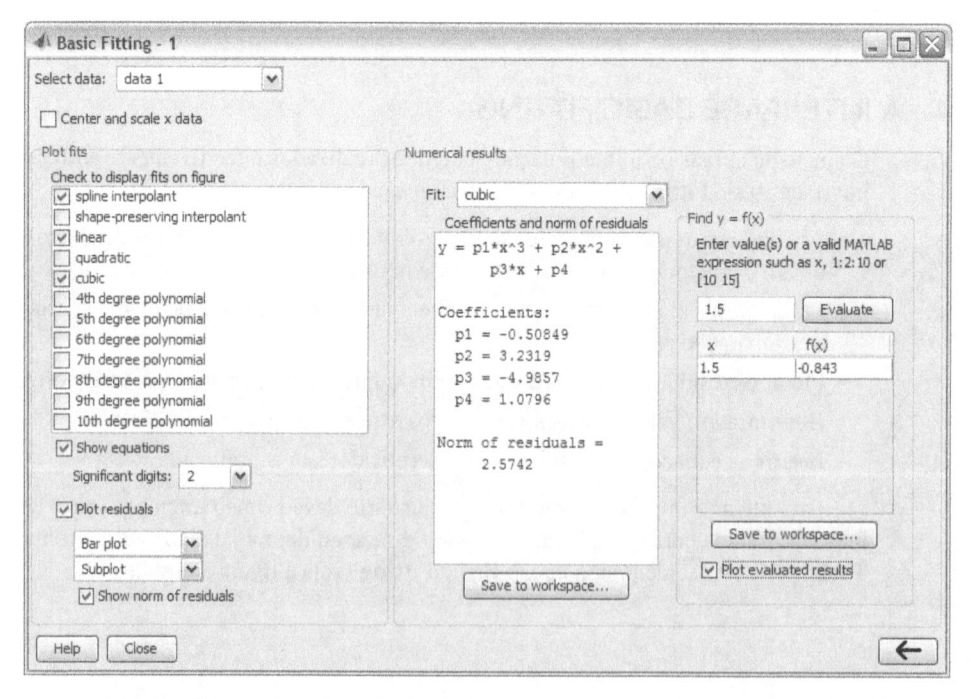

Figura 8-3 A interface Basic Fitting.

Os próximos quatro itens encontram-se no painel **Plot fits** e estão relacionados aos possíveis tipos de ajuste:

Check to display fits on figure: O usuário seleciona os ajustes a serem efetuados e exibidos na figura. Estão incluídas na seleção: interpolação via polinômio interpolador spline (método de interpolação), que utiliza a função `spline`; interpolação via polinômio interpolador hermitiano, que utiliza a função `pchip`; e polinômios de vários graus, que utilizam a função `polyfit`. Muitos ajustes podem ser selecionados e exibidos simultaneamente.

Show equations: Quando selecionada, as equações geradoras dos polinômios de ajuste que foram selecionados são exibidas na figura. O número de algarismos significativos dos coeficientes dos polinômios é escolhido no menu Significant digits.

Plot residuals: Se selecionado, exibe um gráfico que mostra os resíduos gerados em cada ponto (resíduos foram definidos na Seção 8.2.1). Verificando as propriedades de escolha nos botões ▼ (localizados abaixo de Plot residuals), o tipo de gráfico a ser utilizado para os resíduos pode ser escolhido como: em barra, dispersão ou em linha. É também possível escolher se o gráfico dos resíduos será exibido como um subplot na mesma figura que tem o gráfico dos pontos ou como um gráfico separado (em outra Figure Window).

Show norm of residuals: Permite exibir a norma dos resíduos nos gráficos gerados na opção Plot residuals. A norma de um resíduo é uma medida da qualidade do ajuste. Quanto menor a norma do resíduo, melhor o ajuste.

Os próximos três itens encontram-se no painel **Numerical results**. O objetivo desse painel é dar informação numérica sobre um ajuste, independentemente dos ajustes exibidos no momento:

Fit: O usuário seleciona o ajuste que ele deseja examinar numericamente. O ajuste escolhido é mostrado no gráfico somente se ele estiver selecionado no painel **Plot fit**.

Coeficients and norm of residuals: Mostra os resultados numéricos para o ajuste polinomial selecionado no menu **Fit**. Esse campo traz os coeficientes do polinômio escolhido e as normas dos resíduos. Os resultados podem ser salvos clicando no botão **Save to workspace**.

Find y = f(x): Proporciona um modo rápido de obter interpolação ou extrapolação dos dados numéricos para valores específicos da variável independente (x). Basta digitar um valor da variável x na caixa e clicar sobre o botão **Evaluate**. Se a caixa **Plot evaluated result** estiver selecionada, o ponto escolhido é exibido em destaque no gráfico.

A título de exemplo, a interface Basic Fitting é utilizada para tratar os dados do Problema Exemplo 8-3. As opções selecionadas na janela Basic Fitting estão mostradas na Figura 8-3 e os resultados correspondentes às seleções aparecem na Figura 8-4. A janela Figure Window mostra um conjunto de pontos, uma interpolação (spline), dois polinômios (linear e cúbico) com as equações correspondentes, e um ponto específico $x = 1,5$ digitado na caixa **Find y = f(x)** da interface Basic Fitting. A figura também traz um gráfico dos resíduos gerados pelos ajustes polinomiais e as respectivas normas.

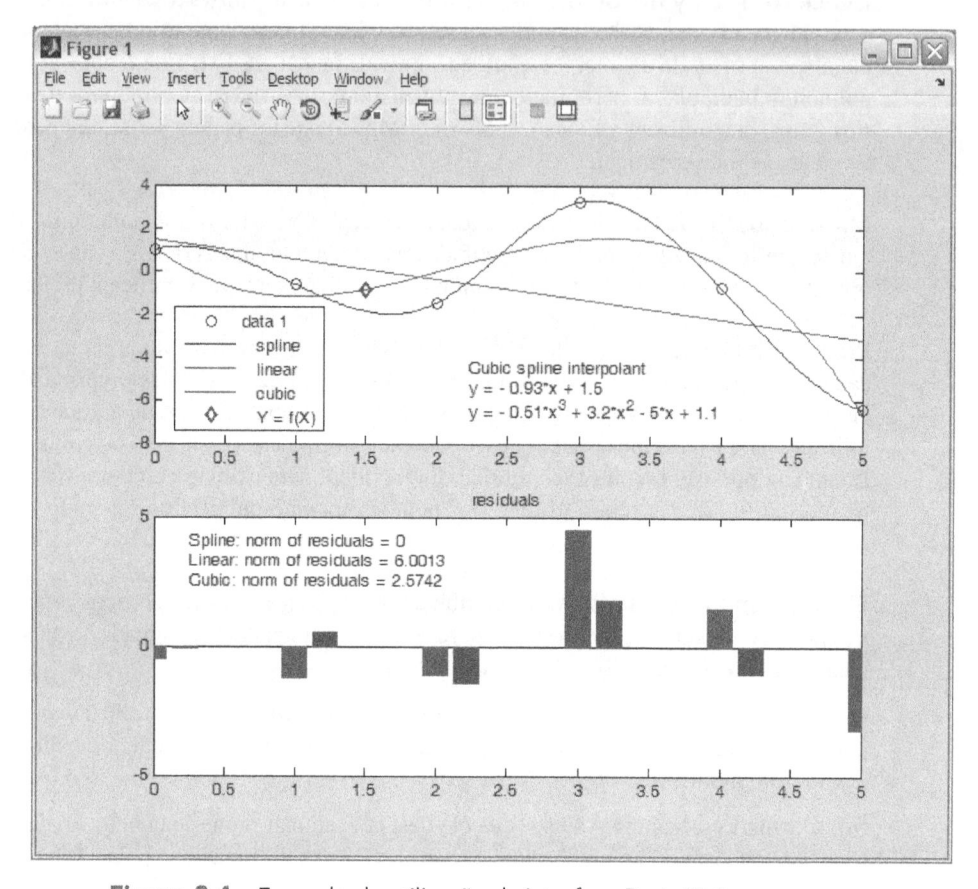

Figura 8-4 Exemplo de utilização da interface Basic Fitting.

8.5 EXEMPLOS DE APLICAÇÃO DO MATLAB

Problema Exemplo 8-4: Determinação da espessura das paredes de uma caixa

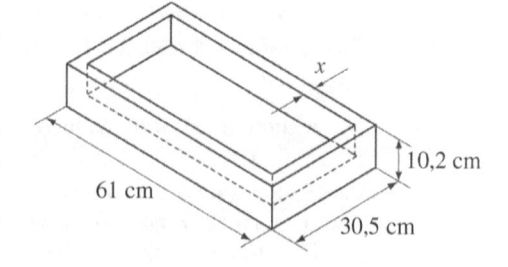

As dimensões externas de uma caixa retangular de alumínio (fundo e as quatro laterais) são 61 cm × 30,5 cm × 10,2 cm. A espessura da parte do fundo e dos lados aparece denotada na figura por x. Determine uma expressão que relacione o peso da caixa com a espessura das paredes x. Determine

a espessura x para uma caixa cujo peso é 6,8 kg. O peso específico do alumínio é 2,8 g/cm^3.

Solução

O volume da caixa de alumínio V_{Al} é calculado a partir do peso P da caixa por:

$$V_{Al} = \frac{P}{\gamma}$$

onde γ é o peso específico. O volume da caixa de alumínio é determinado através das dimensões da caixa:

$$V_{Al} = 61 \cdot 30,5 \cdot 10,2 - (61 - 2x)(30,5 - 2x)(10,2 - x)$$

onde o volume interno da caixa foi subtraído do volume externo. Esta equação pode ser rescrita convenientemente como:

$$(61 - 2x)(30,5 - 2x)(10,2 - x) + V_{Al} - (61 \cdot 30,5 \cdot 10,2) = 0$$

que se trata, reconhecidamente, de um polinômio de terceira ordem. Uma das raízes desse polinômio é a solução desejada para x. Um programa que determina o polinômio e encontra as raízes é apresentado a seguir:

```
P=6800; gama=2.8;                          Atribui valores a P e gama.
VAlum=P/gama;                              Calcula o volume da caixa de alumínio.
a=[-2 61];                                 Atribui o polinômio 61 – 2x à variável a.
b=[-2 30.5];                               Atribui o polinômio 30,5 – 2x à variável b.
c=[-1 10.2];                               Atribui o polinômio 10,2 – x à variável c.
Vint=conv(c,conv(a,b));                    Multiplica os três polinômios a, b e c.
polyeq=[0 0 0 (VAlum-61*30.5*10.2)]+Vint   Adiciona V_Al – 61*30,5*10,2 a Vint.
x=roots(polyeq)                            Determina as raízes do polinômio.
```

Perceba que, na penúltima linha, a dimensão dos vetores que representam os polinômios ($V_{Al} - 61*30,5*10,2$) e `Vint` foi igualada para possibilitar sua adição (`Vint` é um polinômio de terceira ordem). Quando o programa (salvo como Capitulo8_Exemplo4) é executado, são mostrados os coeficientes do polinômio e o valor de x:

```
Capitulo8_Exemplo4
polyeq =
  1.0e+003 *
   -0.0040   0.2238   -3.7271   2.4286

x =
   27.6355 + 11.4248i
   27.6355 - 11.4248i
    0.6789
```

O polinômio é $-4x^3 + 223,8x^2 - 3727,1x + 2428,6 = 0$.

O polinômio possui uma única raiz real, fisicamente admissível: $x = 0,6789$ cm. Essa é a espessura da parede da caixa de alumínio.

Problema Exemplo 8-5: Cálculo da altura emersa de uma boia

Uma esfera de alumínio é utilizada como uma boia sinalizadora. A esfera possui raio externo igual a 60 cm e uma espessura da capa de alumínio de 12 mm. A densidade do alumínio é $\rho_{Al} = 2690$ kg/m^3. A boia foi jogada ao mar, onde a densidade da água vale 1030 kg/m^3. Determine a altura h entre o topo da boia e a superfície da água.

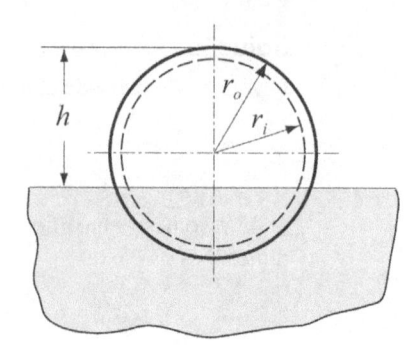

Solução

De acordo com a lei de Arquimedes, o empuxo em um objeto imerso em um fluido, sujeito à ação da gravidade, representa a força que age para cima com módulo igual ao peso do volume do fluido deslocado pelo objeto e cujo ponto de aplicação é o centro de gravidade do objeto. Desse modo, a esfera de alumínio atingirá uma profundidade correspondente à coluna de água deslocada pela parte da esfera imersa na água.

O peso da esfera é dado por:

$$P_{esf} = \rho_{Al} V_{Al} g = \rho_{Al} \frac{4}{3} \pi (r_o^3 - r_i^3) g$$

sendo V_{Al} o volume da esfera de alumínio, r_0 e r_i são os raios da esfera, externo e interno, respectivamente, e g é a aceleração da gravidade.

O peso do volume de água deslocado pela calota esférica submersa na água é dado por:

$$P_{água} = \rho_{água} V_{água} g = \rho_{água} \frac{1}{3} \pi (2r_o - h)(r_o + h) g$$

Exigindo-se que esses pesos sejam iguais, resulta a equação:

$$h^3 - 3r_o h^2 + 4r_o^3 - 4\frac{\rho_{Al}}{\rho_{água}}(r_o^3 - r_i^3) = 0$$

A última equação é um polinômio de terceira ordem para h. Das raízes do polinômio, podemos chegar à resposta do problema.

A solução do problema pode ser obtida com o MATLAB escrevendo o polinômio e usando a função `roots` para determinar o valor de h. Isso é feito no programa a seguir:

```
re=0.60; ri=0.588;                          Atribui os valores dos raios às variáveis re e ri.
rhoalum=2690; rhoagua=1030;                 Atribui os valores das densidades às variáveis rhoalum e rhoagua.
a0=4*re^3-4*rhoalum*(re^3-ri^3)/rhoagua;    Calcula o coeficiente a₀.
p=[1 -3*re 0 a0];                           Declara um vetor cujos elementos são os coeficientes do polinômio.
h=roots(p)                                  Calcula as raízes do polinômio.
```

Executando o programa (salvo como Capitulo8_Exemplo5) na janela Command Window, são apresentadas três raízes, uma vez que o polinômio é de terceira ordem. A única resposta fisicamente admissível é a segunda, i.e., $h = 0,9029$ m.

```
>> Capitulo8_Exemplo5
h =
    1.4542
    0.9029
   -0.5570
```

O polinômio tem três raízes. A única que é fisicamente possível para o problema é 0,9029 m.

Problema Exemplo 8-6: Determinação do tamanho de um capacitor

Um capacitor de capacitância desconhecida foi conectado a um circuito contendo uma fonte de tensão, uma chave bipolar e um resistor. Primeiramente, a chave é posicionada em B e o capacitor é carregado. Em seguida, a chave é comutada para a posição A e o capacitor descarrega-se através do resistor. Durante a descarga, a tensão sobre os terminais do capacitor é medida em intervalos regulares de 1 s, em um período total de 10 s. A tabela abaixo apresenta os resultados das medidas. Construa um gráfico da tensão sobre o capacitor em função do tempo e determine sua capacitância, ajustando o conjunto de pontos com uma curva exponencial.

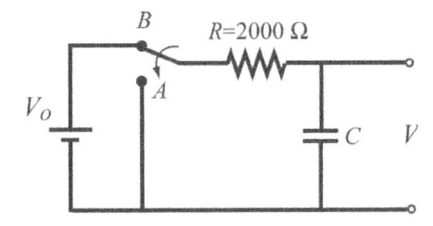

$t\,(s)$	1	2	3	4	5	6	7	8	9	10
$V\,(V)$	9,40	7,31	5,15	3,55	2,81	2,04	1,26	0,97	0,74	0,58

Solução

A tensão sobre o capacitor, em função do tempo, durante a descarga é dada por:

$$V = V_0 e^{(-t)/(RC)}$$

sendo V_0 a tensão inicial do capacitor, R a resistência do resistor e C a capacitância do capacitor. De acordo com a explicação da Seção 8.2.2, a função exponencial pode ser escrita como uma equação linear para $\ln(V)$ e t na forma:

$$\ln(V) = \frac{-1}{RC}t + \ln(V_0)$$

A equação anterior está na forma padrão $y = mx + b$ e pode ser ajustada ao conjunto de pontos da tabela utilizando a função `polyfit(x,y,1)` com t e $\ln(V)$ sendo, respectivamente, as variáveis independente (x) e dependente (y). Os coeficientes m e b determinados através da função `polyfit` são utilizados para encontrar o valor de C e V_0:

$$C = \frac{-t}{Rm} \quad \text{e} \quad V_0 = e^b$$

O programa a seguir determina a melhor função de ajuste exponencial aos pontos da tabela, calcula C e V_0 e gera um gráfico dos pontos e da função de ajuste.

```
R=2000;                                        % Declara R.
t=1:10;                                        % Declara os vetores t e v com os dados da tabela.
v=[9.4 7.31 5.15 3.55 2.81 2.04 1.26 0.97 0.74 0.58];
p=polyfit(t,log(v),1);                         % Usa a função polyfit com t e log(V) como argumentos.
C=-1/(R*p(1))                                  % Determina C a partir de p(1), que representa m na equação.
V0=exp(p(2))                                   % Determina V0 a partir de p(2), que representa b na equação.
tplot=0:0.1:10;                                % Cria o vetor auxiliar tplot para plotar a função de ajuste.
vplot=V0*exp(-tplot./(R*C));                   % Cria o vetor auxiliar vplot para plotar a função de ajuste.
plot(t,v,'o',tplot,vplot)
```

Quando o programa (salvo como Capitulo8_Exemplo6) é executado, os valores de C e V_0 são exibidos na Command Window:

```
>> Capitulo8_Exemplo6
C =
    0.0016                                     % A capacitância do capacitor é aproximadamente 1600 µF.
V0 =
   13.2796
```

O programa também gera o gráfico a seguir (os rótulos dos eixos foram adicionados usando o Plot Editor).

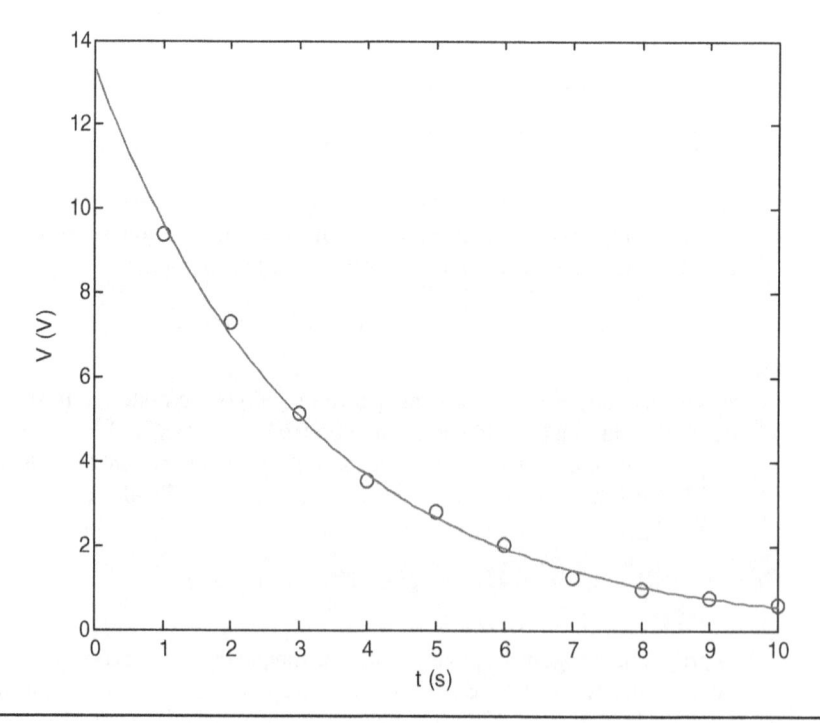

Problema Exemplo 8-7: Dependência da viscosidade com a temperatura

A viscosidade (μ) é a propriedade de resistência que todo fluido real apresenta ao movimento relativo de qualquer de suas partes. Para a maioria dos fluidos, a viscosidade é altamente sensível à variação de temperatura. Abaixo é fornecida uma tabela de viscosidade do óleo SAE 10W em diferentes temperaturas (dados retirados de B. R. Munson, D. F. Young e T. H. Okiishi, *Fundamentals of Fluid Mechanics*, 4th Edition, John Wiley and Sons, 2002). Determine uma equação que se ajusta aos dados.

T (°C)	-20	0	20	40	60	80	100	120
μ (N s/m^2) ($\times 10^{-5}$)	4	0,38	0,095	0,032	0,015	0,0078	0,0045	0,0032

Solução

Primeiramente, é necessário plotar os pontos da viscosidade (μ) em função da temperatura (T – escala absoluta) para avaliar o tipo de equação que permitirá o melhor ajuste dos dados. Uma boa tentativa é adotar uma escala linear para T e logarítmica para μ. Feita a escolha, os pontos marcados nesse gráfico claramente não estão distribuídos ao longo de uma linha reta. Isso significa que uma função exponencial simples na forma $y = be^{mx}$ não proporciona o melhor ajuste. Como os pontos na figura aparentam situar-se ao longo de uma linha curva, uma função que possivelmente ajusta-se a aos dados é:

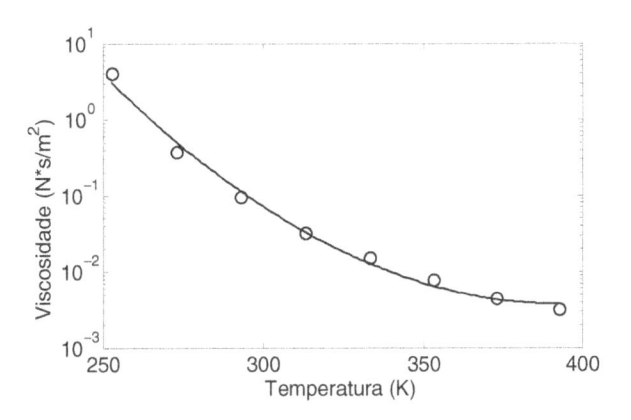

$$\ln(\mu) = a_2 T^2 + a_1 T + a_0$$

Essa função pode ser ajustada aos dados usando a função `polyfit(x,y,2)` (polinômio de segundo grau), onde a variável independente é T e a variável dependente é $\ln(\mu)$. A equação anterior pode ser resolvida para μ, resultando em uma expressão para a viscosidade em função da temperatura:

$$\mu = e^{(a_2 T^2 + a_1 T + a_0)} = e^{a_0} e^{a_1 T} e^{a_2 T^2}$$

O programa a seguir determina a melhor função de ajuste dos dados e exibe um gráfico mostrando os dados e a função.

```
T=[-20:20:120];
mu=[4 0.38 0.095 0.032 0.015 0.0078 0.0045 0.0032];
TK=T+273;
p=polyfit(TK,log(mu),2)
Tplot=273+[-20:120];
muplot = exp(p(1)*Tplot.^2 + p(2)*Tplot + p(3));
semilogy(TK,mu,'o',Tplot,muplot)
```

Quando o programa (salvo como Capitulo8_Exemplo7) é executado, os coeficientes determinados pela função `polyfit` são exibidos na Command Window (veja a seguir) como três elementos do vetor p.

```
>> Capitulo8_Exemplo7
p =
    0.0003   -0.2685   47.1673
```

Com esses coeficientes, a viscosidade do óleo em função da temperatura é:

$$\mu = e^{(0,0003\,T^2 - 0,2685\,T + 47,1673)} = e^{47,1673}\, e^{(-0,2685)T}\, e^{0,0003\,T^2}$$

O gráfico gerado pelo programa mostra que a equação obtida apresenta um bom ajuste aos dados da tabela (os rótulos dos eixos foram adicionados como Plot Editor).

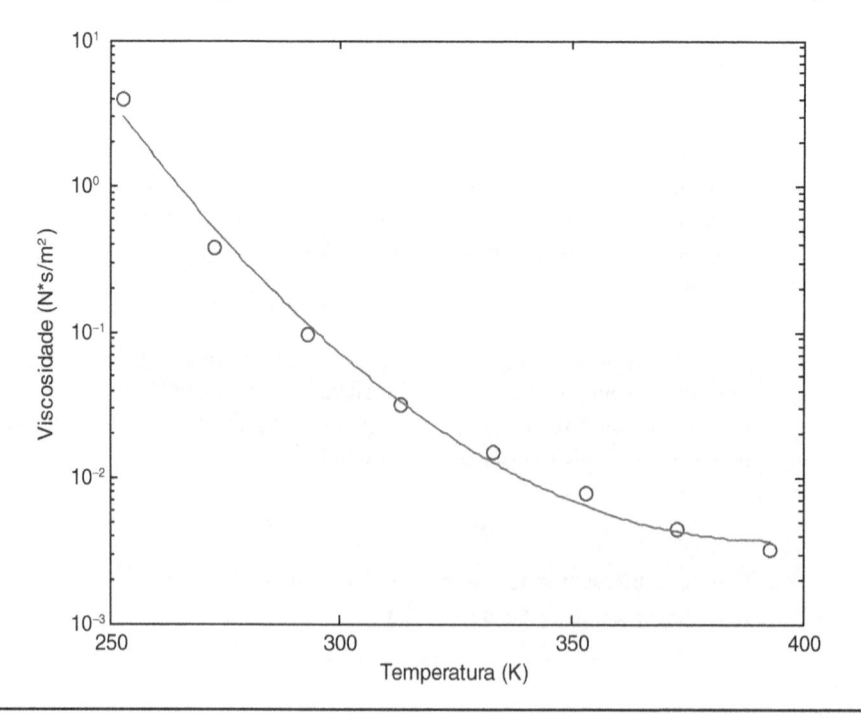

8.6 PROBLEMAS

1. Plote o polinômio $y = -0{,}4x^4 + 7x^2 - 20{,}5x - 28$ no domínio $-5 \leq x \leq 4$. Primeiro crie um vetor para x, depois use a função `polyval` para calcular y e, finalmente, use o comando `plot`.

2. Plote o polinômio $y = -0{,}001x^4 + 0{,}051x^3 - 0{,}76x^2 + 3{,}8x - 1{,}4$ no domínio $1 \leq x \leq 14$. Primeiro crie um vetor para x, depois use a função `polyval` para calcular y e, finalmente, use o comando `plot`.

3. Use o MATLAB para efetuar a seguinte multiplicação de dois polinômios:
$$(2x^2 + 3)(x^3 + 3{,}5x^2 + 5x - 16)$$

4. Use o MATLAB para efetuar a seguinte multiplicação de polinômios:
$$(x + 1{,}4)(x - 0{,}4)x(x + 0{,}6)(x - 1{,}4)$$
Plote o polinômio resultante para $-1{,}5 \leq x \leq 1{,}5$.

5. Divida o polinômio $-0{,}6x^5 + 7{,}7x^3 - 8x^2 - 24{,}6x + 48$ pelo polinômio $-0{,}6x^3 + 4{,}1x - 8$.

6. Divida o polinômio $x^4 - 6x^3 + 13x^2 - 12x + 4$ pelo polinômio $x^3 - 3x^2 + 2$.

7. O produto de três números inteiros consecutivos é 1716. Utilize uma função nativa do MATLAB para operações com polinômios e determine os três inteiros.

8. O produto de quatro inteiros consecutivos pares é 13440. Utilize uma função nativa do MATLAB para operações com polinômios e determine os quatro inteiros.

9. Um tanque de combustível cilíndrico de alumínio tem um diâmetro externo de 76,2 cm e uma altura de 127 cm. A espessura da parede é t e as extremidades inferior e superior são 25% mais espessas. Determine t se a massa do tanque é 70 kg. O peso específico do alumínio é 2,7 g/cm^3.

10. Um tanque de combustível cilíndrico tem a base plana e a tampa superior hemisférica (veja a figura). O diâmetro externo é 25 cm e a altura da seção cilíndrica é 40 cm. A espessura das paredes laterais e da tampa hemisférica é t, e a espessura da base plana é $1{,}5t$. Determine t se a massa do tanque é 27,5 kg. A densidade do alumínio é 2,7 g/cm^3.

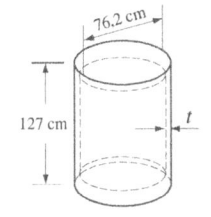

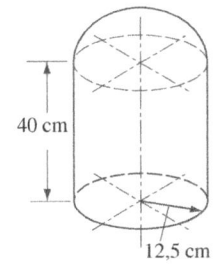

11. Uma haste de 7,5 m de comprimento é cortada em 12 pedaços, que são soldados juntos para formar a armação de uma caixa retangular. O comprimento da base da caixa é três vezes sua largura (veja a figura).

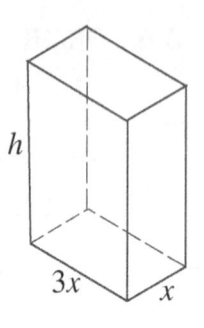

    (a) Escreva uma expressão polinomial para o volume V em função de x.
    (b) Faça um gráfico de V versus x.
    (c) Determine o valor de x que maximiza o volume. Determine o volume para esse x.

12. Um pedaço retangular de papelão, 40 polegadas de comprimento por 22 polegadas de largura, é usado para fazer uma caixa retangular (com a parte de cima aberta) cortando quadrados de x por x dos cantos e dobrando os lados.

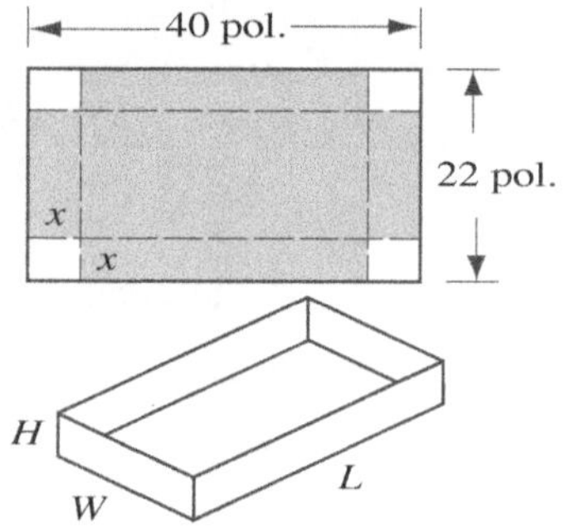

    (a) Escreva uma expressão polinomial para o volume V em termos de x.
    (b) Faça um gráfico de V versus x.
    (c) Determine x se o volume da caixa é 1000 pol.^{3}.
    (d) Determine o valor de x que corresponde ao maior volume possível da caixa e determine esse volume.

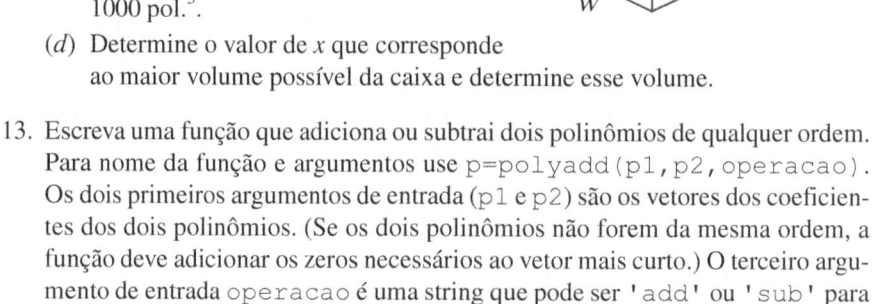

13. Escreva uma função que adiciona ou subtrai dois polinômios de qualquer ordem. Para nome da função e argumentos use `p=polyadd(p1,p2,operacao)`. Os dois primeiros argumentos de entrada (`p1` e `p2`) são os vetores dos coeficientes dos dois polinômios. (Se os dois polinômios não forem da mesma ordem, a função deve adicionar os zeros necessários ao vetor mais curto.) O terceiro argumento de entrada `operacao` é uma string que pode ser `'add'` ou `'sub'` para adicionar ou subtrair os polinômios, respectivamente. O argumento de saída `p` é o polinômio resultante.

    Use a função para adicionar e subtrair os seguintes polinômios:
    $$f_1(x) = x^5 - 7x^4 + 11x^3 - 4x^2 - 5x - 2 \text{ e } f_2(x) = 9x^2 - 10x + 6.$$

14. Escreva uma função que multiplica dois polinômios. Para nome da função e argumentos use `p=polymult(p1,p2)`. Os dois argumentos de entrada `p1` e `p2` são os vetores dos coeficientes dos dois polinômios. O argumento de saída `p` é o polinômio resultante.

    Use a função para multiplicar os seguintes polinômios:
    $$f_1(x) = x^5 - 7x^4 + 11x^3 - 4x^2 - 5x - 2 \text{ e } f_2(x) = 9x^2 - 10x + 6.$$

    Verifique sua resposta com a função nativa `conv` do MATLAB.

15. Escreva uma função que calcula o máximo (ou o mínimo) de uma função quadrática da forma:
    $$f(x) = ax^2 + bx + c$$

Para nome da função e argumentos use [x,y,w]=maxoumin(a,b,c). Os argumentos de entrada são os coeficientes a, b e c. Os argumentos de saída são x, a coordenada do máximo (ou mínimo); y, o valor máximo (ou mínimo); e w, que é igual a 1 se y é um máximo e igual a 2 se y é um mínimo.
Use a função para determinar o máximo ou o mínimo das seguintes funções:
(a) $f(x) = 3x^2 - 7x + 14$
(b) $f(x) = -5x^2 - 11x + 15$

16. Um cilindro de raio r e altura h é construído dentro de um cone com base de raio $R = 10$ pol. e altura $H = 30$ pol., como ilustrado na figura do problema.

    (a) Escreva uma expressão polinomial para o volume V do cilindro em termos de r.
    (b) Faça um gráfico de V versus r.
    (c) Determine r se o volume do cilindro é 800 pol.^{3}.
    (d) Determine o valor de r que corresponde ao cilindro com o maior volume possível. Determine esse volume.

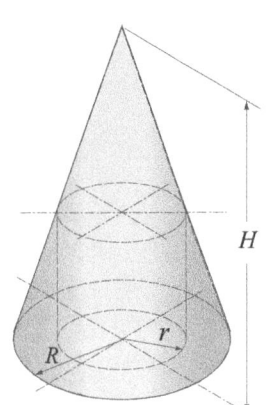

17. Considere a parábola $y = 1{,}5(x-5)^2 + 1$ e o ponto $P(3; 5{,}5)$.

    (a) Escreva uma expressão polinomial para a distância d do ponto P a um ponto arbitrário Q ao longo da parábola (veja a figura do problema).
    (b) Faça um gráfico de d versus x para $3 \le x \le 6$.
    (c) Determine as coordenadas de Q se $d = 28$.
    (d) Determine as coordenadas de Q que correspondem à menor distância d e calcule o valor correspondente de d.

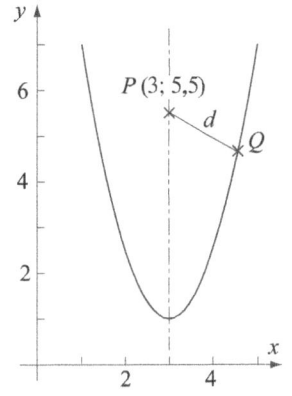

18. A temperatura de ebulição da água T_B em várias altitudes h é apresentada na tabela a seguir. Determine uma equação linear na forma $T_B = mh + b$ que melhor se ajusta aos dados. Use a equação para calcular a temperatura de ebulição na altitude de 16000 pés. Faça um gráfico dos pontos da tabela e da equação de ajuste.

h (pés)	0	2000	5000	7500	10000	20000	26000
T_B (°F)	212	210	203	198	194	178	168

19. O número de bactérias N_B medido em diferentes instantes de tempo t é apresentado na tabela a seguir. Determine uma função exponencial na forma $N_B = Ne^{\alpha t}$ que melhor se ajusta aos dados. Use a equação para estimar o número de bactérias após 60 min. Faça um gráfico dos pontos e da equação de ajuste.

t (min)	10	20	30	40	50
N_B	15000	215000	335000	480000	770000

20. A equação de van der Waals fornece a relação entre pressão p (atm), volume V (L) e temperatura T (K) para um gás real:

$$p = \frac{nRT}{V-nb} - \frac{n^2 a}{V^2}$$

onde n é o número de moles, $R = 0{,}08206$ (L atm)/(mol K) é a constante universal dos gases perfeitos e a (L² atm/mol²) e b (L/mol) são constantes do material. A equação pode ser facilmente utilizada para calcular p (dados T e V) ou T (dados p e V). Por outro lado, a equação não é resolvida diretamente para V, quando p e T são dados, uma vez que ela é não linear em V. Uma maneira resolver a equação para V é reescrevê-la como um polinômio de terceira ordem

$$V^3 - \left(nb + \frac{nRT}{p}\right)V^2 + \frac{n^2 a}{p}V - \frac{n^3 ab}{p} = 0$$

e calcular as raízes do polinômio.

Escreva uma função que calcule V dados p, T, n, a e b. Para nome da função e argumentos use `V=waals(p,T,n,a,b)`. A função calcula V utilizando a função nativa `roots` do MATLAB. Observe que a solução do polinômio pode ter raízes não reais (complexas). O argumento de saída V na função `waals` deve ser uma solução fisicamente consistente (positiva e real). (A função nativa `imag(x)` do MATLAB pode ser utilizada para determinar qual raiz é real.) Use a função para calcular V para $p = 30$ atm; $T = 300$ K; $n = 1{,}5$; $a = 1{,}345$ L² atm/mol²; $b = 0{,}0322$ L/mol.

21. A população mundial para alguns anos selecionados entre 1750 e 2009 é dada na tabela abaixo:

Ano	1750	1800	1850	1900	1950	1990	2000	2009
População (milhões)	791	980	1260	1650	2520	5270	6060	6800

(a) Determine a função exponencial que melhor ajusta os dados. Use a função para estimar a população em 1980. Faça um gráfico dos pontos e da função de ajuste.

(b) Ajuste os dados com um polinômio de terceira ordem. Use o polinômio para estimar a população em 1980. Faça um gráfico dos pontos e do polinômio de ajuste.

(c) Ajuste os dados com interpolações linear e spline. Estime a população em 1975 com ambas as interpolações. Faça um gráfico dos dados da tabela e das curvas obtidas com os pontos interpolados.

Em cada gráfico utilize marcadores circulares para os dados da tabela e inclua a curva de ajuste ou as curvas de interpolação. Lembre-se que no item c) temos duas curvas de interpolação.

A população real do mundo em 1980 era 4453,8 milhões.

Capítulo 8 • Polinômios, Ajuste de Curvas e Interpolação

22. Considere o seguinte conjunto de pontos:

x	–5	–3,4	–2,0	–0,8	0	1,2	2,5	4	5,0	7	8,5
y	4,4	4,5	4	3,6	3,9	3,8	3,5	2,5	1,2	0,5	–0,2

(a) Ajuste os dados com um polinômio de primeira ordem. Faça um gráfico dos pontos e do polinômio.
(b) Ajuste os dados com um polinômio de segunda ordem. Faça um gráfico dos pontos e do polinômio.
(c) Ajuste os dados com um polinômio de quarta ordem. Faça um gráfico dos pontos e do polinômio.
(d) Ajuste os dados com um polinômio de oitava ordem. Faça um gráfico dos pontos e do polinômio.

23. A densidade do ar D (média de várias medições), em diferentes alturas h, do nível do mar até uma altura de 33 km é fornecida na tabela abaixo.

h (km)	0	3	6	9	12	15
D (kg/m^3)	1,2	0,91	0,66	0,47	0,31	0,19
h (km)	18	21	24	27	30	33
D (kg/m^3)	0,12	0,075	0,046	0,029	0,018	0,011

(a) Faça os seguintes quatro gráficos para o conjunto de pontos da tabela (densidade em função da altura): (1) ambos os eixos com escala linear; (2) h com eixo logarítmico e D com eixo linear; (3) h com eixo linear e D com eixo logarítmico; (4) ambos os eixos com escala logarítmica. A partir desses gráficos, escolha uma função (linear, potência, exponencial ou logarítmica) que melhor se ajusta aos pontos e determine os coeficientes dessa função.
(b) Plote os dados da tabela e a função usando ambos os eixos lineares.

24. Escreva uma função que ajuste um conjunto de pontos a uma função potência na forma $y = bx^m$. Para nome da função e argumentos use `[b,m]=powerfit(x,y)`, onde os argumentos de entrada x e y são vetores com as coordenadas dos pontos e os argumentos de saída b e m são as constantes da função de ajuste. Use a função `powerfit` para ajustar os dados da tabela abaixo. Faça um gráfico que mostre os pontos e a função de ajuste.

x	0,5	2,4	3,2	4,9	6,5	7,8
y	0,8	9,3	37,9	68,2	155	198

25. A força aerodinâmica de arrasto F_D que é aplicada a um carro é dada por:

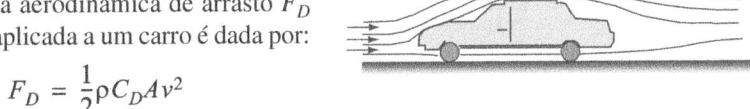

$$F_D = \frac{1}{2}\rho C_D A v^2$$

onde $\rho = 1,2$ kg/m^3 é a densidade do ar, C_D é o coeficiente de arrasto, A é a área da projeção frontal do carro e v é a velocidade do carro (em m/s) relativa ao vento. O produto $C_D A$ caracteriza a resistência do ar de um carro. (Para velocidades superiores a 70 km/h, a força de arrasto é tipicamente mais da metade da resistência total ao movimento.) Dados obtidos em um teste do túnel de vento estão apresentados na tabela a seguir. Use esses dados para determinar o produto $C_D A$ para o carro testado, usando ajuste de curvas. Faça um gráfico dos pontos e da equação de ajuste obtida.

v (km/h)	20	40	60	80	100	120	140	160
F_D (N)	10	50	109	180	300	420	565	771

26. A viscosidade (μ) é a propriedade de resistência que todo fluido real apresenta ao movimento relativo de qualquer de suas partes. Para a maioria dos fluidos, a viscosidade é altamente sensível à variação de temperatura. Para gases, a variação da viscosidade com a temperatura é frequentemente modelada por uma equação da forma

$$\mu = \frac{CT^{3/2}}{T+S}$$

onde μ é a viscosidade, T é a temperatura absoluta, C e S são constantes empíricas. Abaixo é fornecida uma tabela de viscosidade do ar em diferentes temperaturas (dados retirados de B. R. Munson, D. F. Young e T. H. Okiishi, *Fundamentals of Fluid Mechanics*, 4th Edition, John Wiley and Sons, 2002).

T ($^{\circ}$C)	−20	0	40	100	200	300	400	500	1.000
μ (N s/m2) ($\times 10^{-5}$)	1,63	1,71	1,87	2,17	2,53	2,98	3,32	3,64	5,04

Determine as constantes C e S ajustando a equação anterior aos dados da tabela acima. Faça um gráfico da viscosidade versus a temperatura (em $^{\circ}$C). Nesse gráfico, destaque os dados com círculos e a curva da equação de ajuste com uma linha sólida.

O ajuste pode ser realizado reescrevendo a equação na forma

$$\frac{T^{3/2}}{\mu} = \frac{1}{C}T + \frac{S}{C}$$

e utilizando um polinômio de primeira ordem.

27. A tabela a seguir apresenta medições da eficiência do consumo de combustível de um automóvel F_E (em milhas/galão – mpg) para várias velocidades v (milhas/hora).

v (mi/h)	5	15	25	35	45	55	65	75
F_E (mpg)	11	22	28	29,5	30	30	27	23

(a) Ajuste os dados da tabela por meio de um polinômio de segunda ordem. Use o polinômio para estimar a eficiência de combustível em 60 mi/h. Faça um gráfico dos pontos e do polinômio de ajuste.

(b) Ajuste os dados da tabela por meio de um polinômio de terceira ordem. Use o polinômio para estimar a eficiência de combustível em 60 mi/h. Faça um gráfico dos pontos e do polinômio de ajuste.

(c) Ajuste os dados com interpolações linear e spline. Estime a eficiência de combustível em 60 mi/h com ambas as interpolações. Faça um gráfico que mostre os dados da tabela e as curvas obtidas a partir dos pontos interpolados (considerando os dois métodos).

28. Sabe-se que a relação ente duas variáveis P e t é da seguinte forma:

$$P = \frac{mt}{b+t}$$

O seguinte conjunto de dados é dado:

t	1	3	4	7	8	10
P	2,1	4,6	5,4	6,1	6,4	6,6

Determine as constante m e b ajustando a equação aos dados da tabela. Faça um gráfico de P versus t. No gráfico, mostre os pontos da tabela com marcadores e a equação de ajuste com uma linha sólida. (O ajuste da curva pode ser feito escrevendo-se o recíproco da equação e usando um polinômio de primeira ordem.)

29. O limite de escoamento σ_y de muitos metais depende do tamanho das partículas. Para esses metais, a relação entre o limite de escoamento e o diâmetro médio das partículas pode ser modelada pela equação de Hall-Petch:

$$\sigma_y = \sigma_0 + kd^{\left(\frac{-1}{2}\right)}$$

A tabela a seguir apresenta algumas medições do diâmetro médio das partículas e do limite de escoamento:

d (mm)	0,005	0,009	0,016	0,025	0,040	0,062	0,085	0,110
σ_y (MPa)	205	150	135	97	89	80	70	67

(a) Usando ajuste de curvas, determine as constantes σ_0 e k na equação de Hall-Petch para esse material. Utilizando as constantes (e a equação), determine o limite de escoamento do material se o tamanho (diâmetro) das partículas é 0,05 mm. Construa um gráfico que destaque os dados da tabela com círculos e a curva da equação de Hall-Petch com uma linha sólida.

(b) Utilize interpolação linear para determinar o limite de escoamento do material com partículas de diâmetro 0,05 mm. Construa um gráfico que destaque os dados com círculos e a interpolação linear com uma linha sólida.

(c) Faça uma interpolação cúbica para determinar o limite de escoamento do material com partículas de diâmetro 0,05 mm. Faça um gráfico que destaque os dados com círculos e a interpolação cúbica com uma linha sólida.

30. O fator de concentração de tensões k é a razão entre a tensão máxima τ_{max} e a tensão média τ_{med}, $k = \tau_{max} / \tau_{med}$. Para um eixo escalonado carregado submetido a torção, com dimensões conforme a figura do problema, o fator k é função de r/d e a tensão máxima ocorre no canto arredondado. A tensão média é dada por $\tau_{med} = (16T) / (\pi d^3)$, onde T é o torque aplicado. A tabela a seguir apresenta resultados de medição dos fatores de concentração de tensões, obtidos em testes utilizando eixos com $d/D = 2$ e várias razões r/d.

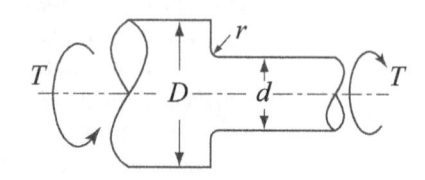

r/d	0,3	0,26	0,22	0,18	0,14	0,1	0,06	0,02
k	1,18	1,19	1,21	1,26	1,32	1,43	1,6	1,98

(a) Use uma função potência na forma $k = b(r/d)^m$ para modelar a relação entre k e r/d. Determine os valores de b e m para o melhor ajuste da função aos dados da tabela.
(b) Faça um gráfico com os pontos da tabela e com a função de ajuste obtida.
(c) Use o modelo para estimar o fator de concentração de tensão para $r/d = 0,04$.

31. A equação dos gases ideais relaciona o volume, a pressão, a temperatura e a quantidade de um gás por:

$$V = \frac{nRT}{P}$$

onde V é o volume em litros, P é a pressão em atm, T é a temperatura em kelvins, n é o número de moles e R é a constante universal dos gases.

Um experimento foi realizado para determinar a constante universal dos gases R. No experimento, 0,05 mol de um gás é submetido a várias pressões, enquanto o gás vai sendo comprimido em um recipiente apropriado. A cada novo volume ocupado pelo gás, são medidas a pressão e a temperatura do gás. Baseando-se nos dados da tabela a seguir, construa um gráfico V versus T/P e ajuste o conjunto de pontos com uma equação linear (uma reta) para determinar a constante R.

V (L)	0,75	0,65	0,55	0,45	0,35
T (°C)	25	37	45	56	65
P (atm)	1,63	1,96	2,37	3,00	3,96

Capítulo 9

Aplicações em Cálculo Numérico

Nas ciências e nas engenharias, os métodos numéricos são utilizados frequentemente na solução de problemas matemáticos onde é difícil, ou até mesmo impossível, obter soluções exatas para as equações. O MATLAB tem uma extensa biblioteca de funções para solução numérica de uma grande variedade de problemas matemáticos. Este capítulo explica como utilizar algumas dessas importantes funções. Deve ser ressaltado que o propósito desse livro é mostrar aos usuários como utilizar o MATLAB e, por isso, a teoria do Cálculo Numérico não é abordada aqui. Apenas algumas informações gerais sobre Cálculo Numérico serão fornecidas nesse capítulo, mas o estudante pode, e deve, consultar bibliografias específicas sobre o assunto se desejar maiores detalhes sobre as técnicas e métodos numéricos de solução.

Os seguintes tópicos são abordados nesse capítulo: solução de uma equação com uma variável; máximo e mínimo de uma função; integração numérica e resolução de equações diferenciais ordinárias (EDOs) de primeira ordem.

9.1 RESOLVENDO UMA EQUAÇÃO COM UMA VARIÁVEL

Uma equação com uma variável pode ser escrita na forma $f(x) = 0$. A solução dessa equação (também chamada raiz) é o valor de x onde a função cruza (ou toca) o eixo x, isto é, onde a função vale zero. Uma solução ou raiz exata é o valor de x para o qual a função vale exatamente zero. Se a solução exata não existe ou é difícil de ser determinada, é necessário utilizar algum método numérico de modo a encontrar o valor de x que mais se aproxima do valor exato. O melhor valor é aquele cujo erro da aproximação torna-se desprezível em relação a algum parâmetro (medida) previamente adotado. Uma boa maneira de se realizar esses cálculos é utilizar algum método iterativo, em que a cada iteração o computador determina um valor para x que melhor se aproxima da solução exata. O processo de iteração termina quando a diferença em x entre as duas últimas iterações tornar-se menor que alguma medida. Em geral, uma função pode ter nenhuma, uma, muitas ou até mesmo um número infinito de soluções.

No MATLAB, o zero de uma função pode ser calculado pela função nativa `fzero`, cuja sintaxe é:

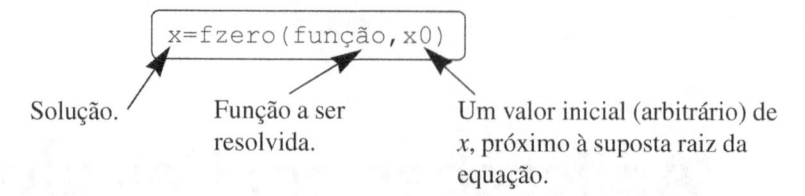

```
x=fzero(função,x0)
```

Solução.   Função a ser resolvida.   Um valor inicial (arbitrário) de x, próximo à suposta raiz da equação.

A função nativa `fzero` é uma função que aceita como argumento de entrada outra função (a função a ser solucionada). (Veja a Seção 7.9.)

Detalhes adicionais sobre os argumentos da função `fzero`:
- `x` (a solução) é um escalar.
- `função` é a expressão que se deseja resolver. Existem basicamente três maneiras de introduzi-la no argumento:
  1. O modo mais simples é digitá-la como uma expressão matemática na forma de string.
  2. É possível que a expressão a ser resolvida envolva uma função personalizada pelo usuário. Nesses casos, basta digitar o identificador (handle) da função (veja a Seção 7.9.1).
  3. A função pode ser definida como uma função anônima (veja a Seção 7.8.1) e então seu nome (que é o nome do identificador) é digitado (veja a Seção 7.9.1).

(Como explicado na Seção 7.9.2, também é possível passar uma função personalizada e/ou uma função inline como argumento de outra função digitando-se seu nome. Porém, os identificadores de funções (handles) são mais eficientes e fáceis de usar e, portanto, devem ser o método preferido.)

- A função deve ser escrita na forma padrão, i.e., $f(x) = 0$. Por exemplo, se a função a ser resolvida for $xe^{-x} = 0,2$, é necessário reescrevê-la na forma $f(x) = xe^{-x} - 0,2 = 0$. Então, para entrar com essa função no comando `fzero` basta digitar: `'x*exp(-x)-0.2'`.
- Quando uma função é digitada como uma string, ela não pode incluir variáveis previamente definidas. Por exemplo, se a função a ser resolvida é $f(x) = xe^x - 0,2$ não é possível declarar `b=0.2` e, então, digitar `'x*exp(-x)-b'`.
- `x0` pode ser um escalar ou um vetor de dois elementos. Caso `x0` seja introduzido como um escalar, o valor atribuído deve estar próximo do ponto onde a função cruza o eixo x. Se `x0` é introduzido como um vetor, os dois elementos do vetor devem ser pontos em cada lado da solução esperada, tal que $f(x0(1))$ tenha sinal diferente de $f(x0(2))$. Quando a função tem mais de uma solução, cada solução pode ser determinada separadamente através do uso sistemático da função `fzero`, sendo que os diversos valores a serem digitados para `x0` devem ser escolhidos próximos de cada solução particular.
- A melhor maneira de encontrar, aproximadamente, onde a função possui uma solução é construindo o gráfico da função. Nas engenharias e nas ciências exatas,

as aplicações frequentemente envolvem uma escolha (estimativa) do domínio da solução. Além disso, muitas vezes, quando uma função tem mais de uma solução, somente uma ou poucas soluções têm significado físico.

Problema Exemplo 9-1: Resolvendo uma equação não linear

Determine a solução da equação $xe^{-x} = 0{,}2$.

Solução

Inicialmente, é necessário reescrever a equação na forma $f(x) = 0$, ou seja, $f(x) = xe^{-x} - 0{,}2 = 0$. O gráfico da equação no intervalo $0 \leq x \leq 8$ é mostrado ao lado. Perceba que existem duas raízes para a equação: uma no intervalo $0 \leq x \leq 1$ e outra no intervalo $2 \leq x \leq 3$. O gráfico foi obtido com o comando `fplot` na linha do prompt da janela Command Window:

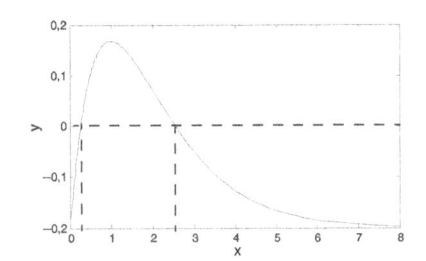

```
>> fplot('x*exp(-x)-0.2',[0 8])
```

As soluções da função são obtidas utilizando-se o comando `fzero` duas vezes. Primeiro, a equação é digitada como uma string e um valor de `x0` entre 0 e 1 (`x0=0.7`) é usado. Segundo, a equação a ser resolvida é definida como uma função anônima, que é então utilizada como argumento em `fzero` com `x0` entre 2 e 3 (`x0=2.8`). Esses passos estão apresentados a seguir:

```
>> x1=fzero('x*exp(-x)-0.2',0.7)            A função é digitada como
x1 =                                         uma string.
    0.2592                                   A primeira solução é 0,2592.
>> F=@(x)x*exp(-x)-0.2
F =                                          Criando uma função anônima.
    @(x)x*exp(-x)-0.2
>> fzero(F,2.8)                              Usando o nome da função anônima em fzero.
ans =
    2.5426                                   A segunda solução é 2,5426.
```

Comentários adicionais:
- O comando `fzero` determina os zeros de uma função somente onde a função cruza o eixo x. O comando não encontra um zero onde a função apenas "toca", mas não cruza, o eixo x.
- Caso uma solução não possa ser determinada, `NaN` é atribuído a `x`.
- O comando `fzero` possui outras opções (veja o Help Window do comando). As duas opções mais importantes são:

- `[x fval]=fzero('função',x0)`: atribui o valor da função no ponto x à variável fval.
- `x=fzero('função',x0,optimset('display','iter'))`: durante a determinação da solução, mostra cada resultado de saída no processo de iteração.
- Se a função puder ser escrita na forma de um polinômio, as soluções ou raízes podem ser encontradas com o comando `roots`, como explicado no Capítulo 8 (Seção 8.1.2).
- O comando `fzero` também pode ser utilizado na determinação do valor de *x* para um valor específico da função. Para tanto, basta transladar a função para cima ou para baixo, conforme o caso, e executar o comando `fzero`. Por exemplo, na função do Problema Exemplo 9-1, o primeiro valor de *x* onde a função vale 0,1 é determinado resolvendo-se a equação $xe^{-x} - 0,3 = 0$. Isso é mostrado abaixo:

```
>> x=fzero('x*exp(-x)-0.3',0.5)
x =
    0.4894
```

9.2 ENCONTRANDO O MÁXIMO OU O MÍNIMO DE UMA FUNÇÃO

O problema de determinar o máximo ou o mínimo de uma função $y = f(x)$ é essencial em muitas aplicações. No cálculo tradicional, o valor de *x* é determinado a partir do zero (raiz) da derivada da função. Em seguida, o valor de *y* é calculado por substituição de *x* dentro da função original. No MATLAB, o valor de *x* onde uma função de uma única variável $f(x)$ tem um mínimo no intervalo $x_1 \leq x \leq x_2$ é determinado através do comando `fminbnd`:

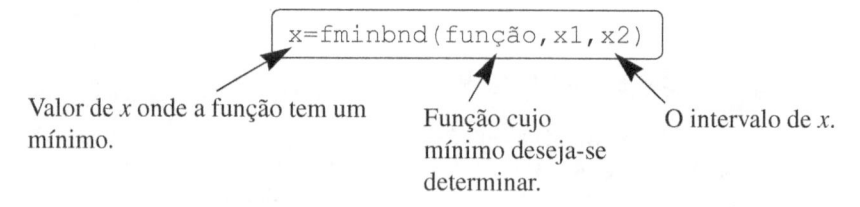

> `x=fminbnd(função,x1,x2)`

- `x`: Valor de *x* onde a função tem um mínimo.
- `função`: Função cujo mínimo deseja-se determinar.
- `x1,x2`: O intervalo de *x*.

- A função pode ser digitada como uma string, ou como um identificador de função (handle), de maneira semelhante ao comando `fzero`. Veja a Seção 9.1 para mais detalhes.
- O valor da função no mínimo pode ser atribuído a uma variável utilizando o comando:

> `[x fval]=fminbnd(função,x1,x2)`

Nesse caso, o valor da função no ponto x é atribuído à variável fval.

- Dentro de um dado intervalo, o mínimo de uma função pode estar ou em uma das extremidades ou em um ponto dentro do intervalo onde a inclinação da função seja nula (mínimo local). Ao executar o comando `fminbnd`, ele tenta primeiramente encontrar um mínimo local. Se um mínimo local é encontrado, seu valor é comparado com o valor da função nas extremidades do intervalo avaliado e verifica qual é o mínimo real da função. O MATLAB retorna o ponto com o valor mínimo real para o intervalo.

Por exemplo, vamos considerar a função $f(x) = x^3 - 12x^2 + 40{,}25x - 36{,}5$, plotada no intervalo $0 \leq x \leq 8$ na figura ao lado. Podemos observar que há um mínimo local entre 5 e 6 e que o mínimo absoluto está em $x = 0$. Usando o comando `fminbnd` com o intervalo $3 \leq x \leq 8$ para encontrar a localização do mínimo local e o valor da função nesse ponto temos:

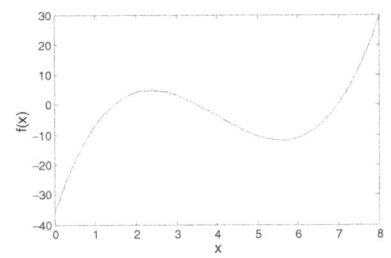

```
>> [x fval]=fminbnd('x^3-12*x^2+40.25*x-36.5',3,8)
x =
    5.6073
fval =
   -11.8043
```

O mínimo local está em $x = 5{,}6073$. O valor da função nesse ponto é $-11{,}8043$.

Observe que o comando `fminbnd` fornece o mínimo local. Se o intervalo é alterado para $0 \leq x \leq 8$, o comando fornece:

```
>> [x fval]=fminbnd('x^3-12*x^2+40.25*x-36.5',0,8)
x =
     0
fval =
  -36.5000
```

O mínimo está em $x = 0$. O valor da função nesse ponto é $-36{,}5$.

Para o intervalo $0 \leq x \leq 8$, o comando `fminbnd` fornece o mínimo absoluto (e não o local), que está localizado no ponto $x = 0$.

- O comando `fminbnd` também pode ser utilizado para determinar o máximo de uma função. Basta multiplicar a função por -1 e determinar o mínimo. De fato, esse mínimo representa o máximo da função original. Por exemplo, o máximo da função $f(x) = xe^{-x} - 0{,}2$ (Problema Exemplo 9-1), no intervalo $0 \leq x \leq 8$, pode ser determinado encontrando o mínimo da função $-f(x) = -xe^{-x} + 0{,}2$, como mostrado a seguir:

```
>> [x fval]=fminbnd('-x*exp(-x)+0.2',0,8)
x =
    1.0000
fval =
   -0.1679
```

O máximo está em $x = 1{,}0$. O valor da função nesse ponto é $0{,}1679$.

9.3 INTEGRAÇÃO NUMÉRICA

A integração é uma operação matemática indispensável nas ciências exatas e engenharias. Calcular áreas e volumes, velocidade a partir da aceleração, trabalho da força e do deslocamento são apenas alguns dos muitos exemplos em que as integrais são necessárias. Em geral, a integração de funções simples pode ser feita analiticamente, mas muitas funções relevantes são, com frequência, difíceis ou impossíveis de serem integradas analiticamente. Nos cursos formais de Cálculo, o integrando é uma função a ser submetida à operação de integração. Em algumas aplicações nas ciências e engenharias, o integrando pode ser um conjunto de pontos. Por exemplo, dados coletados sobre a vazão de um fluido ou um rio que podem ser utilizados na determinação do volume total.

Nas discussões que seguem, será assumido que o leitor tem algum conhecimento de integrais e das técnicas de integração. A integral definida da função $f(x)$ entre os limites a e b é escrita na forma:

$$q = \int_a^b f(x)dx$$

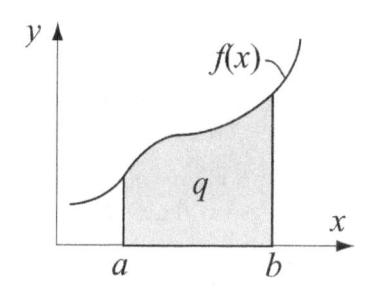

A função $f(x)$ é denominada integrando e os números a e b são os limites de integração. Graficamente, o valor da integral q é a área (A) debaixo do gráfico, i.e., entre a função, o eixo x e os limites laterais a e b (a área sombreada na figura). Quando a integral definida é calculada analiticamente, $f(x)$ é sempre uma função. Quando a integral é calculada numericamente, $f(x)$ pode ser uma função ou um conjunto de pontos. Na integração numérica, a área total é obtida através de pequenas seções da área global, determinando-se a área de cada seção e adicionando-se todas elas. Vários métodos numéricos foram desenvolvidos para esse propósito. A diferença básica entre os métodos está na maneira de dividir em seções a área global e no método utilizado para determinar a área de cada seção. O leitor interessado deve procurar textos específicos sobre Cálculo Numérico para obter detalhes sobre tais técnicas numéricas de integração.

Abaixo estão descritas três funções de integração nativas do MATLAB: `quad`, `quadl` e `trapz`. As funções `quad` e `quadl` são utilizadas para integração de funções (i.e., o integrando é uma função $f(x)$), enquanto o comando `trapz` é bastante útil quando $f(x)$ é um conjunto de pontos.

O comando `quad`:
O comando `quad` se utiliza do método de integração adaptativo de Simpson e sua sintaxe é:

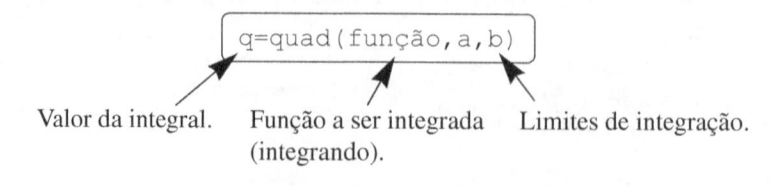

```
q=quad(função,a,b)
```

Valor da integral. Função a ser integrada (integrando). Limites de integração.

- A função pode ser digitada como uma string ou como um identificador de função (handle), de modo similar ao comando `fzero` (veja a Seção 9.1 para mais detalhes). Os dois métodos são demonstrados no Problema Exemplo 9-2.
- A função $f(x)$ deve ser escrita de modo que o argumento x seja um vetor (utilize operações elemento por elemento), isso porque é preciso saber o valor da função para cada elemento x.
- O usuário deve certificar-se de que a função não tem uma descontinuidade infinita (assíntota vertical) entre a e b.
- A função `quad` calcula a integral com um erro absoluto menor que 1.0e-6. Esse número pode ser modificado adicionando-se o argumento `tol` a sintaxe do comando:

```
q=quad(função,a,b,tol)
```

onde `tol` é um número que define o erro máximo admissível (a tolerância). Quanto maior o valor de `tol`, mais rápido é realizado o cálculo da integral, porém menor é a precisão obtida.

O comando `quadl`:
A sintaxe do comando `quadl` (a última letra é um L minúsculo) é exatamente a mesma do comando `quad`:

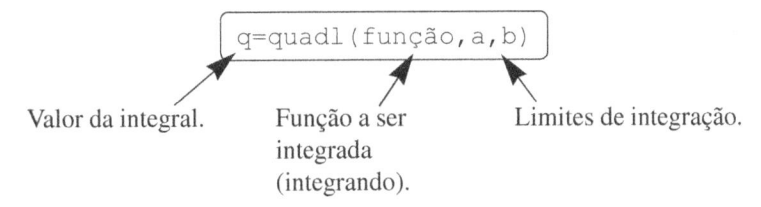

```
q=quadl(função,a,b)
```

Valor da integral.   Função a ser integrada (integrando).   Limites de integração.

Todos os comentários listados para o comando `quad` também são válidos para o comando `quadl`. A diferença entre os dois é o método numérico utilizado para calcular a integral. O comando `quadl` se utiliza do método adaptativo de Lobatto, que pode ser mais eficiente quando é requerida uma precisão maior e no caso de integrais de funções "bem-comportadas"[‡].

Problema Exemplo 9-2: Integração numérica de uma função

Use integração numérica para calcular a seguinte integral:

$$\int_0^8 (xe^{-x^{0,8}} + 0{,}2)dx$$

[‡] N. de R. T.: Entende-se como função bem-comportada:
1. Função contínua e limitada em todos os pontos do seu domínio.
2. Função contínua com derivadas contínuas em todos os pontos do seu domínio

Solução

De modo a ilustrar o problema, um gráfico da função no intervalo $0 \leq x \leq 8$ é apresentado ao lado. A solução dada aqui faz uso do comando `quad` e mostra duas maneiras de introduzir a função no argumento integrando. Na primeira, a expressão da função é digitada diretamente no argumento (como uma string). Na segunda, uma função é criada e, após, seu nome é digitado no comando.

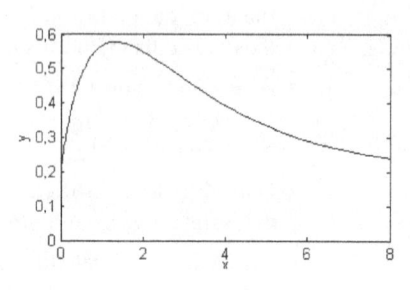

O uso do comando `quad` na Command Window, com a função a ser integrada digitada como uma string, é mostrado logo abaixo. Observe que a função é digitada com operações do tipo elemento por elemento.

```
>> quad('x.*exp(-x.^0.8)+0.2',0,8)
ans =
    3.1604
```

No segundo método, primeiro é criada uma função que calcula a função a ser integrada. A função (declarada como `y=Capitulo9_Exemplo2(x)`) é:

```
function y=Capitulo9_Exemplo2(x)
y=x.*exp(-x.^0.8)+0.2;
```

Observe novamente que a função é escrita com operações elemento por elemento de modo que o argumento `x` pode ser um vetor. A integração é feita na Command Window digitando-se o handle `@Capitulo9_Exemplo2` para o argumento `função` no comando `quad`, como apresentado abaixo:

```
>> q=quad(@Capitulo9_Exemplo2,0,8)
q =
    3.1604
```

O comando `trapz`:

O comando `trapz` é utilizado para integração de funções que consistem de um conjunto discreto de pontos. Esse comando faz uso do método trapezoidal para a integração numérica. A sintaxe do comando é:

$$q=\text{trapz}(x,y)$$

onde `x` e `y` são vetores cujos elementos são as coordenadas x e y dos pontos, respectivamente. Os dois vetores devem ter a mesma dimensão.

9.4 EQUAÇÕES DIFERENCIAIS ORDINÁRIAS

As equações diferenciais desempenham um papel crucial nas ciências e engenharias, já que formam o alicerce de virtualmente todo fenômeno físico de interesse nessas áreas do conhecimento. Entretanto, um número limitado de equações diferenciais pode ser resolvido por métodos analíticos. Como já foi mencionado, métodos numéricos constituem-se numa solução alternativa para praticamente qualquer equação. Isso não seria diferente para as equações diferenciais. Contudo, nesse caso, obter a solução numérica pode ser uma tarefa não muito simples. Isto porque um método numérico capaz de resolver qualquer equação ainda não foi desenvolvido. De fato, existem muitos métodos que resolvem diferentes tipos de equações. O MATLAB possui um repertório enorme de ferramentas para tratar e resolver equações diferenciais. Para utilizar plenamente o poder do MATLAB para resolver equações diferenciais, o usuário deve possuir conhecimentos sólidos sobre equações diferenciais e os vários métodos numéricos capazes de resolvê-las.

Esta seção descreve em detalhes como usar o MATLAB para resolver uma equação diferencial ordinária (EDO) de primeira ordem. Os métodos numéricos a serem utilizados na solução dessa equação serão apenas mencionados e descritos em linhas gerais, mas não serão explicados de um ponto de vista matemático. Em suma, o objetivo dessa seção é ensinar a resolver EDOs de primeira ordem simples e "não problemáticas". A solução para EDOs de primeira ordem é o ponto de partida para EDOs de ordens elevadas e sistemas de EDOs.

Uma equação diferencial ordinária é uma equação relacionando uma variável independente, uma variável dependente e derivadas da variável dependente. As EDOs são consideras de primeira ordem quando:

$$\frac{dy}{dx} = f(x, y)$$

onde x é a variável independente e y é a variável dependente. Uma solução da EDO é uma função $y = f(x)$ que satisfaz a equação. Em geral, as soluções de uma EDO constituem uma família de soluções. Para diferenciar entre as soluções são necessárias condições iniciais para o problema específico (denominado Problema de Valor Inicial – PVI). Para as EDOs de primeira ordem, a condição inicial é tão simplesmente o valor da função y (variável dependente) em algum ponto x específico.

Passos para resolução de uma EDO de primeira ordem:

Para o restante desta seção, a variável independente será t (tempo). Isso porque em muitas aplicações o tempo é a variável independente e, além disso, para ser consistente com o menu **Help** do MATLAB.

Passo 1: **Escreva o problema na forma padrão.**

Escreva a EDO na forma:

$$\frac{dy}{dt} = f(t, y) \quad \text{para } t_0 \le t \le t_f, \quad \text{com} \quad y = y_0 \text{ em } t = t_0.$$

Como mostrado acima, são necessárias três informações básicas para resolver uma EDO de primeira ordem: 1- Uma equação que fornece uma expressão para a derivada de y em relação a t; 2- O intervalo da variável independente; e 3- O valor inicial de y. A solução da equação é uma função para y, em termos de t, válida no intervalo de tempo entre t_0 e t_f. Um exemplo PVI de primeira ordem é:

$$\frac{dy}{dt} = \frac{t^3 - 2y}{t} \text{ para } 1 \le t \le 3 \text{ com } y = 4{,}2 \text{ em } t = 1$$

Passo 2: Crie uma função personalizada (em um arquivo – function file) ou uma função anônima.

A EDO a ser resolvida deve ser escrita como uma função (em um arquivo) ou declarada como uma função anônima. Em ambos os casos, a função deve calcular o valor de $\frac{dy}{dt}$, dados os valores de t e y. Por exemplo, para a EDO do exemplo anterior, temos a seguinte função (que é salva como um arquivo separado):

```
function dydt=EDOExp1(t,y)
dydt=(t^3-2*y)/t;
```

Quando uma função anônima é utilizada, ela pode ser declarada diretamente na Command Window ou dentro de um programa. Para o exemplo anterior, temos a seguinte função anônima (nomeada `edo1`) declarada na Command Window:

```
>> edo1=@(t,y)(t^3-2*y)/t
edo1 =
    @(t,y)(t^3-2*y)/t
```

Passo 3: Selecione um método numérico que resolve a EDO.

Selecione o método numérico que você gostaria que o MATLAB utilizasse na solução. Muitos métodos numéricos foram desenvolvidos para resolver EDOs de primeira ordem, e o MATLAB disponibiliza vários deles. A resolução numérica típica é aquela em que o intervalo de tempo é dividido em pequenos subintervalos, denominados passos. A solução começa em um ponto conhecido y_0 e, então, usando um método de integração, o valor de y é calculado para cada passo de tempo. A Tabela 9-1 lista sete comandos nativos do MATLAB para a resolução de EDOs de primeira ordem. Uma breve descrição acompanha o nome do comando na tabela.

Tabela 9-1 EDO nativas do MATLAB

Nome do comando	Descrição
ode45	Resolve problemas mais simples. Quase sempre a primeira tentativa de solução para a maioria dos problemas. Baseado no método Runge-Kutta.
ode23	Resolve problemas mais simples. Baseado no método Runge-Kutta. É mais rápido, porém menos preciso que o método ode45.
ode113	Resolve problemas mais simples. Método de passos múltiplos.

(continua)

Tabela 9-1   EDO nativas do MATLAB   (*continuação*)

Nome do comando	Descrição
ode15s	Resolve problemas mais complexos. Método de passos múltiplos. Utilize-o se o método ode45 falhar. Utiliza um método de ordem variável.
ode23s	Resolve problemas mais complexos. Método de passos simples. Pode resolver alguns problemas que o comando ode15s não consegue.
ode23t	Resolve problemas moderadamente complexos.
ode23tb	Resolve problemas mais complexos. Geralmente mais eficiente que o método ode15s.

Em geral, os comandos de resolução de EDOs são divididos em dois grupos, de acordo com a capacidade de resolver problemas difíceis ou se utilizam métodos de passo simples ou passo múltiplo. Problemas difíceis são aqueles cuja ordem de complexidade computacional é elevada e requerem muitos passos de tempo. Os métodos de passo simples utilizam informação baseada em um único ponto para obter a solução no próximo ponto. Os métodos de passo múltiplo utilizam informação baseada em vários pontos anteriores para encontrar a solução no próximo ponto. Uma explicação detalhada foge ao escopo desse livro. Recorra a um livro específico sobre Cálculo Numérico para conhecer detalhes sobre os diferentes métodos de solução de EDOs.

É impossível saber sempre que comando resolve mais apropriadamente um problema PVI. Como sugestão, tente primeiro o comando ode45, que produz bons resultados para a maioria dos problemas. Caso o comando não produza os resultados esperados, "apele" para o comando ode15s, depois ode23tb e assim por diante.

Passo 4:   Resolva a EDO.

A sintaxe de um comando para resolver o PVI é a mesma para qualquer comando do MATLAB e quaisquer equações a serem resolvidas:

```
[t,y]=nome_comando(função_EDO,tspan,y0)
```

Informações adicionais:

nome_comando	Nome do comando (método numérico) escolhido (p. ex.: ode45 ou ode23s)
função_EDO	A função descrita no Passo 2 que calcula o valor de $\frac{dy}{dt}$, dados os valores de *t* e *y*. Se ela foi escrita como uma função, deve-se entrar com o handle da função. Se ela foi escrita como uma função anônima, deve-se entrar com o nome da função anônima. (Veja o exemplo a seguir.)
tspan	Vetor que especifica o intervalo onde a solução deve residir. O vetor deve possuir um mínimo de dois elementos. Se o vetor tiver somente dois elementos, os elementos devem ser [t0 tf], especificando os pontos inicial e final do intervalo de solução.

y0	Se o vetor `tspan` contém pontos adicionais entre os dois extremos, o número de elementos em `tspan` afeta diretamente o resultado de saída do comando. Veja `[t, y]` a seguir.
	Valor inicial de y (valor de y no primeiro ponto do intervalo).
[t,y]	Vetores coluna com os resultados de saída, ou seja, com a solução do PVI. O primeiro e último pontos correspondem aos extremos do intervalo. A separação e o número de pontos entre os dois extremos dependem do vetor de entrada `tspan`. Se o vetor `tspan` possui somente dois pontos (os pontos inicial e final do intervalo), os vetores t e y contém a solução para cada passo de integração calculado pelo comando (método numérico). Caso o vetor `tspan` contenha mais de dois elementos (ou seja, pontos adicionais entre o primeiro e o último ponto do intervalo), os vetores t e y contêm a solução apenas nesses pontos. O número de pontos em `tspan` não afeta os passos de tempo utilizados para a solução do problema[‡].

Por exemplo, considere a solução do problema introduzido no Passo 1:

$$\frac{dy}{dt} = \frac{t^3 - 2y}{t} \quad \text{para } 1 \le t \le 3 \text{ com } y = 4,2 \text{ em } t = 1$$

Se a função que define a EDO é escrita como uma função (veja o Passo 2), então podemos obter a solução com o comando `ode45` da seguinte maneira:

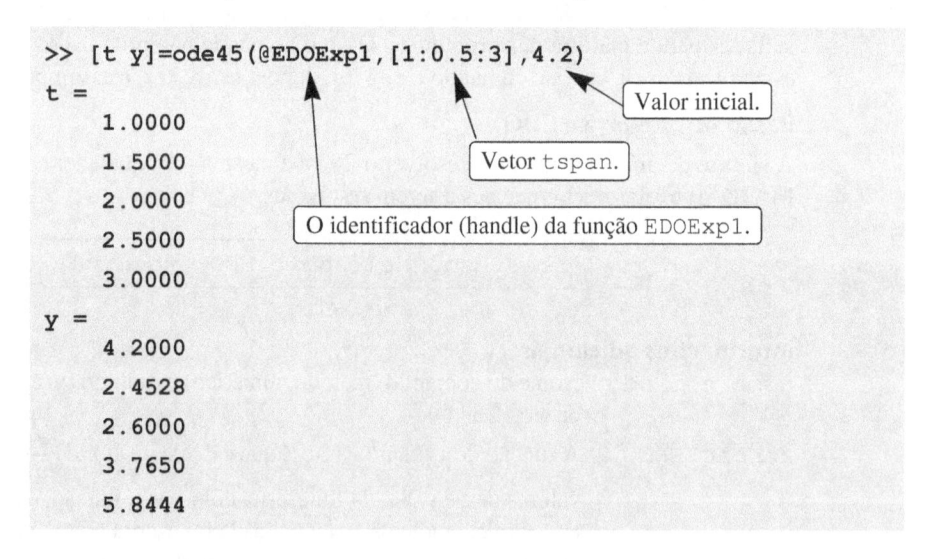

```
>> [t y]=ode45(@EDOExp1,[1:0.5:3],4.2)
t =
    1.0000
    1.5000
    2.0000
    2.5000
    3.0000
y =
    4.2000
    2.4528
    2.6000
    3.7650
    5.8444
```

O identificador (handle) da função `EDOExp1`.
Vetor `tspan`.
Valor inicial.

[‡] N. de R. T.: Ou seja, quando o vetor `tspan` tem mais de dois pontos, a solução é apresentada apenas nesses pontos, porém o método calcula a solução em muitos outros pontos, de acordo com o passo de tempo (passo de integração) utilizado. O vetor `tspan` influi apenas em como a solução da EDO será apresentada (exibida) e não em como a solução é calculada.

A solução do problema foi obtida com o comando ode45. O nome da função definida no Passo 2 (para cálculo da expressão que define a EDO) é EDOExp1. A solução parte do ponto *t* = 1 e termina no ponto *t* = 3 com incrementos de 0,5 (de acordo com o vetor tspan). Para ilustrar a solução, vamos resolver o problema novamente utilizando um vetor tspan com espaçamento menor e plotar a solução com o comando plot.

```
>> [t y]=ode45(@EDOExp1,[1:0.01:3],4.2);
>> plot(t,y)
>> xlabel('t'), ylabel('y')
```

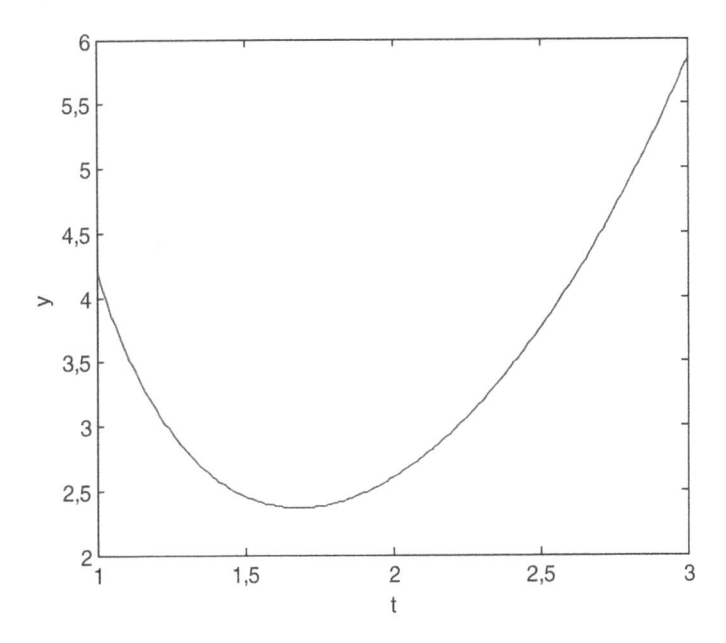

Se a função que define a EDO é escrita como uma função anônima de nome edo1 (veja o Passo 2), então a solução (a mesma mostrada acima) é obtida digitando-se:

```
[t y]=ode45(edo1,[1:0.5:3],4.2).
```

9.5 EXEMPLOS DE APLICAÇÃO DO MATLAB

Problema Exemplo 9-3: Equação do Gás de van der Waals

A equação do gás ideal relaciona o volume (*V* em L), a temperatura (*T* em K), a pressão (*P* em atm) e a quantidade de gás (número de moles *n*) por:

$$p = \frac{nRT}{V}$$

onde $R = 0{,}08206$ (L atm)/(mol K) é a constante universal dos gases.

A equação de van der Waals fornece a relação entre essas mesmas grandezas para um gás real:

$$\left(P + \frac{n^2 a}{V^2}\right)(V - nb) = nRT$$

onde a e b são constantes específicas de cada gás.

Utilize a função `fzero` para determinar o volume de 2 moles de CO_2, à temperatura de 50°C e pressão de 6 atm. Para o CO_2, as constantes a e b são 3,59 (L^2 atm)/mol^2 e 0,0427 L/mol, respectivamente.

Solução

A solução do problema está escrita no programa (salvo como Capitulo9_Exemplo3) a seguir.

```
global P T n a b R
R=0.08206;
P=6; T=323.2; n=2; a=3.59; b=0.047;
Vest=n*R*T/P;           % Calculando um valor estimado para V.
V=fzero(@Waals,Vest)    % O handle @Waals é usado para passar a função
                        % Waals como argumento da função fzero.
```

Esse programa calcula inicialmente um valor estimado do volume utilizando a equação do gás ideal. Então, esse valor entra na função `fzero` como estimativa inicial da solução da equação de van der Waals. A equação de van der Waals é escrita como uma função, denominada `Waals`:

```
function fofx=Waals(x)
global P T n a b R
fofx=(P+n^2*a/x^2)*(x-n*b)-n*R*T;
```

Para que as variáveis da rotina e da função sejam compatíveis entre si, foi necessário declará-las como variáveis globais. Executando a rotina na janela Command Window, o valor de V é exibido na tela:

```
>> Capitulo9_Exemplo3
V =
    8.6613          % O volume do gás é 8,6613 L.
```

Problema Exemplo 9-4: Estabelecendo o ângulo máximo de observação

Um cinéfilo procura sentar-se a uma distância x da tela de modo a maximizar o ângulo de visão θ. Determine a distância x para a qual o ângulo θ é máximo. Considere a figura esquemática da sala de projeção.

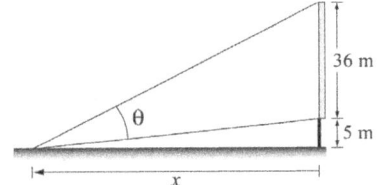

Solução

Podemos resolver o problema escrevendo uma função para o ângulo θ em termos de x e, em seguida, determinando o valor de x para o qual o ângulo é máximo. No triângulo onde aparece θ, um dos lados é uma constante (altura da tela) e os outros dois podem ser escritos em função da distância x (veja a figura do problema). Uma maneira de escrever θ em termos de x é utilizar a lei dos cossenos:

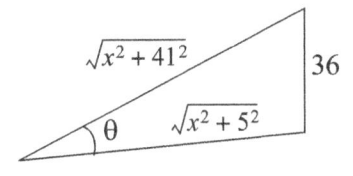

$$\cos(\theta) = \frac{(x^2 + 5^2) + (x^2 + 41^2) - 36^2}{2\sqrt{x^2 + 5^2}\sqrt{x^2 + 41^2}}$$

De acordo com a figura do problema, o ângulo θ deve estar entre 0 e $\pi/2$. Como $\cos(0) = 1$ e a função cosseno decresce com o aumento de θ, o ângulo máximo corresponde ao menor valor de $\cos(\theta)$. Um gráfico de $\cos(\theta)$ em função de x (vide figura ao lado) mostra que a função tem um mínimo entre 10 e 20. Os comandos para gerar o gráfico são:

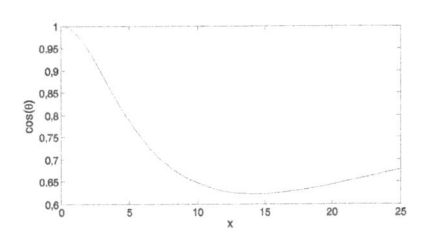

```
>>fplot('((x^2+5^2)+(x^2+41^2)-36^2)/(2*sqrt(x^2+ 5^2)*sqrt(x^2+
                                                       41^2))',[0 25])
>> xlabel('x'); ylabel('cos(\theta)')
```

O mínimo pode ser determinado com o comando `fminbnd`:

```
>>[x cos_ang]=fminbnd('((x^2+5^2)+(x^2+41^2)-36^2)/
                      (2*sqrt(x^2+5^2)*sqrt(x^2+41^2))',10,20)
x =
    14.3178
cos_ang =
    0.6225
```

O mínimo está em $x = 14{,}3178$ m. Neste ponto, $\cos(\theta) = 0{,}6225$.

```
>> ang=cos_ang*180/pi
ang =
    35.6674
```

Em graus o ângulo é $35{,}6674°$.

Problema Exemplo 9-5: Vazão em um rio

Para estimar a quantidade de água que flui em um rio durante um ano é feita uma seção retangular no leito do rio (veja a figura do problema). No início de cada mês (começando em 1° de janeiro) são medidas a velocidade v e o nível d'água h. A medida do primeiro dia foi tomada como 1 e a última medida (que é o 1° de janeiro do ano seguinte) foi tomada como 366. Ao longo do ano foram feitas as seguintes medidas:

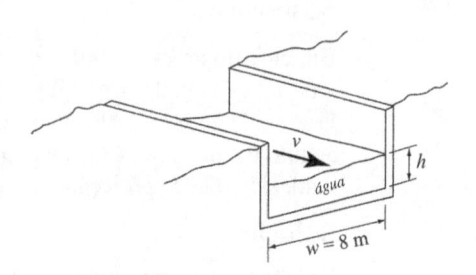

Dia	1	32	60	91	121	152	182	213	244	274	305	335	366
h (m)	2,0	2,1	2,3	2,4	3,0	2,9	2,7	2,6	2,5	2,3	2,2	2,1	2,0
v (m/s)	2,0	2,2	2,5	2,7	5	4,7	4,1	3,8	3,7	2,8	2,5	2,3	2,0

Use os dados da tabela para determinar a vazão e, em seguida, integrá-la para obter uma estimativa global da quantidade de água que flui no rio durante um ano.

Solução

A vazão Q (volume de água por segundo) em cada ponto é obtida multiplicando-se a velocidade d'água pela área da seção retangular (altura × largura) do canal:

$$Q = vwh \; (\text{m}^3/\text{s})$$

A quantidade total de água é estimada pela integral:

$$V = (60 \cdot 60 \cdot 24) \int_{t_1}^{t_2} Q \, dt$$

A vazão foi dada em metros cúbicos por segundo, o que significa que o tempo deve ser medido em segundos. Como os dados foram tabelados em termos do número de dias, a integral foi multiplicada pelo fator de conversão (60 · 60 · 24) s/dia.

O programa a seguir (salvo como Capitulo9_Exemplo5) calcula Q e realiza a integração usando o comando `trapz`. O programa também gera um gráfico da vazão versus tempo.

```
w=8;
d=[1 32 60 91 121 152 182 213 244 274 305 335 366];
h=[2.0 2.1 2.3 2.4 3.0 2.9 2.7 2.6 2.5 2.3 2.2 2.1 2.0];
v=[2.0 2.2 2.5 2.7 5.0 4.7 4.1 3.8 3.7 2.8 2.5 2.3 2.0];
Q=v.*w.*h;
Vol=60*60*24*trapz(d,Q);
fprintf('A quantidade estimada de água que flui no
rio durante um ano é %g metros cúbicos.\n',Vol)
plot(d,Q)
xlabel('Dia'),ylabel('Vazão (m^3/s)')
```

Quando o programa é executado na Command Window, o valor da quantidade estimada de água é exibido e o gráfico é gerado. Ambos são mostrados a seguir:

```
>> Capitulo9_Exemplo5
A quantidade estimada de água que flui no rio durante
um ano é 2.03095e+009 metros cúbicos.
```

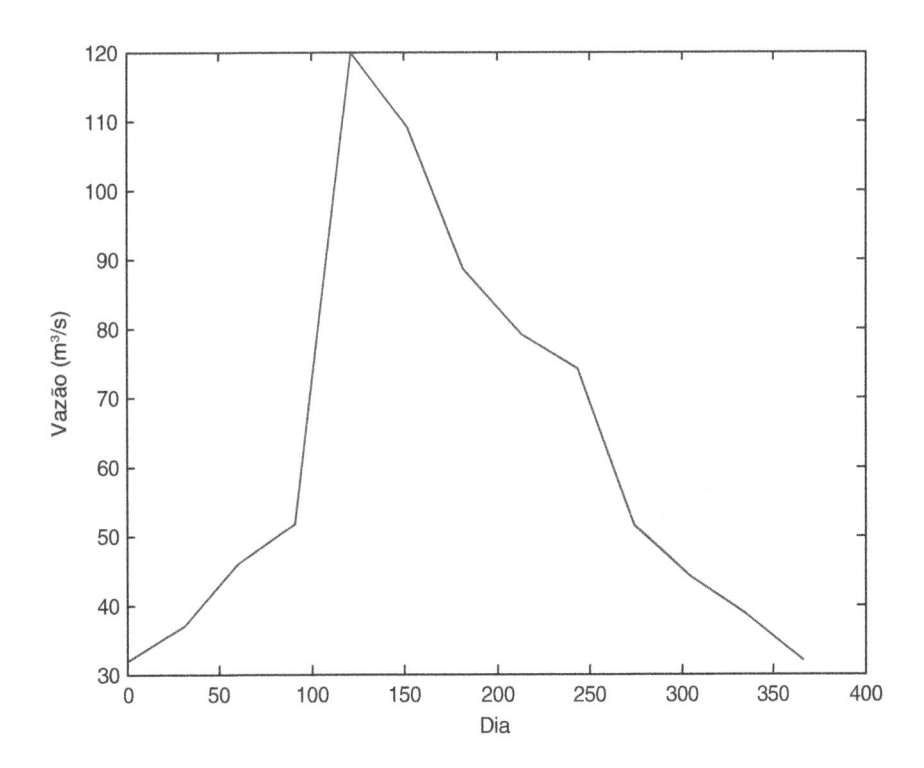

Problema Exemplo 9-6: Teste de colisão de um carro contra um para-choque hidráulico

Um para-choque hidráulico foi colocado em um laboratório de modo a simular as condições de colisão de um carro em alta velocidade (veja a figura do problema). O para-choque foi projetado de maneira que a força de impacto que o carro recebe durante a colisão seja uma função da velocidade do carro (v) e do deslocamento (x) do eixo hidráulico do para-choque, de acordo com a equação:

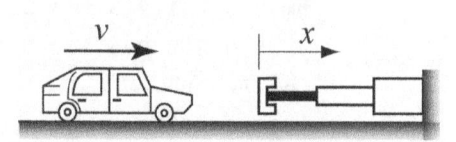

$$F = Kv^3(x+1)^3$$

onde $K = 30$ (s kg)/m^5 é uma constante.

Um carro com uma massa m de 1500 kg e a 90 km/h foi submetido ao teste. Determine e plote a velocidade do carro em função da posição para $0 \leq x \leq 3$ m.

Solução

A desaceleração do carro contra o para-choque é dada pela Segunda Lei de Newton:

$$ma = -Kv^3(x+1)^3$$

A equação anterior pode ser resolvida para expressar a aceleração em função de v e x:

$$a = \frac{-Kv^3(x+1)^3}{m}$$

A velocidade em função de x pode ser calculada substituindo a expressão anterior para a aceleração na equação

$$v\,dv = a\,dx$$

o que resulta em

$$\frac{dv}{dx} = \frac{-Kv^2(x+1)^3}{m}$$

A última equação é uma EDO de primeira ordem que deve ser resolvida no intervalo $0 \leq x \leq 3$ m e sujeita ao PVI: $v = 90$ km/h em $x = 0$.

O programa a seguir (salvo como Capitulo9_Exemplo6) apresenta uma solução numérica da equação diferencial.

```
global k m
k=30; m=1500; v0=90;
xspan=[0:0.2:3];          Vetor que especifica o intervalo da solução.
v0mps=v0*1000/3600;       Convertendo a unidade de $v_0$ para m/s.
[x v]=ode45(@parachoque,xspan,v0mps)    Resolvendo a EDO.
plot(x,v)
xlabel('x(m)'),ylabel('velocidade (m/s)')
```

Observe que o identificador de função (handle) `@parachoque` é usado para passar a função `parachoque` como argumento da função `ode45`. A função `parachoque` calcula a função que define a EDO:

```
function dvdx=parachoque(x,v)
global k m
dvdx=-(k*v^2*(x+1)^3)/m;
```

Quando o programa é executado, os vetores x e v são exibidos na Command Window (na verdade, eles são exibidos na tela um após o outro; mas, para economizar espaço, eles foram colocados lado a lado na caixa de texto a seguir).

```
>> Capitulo9_Exemplo6
x =              v =
         0         25.0000
    0.2000         22.0420
    0.4000         18.4478
    0.6000         14.7561
    0.8000         11.4302
    1.0000          8.6954
    1.2000          6.5733
    1.4000          4.9793
    1.6000          3.7960
    1.8000          2.9220
    2.0000          2.2737
    2.2000          1.7886
    2.4000          1.4226
    2.6000          1.1435
    2.8000          0.9283
    3.0000          0.7607
```

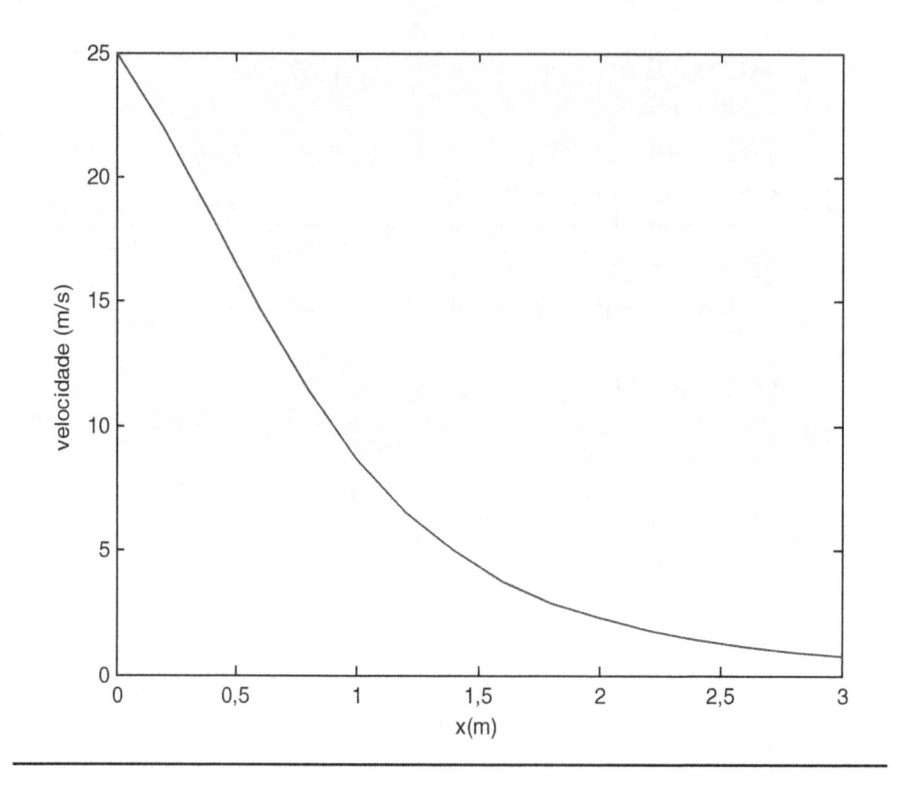

9.6 PROBLEMAS

1. Determine a solução da equação $e^{0,5x} - \sqrt{x} = 3$.

2. Determine a solução da equação $3 + 3\operatorname{sen} x = 0,5\,x^3$.

3. Determine as três raízes positivas da equação $x^3 - 8x^2 + 17x + \sqrt{x} = 10$.

4. Determine as raízes positivas da equação $x^2 - 5x \operatorname{sen}(3x) + 3 = 0$.

5. Um bloco de massa $m = 20$ kg está sendo puxado por uma corda, como mostra a figura do problema. O módulo da força necessária para mover o bloco é dado por:

$$F = \frac{(\mu mg\cos 15° + mg\operatorname{sen} 15°)\sqrt{x^2 + h^2}}{x + \mu h}$$

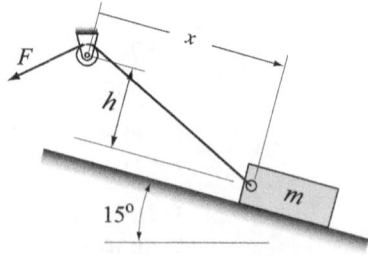

onde $h = 8$ m, $\mu = 0,45$ é o coeficiente de atrito e $g = 9,81$ m/s². Determine a distância x, quando a força tem módulo 230 N.

6. A figura mostra uma balança construída com duas molas. As molas têm comportamento não linear de modo que a força que elas aplicam é dada por $F_S = K_1 u + K_2 u^3$, onde K_1 e K_2 são constantes e $u = L - L_0$ é a elongação da mola ($L = \sqrt{a^2 + (b+x)^2}$ e $L_0 = \sqrt{a^2 + b^2}$ são, respectivamente, o comprimento da mola esticada e o comprimento inicial da mola). Inicialmente, as molas não estão distendidas. Quando um objeto é pendurado no anel, as molas distendem-se e o anel é deslocado para baixo de uma distância x. O peso do objeto (W) pode ser expresso em termos da distância x por:

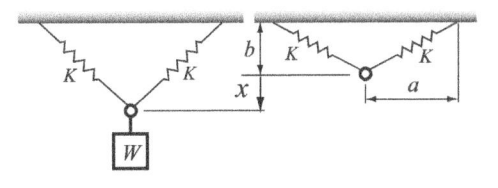

$$W = 2F_S \frac{(b+x)}{L}$$

Para uma dada balança $a = 0{,}22$ m, $b = 0{,}08$ m e as constantes das molas são $K_1 = 1600$ N/m e $K_2 = 100000$ N/m^3. Plote W em função de x para $0 \leq x \leq 0{,}25$. Determine a distância x quando um objeto de 400 N é pendurado na balança.

7. Uma estimativa da velocidade mínima necessária para atirar uma pedra circular na água, de tal forma que ele salte para fora da superfície quando bater na água, é dada por (Lyderic Bocquet, "The Physics of Stone Skipping," Am. J. Phys., vol. 71, no. 2, February 2003)

$$V = \frac{\sqrt{\frac{16Mg}{\pi C \rho_w d^2}}}{\sqrt{1 - \frac{8M\tan^2 \beta}{\pi d^3 C \rho_w \operatorname{sen} \theta}}}$$

onde M e d são, respectivamente, a massa e o diâmetro da pedra, ρ_w é a densidade da água, C é um coeficiente, θ é o ângulo de inclinação da pedra, β é o ângulo de incidência e $g = 9{,}81$ m/s^2. Determine d se $V = 0{,}8$ m/s. (Assuma que $M = 0{,}1$ kg; $C = 1$; $\rho_w = 1000$ kg/m^3 e $\beta = \theta = 10°$.)

8. O diodo no circuito ilustrado está polarizado diretamente. A corrente fluindo através do diodo é dada por:

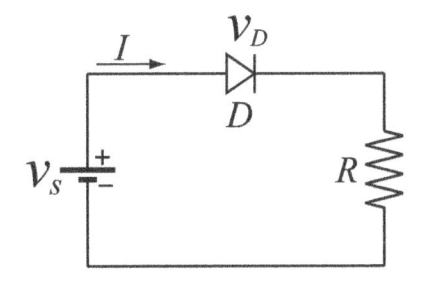

$$I = I_S \left(e^{\frac{q v_D}{kT}} - 1 \right)$$

onde v_D é a queda de tensão através do diodo, T é a temperatura em kelvins, $I_S = 10^{-12}$ A é a corrente de saturação, $q = 1{,}6 \times 10^{-19}$ é o valor da carga elementar e $k = 1{,}38 \times 10^{-23}$ joules/K é a constante de Boltzmann. A corrente fluindo pelo circuito (a mesma corrente que flui no diodo) também pode ser calculada pela seguinte expressão:

$$I = \frac{v_S - v_D}{R}$$

Determine v_D se $v_S = 2$ V, $T = 297$ K e $R = 1000$ Ω (Iguale as duas expressões para I e resolva a equação não linear resultante.)

9. Determine o mínimo e o máximo da função

$$f(x) = \frac{x-2}{[(x-2)^4 + 2]^{1,8}}.$$

10. Um copo de papel na forma de cone (veja a figura do problema) é projetado para ter um volume de 250 cm³. Determine o raio R e a altura h de modo que a menor quantidade de papel seja utilizada para fazer o copo.

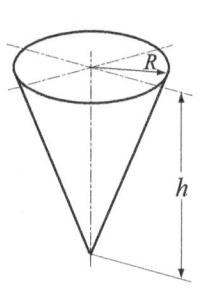

11. Considere novamente o bloco que está sendo puxado no Problema 5. Determine a distância x na qual a força necessária para puxar o bloco é a menor possível. Qual é o módulo dessa força?

12. Determine as dimensões (raio r e altura h) do cilíndrico de maior volume que pode ser colocado dentro de uma esfera de raio $R = 14$ cm (veja a figura do problema).

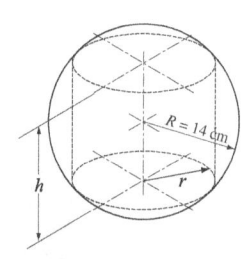

13. Considere a elipse $\frac{x^2}{19^2} + \frac{y^2}{5^2} = 1$. Determine os lados a e b do retângulo de maior área que pode ser delimitado pela elipse, conforme ilustrado na figura.

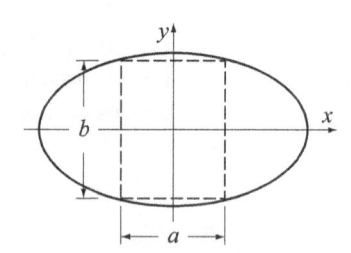

14. A lei de radiação de corpo negro de Planck fornece a radiância espectral R em função do comprimento de onda λ e da temperatura T (em Kelvin):

$$R = \frac{2\pi c^2 h}{\lambda^5} \frac{1}{e^{(hc)/(\lambda kT)} - 1}$$

onde $c = 3{,}0 \times 10^8$ m/s é a velocidade da luz, $h = 6{,}63 \times 10^{-34}$ J · s é a constante de Planck e $k = 1{,}38 \times 10^{-23}$ J/K é a constante de Boltzmann.

Plote R em função de λ, para $0{,}2 \times 10^{-6} \leq \lambda \leq 6{,}0 \times 10^{-6}$ m e para temperatura $T = 1500$ K. Em seguida, determine o comprimento de onda que resulta na radiância espectral máxima (para $T = 1500$ K).

15. Uma barra AB de 108 cm de comprimento está presa à parede com um pino no ponto A e a um cabo CD de 68 cm de comprimento (veja a figura do problema). Uma carga $W = 250$ kg é conectada à barra no ponto B. A tensão T no cabo é dada por

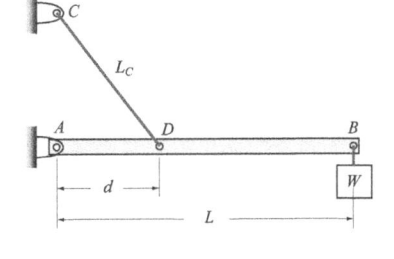

$$T = \frac{W L L_C}{d\sqrt{L_C^2 - d^2}}$$

onde L e L_C são os comprimentos da barra e do cabo, respectivamente e d é a distância do ponto A ao ponto D, onde o cabo está preso. Faça um gráfico de T versus d. Determine a distância d onde a tensão no cabo é a menor possível.

16. Use o MATLAB para calcular as seguintes integrais:

    (a) $\displaystyle\int_1^6 \frac{2x^2}{\sqrt{1+x}}\,dx$ (b) $\displaystyle\int_1^2 \frac{\cos 2x}{x}\,dx$

17. Use o MATLAB para calcular as seguintes integrais:

    (a) $\displaystyle\int_1^2 \frac{e^{2x}}{x}\,dx$ (b) $\displaystyle\int_{-1}^1 e^{-x^2}\,dx$

18. A velocidade de um carro de corrida durante os primeiros sete segundos em uma competição é dada por:

t (s)	0	1	2	3	4	5	6	7
v (km/h)	0	23	63	111	153	183	208	224

    Determine a distância percorrida pelo carro durante os seus primeiros segundos.

19. O comprimento L do cabo de suporte principal de uma ponte suspensa pode ser calculado por

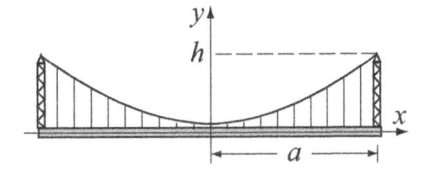

    $$L = 2\int_0^a \left(1 + \frac{4h^2}{a^4}x^2\right)^{1/2} dx$$

    onde a é metade do comprimento da ponte e h é a altura da estrutura onde o cabo é preso (veja a figura do problema). Determine o comprimento do cabo de suporte de uma ponte com $a = 80$ m e $h = 18$ m.

20. A vazão Q (volume de fluido por segundo) em uma tubulação circular pode ser calculada por:

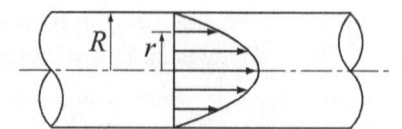

$$Q = \int_0^r 2\pi v r \, dr$$

Para fluxo turbulento o perfil de velocidade pode ser estimado por: $v = v_{max}\left(1 - \dfrac{r}{R}\right)^{1/n}$. Determine Q para $R = 0,635$ cm, $n = 7$ e $v_{max} = 203,2$ cm/s.

21. O módulo do campo elétrico E devido a um disco circular carregado, em um ponto a uma distância z ao longo do eixo do disco (veja a figura do problema), é dado por

$$E = \frac{\sigma z}{4\varepsilon_0} \int_0^R (z^2 + r^2)^{-3/2} (2r) \, dr$$

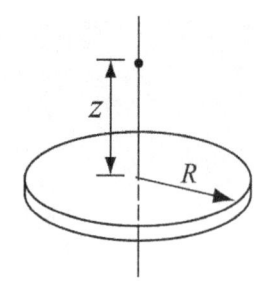

onde σ é a densidade de cargas, ε_0 é a permissividade elétrica do vácuo $\varepsilon_0 = 8,85 \times 10^{-12}$ C^2/(N · m^2) e R é o raio do disco. Determine o campo elétrico em um ponto localizado a 5 cm de distância de um disco com um raio de 6 cm e carregado com $\sigma = 300$ μC/m^2.

22. O comprimento de uma curva dada por uma equação paramétrica $x(t)$, $y(t)$, pode ser calculado por

$$\int_a^b \sqrt{[x'(t)]^2 + [y'(t)]^2} \, dt$$

A equação do cicloide é dada por $x = R(t - \text{sen}\,t)$ e $y = R(1 - \cos t)$. Determine o comprimento de um cicloide com $R = 20,32$ cm para $0 \le t \le 2\pi$.

23. A variação da aceleração da gravidade g com a altitude y é dada por

$$g = \frac{R^2}{(R+y)^2} g_0$$

onde $R = 6371$ km é o raio da Terra e $g_0 = 9,81$ m/s^2 é a aceleração da gravidade no nível do mar. A alteração na energia potencial gravitacional, ΔU, de um corpo que é elevado a uma altura h, em relação a um nível de referência (por exemplo, o nível do mar), é dada por:

$$\Delta U = \int_0^h mg \, dy$$

Determine a alteração na energia potencial de um satélite com uma massa de 500 kg que é elevado do nível do mar ($y = 0$) até uma altura de 800 km ($y = 800$). Nos cálculos, considere a variação da gravidade com a altitude.

24. A figura ao lado mostra uma seção transversal de um rio com medidas de sua profundidade em intervalos de 40 pés[‡]. Use integração numérica para estimar a área da seção transversal do rio.

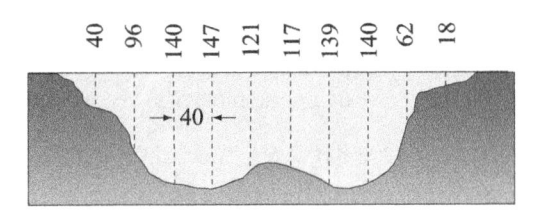

    Valores: 40, 96, 140, 147, 121, 117, 139, 140, 62, 18

25. A figura do problema mostra um esboço do mapa do estado de Ohio. Medidas da largura do estado estão indicadas em intervalos de 25 milhas. Use integração numérica para estimar a área do estado. Compare o resultado com a área real de Ohio, que é 44.825 milhas quadradas.

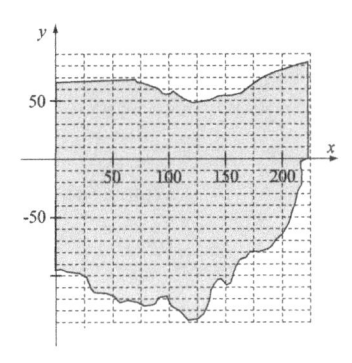

26. O módulo de relaxação no tempo $G(t)$ de muitos materiais biológicos pode ser descrito pela função de relaxação reduzida de Fung:

    $$G(t) = G_\infty \left(1 + c \int_{\tau_1}^{\tau_2} \frac{e^{(-t)/x}}{x} \, dx \right)$$

    Use integração numérica para encontrar o módulo de relaxação em 10 s, 100 s e 1000 s. Considere $G_\infty = 5$ ksi, $c = 0,05$, $\tau_1 = 0,05$ s e $\tau_2 = 500$ s.

27. A orbita de Plutão pode ser descrita por uma elipse com $a = 5,9065 \times 10^9$ km e $b = 5,7208 \times 10^9$ km (veja a figura do problema). O perímetro da elipse pode ser calculado por

    $$P = 4a \int_0^{\pi/2} \sqrt{1 - k^2 \operatorname{sen}^2 \theta} \, d\theta$$

    onde $k = \dfrac{\sqrt{a^2 - b^2}}{a}$. Calcule a distância percorrida por Plutão em uma órbita. Determine a velocidade média com a qual Plutão viaja (em km/h) sabendo que o tempo gasto em uma órbita é aproximadamente 248 anos.

28. As integrais de Fresnel são:

    $$S(x) = \int_0^x \operatorname{sen}(t^2) \, dt \quad \text{e} \quad C(x) = \int_0^x \cos(t^2) \, dt$$

[‡] N. de R. T.: 1 pé = 0,3048 m.

Calcule $S(x)$ e $C(x)$ para $0 \leq x \leq 4$ (use um espaçamento de 0,05). Em uma figura, plote dois gráficos: um de $S(x)$ versus x e outro de $C(x)$ versus x. Em uma segunda figura, plote $S(x)$ versus $C(x)$.

29. Resolva:

$$\frac{dy}{dx} = \sqrt{x} + \frac{x^2\sqrt{y}}{4} \text{ para } 1 \leq x \leq 5 \text{ com } y(1) = 1$$

Plote a solução.

30. Resolva:

$$\frac{dy}{dx} = \sqrt{xy} - 0{,}5ye^{-0{,}1x} \text{ para } 0 \leq x \leq 4 \text{ com } y(0) = 6{,}5$$

Plote a solução.

31. Resolva:

$$\frac{dy}{dt} = 80e^{-1{,}6t}\cos(4t) - 0{,}4y \text{ para } 0 \leq t \leq 4 \text{ com } y(0) = 0$$

Plote a solução.

32. Um tanque na forma de um elipsoide ($a = 1{,}5$ m; $b = 4{,}0$ m e $c = 3{,}0$ m) tem um furo circular na parte de baixo, como ilustrado na figura. De acordo com a lei de Torricelli, a velocidade v do jato d'água que sai pelo furo é dada por

$$v = \sqrt{2gy}$$

onde y é a altura do nível da água e $g = 9{,}81$ m/s². A taxa com que o nível de água varia no tanque, à medida que água flui para fora através do furo, é dada por:

$$\frac{dy}{dt} = \frac{\sqrt{2gy}\ r^2}{ac\left[-1 + \frac{(h-c)^2}{c^2}\right]}$$

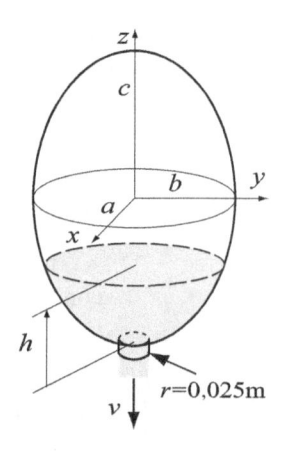

onde r_h é o raio do furo.

Resolva a equação diferencial para y. Considere que a altura inicial da água é $h = 5{,}9$ m. Resolva o problema para diferentes instantes de tempo e encontre uma estimativa do instante quando $h = 0{,}1$ m. Faça um gráfico de y em função do tempo.

33. O crescimento (em peso) de um peixe é frequentemente modelado de acordo com o modelo de crescimento de von Bertalanffy:

$$\frac{dw}{dt} = aw^{2/3} - bw$$

onde w é o peso e a e b são constantes. Resolva a equação diferencial para w no caso em que $a = 0{,}756$ kg$^{1/3}$, $b = 2$ dia^{-1} e $w(0) = 225$ g. Certifique-se que o intervalo de tempo selecionado é suficientemente longo de modo que o peso máximo seja atingido. Qual é o peso máximo para esse caso? Faça um gráfico de w em função do tempo.

34. O surto repentino de uma população de insetos pode ser modelado pela equação

$$\frac{dN}{dt} = RN\left(1 - \frac{N}{C}\right) - \frac{rN^2}{N_c^2 + N^2}$$

O primeiro termo refere-se ao conhecido modelo de crescimento logístico, onde N é o número de insetos, R é uma taxa de crescimento intrínseca e C é a capacidade de carga do ambiente local. O segundo termo representa os efeitos de predação das aves. Tais efeitos tornam-se significativos quando a população alcança um tamanho crítico N_c. r é o máximo valor que o segundo termo pode assumir para valores muito grandes de N.

Resolva a equação diferencial para $0 \le t \le 50$ dias, considerando duas taxas de crescimento, $R = 0,55$ e $R = 0,58$ dia^{-1}, e $N(0) = 10000$. Os outros parâmetros são $C = 10^4$, $N_c = 10^4$, $r = 10^4$ dia^{-1}. Faça um gráfico comparando as duas soluções e discuta porque esse modelo é chamado de modelo de "surto".

35. Um avião, após a aterrissagem, usa um paraquedas e outros mecanismos para reduzir a velocidade até cessar o movimento. A expressão da desaceleração é dada por: $a = -(0,0035v^2 + 3)$m/s^2. Como a aceleração é a taxa de variação da velocidade:

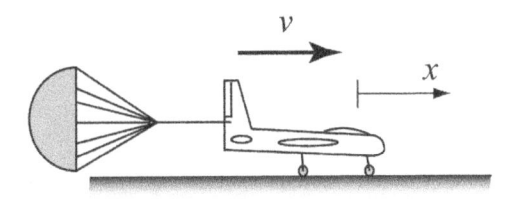

$$\frac{dv}{dt} = -0,0035v^2 - 3$$

Considere que o avião, ao tocar no solo, assume a velocidade de 300 km/h, quando o paraquedas é aberto e os freios são acionados, desacelerando o avião a partir do instante de tempo $t = 0$ s.

(a) Resolvendo a equação diferencial, determine e esboce a velocidade em função do tempo de $t = 0$ s até t_f, instante em que o avião para.

(b) Use integração numérica para determinar a distância x em função de t que o avião percorre até parar. Construa um gráfico de x em função de t.

36. Considere o circuito RC ilustrado na figura, que inclui uma fonte de tensão v_s, um resistor $R = 48\ \Omega$ e um capacitor $C = 2,4 \times 10^{-6}$ F. A equação diferencial que descreve a resposta do circuito é:

$$\frac{dv_c}{dt} + \frac{1}{RC}v_c = \frac{1}{RC}v_s$$

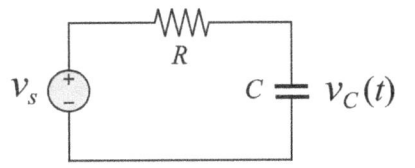

onde v_c é a tensão entre os terminais do capacitor. Inicialmente, $v_c = 0$ e, então, em $t = 0$ a fonte de tensão é ligada. Determine a resposta do circuito para os seguintes casos:

(a) $v_s = 5\text{sen}(20\pi t)$ V para $t \geq 0$.
(b) $v_s = 5e^{-t/0,08}\text{sen}(20\pi t)$ V para $t \geq 0$.
(c) $v_s = 12$ V para $0 \leq t \leq 0,1$ s e $v_s = 0$ para $t \geq 0,1$ s (pulso retangular de tensão).

Cada caso corresponde a uma equação diferencial diferente. A solução dessas equações fornece a tensão do capacitor em função do tempo. Resolva cada caso para $0 \leq t \leq 0,4$ s. Para cada caso, plote v_s e v_c versus tempo (faça dois gráficos separados na mesma janela).

37. Considere o circuito *RL* ilustrado na figura, que inclui uma fonte de tensão v_s, um resistor $R = 1,8\ \Omega$ e um indutor $L = 0,4$ H. A equação diferencial que descreve a resposta do circuito é:

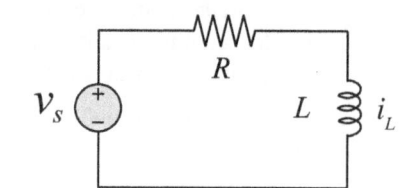

$$\frac{L}{R}\frac{di_L}{dt} + i_L = \frac{v_s}{R}$$

onde i_L é a corrente no indutor. Inicialmente, $i_L = 0$ e, então, em $t = 0$ a fonte de tensão é ligada. Determine a resposta do circuito para os seguintes casos:

(a) $v_s = 10\text{sen}(30\pi t)$ V para $t \geq 0$.
(b) $v_s = 10e^{-t/0,06}\text{sen}(30\pi t)$ V para $t \geq 0$.

Cada caso corresponde a uma equação diferencial diferente. A solução fornece a corrente que circula pelo indutor (e pelo circuito) em função do tempo. Resolva cada caso para $0 \leq t \leq 0,4$ s. Para cada caso, plote v_s e i_L versus tempo (faça dois gráficos separados na mesma janela).

38. O crescimento de um tumor pode ser modelado com a equação

$$\frac{dA}{dt} = \alpha A\left[1 - \left(\frac{A}{k}\right)^{\upsilon}\right]$$

onde $A(t)$ é a área do tumor e α, k e υ são constantes. Resolva a equação para $0 \leq t \leq 30$ dias, dados $\alpha = 0,8$; $k = 60$; $\upsilon = 0,25$ e $A(0) = 1$ mm^2. Faça um gráfico de A em função do tempo.

Capítulo 10
Gráficos Tridimensionais

Gráficos tridimensionais (3-D) são ferramentas poderosas quando se deseja estudar o comportamento de funções com mais de duas variáveis. O MATLAB possui várias funções para tratar e exibir gráficos 3-D. Estão incluídos nesse conjunto de funções curvas no espaço, superfícies, gráficos em rede ou em malha, etc. De posse do gráfico, é possível formatá-lo e animá-lo introduzindo efeitos especiais e muitos outros recursos. Muitas características dos gráficos 3-D são abordadas nesse capítulo e muitas outras opções, não tratadas aqui, podem ser pesquisadas na janela Help Window, opção **Plotting and Data Visualization**.

De qualquer modo, esse capítulo é a continuação óbvia do Capítulo 5, que tratou especificamente dos gráficos 2-D. Os gráficos 3-D são apresentados em separado nesse capítulo, porque nem todos os usuários do MATLAB precisam deles. Além disso, para usuários iniciantes do MATLAB, é uma prática fortemente recomendada iniciar pelos gráficos 2-D, estudar os Capítulos 6–9 e, então, partir para os gráficos 3-D. Será assumido nesse capítulo que o usuário já está familiarizado com os gráficos 2-D.

10.1 CURVAS NO ESPAÇO

A ideia central das curvas no espaço é generalizar curvas no plano, permitindo que sejam introduzidas novas variantes de estudo como curvatura, vetor normal e binormal, torção, etc. Basicamente, a maioria dos gráficos 3-D é criada pelo comando `plot3`, cuja sintaxe é bastante similar à do comando `plot`:

```
plot3(x,y,z,'especificadores de linha,'Nome da Propriedade', Valor da Propriedade)
```

x, y e z são os vetores cujas entradas são as coordenadas dos pontos.

(Opcional) Especificadores que definem o tipo e a cor das linhas e dos marcadores.

(Opcional) Propriedades com valores que podem ser usadas para definir a espessura da linha, o tamanho do marcador, da borda e a cor de preenchimento.

- Os três vetores com as coordenadas dos pontos devem ter a mesma dimensão, ou seja, o mesmo número de elementos.
- Os especificadores de linha, propriedades e o valor da propriedade são exatamente aqueles tratados na Seção 5.1 para gráficos 2-D.

Por exemplo, se as coordenadas x, y e z são fornecidas através de equações paramétricas de t:

$$x = \sqrt{t}\operatorname{sen}(2t)$$
$$y = \sqrt{t}\cos(2t)$$
$$z = 0{,}5t$$

Uma curva pode ser gerada por esse conjunto de equações paramétricas no intervalo $0 \leq t \leq 6\pi$. O programa a seguir gera a curva da Figura 10-1.

```
t=0:0.1:6*pi;
x=sqrt(t).*sin(2*t);
y=sqrt(t).*cos(2*t);
z=0.5*t;
plot3(x,y,z,'k','linewidth',1)
grid on
xlabel('x'); ylabel('y'); zlabel('z')
```

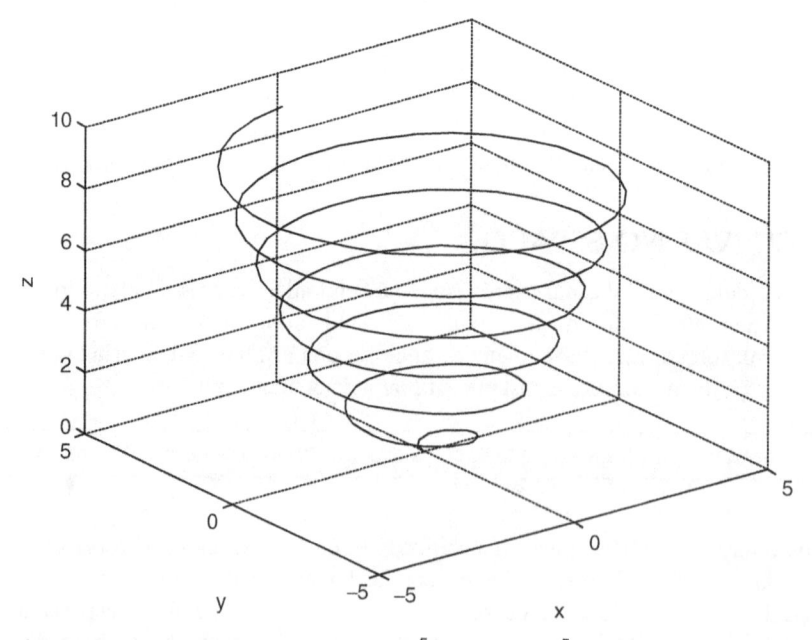

Figura 10-1 Gráfico da função $x = \sqrt{t}\operatorname{sen}(2t)$, $y = \sqrt{t}\cos(2t)$, $z = 0{,}5\,t$ para $0 \leq t \leq 6\pi$.

10.2 MALHAS E SUPERFÍCIES

Malhas e superfícies são duas formas de representar graficamente funções da forma $z = f(x,y)$, onde x e y são as variáveis independentes e z é a variável dependente. A equação para z indica que, dado certo domínio, o valor de z fica completamente estabelecido para quaisquer combinações de x e y. A criação de malhas e superfícies é feita em três passos. O primeiro é a escolha de um grid no plano xy que cubra inteiramente o domínio da função. O segundo é o cálculo propriamente dito do valor de z para cada ponto do grid. O terceiro é a criação do gráfico em si. A seguir, os três passos são explicados detalhadamente.

Criando um grid no plano xy:

Um grid é um conjunto de pontos do domínio de validade ou de definição da função no plano xy. A densidade do grid, número de pontos usados para a definição do domínio, fica inteiramente a critério do usuário. A Figura 10-2 mostra, por exemplo, uma escolha de grid no domínio $-1 \leq x \leq 3$ e $1 \leq y \leq 4$.

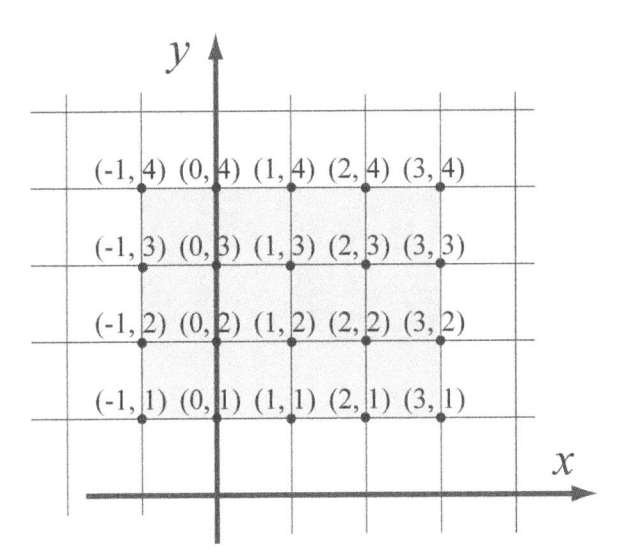

Figura 10-2 Grid no plano xy para o domínio $-1 \leq x \leq 3$ e $1 \leq y \leq 4$ com espaçamento igual a 1.

Neste grid, a distância entre os pontos é unitária. Os pontos do grid podem ser definidos convenientemente através das matrizes de malhas, por exemplo, X e Y. As matrizes X e Y possuem as coordenadas x e y de todos os pontos do domínio. Para o grid acima:

$$X = \begin{bmatrix} -1 & 0 & 1 & 2 & 3 \\ -1 & 0 & 1 & 2 & 3 \\ -1 & 0 & 1 & 2 & 3 \\ -1 & 0 & 1 & 2 & 3 \end{bmatrix} \quad \text{e} \quad Y = \begin{bmatrix} 4 & 4 & 4 & 4 & 4 \\ 3 & 3 & 3 & 3 & 3 \\ 2 & 2 & 2 & 2 & 2 \\ 1 & 1 & 1 & 1 & 1 \end{bmatrix}$$

A matriz X é feita de linhas idênticas, uma vez que em cada linha do grid os pontos possuem a mesma coordenada x. De modo similar, a matriz Y tem todas as colunas iguais, uma vez que em cada coluna do grid a coordenada y dos pontos é a mesma.

A função `meshgrid`, nativa do MATLAB, é utilizada frequentemente para desenvolver a primeira etapa do processo, i.e., criar as matrizes X e Y. A sintaxe da função `meshgrid` é

$$[X,Y]=\text{meshgrid}(x,y)$$

X é a matriz das coordenadas *x* dos pontos do grid.
Y é a matriz das coordenadas *y* dos pontos do grid.

x é o vetor representando o intervalo *x* do domínio.
y é o vetor representando o intervalo *y* do domínio.

Nos vetores x e y, o primeiro e último elementos representam os limites (fronteiras) do domínio. A densidade do grid é determinada pelo número de elementos nesses vetores. Por exemplo, as matrizes X e Y que correspondem ao grid da Figura 10-2 podem ser criadas através do comando `meshgrid` da seguinte maneira:

```
>> x=-1:3;
>> y=1:4;
>> [X,Y]=meshgrid(x,y)
X =
    -1     0     1     2     3
    -1     0     1     2     3
    -1     0     1     2     3
    -1     0     1     2     3
Y =
     1     1     1     1     1
     2     2     2     2     2
     3     3     3     3     3
     4     4     4     4     4
```

Uma vez criadas as matrizes formadoras do grid, é possível passar para o próximo passo do processo: determinar o valor da coordenada *z* para cada ponto do grid.

Determinando o valor de *z* para cada ponto do grid:
Em geral, o valor de *z* é uma função explícita das coordenadas *x* e *y*. Como essas coordenadas são definidas mediante o uso de vetores, o valor da variável *z* é calculado utilizando-se operações elemento por elemento. Quando as variáveis *x* e *y* são matrizes, necessariamente de mesma dimensão, o cálculo da variável dependente ficará armazenado numa matriz de dimensão igual à dimensão das matrizes originais. Em síntese, o valor de *z* para cada elemento do arranjo é determinado a partir dos elementos *x* e *y* correspondentes. Por exemplo, se a expressão para *z* for

$$z = \frac{xy^2}{x^2+y^2}$$

o valor de z para cada ponto do grid definido anteriormente é determinado por:

```
>> Z = X.*Y.^2./(X.^2 + Y.^2)
Z =
   -0.5000        0    0.5000    0.4000    0.3000
   -0.8000        0    0.8000    1.0000    0.9231
   -0.9000        0    0.9000    1.3846    1.5000
   -0.9412        0    0.9412    1.6000    1.9200
```

Uma vez criadas as três matrizes (X, Y e Z), resta executar a última etapa do processo.

Construindo as malhas e as superfícies:
Malhas e superfícies são criadas com os comandos `mesh` e `surf`, respectivamente, cujas sintaxes são:

$$\boxed{\texttt{mesh(X,Y,Z)}} \qquad \boxed{\texttt{surf(X,Y,Z)}}$$

onde X e Y são as matrizes formadoras do grid e Z é a matriz com os correspondentes valores de z para os pontos do grid. Um gráfico em malha é todo montado de polígonos retangulares, construídos a partir das linhas que conectam os pontos do contradomínio. Uma superfície diferencia-se de um gráfico em malhas porque as áreas delimitadas pelas linhas das malhas aparecem coloridas, sugerindo que a superfície é lisa e não uma rede.

Voltando ao exemplo, o programa a seguir resolve as três etapas do processo, desde a definição do grid até a construção do gráfico em malhas (ou superfície) para a função $z = \dfrac{xy^2}{x^2 + y^2}$, cobrindo o domínio $-1 \leq x \leq 3$ e $1 \leq y \leq 4$.

```
x=-1:0.1:3;
y=1:0.1:4;
[X,Y]=meshgrid(x,y);
Z=X.*Y.^2./(X.^2+Y.^2);
mesh(X,Y,Z)    Digite surf(X,Y,Z) para construir um gráfico de superfície.
xlabel('x'); ylabel('y'); zlabel('z')
```

Observe que no programa anterior, os vetores x e y têm um espaçamento bem menor que o espaçamento adotado na seção anterior (10 vezes menor). Quanto menor o espaçamento, mais denso é o grid. As figuras criadas pelo programa são:

Gráfico em malha   Gráfico em superfície

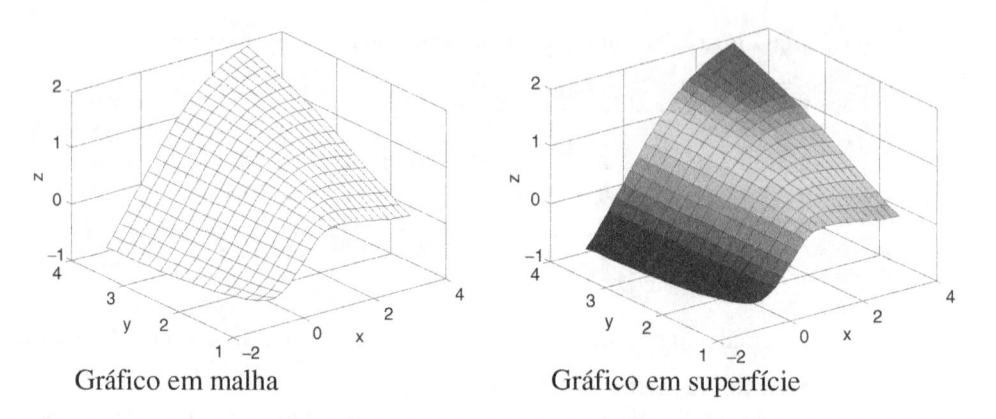

Comentários adicionais quanto ao uso dos comandos mesh e surf:

Os gráficos criados têm cores que variam de acordo com a magnitude z. A técnica de variação em gradiente de cores, bastante comum em programas para essa finalidade, produz a visualização 3-D dos gráficos. As cores podem ser modificadas utilizando o comando `colormap(C)` ou o Plot Editor da janela Figure Window (selecione a seta de edição , clique sobre a figura com o botão direito do mouse e escolha a opção Property Editor Window. Então, modifique as cores na lista Mesh Properties). No comando `colormap`, C é um vetor numérico de três elementos, representando o padrão RGB (Red-Green-Blue). Cada elemento tem intensidade variando entre 0 (mínima) e 1 (máxima). A seguir, estão listadas algumas cores típicas:

C = [0 0 0] (Preto)   C = [1 0 0] (Vermelho)   C = [0 1 0] (Verde)
C = [0 0 1] (Azul)   C = [1 1 0] (Amarelo)   C = [1 0 1] (Magenta)
C = [0.5 0.5 0.5] (Cinza)

- Ao executar os comandos `mesh` e `surf`, o grid (gradeado no gráfico) é mostrado automaticamente. Caso seja necessário desligá-lo, basta digitar o comando `grid off` na linha do prompt da janela Command Window.
- Os gráficos podem ser "encaixotados" através do comando `box on` na janela Command Window.
- Os comandos `mesh` e `surf` podem ser utilizados na forma `mesh(Z)` e `surf(Z)`. Nesses casos, os valores de Z são plotados em função dos seus endereços na matriz. As linhas são representadas no eixo x e as colunas no eixo y.

Vários outros comandos gráficos possuem funcionalidades similares aos comandos `mesh` e `surf`. A Tabela 10-1 mostra um sumário dos comandos do MATLAB para criação de gráficos em malhas e superfícies. Todos os exemplos na tabela referem-se à função $z = 1{,}8^{-1{,}5\sqrt{x^2+y^2}}\,\text{sen}(x)\cos(0{,}5y)$, cobrindo o domínio $-3 \le x \le 3$ e $-3 \le y \le 3$.

Tabela 10-1 Gráficos em malha e superfície

Tipo de gráfico	Exemplo de gráfico	Programa

Malhas
Sintaxe: mesh(X,Y,Z)
		`x=-3:0.25:3;`
		`y=-3:0.25:3;`
		`[X,Y] = meshgrid(x,y);`
		`Z=1.8.^(-1.5*sqrt(X.^2+Y.^2)).*cos(0.5*Y).*sin(X);`
		`mesh(X,Y,Z)`
		`xlabel('x'); ylabel('y')`
		`zlabel('z')`

Superfície
Sintaxe: surf(X,Y,Z)
		`x=-3:0.25:3;`
		`y=-3:0.25:3;`
		`[X,Y]=meshgrid(x,y);`
		`Z=1.8.^(-1.5*sqrt(X.^2+Y.^2)).*cos(0.5*Y).*sin(X);`
		`surf(X,Y,Z)`
		`xlabel('x'); ylabel('y')`
		`zlabel('z')`

Malhas e persianas verticais
(desenha as projeções ortogonais (diretrizes) das bordas do gráfico em malhas, formando uma espécie de persiana vertical)
Sintaxe: meshz(X,Y,Z)
		`x=-3:0.25:3;`
		`y=-3:0.25:3;`
		`[X,Y]=meshgrid(x,y);`
		`Z=1.8.^(-1.5*sqrt(X.^2+Y.^2)).*cos(0.5*Y).*sin(X);`
		`meshz(X,Y,Z)`
		`xlabel('x'); ylabel('y')`
		`zlabel('z')`

Malhas e curvas de nível
(desenha as curvas de nível do gráfico em malhas no plano *xy*).
Sintaxe: meshc(X,Y,Z)
		`x=-3:0.25:3;`
		`y=-3:0.25:3;`
		`[X,Y]=meshgrid(x,y);`
		`Z=1.8.^(-1.5*sqrt(X.^2+Y.^2)).*cos(0.5*Y).*sin(X);`
		`meshc(X,Y,Z)`
		`xlabel('x'); ylabel('y')`
		`zlabel('z')`

(continua)

Tabela 10-1 Gráficos em malha e superfície *(continuação)*

Tipo de gráfico	Exemplo de gráfico	Programa

Superfície e curvas de nível (desenha as curvas de nível da superfície no plano *xy*) Sintaxe: `surfc(X,Y,Z)`		`x=-3:0.25:3;`
		`y=-3:0.25:3;`
		`[X,Y]=meshgrid(x,y);`
		`Z=1.8.^(-1.5*sqrt(X.^2+`
		`Y.^2)).*cos(0.5*Y).*sin(X);`
		`surfc(X,Y,Z)`
		`xlabel('x'); ylabel('y')`
		`zlabel('z')`

Superfície em degrade (gradiente de cores) Sintaxe: `surfl(X,Y,Z)` (último caractere é um L minúsculo)		`x=-3:0.25:3;`
		`y=-3:0.25:3;`
		`[X,Y]=meshgrid(x,y);`
		`Z=1.8.^(-1.5*sqrt(X.^2+`
		`Y.^2)).*cos(0.5*Y).*sin(X);`
		`surfl(X,Y,Z)`
		`xlabel('x'); ylabel('y')`
		`zlabel('z')`

Superfície em queda d'água (desenha uma superfície numa única direção, semelhante a uma queda d'água) Sintaxe: `waterfall(X,Y,Z)`		`x=-3:0.25:3;`
		`y=-3:0.25:3;`
		`[X,Y] = meshgrid(x,y);`
		`Z=1.8.^(-1.5*sqrt(X.^2+`
		`Y.^2)).*cos(0.5*Y).*sin(X);`
		`waterfall(X,Y,Z)`
		`xlabel('x'); ylabel('y')`
		`zlabel('z')`

Órbitas de uma Superfície Sintaxe: `contour3(X,Y,Z,n)` n é o número de passos (opcional)		`x=-3:0.25:3;`
		`y=-3:0.25:3;`
		`[X,Y]=meshgrid(x,y);`
		`Z=1.8.^(-1.5*sqrt(X.^2+`
		`Y.^2)).*cos(0.5*Y).*sin(X);`
		`contour3(X,Y,Z,15)`
		`xlabel('x'); ylabel('y')`
		`zlabel('z')`

(continua)

Tabela 10-1 Gráficos em malha e superfície (continuação)

Tipo de gráfico	Exemplo de gráfico	Programa

Curvas de nível no plano (desenha, sobre um plano, as projeções ortogonais das interseções de uma superfície com uma família de planos paralelos ao das projeções) Sintaxe: contour(X,Y,Z,n) n é o número de curvas de nível (opcional)		`x=-3:0.25:3;`
		`y=-3:0.25:3;`
		`[X,Y ]=meshgrid(x,y);`
		`Z=1.8.^(-1.5*sqrt(X.^2+ Y.^2)).*cos(0.5*Y).*sin(X);`
		`contour(X,Y,Z,15)`
		`xlabel('x'); ylabel('y')`
		`zlabel('z')`

10.3 GRÁFICOS 3-D ESPECIAIS

O MATLAB tem muitas outras funções adicionais para trabalhar com gráficos especiais 3-D. A lista completa dessas funções pode ser encontrada na janela Help Window, opção **Plotting and Data Visualization**. A Tabela 10-2 traz um resumo dessas funções especiais.

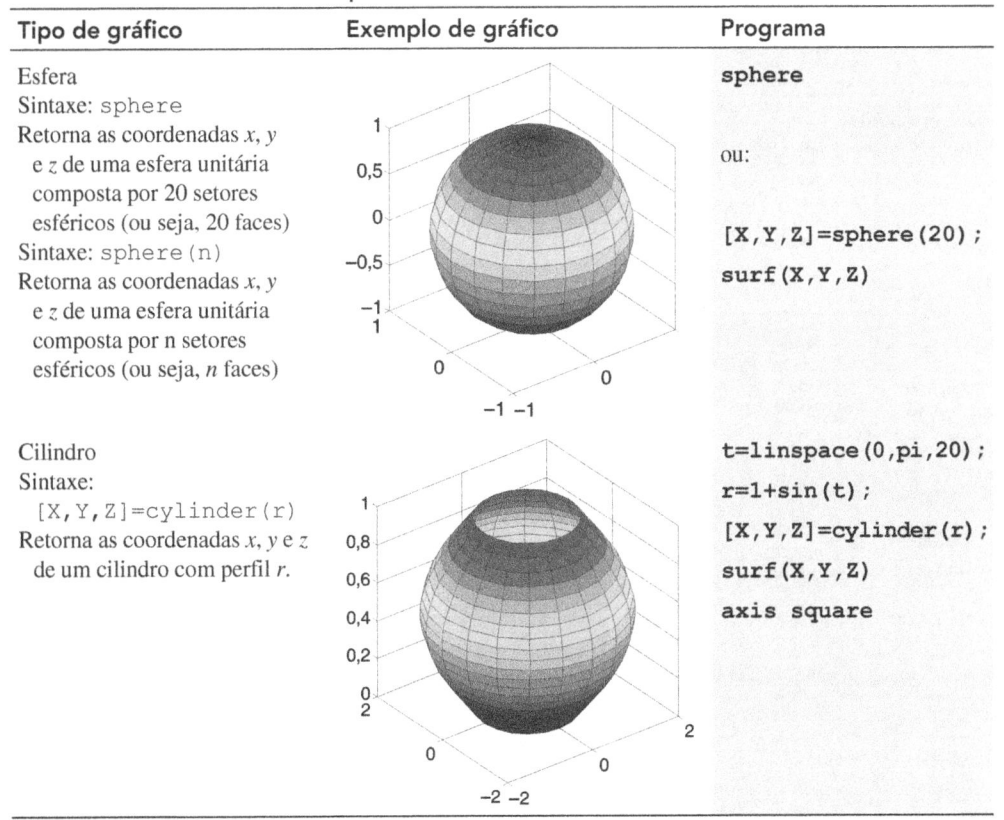

Tabela 10-2 Gráficos 3-D especiais

Tipo de gráfico	Exemplo de gráfico	Programa

Esfera
Sintaxe: `sphere`
Retorna as coordenadas x, y e z de uma esfera unitária composta por 20 setores esféricos (ou seja, 20 faces)
Sintaxe: `sphere(n)`
Retorna as coordenadas x, y e z de uma esfera unitária composta por n setores esféricos (ou seja, n faces)
		`sphere`
		
		ou:
		
		`[X,Y,Z]=sphere(20);`
		`surf(X,Y,Z)`

Cilindro
Sintaxe:
`[X,Y,Z]=cylinder(r)`
Retorna as coordenadas x, y e z de um cilindro com perfil r.
		`t=linspace(0,pi,20);`
		`r=1+sin(t);`
		`[X,Y,Z]=cylinder(r);`
		`surf(X,Y,Z)`
		`axis square`

(continua)

Tabela 10-2 Gráficos 3-D especiais *(continuação)*

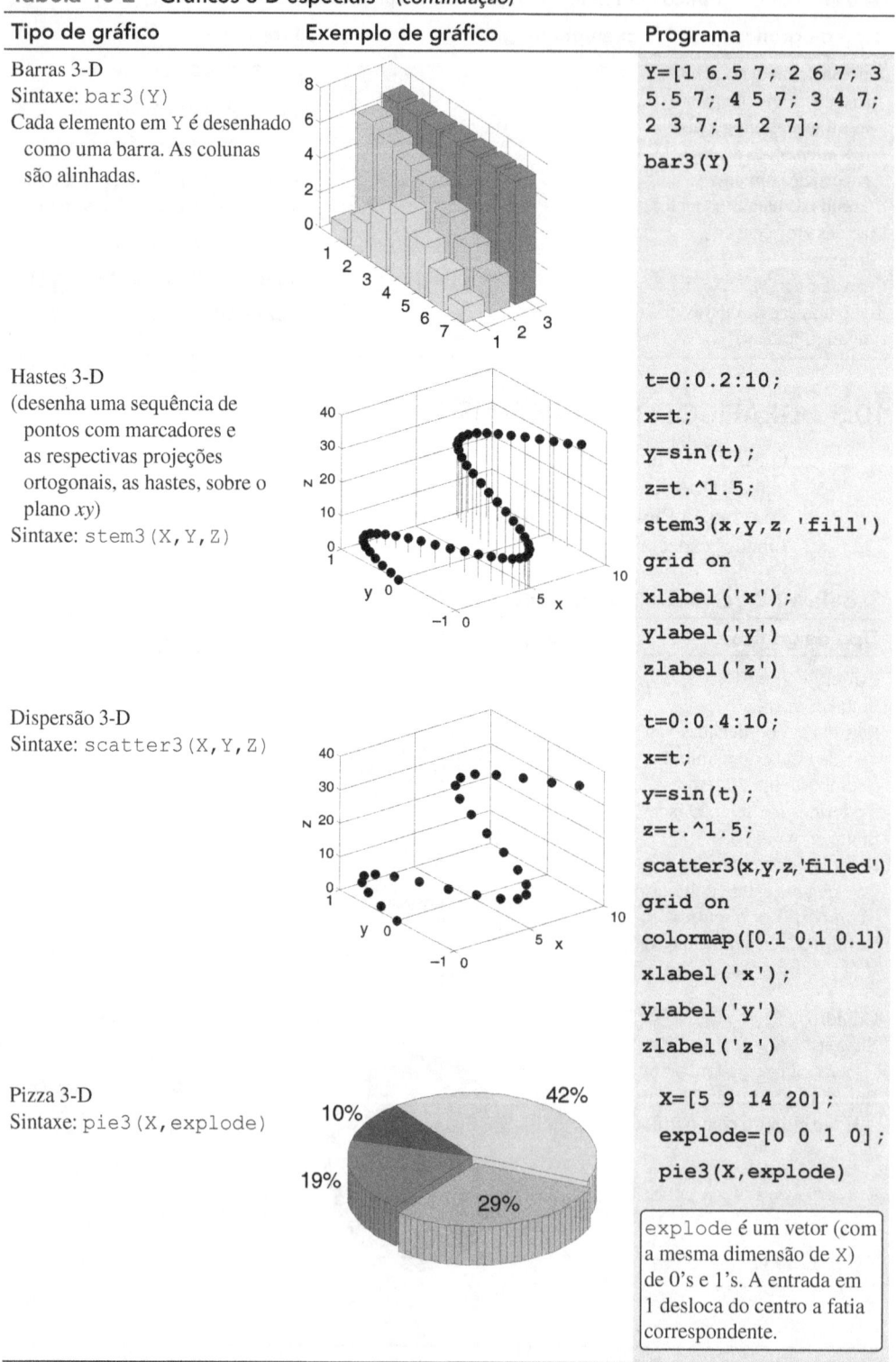

Tipo de gráfico	Exemplo de gráfico	Programa
Barras 3-D Sintaxe: `bar3(Y)` Cada elemento em `Y` é desenhado como uma barra. As colunas são alinhadas.		`Y=[1 6.5 7; 2 6 7; 3 5.5 7; 4 5 7; 3 4 7; 2 3 7; 1 2 7];` `bar3(Y)`

Hastes 3-D
(desenha uma sequência de pontos com marcadores e as respectivas projeções ortogonais, as hastes, sobre o plano *xy*)
Sintaxe: `stem3(X,Y,Z)`
		`t=0:0.2:10;`
		`x=t;`
		`y=sin(t);`
		`z=t.^1.5;`
		`stem3(x,y,z,'fill')`
		`grid on`
		`xlabel('x');`
		`ylabel('y')`
		`zlabel('z')`

Dispersão 3-D
Sintaxe: `scatter3(X,Y,Z)`
		`t=0:0.4:10;`
		`x=t;`
		`y=sin(t);`
		`z=t.^1.5;`
		`scatter3(x,y,z,'filled')`
		`grid on`
		`colormap([0.1 0.1 0.1])`
		`xlabel('x');`
		`ylabel('y')`
		`zlabel('z')`

Pizza 3-D
Sintaxe: `pie3(X,explode)`
		`X=[5 9 14 20];`
		`explode=[0 0 1 0];`
		`pie3(X,explode)`
		
		`explode` é um vetor (com a mesma dimensão de `X`) de 0's e 1's. A entrada em 1 desloca do centro a fatia correspondente.

Os exemplos mostrados na tabela são algumas das diversas opções disponíveis em cada tipo de gráfico. Mais detalhes podem ser obtidos na janela Help Window, ou na janela Command Window, digitando `help nome_do_comando`.

Grid em coordenadas polares no plano xy:

Um gráfico 3-D de uma função em que o valor de z é dado em coordenadas polares (por exemplo, $z = r\theta$) pode ser gerado seguindo estes passos:

- Crie um grid de valores de θ e r utilizando a função `meshgrid`.
- Calcule o valor de z em cada ponto do grid.
- Converta o grid em coordenadas polares para um grid em coordenadas cartesianas. Isso pode ser feito com a função nativa `pol2cart` do MATLAB (veja exemplo a seguir).
- Faça um gráfico 3-D utilizando os valores de z e as coordenadas cartesianas.

Por exemplo, o programa a seguir gera um gráfico da função $z = r\theta$ ao longo do domínio $0 \leq \theta \leq 360°$ e $0 \leq r \leq 2$.

```
[th,r]=meshgrid((0:5:360)*pi/180,0:.1:2);
Z=r.*th;
[X,Y] = pol2cart(th,r);
mesh(X,Y,Z)
```

Digite `surf(X,Y,Z)` para construir um gráfico de superfície.

As figuras geradas pelo programa são:

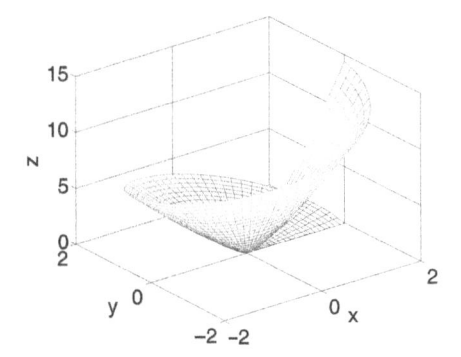

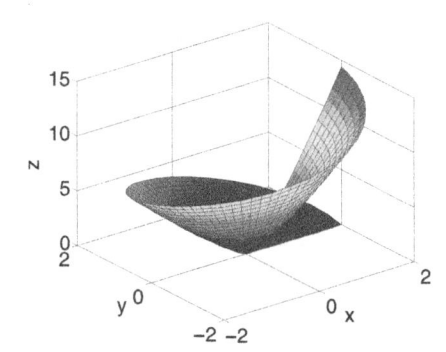

10.4 O COMANDO `view`

O comando `view` controla a direção de observação do gráfico. O controle é feito especificando uma direção em termos dos ângulos de azimute e de elevação (veja a Figura 10-3) ou definindo um ponto no espaço de onde o gráfico é observado. Para configurar o ângulo de visão, utilize as seguintes sintaxes do comando `view`:

```
view(az,el) ou view([az,el])
```

- `az` é o ângulo de azimute (em graus), ou seja, é a distância angular, medida sobre o plano *xy*, a partir do eixo *y* negativo e definido como positivo no sentido anti-horário.
- `el` é o ângulo de elevação (em graus) a partir do plano *xy*. Os valores positivos correspondem aos ângulos de abertura tomados na direção do eixo *z* positivo.
- Os ângulos default são $az = -37{,}5°$ e $el = 30°$.

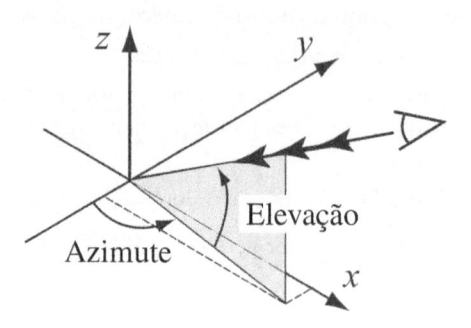

Figura 10-3 Ângulos de azimute e de elevação.

Por exemplo, a superfície da Tabela 10-1 foi plotada novamente na Figura 10-4 com os ângulos de observação $az = 20°$ e $el = 35°$.

```
x=-3:0.25:3;
y=-3:0.25:3;
[X,Y]=meshgrid(x,y);
Z=1.8.^(-1.5*sqrt(X.^2+
Y.^2)).*cos(0.5*Y).*sin(X);
surf(X,Y,Z)
view(20,35)
```

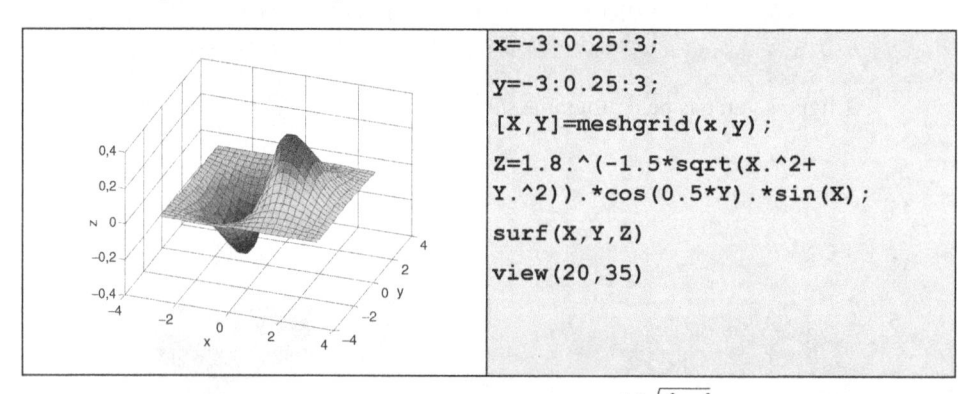

Figura 10-4 Uma superfície da função $z = 1{,}8^{-1{,}5\sqrt{x^2+y^2}} \text{sen}(x) \cos(0{,}5y)$, vista a partir dos ângulos $az = 20°$ e $el = 35°$.

- Escolhendo-se convenientemente os ângulos de azimute e de elevação, o comando `view` permite plotar projeções do gráfico 3-D sobre vários planos. A seguir, temos os três casos mais importantes:

Plano de projeção	Valor *az*	Valor *el*
xy (vista superior)	0	90
xz (vista lateral)	0	0
yz (vista lateral)	90	0

Um exemplo de vista no plano *xy* (superior) é apresentado na Figura 10-5 para a função plotada na Figura 10-1. Exemplos de projeções sobre os planos *xz* e *yz* são mostrados nas Figuras 10-6 e 10-7, respectivamente. Essas duas últimas figuras mostram projeções do gráfico em malhas da função plotada na Tabela 10-1.

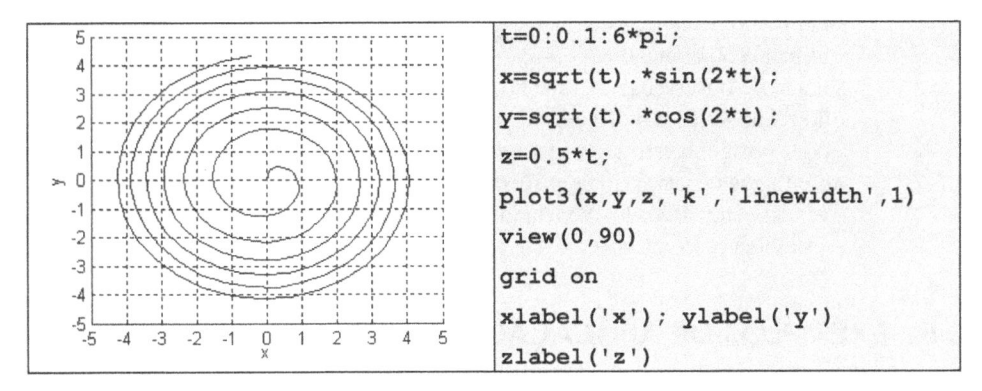

```
t=0:0.1:6*pi;
x=sqrt(t).*sin(2*t);
y=sqrt(t).*cos(2*t);
z=0.5*t;
plot3(x,y,z,'k','linewidth',1)
view(0,90)
grid on
xlabel('x'); ylabel('y')
zlabel('z')
```

Figura 10-5 Vista superior do gráfico da função $x = \sqrt{t}\operatorname{sen}(2t)$, $y = \sqrt{t}\cos(2t)$, $z = 0,5t$ para $0 \le t \le 6\pi$.

```
x=-3:0.25:3;
y=-3:0.25:3;
[X,Y]=meshgrid(x,y);
Z=1.8.^(-1.5*sqrt(X.^2+Y.^2))
.*cos(0.5*Y).*sin(X);
mesh(X,Y,Z)
view(0,0)
xlabel('x'); ylabel('y')
zlabel('z')
```

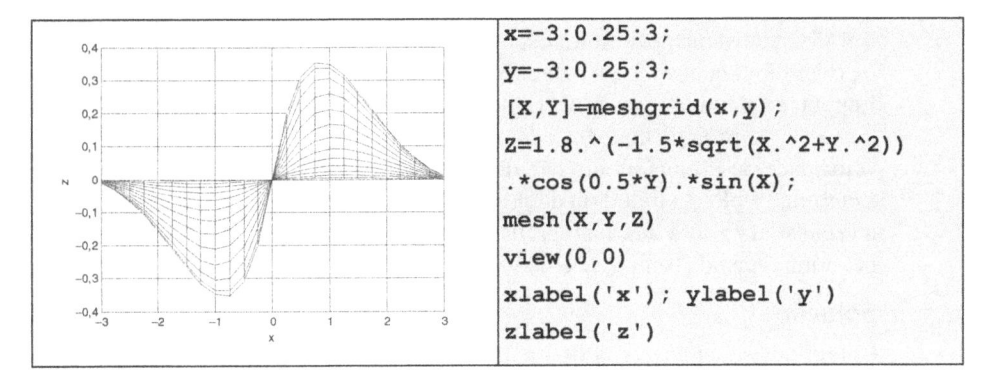

Figura 10-6 Projeção no plano *xz* da função $z = 1,8^{-1,5\sqrt{x^2+y^2}}\operatorname{sen}(x)\cos(0,5y)$.

```
x=-3:0.25:3;
y=-3:0.25:3;
[X,Y]=meshgrid(x,y);
Z=1.8.^(-1.5*sqrt(X.^2+Y.^2))
.*cos(0.5*Y).*sin(X);
mesh(X,Y,Z)
view(90,0)
xlabel('x'); ylabel('y')
zlabel('z')
```

Figura 10-7 Projeção no plano *yz* da função $z = 1,8^{-1,5\sqrt{x^2+y^2}}\operatorname{sen}(x)\cos(0,5y)$.

- Existem ainda outras duas opções default:

  view(2)   Seleciona a projeção do gráfico no plano *xy*, isto é, $az = 0°$ e $el = 90°$.
  view(3)   Seleciona a vista padrão 3-D do gráfico, isto é, $az = -37,5°$ e $el = 30°$.

- Finalmente, a direção de observação também pode ser especificada a partir de um ponto no espaço de onde o gráfico é visualizado. Nesse caso, a sintaxe a ser utilizada no comando é view([x,y,z]), onde x, y e z são as coordenadas do ponto de observação. A direção é determinada pela direção do ponto especificado relativamente à origem do sistema de coordenadas e independe da distância ponto-origem. Isto significa que observar do ponto [6, 6, 6] produz o mesmo efeito que observar do ponto [10, 10, 10]. A vista superior pode ser definida através do vetor [0, 0, 1]. A vista lateral do plano *xz* na direção negativa do eixo *y* é escolhida pelo vetor [0, −1, 0], e assim por diante.

10.5 EXEMPLOS DE APLICAÇÃO DO MATLAB

Problema Exemplo 10-1: Trajetória de projéteis no espaço

Um projétil foi lançado com uma velocidade inicial de 250 m/s formando um ângulo $\theta = 65°$, relativamente ao solo. Inicialmente, o projétil foi apontado para a direção Norte. Entretanto, devido a um forte vento vindo do Oeste, o projétil também adquire uma velocidade de 30 m/s na direção do vento. Determine e plote a trajetória do projétil até que ele atinja o solo. Faça um gráfico da trajetória (na mesma figura) comparando a trajetória esperada (sem a ação do vento Oeste) com a trajetória verdadeira.

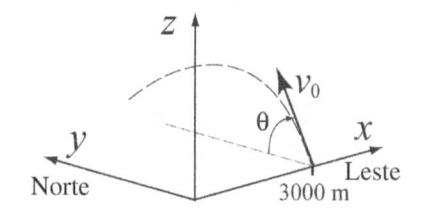

Solução

Conforme está indicado na figura do problema, o sistema de coordenadas foi escolhido de modo que os eixos *x* e *y* coincidam com as direções Leste e Norte, respectivamente. Assim, o movimento do projétil pode ser analisado considerando a direção vertical *z* e as duas componentes horizontais *x* e *y*. Como o projétil foi lançado diretamente para o Norte, a velocidade inicial pode ser decomposta nas componentes horizontal (*y*) e vertical (*z*):

$$v_{0y} = v_0 \cos(\theta) \quad \text{e} \quad v_{0z} = v_0 \operatorname{sen}(\theta)$$

Além disso, devido à ação do vento, o projétil adquire uma velocidade negativa na direção *x*, $v_x = -30$ m/s.

A posição inicial do projétil (x_0, y_0, z_0) é o ponto (3000, 0, 0). Na direção vertical, a velocidade e a posição do projétil são dadas, respectivamente, por:

$$v_z = v_{0z} - gt \quad \text{e} \quad z = z_0 + v_{0z}t - \tfrac{1}{2}gt^2$$

O instante de tempo, em relação ao tempo inicial, para que o projétil alcance o ponto mais elevado da trajetória ($v_z = 0$) é $t_{hmax} = v_{0z}/g$. O tempo de voo total do projétil é duas vezes esse tempo, i.e., $t_{tot} = 2\, t_{hmax}$. Na direção horizontal, a velocidade é constante (nas direções x e y) e a posição do projétil é dada por:

$$x = x_0 + v_x t \quad \text{e} \quad y = y_0 + v_{0y} t$$

O programa a seguir resolve o problema proposto.

```
v0=250; g=9.81; teta=65;
x0=3000; vx=-30;
v0z=v0*sin(teta*pi/180);
v0y=v0*cos(teta*pi/180);
t=2*v0z/g;
tplot=linspace(0,t,100);   Declarando um vetor tempo com 100 elementos.
z=v0z*tplot-0.5*g*tplot.^2;
y=v0y*tplot;               Calculando as coordenadas x, y e z do
                           projétil em cada instante de tempo.
x=x0+vx*tplot;
xsem_vento(1:length(y))=x0;   Coordenada x constante (sem a ação do vento).
plot3(x,y,z,'k-',xsem_vento,y,z,'k--')   Plotando as duas
grid on                                  trajetórias no espaço.
axis([0 6000 0 6000 0 2500])
xlabel('x (m)');ylabel('y (m)');zlabel('z (m)');
```

O gráfico gerado pelo programa é apresentado abaixo.

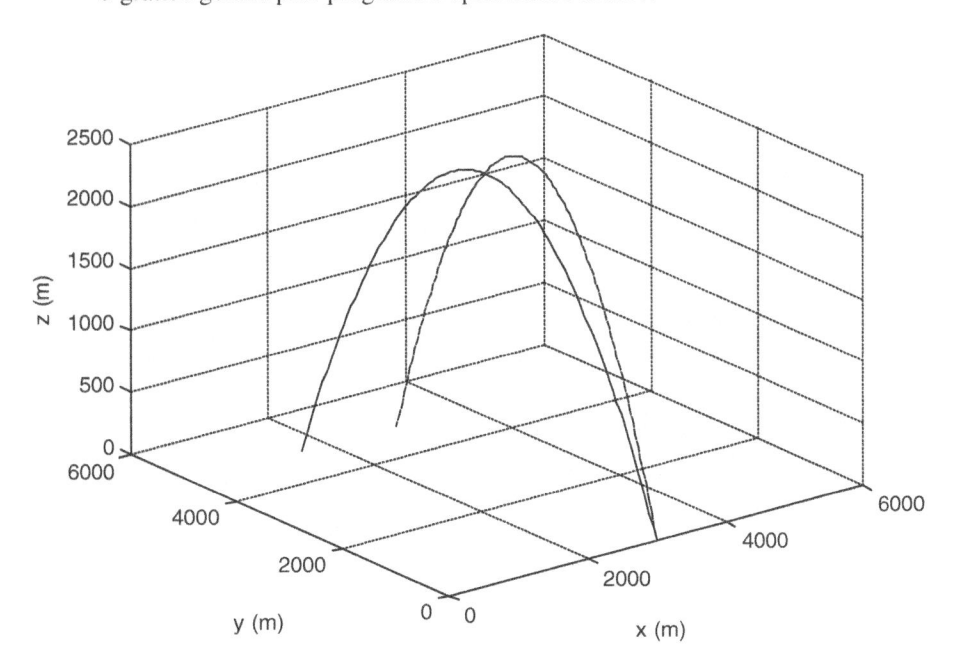

Problema Exemplo 10-2: Potencial elétrico devido a duas cargas pontuais

O potencial elétrico V produzido por uma partícula carregada é dado por:

$$V = \frac{1}{4\pi\varepsilon_0}\frac{q}{r}$$

onde $\varepsilon_0 = 8{,}8541878 \times 10^{-12}$ C/(N · m^2) é a permissividade do vácuo, q é o módulo da carga elétrica em Coulombs e r é a distância radial da partícula (em metros) até o ponto onde se deseja conhecer o potencial. O potencial elétrico de duas ou mais partículas carregadas é calculado a partir do princípio da superposição. Por exemplo, o potencial elétrico em um ponto P devido à presença de duas partículas carregadas é dado por:

$$V = \frac{1}{4\pi\varepsilon_0}\left(\frac{q_1}{r_1} + \frac{q_2}{r_2}\right)$$

onde q_1, q_2, r_1 e r_2 são as cargas das partículas e as distâncias do ponto às correspondentes partículas, respectivamente.

Duas partículas de carga $q_1 = 2 \times 10^{-10}$ C e $q_2 = 3 \times 10^{-10}$ C foram posicionadas no plano xy nos pontos (0,25; 0, 0) e (−0,25; 0, 0), respectivamente (veja a figura do problema). Determine e plote o potencial elétrico devido às duas partículas em pontos no plano xy que estão localizados no domínio $-0{,}2 \leq x \leq 0{,}2$ e $-0{,}2 \leq y \leq 0{,}2$ (as unidades sobre o plano xy estão em metros). Construa um gráfico de tal maneira que o plano xy seja o plano dos pontos do domínio e o eixo z represente o potencial elétrico.

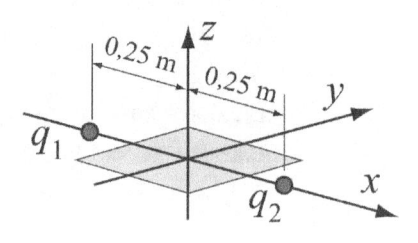

Solução

O problema será resolvido em quatro etapas:

(a) Primeiramente será criado um grid no plano xy com o domínio $-0{,}2 \leq x \leq 0{,}2$ e $-0{,}2 \leq y \leq 0{,}2$.
(b) Então, as distâncias de cada ponto do grid relativamente às cargas serão calculadas.
(c) Daí, o potencial elétrico em cada ponto do grid será determinado.
(d) Por fim, o potencial elétrico será plotado.

O programa a seguir resolve o problema considerando essas etapas.

```
eps0=8.85e-12; q1=2e-10; q2=3e-10;
k=1/(4*pi*eps0);
x=-0.2:0.01:0.2;
y=-0.2:0.01:0.2;
[X,Y]=meshgrid(x,y);        Criando um grid no plano xy.
```

```
r1=sqrt((X+0.25).^2+Y.^2);   Calculando a distância r₁ para cada ponto do grid.
r2=sqrt((X-0.25).^2+Y.^2);   Calculando a distância r₂ para cada ponto do grid.
V=k*(q1./r1+q2./r2);   Calculando o potencial elétrico V para cada ponto do grid.
mesh(X,Y,V)
xlabel('x (m)'); ylabel('y (m)'); zlabel('V (V)')
```

O programa gera o seguinte gráfico.

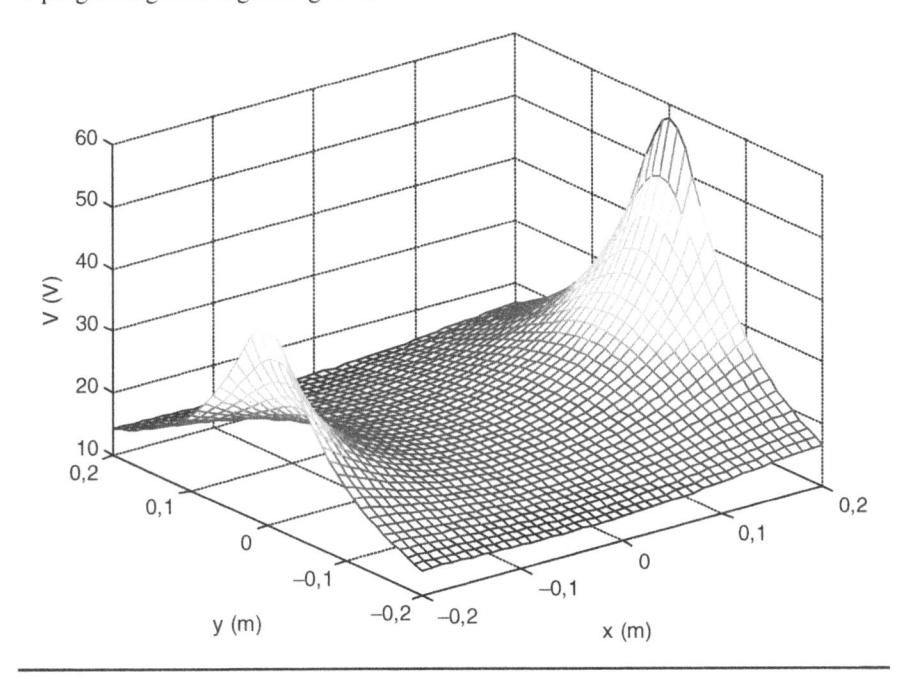

Problema Exemplo 10-3: Condução de calor em uma placa retangular

Três lados de uma placa retangular ($a = 5$ m, $b = 4$ m) são mantidos à temperatura $T = 0°C$ e o outro lado é mantido à temperatura $T_1 = 80°C$ (veja a figura do problema). Determine e plote a distribuição de temperatura $T(x, y)$ da placa.

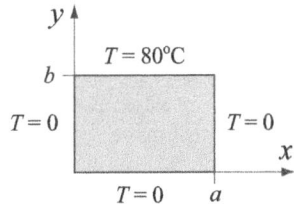

Solução

A distribuição de temperatura $T(x, y)$ numa placa retangular pode ser determinada resolvendo-se a equação do calor bidimensional (a duas variáveis x, y). Para as condições de contorno fornecidas no problema, $T(x, y)$ pode ser expressa analiticamente em termos da série de Fourier (veja Erwin Kreyszig, *Advanced Engineering Mathematics*, John Wiley and Sons, 1993):

$$T(x,y) = \frac{4T_1}{\pi} \sum_{n=1}^{\infty} \frac{\text{sen}\left[(2n-1)\frac{\pi x}{a}\right] \text{senh}\left[(2n-1)\frac{\pi y}{a}\right]}{(2n-1) \quad \text{senh}\left[(2n-1)\frac{\pi b}{a}\right]}$$

O programa que resolve o problema está apresentado a seguir. Ele segue os seguintes passos:

(a) Primeiramente, cria um grid X, Y no domínio $0 \le x \le a$ e $0 \le y \le b$. O comprimento a da placa foi dividido em 20 partes e o comprimento b em 16 partes.
(b) Em seguida, determina a temperatura em cada ponto da malha. Os cálculos são feitos ponto a ponto usando um laço duplo. Para cada ponto, a temperatura é determinada e são adicionados os k termos da série de Fourier.
(c) Por último, são construídas as superfícies para T (para k termos da série de Fourier).

```
a=5; b=4; na=20; nb=16; k=5; T0=80;
clear T
x=linspace(0,a,na);
y=linspace(0,b,nb);
[X,Y]=meshgrid(x,y);          % Criando um grid no plano xy.
for i=1:nb                     % Primeiro loop; i é o índice das linhas do grid.
    for j=1:na                 % Segundo loop; j é o índice das colunas do grid.
        T(i,j)=0;
        for n=1:k              % Terceiro loop; n é o n-ésimo termo da série de
            ns=2*n-1;          % Fourier; k é o número de termos.
    T(i,j)=T(i,j)+sin(ns*pi*X(i,j)/a).*sinh(ns*pi*Y(i,j)/a)/(sinh(ns*pi*b/a)*ns);
        end
        T(i,j) = T(i,j)*4*T0/pi;
    end
end
mesh(X,Y,T)
xlabel('x (m)'); ylabel('y (m)'); zlabel('T ( ^oC)')
```

O programa foi executado duas vezes. A primeira usando 5 termos ($k = 5$) na série de Fourier para determinar a temperatura em cada ponto da placa. A segunda utilizando 50 termos ($k = 50$) para a mesma finalidade. Os gráficos em malha abaixo são os resultados em cada execução do programa. A temperatura deveria estar uniformemente distribuída (80°C) em $y = 4$ m. Perceba como o número de termos (k) é importante na obtenção de uma solução mais exata, ou seja, representando melhor o sistema físico analisado.

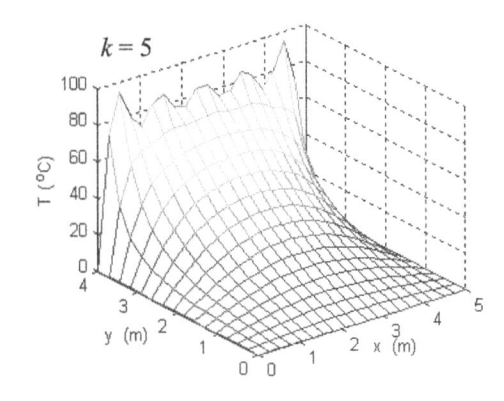

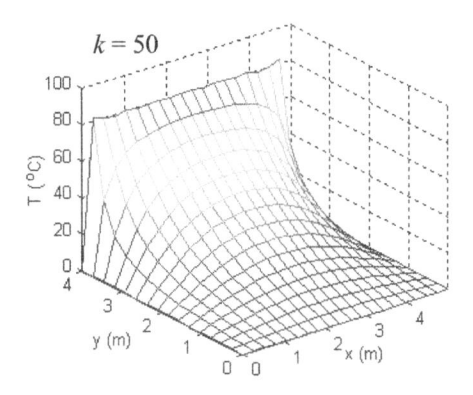

10.6 PROBLEMAS

1. A posição de uma partícula em movimento em função do tempo é dada por:

   $$x = (4 - 0,1t)\text{sen}(0,8t) \qquad y = (4 - 0,1t)\cos(0,8t) \qquad z = 0,4t^{(3/2)}$$

   Plote a posição da partícula para $0 \leq t \leq 30$.

2. Uma escadaria elíptica que tem seu tamanho reduzido com a altura (veja a figura ao lado) pode ser modelada pelas equações paramétricas

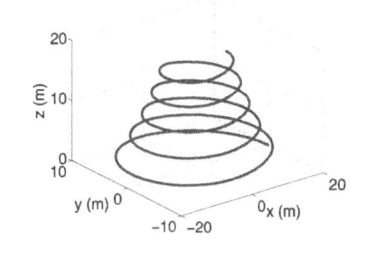

   $$x = r\cos(t) \qquad y = r\text{sen}(t) \qquad z = \frac{ht}{2\pi n}$$

   onde $r = \dfrac{ab}{\sqrt{[b\cos(t)]^2 + [a\text{sen}(t)]^2}} e^{-0,04t}$, a

   e b são os semi-eixos maior e menor da elipse, respectivamente, h é a altura da escadaria e n é o número de revoluções que a escadaria faz. Faça um gráfico 3-D de uma escadaria considerando $a = 20$ m, $b = 10$ m, $h = 18$ m e $n = 5$. (Crie um vetor t para o domínio 0 a $2\pi n$ e use o comando `plot3`.)

3. A escada de um caminhão do Corpo de Bombeiros pode ser erguida verticalmente (ângulo ϕ), girada em relação ao eixo z (ângulo θ) e alongada (distância r). Inicialmente, a escada repousa sobre o caminhão, $\phi = 0$, $\theta = 0$ e $r = 8$ m. À medida que a escada é movida para uma nova posição, os ângulos ϕ e θ aumentam a uma taxa de 5 graus/s e 8 graus/s, respectivamente, e a escada é alongada numa taxa de 0,6 m/s. Determine e plote a posição da extremidade (ponta) da escada para 10 segundos de operação.

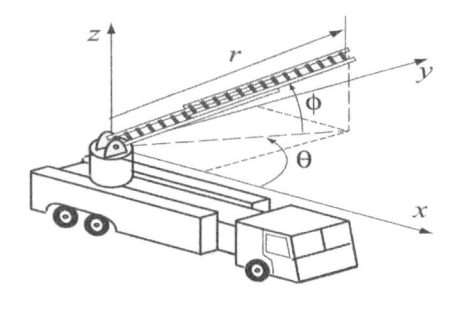

4. Faça um gráfico 3-D em superfície da função $z = \dfrac{x^2}{3} + 2\text{sen}(3y)$ no domínio $-3 \leq x \leq 3$ e $-3 \leq y \leq 3$.

5. Faça um gráfico 3-D em superfície da função $z = 0{,}5|x| + 0{,}5|y|$ no domínio $-2 \leq x \leq 2$ e $-2 \leq y \leq 2$.

6. Faça um gráfico 3-D em malha da função $z = \dfrac{\text{sen}\,R}{R}$, onde $R = \sqrt{x^2 + y^2}$, no domínio $-10 \leq x \leq 10$ e $-10 \leq y \leq 10$.

7. Faça um gráfico 3-D em superfície da função $z = \cos(xy)\cos(\sqrt{x^2 + y^2})$ no domínio $-\pi \leq x \leq \pi$ e $-\pi \leq y \leq \pi$.

8. Um laminado composto anti-simétrico *cross-ply* tem duas camadas nas quais as fibras são alinhadas perpendicularmente umas às outras. A deformação de um laminado desse tipo, devido a esforços térmicos residuais, é descrita pela equação

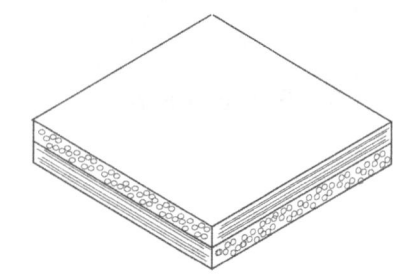

$$w = k(x^2 - y^2)$$

onde x e y são as coordenadas no plano do laminado, w é a deflexão para fora do plano e k é a curvatura (uma função complicada da geometria e propriedades do material). Faça um gráfico em superfície mostrando a deflexão de um laminado quadrado ($-3 \leq x \leq 3$ pol. e $-3 \leq y$ 3 pol.) assumindo $k = 0{,}01$ pol.$^{-1}$.

9. A equação de van der Waals fornece a relação entre pressão P (atm), volume V (L) e temperatura T (K) para um gás real:

$$P = \dfrac{nRT}{V - b} - \dfrac{n^2 a}{V^2}$$

onde n é o número de moles, $R = 0{,}08206$ (L atm)/(mol K) é a constante universal dos gases perfeitos e a (L^2 atm/mol^2) e b (L/mol) são constantes do material.

Considere 1,5 moles de nitrogênio ($a = 1{,}39$ L^2 atm/mol^2, $b = 0{,}03913$ L/mol). Faça um gráfico 3-D que mostre a variação da pressão (variável dependente, eixo z) com o volume (variável independente, eixo x) e a temperatura (variável independente, eixo y). O domínio para o volume e temperatura são $0{,}3 \leq V \leq 1{,}2$ L e $273 \leq T \leq 473$ K.

10. As moléculas de um gás encerrado em um recipiente movem-se aleatoriamente a diferentes velocidades. A lei de distribuição de velocidades de Maxwell dá a distribuição de probabilidade $P(v)$ em função da temperatura e da velocidade das moléculas:

$$P(v) = 4\pi \left(\dfrac{M}{2\pi RT}\right)^{3/2} v^2 e^{(-Mv^2)/(2RT)}$$

onde M é a massa molar do gás em kg/mol, $R = 8{,}31$ J/(mol K) é a constante universal dos gases perfeitos, T é a temperatura em kelvins e v é a velocidade das moléculas em m/s.

Plote um gráfico 3-D de $P(v)$ em função de v e T para $0 \leq v \leq 1000$ m/s e $70 \leq T \leq 320$ K para o gás oxigênio (massa molar 0,032 kg/mol).

11. Sensação térmica ou *wind chill*, em inglês, é a temperatura aparente (T_{apa}) sentida pela pele exposta, em virtude da combinação entre temperatura do ar e velocidade do vento. Em unidades tipicamente americanas, a temperatura aparente é calculada por

$$T_{apa} = 35{,}74 + 0{,}6215T - 35{,}75v^{0{,}16} + 0{,}4275T\,v^{0{,}16}$$

onde T é a temperatura em graus F e v é a velocidade do vento em mi/h.
Faça um gráfico 3-D de T_{apa} em função de v e T para $0 \leq v \leq 70$ mi/h e $0 \leq T \leq 50$ F.

12. A vazão Q (m³/s) em um canal de seção retangular é dada pela equação de Manning:

$$Q = \frac{kdw}{n}\left(\frac{wd}{w+2d}\right)^{2/3}\sqrt{S}$$

onde d é a profundidade da água (m), w é a largura do canal (m), S é a inclinação do canal (m/m), n é o coeficiente de rugosidade das paredes do canal e k é uma constante de conversão (igual a 1 quando as unidades anteriores são utilizadas).
Faça um gráfico 3-D de Q (eixo z) em função de w (eixo x) para $0 \leq w \leq 8$ m, e em função de d (eixo y) para $0 \leq d \leq 4$ m. Assuma $n = 0{,}05$ e $S = 0{,}001$ m/m.

13. A figura ilustra um circuito *RLC* excitado por uma fonte de tensão alternada. A tensão da fonte v_s é dada por $v_s = v_m \text{sen}(\omega_d t)$, onde $\omega_d = 2\pi f_d$, sendo f_d a frequência de excitação da fonte. A amplitude I da corrente que circula pelo circuito, após o regime transitório, é dada por

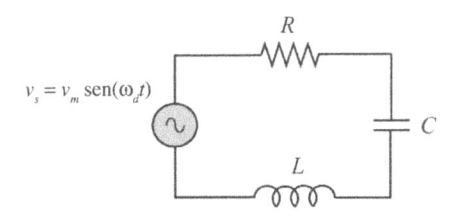

$$I = \frac{v_m}{\sqrt{R^2 + (\omega_d L - 1/(\omega_d C))^2}}$$

onde R é a resistência do resistor, C é a capacitância do capacitor e L é a indutância do indutor. Para o circuito na figura, $C = 15 \times 10^{-6}$ F, $L = 240 \times 10^{-3}$ H e $v_m = 24$ V.

(a) Faça um gráfico 3-D de I (eixo z) em função de ω_d (eixo x) para $60 \leq f_d \leq 110$ Hz, e em função de R (eixo y) para $10 \leq R \leq 40$ Ω.

(b) Faça outro gráfico que seja a projeção sobre o plano xz do gráfico da letra *a*. Estime, a partir desse gráfico, o valor da frequência natural (a frequência para a qual I é máxima). Compare o valor estimado com o valor teórico dado por $1/(2\pi\sqrt{LC})$.

14. Deslocamento de borda é o nome dado a um defeito em uma amostra de cristal onde um grupo de átomos do cristal se desprende da estrutura cristalina. As componentes de tensão (stress) em volta da porção deslocada são dadas por:

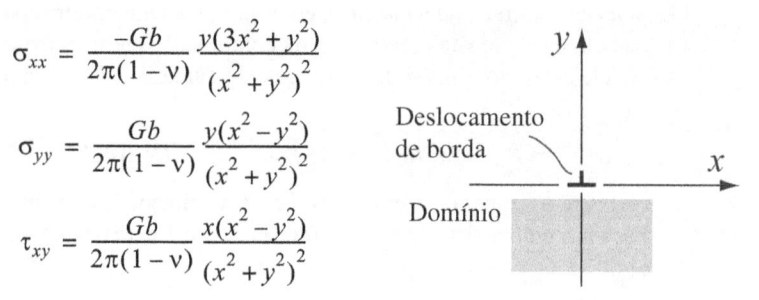

$$\sigma_{xx} = \frac{-Gb}{2\pi(1-\nu)} \frac{y(3x^2+y^2)}{(x^2+y^2)^2}$$

$$\sigma_{yy} = \frac{Gb}{2\pi(1-\nu)} \frac{y(x^2-y^2)}{(x^2+y^2)^2}$$

$$\tau_{xy} = \frac{Gb}{2\pi(1-\nu)} \frac{x(x^2-y^2)}{(x^2+y^2)^2}$$

onde G é o modulo de cisalhamento, b é o módulo do vetor de Burgers e ν é a razão de Poisson. Plote as componentes de tensão (em figuras separadas) devido ao deslocamento de borda no alumínio, se $G = 27,7 \times 10^9$ Pa, $b = 0,286 \times 10^{-9}$ m e $\nu = 0,334$. O domínio onde as tensões serão plotadas é $-5 \times 10^{-9} \leq x \leq 5 \times 10^{-9}$ m e $-5 \times 10^{-9} \leq y \leq 5 \times 10^{-9}$ m. Coloque as coordenadas x e y no plano horizontal e as componentes de stress na direção vertical.

15. A corrente I fluindo através de um diodo é dada por

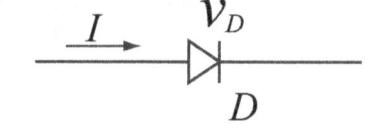

$$I = I_S\left(e^{\frac{qv_D}{kT}} - 1\right)$$

onde $I_S = 10^{-12}$ A é a corrente de saturação, $q = 1,6 \times 10^{-19}$ C é o valor da carga elementar, $k = 1,38 \times 10^{-23}$ joules/K é a constante de Boltzmann, v_D é a queda de tensão através do diodo e T é a temperatura em kelvins. Faça um gráfico 3-D de I (eixo z) versus v_D (eixo x) para $0 \leq v_D \leq 0,4$ V, e versus T (eixo y) para $290 \leq T \leq 320$ K.

16. A equação para as linhas de fluxo (*streamlines*), considerando um fluxo uniforme ao longo de um cilindro, é

$$\psi(x,y) = y - \frac{y}{x^2+y^2}$$

onde ψ é uma função que descreve as linhas de fluxo (*stream function*). Por exemplo, se $\psi = 0$, então $y = 0$. Uma vez que (no caso em que $\psi = 0$ e $y = 0$) a equação é satisfeita para todo x, o eixo x é a "linha de fluxo zero" ($\psi = 0$). Observe que o conjunto de pontos onde $x^2 + y^2 = 1$ também é uma linha de fluxo. Assim, a função ψ anterior é válida para um cilindro de raio 1. Faça um gráfico 2-D de curvas de nível para as linhas de fluxo no entorno de um cilindro com 1 cm de raio. Defina o domínio para x e y em uma faixa entre -3 e 3. Use 100 para o número de curvas de nível. Adicione à figura um gráfico de uma circunferência com raio igual a 1. Observe que o MATLAB também desenha linhas de fluxo no interior do cilindro. Isso é um artifício matemático.

17. A deflexão w de uma membrana circular de raio r_d submetida a uma pressão P é dada por (teoria das pequenas deformações)

$$w(r) = \frac{Pr_d^4}{64K}\left[1 - \left(\frac{r}{r_d}\right)^2\right]^2$$

onde r é a coordenada radial e $K = \dfrac{Et^3}{12(1-v^2)}$, em que E, t e v são o módulo de elasticidade, a espessura e a razão de Poisson da membrana, respectivamente. Considere uma membrana com $P = 15$ psi, $r_d = 15$ pol., $E = 18 \times 10^6$ psi, $t = 0,08$ pol. e $v = 0,3$. Faça um gráfico de superfície da membrana.

18. O modelo de Verhulst descreve o crescimento de uma população limitado por vários fatores como, por exemplo, superlotação e falta de recursos. O modelo é dado pela seguinte equação:

$$N(t) = \frac{N_\infty}{1 + \left(\dfrac{N_\infty}{N_0} - 1\right)e^{-rt}}$$

onde $N(t)$ é o número de indivíduos na população, N_0 é o tamanho inicial da população, N_∞ é o tamanho máximo da população devido a vários fatores limitantes e r é uma taxa constante. Faça um gráfico de superfície de $N(t)$ versus t e N_∞ assumindo $r = 0,1$ s^{-1} e $N_0 = 10$. Faça t variar entre 0 e 100 e N_∞ entre 100 e 1000.

19. A geometria de um casco de navio pode ser modelada pela equação

$$y = \mp\frac{B}{2}\left[1 - \left(\frac{2x}{L}\right)^2\right]\left[1 - \left(\frac{2z}{T}\right)^2\right]$$

onde x, y e z são o comprimento, a largura e a altura, respectivamente. Use o MATLAB para fazer uma figura 3-D do casco, como ilustrado ao lado. Use $B = 1,2$; $L = 4$; $T = 0,5$; $-2 \leq x \leq 2$ e $-0,5 \leq z \leq 0$.

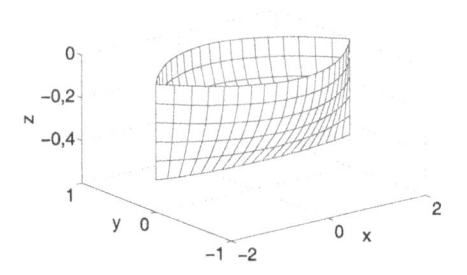

20. Os campos de tensão em torno de uma trinca em um material linear e isotrópico para o modo I de carregamento são dados por:

$$\sigma_{xx} = \frac{K_I}{\sqrt{2\pi r}} \cos\left(\frac{\theta}{2}\right)\left[1 - \text{sen}\left(\frac{\theta}{2}\right)\text{sen}\left(\frac{3\theta}{2}\right)\right]$$

$$\sigma_{yy} = \frac{K_I}{\sqrt{2\pi r}} \cos\left(\frac{\theta}{2}\right)\left[1 + \text{sen}\left(\frac{\theta}{2}\right)\text{sen}\left(\frac{3\theta}{2}\right)\right]$$

$$\tau_{xy} = \frac{K_I}{\sqrt{2\pi r}} \cos\left(\frac{\theta}{2}\right)\text{sen}\left(\frac{\theta}{2}\right)\cos\left(\frac{3\theta}{2}\right)$$

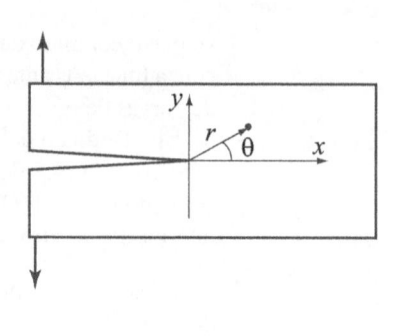

Para K_I = 300ksi $\sqrt{\text{pol}}$. plote as tensões (cada uma em um gráfico separado) no domínio $0 \leq \theta \leq 90°$ e $0{,}02 \leq r \leq 0{,}2$ pol. Plote as coordenadas x e y no plano horizontal e o valor da tensão na direção vertical.

21. Uma bola lançada para cima cai no chão e quica várias vezes. Para uma bola lançada na direção mostrada na figura do problema, a posição da bola em função do tempo é dada por:

$$x = v_x t \qquad y = v_y t \qquad z = v_z t - \frac{1}{2}gt^2$$

As velocidades nas direções x e y são constantes em todo o movimento e são dadas por $v_x = v_0\text{sen}(\theta)\cos(\alpha)$ e $v_y = v_0\text{sen}(\theta)\text{sen}(\alpha)$. Na direção vertical, a velocidade inicial é $v_z = v_0\cos(\theta)$ e, quando a bola toca o chão, sua velocidade de retorno é 0,8 vezes a velocidade no início do quique anterior (para o primeiro quique, assuma a velocidade de retorno igual a 0,8 vezes a componente v_z da velocidade inicial v_0). O tempo entre dois quiques (ou seja, o intervalo de tempo entre dois instantes em que a bola toca o chão) é dado por $t_b = (2v_z)/g$, onde v_z é a componente vertical da velocidade no início do quique. Faça um gráfico 3-D (como o apresentado na figura ao lado) que mostre a trajetória da bola durante os cinco primeiros quiques. Considere v_0 = 20 m/s, $\theta = 30°$, $\alpha = 25°$ e $g = 9{,}81$ m/s^2.

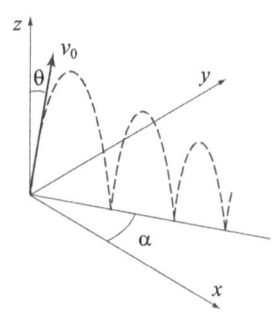

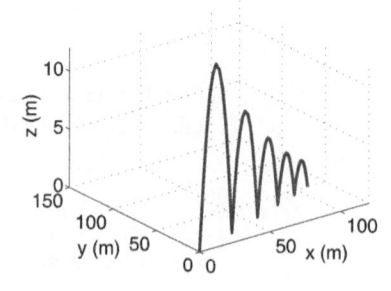

Capítulo 11
Matemática Simbólica

Nos dez capítulos anteriores, todas as operações matemáticas realizadas no MATLAB foram numéricas. As operações eram realizadas escrevendo-se as expressões numéricas que continham as constantes e variáveis necessárias à solução do problema. Quando uma expressão numérica é executada no MATLAB, o resultado de saída também é numérico (seja um escalar ou um arranjo com números). O número, ou números, são escritos na notação de ponto fixo ou ponto flutuante. Por exemplo, digitando-se 1/4, o resultado é 0,2500 – um valor exato – e digitando-se 1/3 o resultado é 0,3333 – um valor aproximado.

Muitas aplicações na matemática, ciências ou engenharias requerem operações simbólicas nas equações. Operações simbólicas são operações matemáticas com expressões contendo variáveis simbólicas, isto é, variáveis que não receberam valor numérico quando a operação é executada no MATLAB. O resultado de tais operações também é uma expressão matemática em termos das variáveis simbólicas. Um exemplo simples é resolver uma equação algébrica que contém muitas variáveis para explicitar a dependência funcional de uma dessas variáveis. Se a, b e x são as variáveis simbólicas e a expressão algébrica é $ax - b = 0$, x pode ser resolvido em termos de a e b, o que resulta em $x = b/a$. Outros exemplos importantes de operações simbólicas são a integração e diferenciação analítica de expressões matemáticas. Por exemplo, a derivada com relação a t de $2t^3 + 5t - 8$ é $6t^2 + 5$.

O MATLAB possui a capacidade de realizar muitos tipos de operações simbólicas. A parte numérica das operações simbólicas do MATLAB é realizada exatamente e não utilizando aproximações, como vimos nos capítulos anteriores. Por exemplo, o resultado da adição de $x/4$ e $x/3$ é $7x/12$ e não $0,5833x$.

As operações simbólicas podem ser realizadas pelo MATLAB quando o Symbolic Math Toolbox está instalado. Este toolbox é uma coleção de funções do MATLAB que são utilizadas para a execução de operações simbólicas. Os comandos e funções para as operações simbólicas têm o mesmo estilo e sintaxe que aqueles encontrados nas operações numéricas. As operações simbólicas são executadas primeiramente pelo MuPad®, que é um software projetado especialmente para lidar com variáveis simbólicas[‡]. O MuPad é um software embutido no MATLAB que é ativado sempre que uma função matemática simbólica é executada no MATLAB. O MuPad pode ser usado separadamente como um software independente. Entretanto, ele possui uma estrutura e comandos diferentes do MATLAB (utiliza uma linguagem própria chamada MuPAD). O Symbolic Math Toolbox está incluído na versão do MATLAB para estudantes. Na versão padrão, esse toolbox deve ser adquirido separadamente. Para verificar se esse toolbox está instalado no seu computador, você pode digitar o comando `ver` na linha do prompt do Command Window. Em resposta, o MATLAB exibe informações sobre a versão que está sendo utilizada assim como a lista de toolboxes instalados.

O ponto de partida das operações simbólicas são os objetos simbólicos. Os objetos simbólicos são constituídos de variáveis e constantes que, quando utilizados em expressões matemáticas, informam ao MATLAB que ele deve executar a expressão simbolicamente. Frequentemente, o usuário declara (cria) as variáveis simbólicas (objetos) que são necessárias e então as utiliza para criar expressões simbólicas que são utilizadas subsequentemente nas operações simbólicas. Se necessário, as expressões simbólicas podem ser utilizadas nas operações numéricas.

A primeira seção deste capítulo descreve como definir objetos simbólicos e como usá-los para criar expressões simbólicas. A segunda seção ensina a modificar a forma de expressões existentes. Uma vez declarada uma expressão simbólica, ela pode ser utilizada nas operações matemáticas. O MATLAB possui uma seleção enorme de funções para esse propósito. As próximas quatro seções (11.3–11.6) descrevem como usar o MATLAB para resolver equações algébricas, calcular derivadas e integrais e resolver equações diferenciais. A seção 11.7 trata do modo de exibição gráfica das expressões simbólicas. Como utilizar expressões simbólicas em cálculos numéricos é explicado na seção 11.8.

11.1 OBJETOS SIMBÓLICOS E EXPRESSÕES SIMBÓLICAS

Um objeto simbólico pode ser uma variável não inicializada, uma constante (número) ou uma expressão constituída de variáveis simbólicas e números. Uma expressão simbólica nada mais é do que uma expressão matemática contendo um ou mais objetos simbólicos. Quando digitada, uma expressão simbólica lembra uma expressão numérica padrão. Contudo, como a expressão contém objetos simbólicos, ela é executada pelo MATLAB simbolicamente.

[‡] N. de R. T.: Até a versão R2008a, o software utilizado pelo MATLAB para realização de operações simbólicas era o Maple®. Nas versões posteriores, o MuPad® é o software utilizado. Os estudantes que estiverem utilizando a verão R2008a ou anterior podem seguir este capítulo sem maiores problemas. Pequenas diferenças podem ser observadas apenas na forma como o resultado das operações é apresentado (mas o resultado matemático de uma mesma operação será idêntico, como deve ser!). As principais diferenças entre o MuPad e o Maple podem ser verificadas no Help do Symbolic Math Toolbox das versões R2008b em diante.

11.1.1 Criando objetos simbólicos

Como vimos, objetos simbólicos podem ser variáveis ou números. Podemos criá-los através dos comandos `sym` e/ou `syms`. Um único objeto simbólico pode ser criado com o comando `sym`:

```
nome_objeto=sym('string')
```

onde a string é o nome do objeto simbólico que se deseja criar. Uma string pode ser:

- Uma única letra ou uma combinação de letras sem espaços. Exemplos: `'a'`, `'x'` ou `'yad'`.
- Uma combinação de letras e números começando sempre com uma letra e não tendo espaços. Exemplos: `'xh12'` ou `'r2d2'`.
- Um número. Exemplos: `'15'` ou `'4'`.

Nos primeiros dois casos, o objeto simbólico é uma variável simbólica. Neste caso é conveniente, mas não necessário, nomear o objeto com o mesmo nome da string. Por exemplo, *a*, *bb* e *x* podem ser definidos como variáveis simbólicas por:

```
>> a=sym('a')           Cria um objeto simbólico a e o atribui à variável a.
a =
a
>> bb=sym('bb')         Os objetos simbólicos são
bb =                    exibidos na tela sem indentação.
bb
>> x=sym('x');          A variável simbólica x é criada, mas não é exibida, pois um
>>                      ponto e vírgula foi digitado no final do comando.
```

O nome do objeto simbólico pode diferir do nome da variável. Por exemplo:

```
>> g=sym('gamma')       O objeto simbólico é gamma e o nome
g =                     da variável é g.
gamma
```

Conforme mencionado, objetos simbólicos também podem ser números. Os números não precisam ser digitados como string. Por exemplo, o comando `sym` é utilizado a seguir para criar objetos simbólicos dos números 5 e 7 e atribuí-los às variáveis *c* e *d*, respectivamente.

```
>> c=sym(5)          Cria um objeto simbólico do número 5 e o atribui à variável c.
c =
5
>> d=sym(7)                              Os objetos simbólicos não
d =                                      aparecem indentados.
7
```

Como vimos, quando um objeto simbólico é criado e um ponto e vírgula não é digitado no final do comando, o MATLAB exibe o nome do objeto e o objeto propriamente dito nas linhas seguintes. Os objetos simbólicos aparecem no início da linha e não são indentados como acontece para as variáveis numéricas. A diferença é ilustrada no exemplo abaixo, em que uma variável numérica é declarada.

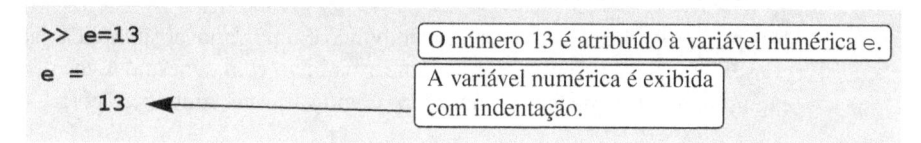

```
>> e=13              O número 13 é atribuído à variável numérica e.
e =                  A variável numérica é exibida
    13               com indentação.
```

Muitas variáveis simbólicas podem ser criadas com um único comando através do comando syms cuja sintaxe é:

```
syms nome_variável nome_variável nome_variável
```

O comando cria objetos simbólicos e atribui a eles o mesmo nome das variáveis. Por exemplo, as variáveis *y*, *z* e *d* podem ser criadas como variáveis simbólicas em um único comando:

```
>> syms y z d
>> y                 As variáveis criadas pelo comando syms não são
y =                  exibidas automaticamente. Digitando-se o nome da
y                    variável é possível verificar que ela foi criada.
```

Quando o comando syms é executado, as variáveis que ele cria não são exibidas automaticamente, até mesmo se um ponto e vírgula não é digitado no final do comando.

11.1.2 Criando expressões simbólicas

Expressões simbólicas são expressões matemáticas escritas em termos das variáveis simbólicas. Uma vez as variáveis simbólicas foram criadas, elas podem ser utilizadas para criar expressões simbólicas. A expressão simbólica é um objeto simbólico, cuja exibição não aparece indentada. A forma padrão de se criar expressões simbólicas é:

```
nome_expressão = Expressão matemática
```

Alguns exemplos:

```
>> syms a b c x y
>> f=a*x^2+b*x + c
f =
a*x^2 + b*x + c
```

- Declara a, b, c, x e y como variáveis simbólicas.
- Cria a expressão simbólica $ax^2 + bx + c$ e a atribui a f.
- A expressão simbólica não aparece indentada na tela.

Quando uma expressão simbólica, incluindo operações matemáticas executáveis (adição, subtração, multiplicação e divisão), é executada, o MATLAB realiza as operações da mesma forma que a expressão foi criada. Por exemplo

```
>> g=2*a/3+4*a/7-6.5*x+x/3+4*5/3-1.5

g =
(26*a)/21 - (37*x)/6 + 31/6
```

- A expressão $\frac{2a}{3} + \frac{4a}{7} - 6{,}5x + \frac{x}{3} + 4\frac{5}{3} - 1{,}5$ é executada.
- O resultado $\frac{26a}{21} - \frac{37x}{6} + \frac{31}{6}$ é exibido.

Observe que todos os cálculos são realizados exatamente, sem nenhuma aproximação numérica. No último exemplo, as frações 2*a*/3 e 4*a*/7 foram somadas pelo MATLAB resultando em 26*a*/21, e a operação –6,5*x* + *x*/3 resultou em 37*x*/6. As operações com os termos que contêm somente números na expressão simbólica também foram somadas exatamente, sem aproximações. No mesmo exemplo, 4 · 5/3 + 1,5 foi substituído por 31/6.

A diferença entre os resultados exatos e numéricos é demonstrada no próximo exemplo, em que a mesmas operações matemáticas são executadas, primeiro com variáveis simbólicas, depois com variáveis numéricas.

```
>> a=sym(3); b=sym(5);
>> e=b/a+sqrt(2)
e =
2^(1/2) + 5/3
>> c=3; d=5;
>> f=d/c+sqrt(2)
f =
    3.0809
```

- Declara a e b simbolicamente como 3 e 5, respectivamente.
- Cria uma expressão que utiliza a e b.
- O valor exato de e é exibido como um objeto simbólico.
- Declara c e d numericamente como 3 e 5, respectivamente.
- Cria uma expressão que utiliza c e d.
- Um valor aproximado para f é exibido como um número.

Uma expressão pode incluir tanto objetos simbólicos quanto variáveis numéricas. Entretanto, se uma expressão inclui um objeto simbólico, toda a expressão matemática será realizada exatamente. Por exemplo, se *c* for substituído por *a* na última expressão, o resultado é exato, como no primeiro exemplo.

```
>> g=d/a+sqrt(2)
g =
2^(1/2) + 5/3
```

Aspectos adicionais sobre expressões e objetos simbólicos:
Expressões simbólicas podem incluir variáveis numéricas que foram obtidas da execução de expressões numéricas. Quando essas variáveis são inseridas nas expressões simbólicas, o valor exato delas é utilizado, até mesmo se a variável for exibida antes com um valor aproximado. Por exemplo:

```
>> h=10/3                          h é declarada como 10/3.
h =
    3.3333                         Um valor aproximado é exibido para h.
>> k=sym(5); m=sym(7);             Declara k = 5 e m = 7 simbolicamente.
>> p=k/m+h                         h, k e m são utilizados em uma expressão.
p =
85/21                              Um valor exato de h é utilizado na determinação de p.
                                   Um valor exato de p é exibido.
```

- O comando `double(S)` pode ser utilizado para converter uma expressão simbólica S, escrita na forma exata, em expressão numérica (o nome "double" originou-se do fato de o comando sempre retornar um número com precisão em ponto flutuante duplo). Dois exemplos são mostrados para demonstrar o uso do comando. No primeiro, o objeto simbólico p do último exemplo é convertido em variável numérica. No segundo, um objeto simbólico é criado e então convertido para a forma numérica.

```
>> pN=double(p)                    p é convertido para a forma numérica (atribuída a pN).
pN =
    4.0476
>> y=sym(10)*cos(5*pi/6)           Cria uma expressão simbólica y.
y =
-5*3^(1/2)                         O valor exato de y é exibido.
>> yN=double(y)                    y é convertido para forma numérica (atribuída a yN).
yN =
   -8.6603
```

- Um objeto simbólico criado em termos das variáveis simbólicas também pode ser escrito diretamente como uma expressão simbólica, sem antes declarar cada uma das variáveis simbólicas. Por exemplo, a expressão $ax^2 + bx + c$ pode ser criada como um objeto simbólico chamado f usando o comando sym:

```
>> f=sym('a*x^2+b*x+c')
f =
a*x^2 + b*x +c
```

É importante salientar que, neste caso, as variáveis *a*, *b*, *c* e *x* não têm existência isolada como objetos simbólicos independentes. Toda a expressão é tratada como um objeto simbólico. Isto significa que é impossível realizar operações matemáticas simbólicas com os elementos individuais no objeto. Por exemplo, não será possível diferenciar f em relação a uma variável específica. Isso difere bastante do modo como a expressão quadrática foi criada no primeiro exemplo desta seção, em que as variáveis individuais tinham existência isolada, pois foram primeiramente declaradas como objetos simbólicos e depois utilizadas para compor a expressão quadrática.

- Expressões simbólicas declaradas podem ser utilizadas para criar novas expressões simbólicas. Para tanto, basta usar o nome da expressão declarada na nova expressão. Por exemplo:

```
>> syms x y                          Declara as variáveis simbólicas x e y.
>> SA=x+y, SB=x-y                    Cria duas expressões simbólicas SA e SB.
SA =
x+y
SB =                                       $SA = x + y$
x-y
                                           $SB = x - y$
>> F=SA^2/SB^3+x^2    Cria uma expressão simbólica nova F baseada nas expressões de SA e SB.
F =
(x+y)^2/(x-y)^3+x^2              $F = (SA)^2/(SB)^3 + x^2 = \dfrac{(x+y)^2}{(x-y)^3} + x^2$
```

11.1.3 O comando findsym e a variável simbólica padrão (default)

O comando findsym é bastante útil para determinarmos quais variáveis simbólicas estão presentes em uma expressão simbólica. O formato do comando é:

$$\boxed{\texttt{findsym(S)}} \quad \text{ou} \quad \boxed{\texttt{findsym(S,n)}}$$

O comando findsym(S) exibe em ordem alfabética os nomes de todas as variáveis simbólicas (separadas por vírgulas) que estão presentes na expressão S. O comando findsym(S,n) exibe n variáveis simbólicas que estão presentes na expressão S na ordem padrão. A ordem padrão começa com *x* e é seguida das variáveis mais próximas de *x*, como *y* e *z*. Se houver duas letras igualmente próximas a *x*, prevalece a ordem alfabética[‡], por exemplo, *y* antes de *w* e *z* antes de *v*. A variável simbólica padrão em uma expressão simbólica é a primeira variável na ordem padrão. A

[‡] N. de R. T.: Alfabeto inglês.

variável simbólica padrão em uma expressão S pode ser identificada digitando-se findsym(S,1). Exemplos:

```
>> syms x h w y d t          Declara x,h,w,y,d e t como variáveis simbólicas.
>> S=h*x^2+d*y^2+t*w^2
                              Cria uma expressão simbólica S.
S =
t*w^2 + h*x^2 + d*y^2
>> findsym(S)                 Usa o comando findsym(S).
ans =                         As variáveis simbólicas são exibidas em ordem alfabéticas.
d, h, t, w, x, y
>> findsym(S,5)               Usa o comando findsym(S,n) com n = 5.
ans =
x,y,w,t,h                     Cinco variáveis simbólicas são exibidas na ordem padrão.
>> findsym(S,1)               Usa o comando findsym(S,n) com n = 1.
ans =
x                             A variável simbólica padrão é exibida.
```

11.2 MODIFICANDO A FORMA DE UMA EXPRESSÃO SIMBÓLICA EXISTENTE

Expressões simbólicas são criadas essencialmente de duas formas: pelo usuário ou pelo MATLAB, como resultado de operações simbólicas. As expressões criadas pelo MATLAB podem não se apresentar na forma mais simples ou numa forma não muito interessante ao usuário. A forma de uma expressão simbólica existente pode ser modificada agrupando-se os termos de mesma potência, expandindo produtos, evidenciando multiplicadores comuns, utilizando identidades matemáticas ou trigonométricas e muitas outras opções. As subseções a seguir ilustram vários comandos que podem ser utilizados para modificar a forma de uma expressão simbólica existente na sessão de memória do MATLAB.

11.2.1 Os comandos collect, expand e factor

Vejamos como utilizar os comandos collect, expand e factor para realizar operações de modificação em expressões existentes na sessão de trabalho do MATLAB.

O comando collect:
O comando collect desenvolve os termos em uma expressão que possui variáveis com a mesma potência, reagrupando-os no final. Na expressão nova, os termos aparecem ordenados decrescentemente. O comando possui duas formas

```
collect(S)        collect(S,nome_variável)
```

onde S é a expressão de interesse. A forma collect(S) funciona melhor quando uma expressão possui uma única variável. Se uma expressão tiver mais de uma variável, primeiramente o MATLAB agrupa os termos de uma variável, em seguida de uma segunda variável e assim por diante. O usuário tem a liberdade de especificar a primeira variável usando a forma `collect(S,nome_variável)`. Exemplos:

```
>> syms x y
```
Declara x e y como variáveis simbólicas.

```
>> S=(x^2+x-exp(x))*(x+3)
S =
(x + 3)*(x - exp(x) + x^2)
```
Cria a expressão simbólica:
$(x^2 + x - e^x)(x + 3)$ e a atribui a S.

```
>> F = collect(S)
```
Usa o comando `collect`.

```
F =
x^3+4*x^2+(3-exp(x))*x-3*exp(x)
```
O MATLAB retorna a expressão:
$x^3 + 4x^2 + (3 - e^x)x - 3e^x$.

```
>> T=(2*x^2+y^2)*(x+y^2+3)
T =
(2*x^2+y^2)*(y^2+x+3)
```
Cria a expressão simbólica T:
$(2x^2 + 2y^2)(y^2 + x + 3)$.

```
>> G=collect(T)
```
Usa o comando `collect(T)`.

O MATLAB retorna a expressão: $2x^3 + (2y^2 + 6)x^2 + y^2x + y^2(y^2 + 3)$.

```
G =
2*x^3+(2*y^2+6)*x^2+y^2*x+y^2*(y^2+3)
```

```
>> H=collect(T,y)
```
Usa o comando `collect(T,y)`.

```
H =
y^4+(2*x^2+x+3)*y^2+2*x^2*(x+3)
```
O MATLAB retorna a expressão:
$y^4 + (2x^2 + x + 3)y^2 + 2x^2(x + 3)$.

Observe no exemplo acima que, quando `collect(T)` é utilizado, a expressão modificada é escrita em termos das potências reduzidas de *x*, mas quando o comando `collect(T,y)` é utilizado, a expressão modificada é rescrita em termos das potências reduzidas de *y*.

O comando `expand`:
O comando `expand` expande expressões de duas maneiras diferentes. Ele desenvolve os produtos dos termos realizando a distributividade em relação à soma e/ou utiliza identidades trigonométricas, exponenciais, logarítmicas para expandir os termos correspondentes em uma soma. A forma do comando é:

```
expand(S)
```

onde S é uma expressão simbólica. Ilustramos o uso do comando através dos dois exemplos abaixo:

```
>> syms a x y
```
Declara a, x e y como variáveis simbólicas.

```
>> S=(x+5)*(x-a)*(x+4)
S =
-(a-x)*(x+4)*(x+5)
```
Cria a expressão simbólica
$-(a - x)(x + 4)(x + 5)$ e a atribui a S.

```
>> T=expand(S)
```
Usa o comando `expand`.

```
T =
20*x-20*a-9*a*x-a*x^2+9*x^2+x^3
```
O MATLAB retorna a expressão: $20x - 20a - 9ax - ax^2 + 9x^2 + x^3$.

```
>> expand(sin(x-y))
```
Usa o comando `expand` para expandir sen$(x - y)$.

```
ans =
cos(y)*sin(x)-cos(x)*sin(y)
```
O MATLAB utiliza identidade trigonométrica para realizar a expansão.

O comando `factor`:
O comando `factor` reescreve uma expressão polinomial na forma fatorada, em função das raízes do polinômio. A forma do comando é:

$$factor(S)$$

onde S é a expressão simbólica. Um exemplo é dado a seguir:

```
>> syms x
```
Declara x como uma variável simbólica.

```
>> S=x^3+4*x^2-11*x-30
S =
x^3+4*x^2-11*x-30
```
Cria uma expressão simbólica S: $x^3 + 4x^2 - 11x - 30$.

```
>> factor(S)
```
Usa o comando `factor`.

```
ans =
(x+5)*(x-3)*(x+2)
```
O MATLAB retorna a expressão: $(x + 5)(x - 3)(x + 2)$

11.2.2 Os comandos `simplify` e `simple`

Os comandos `simplify` e `simple` são ferramentas gerais para simplificar a forma de uma expressão. O comando `simplify` utiliza regras de simplificação nativas do MATLAB para gerar a forma mais simples de uma expressão partindo da expressão original. O comando `simple` é programado para gerar uma forma da expressão com o menor número de caracteres. Embora não haja garantias de que a forma com o menor número de caracteres seja de fato a forma mais simples, a aplicação prática mostra que esse é um caso bastante comum.

O comando `simplify`:
O comando `simplify` utiliza operações matemáticas (soma, multiplicação, regras de frações, potências, logaritmos, etc.), identidades funcionais e trigonométricas para gerar a forma mais simples de uma expressão. O formato do comando `simplify` é:

$$simplify(S)$$

onde S é o nome de uma expressão já declarada   ou   S pode ser a expressão que se deseja simplificar (neste caso a expressão é digitada).

Dois exemplos:

```
>> syms x y
>> S=(x^2+5*x+6)/(x+2)
S =
(x^2+5*x+6)/(x+2)
>> SA = simplify(S)
SA =
x+3
>> simplify((x+y)/(1/x+1/y))
ans =
x*y
```

- Declara x e y como variáveis simbólicas.
- Cria a expressão simbólica $(x^2 + 5x + 6)/(x + 2)$ e a atribui a S.
- Usa o comando `simplify` para simplificar S.
- O MATLAB simplifica a expressão para $x + 3$.
- Usa o comando `simplify` para simplificar $(x+y)/\left(\dfrac{1}{x}+\dfrac{1}{y}\right)$.
- O MATLAB simplifica a expressão para xy.

O comando `simple`:
O comando `simple` determina a forma da expressão com o menor número de caracteres. Em muitos casos, essa forma é também a forma mais simples. Quando o comando é executado, o MATLAB cria diversas formas da expressão aplicando os comandos `collect`, `expand`, `factor`, `simplify` e outras funções simplificadoras que não são discutidas nesse livro. Então, o MATLAB retorna a expressão com a forma mais curta (menor número de caracteres). O comando `simple` possui três formas básicas:

`F=simple(S)`	`simple(S)`	`[F metodo]=simple(S)`
A forma mais curta de S é atribuída a F.	Todas as tentativas de simplificação são exibidas. A forma mais curta é atribuída à variável `ans`.	A forma mais curta de S é atribuída a F. O nome (string) do método de simplificação é atribuído à variável `metodo`.

A diferença entre as três formas do comando `simple` é a saída gerada. O uso de duas das formas é mostrado a seguir:

```
>> syms x
>> S=(x^3-4*x^2+16*x)/(x^3+64)
S =
(x^3-4*x^2+16*x)/(x^3+64)
>> F = simple(S)
F =
x/(x+4)
>> [G metodo]=simple(S)
G =
x/(x+4)
metodo =
simplify
```

- Declara x como uma variável simbólica.
- Cria uma expressão simbólica S: $\dfrac{x^3 - 4x^2 + 16x}{x^3 + 64}$.
- Usa o comando `F=simple(S)` para simplificar S.
- A forma mais simples de S, $x/(x + 4)$, é atribuída a F.
- Usa o comando `[G metodo]=simple(S)`.
- A forma mais simples de S, $x/(x + 4)$, é atribuída a G.
- A palavra "simplify" é atribuída a metodo. Isto significa que a forma mais simples foi obtida usando o comando `simplify`.

O uso da forma `simple(S)` não foi demonstrado, pois a saída geralmente é muito extensa. O MATLAB exibe dez métodos de tentativa diferentes e atribui a forma mais simples (mais curta) à variável padrão `ans`. Encorajamos o leitor a testar o comando e examinar os resultados de saída.

11.2.3 O comando `pretty`

O comando `pretty` exibe uma expressão simbólica em um formato que lembra a forma como as expressões matemáticas são escritas pelas pessoas. O comando tem a forma

$$\boxed{\texttt{pretty(S)}}$$

Exemplo:

```
>> syms a b c x                    Declara a, b, c e x como variáveis simbólicas.
>> S=sqrt(a*x^2 + b*x + c)         Cria a expressão simbólica
S =                                √(ax² + bx + c) e a atribui a S.
(a*x^2+b*x+c)^(1/2)
>> pretty(S)                       O comando pretty exibe a
              2        1/2         expressão em um formato matemático.
         (a x  + b x + c)
```

11.3 RESOLVENDO EQUAÇÕES ALGÉBRICAS

Tanto uma equação algébrica com uma variável, quanto um sistema de equações com muitas variáveis pode ser resolvida com a função `solve`.

Resolvendo uma equação com uma variável:
Uma equação algébrica pode ser composta por uma ou mais variáveis simbólicas. Se a equação tiver apenas uma variável, a solução é numérica. Se a equação tiver mais de uma variável simbólica, uma solução pode ser obtida para qualquer uma das variáveis em termos das demais. A solução de equações algébricas pode ser obtida usando-se o comando `solve`, que tem a forma

$$\boxed{\texttt{h = solve(eq)}} \quad \text{ou} \quad \boxed{\texttt{h = solve(eq,var)}}$$

- O argumento `eq` pode ser o nome de uma expressão simbólica declarada previamente ou uma expressão digitada literalmente. Quando a expressão S já existir na sessão do MATLAB, basta colocar S no lugar de `eq`. Quando uma expressão não tiver o sinal de igualdade (=), o MATLAB resolve a equação eq = 0.
- Uma equação da forma $f(x) = g(x)$ pode ser resolvida digitando-se a equação (incluindo o sinal =) como uma string no lugar de `eq`.
- Se a equação a ser resolvida tiver mais de uma variável simbólica, o comando `solve(eq)` resolve a equação para a variável simbólica padrão (veja a Seção

11.1.3). Uma solução para qualquer variável pode ser obtida através do comando `solve(eq,var)`, digitando-se o nome da variável de interesse no campo `var`.
- Se o usuário digitar simplesmente `solve(eq)`, a solução é atribuída à variável padrão `ans`.
- Se a equação tiver mais de uma solução, a saída `h` será um vetor coluna simbólico com uma solução para cada elemento. Os elementos do vetor são objetos simbólicos.

Os exemplos a seguir ilustram a utilização do comando `solve`.

```
>> syms a b x y z
```
Declara a, b, x, y e z como variáveis simbólicas.
```
>> h=solve(exp(2*z)-5)
```
Usa o comando `solve` para resolver: $e^{2z} - 5 = 0$.
```
h =
log(5)/2
```
A solução é atribuída a h.
```
>> S=x^2-x-6
S =
x^2-x-6
```
Cria a expressão simbólica $x^2 - x - 6$ e a atribui a S.
```
>> k=solve(S)
```
Usa o comando `solve` para resolver $x^2 - x - 6 = 0$.
```
k =
    -2
     3
```
A equação possui duas raízes. Elas são atribuídas a k, que é um vetor coluna com objetos simbólicos.
```
>> solve('cos(2*y)+3*sin(y)=2')
ans =
     pi/2
     pi/6
  (5*pi)/6
```
Usa o comando `solve` para resolver a equação: $\cos(2y) + 3\mathrm{sen}(y) = 2$.
A equação foi digitada como uma string no argumento do comando.

A solução é atribuída à variável `ans`.
```
>> T= a*x^2+5*b*x+20
T =
a*x^2+5*b*x+20
```
Cria a expressão simbólica $ax^2 + 5bx + 20$ e a atribui à variável T.
```
>> solve(T)
```
Usa o comando `solve(S)` para resolver $T = 0$.
```
ans =
 -(5*b+5^(1/2)*(5*b^2-16*a)^(1/2))/(2*a)
 -(5*b-5^(1/2)*(5*b^2-16*a)^(1/2))/(2*a)
```
A equação $T = 0$ é resolvida para a variável x, que é a variável simbólica padrão.
```
>> M = solve(T,a)
```
Usa o comando `solve(eq,var)` para resolver $T = 0$.
```
M =
-(5*b*x+20)/x^2
```
A equação $T = 0$ é resolvida para a variável a.

- É possível também usar o comando `solve` digitando a equação a ser resolvida como uma string, sem ter que declarar as variáveis simbólicas antecipadamente. Contudo, se a solução contiver variáveis (quando a equação original tiver mais de uma variável simbólica), as variáveis não terão existência como objetos simbólicos independentes. Por exemplo:

```
>> ts=solve('4*t*h^2+20*t-5*g')
```
> A expressão $4th^2 + 20t - 5g$ foi digitada no comando `solve`.

```
ts =
(5*g)/(4*h^2+20)
```
> As variáveis t, h e g não foram criadas como variáveis simbólicas antes da expressão ser digitada no comando `solve`.

> O MATLAB resolve a equação $4th^2 + 20t - 5g = 0$ para t.

A equação também pode ser resolvida para uma variável diferente. Por exemplo, a solução para g é obtida da seguinte forma:

```
>> gs=solve('4*t*h^2+20*t-5*g','g')
gs =
(4*t*h^2)/5 + 4*t
```

Resolvendo um sistema de equações:

O comando `solve` também resolve um sistema de equações. Se o número de equações e variáveis forem os mesmos, a solução será numérica. Se o número de variáveis for maior que o número de equações, a solução será simbólica para as variáveis desejadas em função das demais. Um sistema de equações (dependendo do tipo de equações) pode admitir uma ou mais soluções. Se o sistema tiver apenas uma solução, cada uma das variáveis do sistema é resolvida e recebe um valor ou uma expressão numérica. Se o sistema tiver mais de uma solução, cada uma das variáveis pode assumir diversos valores.

O formato do comando `solve` para resolver um sistema de n equações é:

```
output = solve(eq1,eq2,...,eqn)
```

ou

```
output = solve(eq1,eq2,...,eqn,var1,var2,...,varn)
```

- Os argumentos `eq1,eq2,...,eqn` são as equações a serem resolvidas. Cada argumento pode receber o nome de uma expressão simbólica previamente declarada ou então receber uma expressão digitada como string. Quando uma expressão simbólica S previamente declara é utilizada, a equação a ser resolvida é S = 0. Quando digitamos uma string que não contém o sinal (=), a equação a ser resolvida é `expressão` = 0. Uma equação que contiver o sinal de igualdade deverá ser digita como uma string.

- No primeiro formato, se o número de equações n é igual ao número de variáveis nas equações, o MATLAB apresenta uma solução numérica para todas as variáveis. Se o número de variáveis superar o número de equações, o MATLAB apresenta uma solução para n variáveis em termos das variáveis restantes. As variáveis para as quais as soluções são obtidas são escolhidas pelo MATLAB de acordo com a ordem simbólica padrão (Seção 11.1.3).

- Quando o número de variáveis é maior que o número de equações, o usuário poderá escolher para que variáveis o sistema será resolvido. Isto é feito usando o segundo formato do comando `solve` e digitando-se os nomes das variáveis nos argumentos `var1,var2,...,varn`.

A saída (`output`) do comando `solve`, que é a solução do sistema de equações, pode assumir duas formas diferentes. Uma é um arranjo célula e a outra é uma estrutura. Um arranjo célula é um arranjo no qual cada um dos elementos pode ser outro arranjo. Uma estrutura é um arranjo no qual os elementos (denominados campos) são endereçados pelos designadores de texto do campo. Os campos de uma estrutura podem ser arranjos de diferentes tamanhos e tipos. Arranjos células e estruturas não são apresentados em detalhes neste livro, mas uma breve explanação é dada a seguir, de modo que o leitor seja capaz de usá-los com o comando `solve`.

Quando um arranjo célula é utilizado na saída do comando `solve`, o comando assume a seguinte forma (no caso de um sistema de três equações):

```
[varA,varB,varC] = solve(eq1,eq2,eq3)
```

- Uma vez executado o comando, a solução é atribuída às variáveis `varA`, `varB` e `varC` e essas variáveis são exibidas com a respectiva solução. Cada uma dessas variáveis possui um ou mais valores (formando um vetor coluna) dependendo se o sistema de equações possui uma ou mais soluções.

- O usuário pode escolher qualquer nome para as variáveis `varA`, `varB` e `varC`. O MATLAB atribui as soluções para as variáveis nas equações na ordem alfabética. Por exemplo, se as variáveis para as quais as equações são resolvidas são *x*, *u* e *t*, a solução para *t* é atribuída à variável `varA`, a solução para *u* é atribuída à variável `varB` e a solução para *x* é atribuída à variável `varC`.

Os exemplos abaixo mostram como usar o comando `solve` no caso da saída ser um arranjo célula:

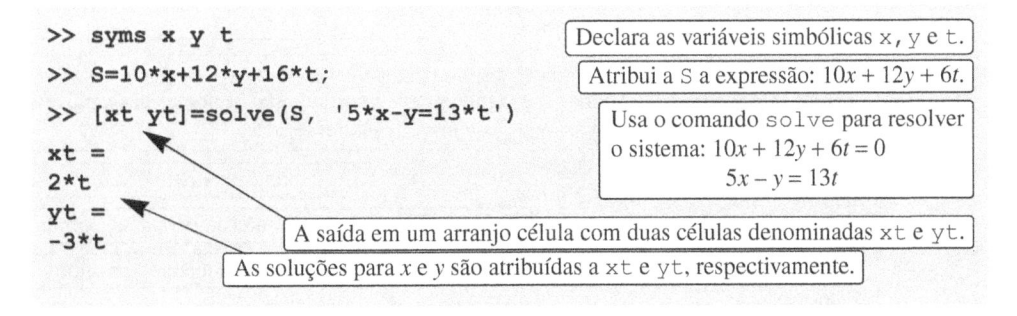

```
>> syms x y t
>> S=10*x+12*y+16*t;
>> [xt yt]=solve(S, '5*x-y=13*t')
xt =
2*t
yt =
-3*t
```

Declara as variáveis simbólicas x, y e t.
Atribui a S a expressão: $10x + 12y + 6t$.
Usa o comando `solve` para resolver o sistema: $10x + 12y + 6t = 0$
$5x - y = 13t$
A saída em um arranjo célula com duas células denominadas xt e yt.
As soluções para *x* e *y* são atribuídas a xt e yt, respectivamente.

No exemplo anterior, observe que o sistema de duas equações foi resolvido pelo MATLAB para *x* e *y* em termos de *t*, visto que *x* e *y* são as duas primeiras variáveis na ordem padrão. Entretanto, o sistema pode ser resolvido para variáveis diferentes. Como um exemplo, abaixo o sistema foi resolvido para *y* e *t* em termos de *x* (usando a segunda forma do comando `solve`):

```
>> [tx yx]=solve(S,'5*x-y=13*t',y,t)
```
> As variáveis para as quais o sistema será resolvido (y e t) são digitadas no argumento do comando solve.

```
tx =
x/2
yx =
-(3*x)/2
```
> As soluções para as variáveis para as quais o sistema é resolvido são atribuídas em ordem alfabética. A primeira célula recebe a solução para t e a segunda célula recebe a solução para y.

Quando uma estrutura é utilizada na saída (output) do comando `solve`, o comando possui a forma (para o caso de um sistema de três equações):

$$AN = \text{solve}(eq1, eq2, eq3)$$

- `AN` é o nome da estrutura.
- Uma vez executado o comando, a solução é atribuída à estrutura `AN`. O MATLAB exibe o nome da estrutura e os nomes dos campos da estrutura, que são os nomes das variáveis para as quais as equações serão resolvidas. O tamanho e o tipo de cada campo são exibidos próximo ao nome do campo. O conteúdo de cada campo, que é a solução para cada variável, não é exibido.
- Para exibir o conteúdo de um determinado campo (a solução para uma variável), o usuário tem que digitar o endereço do campo. A forma de digitar o endereço é: `nome_estrutura.nome_campo` (veja o exemplo abaixo).

Como demonstração, o sistema de equações resolvido no último exemplo será resolvido novamente usando uma estrutura como saída (output).

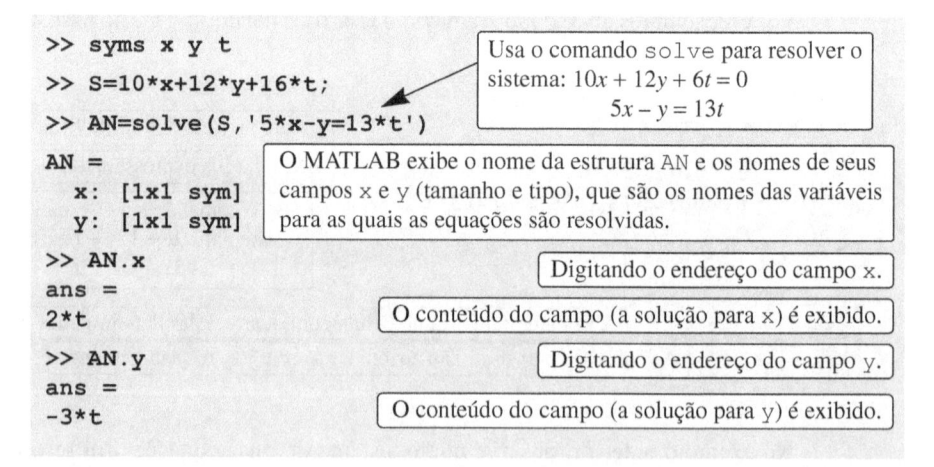

```
>> syms x y t
>> S=10*x+12*y+16*t;
>> AN=solve(S,'5*x-y=13*t')
```
> Usa o comando `solve` para resolver o sistema: $10x + 12y + 6t = 0$
> $5x - y = 13t$

```
AN =
  x: [1x1 sym]
  y: [1x1 sym]
```
> O MATLAB exibe o nome da estrutura AN e os nomes de seus campos x e y (tamanho e tipo), que são os nomes das variáveis para as quais as equações são resolvidas.

```
>> AN.x
ans =
2*t
```
> Digitando o endereço do campo x.
> O conteúdo do campo (a solução para x) é exibido.

```
>> AN.y
ans =
-3*t
```
> Digitando o endereço do campo y.
> O conteúdo do campo (a solução para y) é exibido.

O Problema Exemplo 11-1 mostra a solução de um sistema de equações de duas maneiras diferentes.

Problema Exemplo 11-1: Interseção entre um círculo e uma reta

A equação de um círculo de raio R e centro no ponto (2, 4) no plano xy é dada por: $(x-2)^2 + (y-4)^2 = R^2$. A equação de uma reta no plano xy é dada por: $y = x/2 + 1$. Determine as coordenadas dos pontos (em função de R) onde a reta intercepta o círculo.

Solução

A solução é obtida resolvendo-se o sistema de duas equações para x e y em termos do raio R. Para mostrar a diferença na saída (output) utilizando um arranjo célula ou utilizando uma estrutura, o sistema será resolvido duas vezes. A primeira solução está disposta em um arranjo célula:

```
>> syms x y R                      As duas equações são digitadas como argumentos do comando solve.
>> [xc,yc]=solve('(x-2)^2+(y-4)^2=R^2','y=x/2+1')
                                   A saída (output) é um arranjo célula.

xc =
((4*R^2)/5 - 64/25)^(1/2) + 14/5      A saída (output) está disposta
 14/5 - ((4*R^2)/5 - 64/25)^(1/2)     em um arranjo célula com duas
yc =                                   células xc e yc. Cada célula
((4*R^2)/5 - 64/25)^(1/2)/2 + 12/5    contém um par de soluções
 12/5 - ((4*R^2)/5 - 64/25)^(1/2)/2   em um vetor coluna simbólico.
```

A segunda solução utiliza uma estrutura como saída:

```
>> COORD=solve('(x-2)^2+(y-4)^2=R^2','y = x/2+1')
                                   A saída é uma estrutura.
COORD =
    x: [2x1 sym]                   A saída (output) na estrutura COORD possui dois campos:
    y: [2x1 sym]                   x e y. Cada campo é um vetor simbólico 2 por 1.
>> COORD.x                         Digitando o endereço do campo x.
ans =
((4*R^2)/5 - 64/25)^(1/2) + 14/5      O conteúdo do campo
 14/5 - ((4*R^2)/5 - 64/25)^(1/2)     (a solução de x) é exibido.
>> COORD.y                         Digitando o endereço do campo y.
ans =
((4*R^2)/5 - 64/25)^(1/2)/2 + 12/5    O conteúdo do campo
 12/5 - ((4*R^2)/5 - 64/25)^(1/2)/2   (a solução de y) é exibido.
```

11.4 DIFERENCIAÇÃO

A diferenciação simbólica é realizada usando o comando `diff`. A forma desse comando é:

$$\boxed{\text{diff(S)}} \quad \text{ou} \quad \boxed{\text{diff(S,var)}}$$

- `S` pode ser uma expressão simbólica previamente declarada ou uma expressão digitada.
- No comando `diff(S)`, se a expressão possuir apenas uma variável simbólica, a diferenciação é tomada com relação a essa variável. Se a expressão possuir mais de uma variável, a diferenciação será realizada com relação à variável simbólica padrão (Seção 11.1.3).
- No comando `diff(S,var)`, a diferenciação será realizada com relação à variável `var`.
- Derivadas de segunda ordem ou de ordem superior (*n*-ésima derivada) podem ser determinadas com os comandos `diff(S,n)` ou `diff(S,var,n)`, onde n é um número inteiro positivo. Para a derivada segunda $n = 2$, para a derivada terceira $n = 3$ e assim por diante.

Alguns exemplos:

```
>> syms x y t
```
Declara `x`, `y` e `t` como variáveis simbólicas.
```
>> S=exp(x^4);
```
Atribui a S a expressão e^{x^4}.
```
>> diff(S)
```
Usa o comando `diff(S)` para diferenciar S.
```
ans =
4*x^3*exp(x^4)
```
O resultado $4x^3 e^{x^4}$ é exibido.
```
>> diff((1-4*x)^3)
```
Usa o comando `diff(S)` para diferenciar $(1 - 4x)^3$.
```
ans =
-12*(1-4*x)^2
```
O resultado $-12(1 - 4x)^2$ é exibido.
```
>> R=5*y^2*cos(3*t);
```
Atribui a R a expressão $5y^2\cos(3t)$.
```
>> diff(R)
```
Usa o comando `diff(R)` para diferenciar R.
```
ans =
10*y*cos(3*t)
```
O MATLAB diferencia R com relação a y (variável simbólica padrão). O resultado exibido é $10y\cos(3t)$.
```
>> diff(R,t)
```
Usa o comando `diff(R,t)` para diferenciar R com relação a *t*.
```
ans =
-15*y^2*sin(3*t)
```
A resposta $-15y^2\text{sen}(3t)$ é exibida.
```
>> diff(S,2)
```
Usa o comando `diff(S,2)` para determinar a segunda derivada de S.
```
ans =
12*x^2*exp(x^4)+16*x^6*exp(x^4)
```
A resposta $12x^2 e^{x^4} + 16x^6 e^{x^4}$ é exibida.

- É possível utilizar o comando `diff` digitando-se diretamente a expressão a ser diferenciada como uma string no comando, sem ter que declarar previamente as variáveis simbólicas como objetos simbólicos. Contudo, como já mencionado anteriormente, as variáveis simbólicas da expressão diferenciada não têm existência isolada como objetos simbólicos independentes.

11.5 INTEGRAÇÃO

A integração simbólica é realizada usando o comando `int`. O comando pode ser utilizado para determinar integrais indefinidas (anti-derivadas) e integrais definidas. Para a integração indefinida, a forma do comando é:

$$\boxed{\texttt{int(S)}} \quad \text{ou} \quad \boxed{\texttt{int(S,var)}}$$

- `S` pode ser uma expressão simbólica previamente declarada ou uma expressão digitada.
- No comando `int(S)`, se a expressão possuir apenas uma variável simbólica, a integração é tomada com relação a essa variável. Se a expressão possuir mais de uma variável, a integração será realizada com relação à variável simbólica padrão (Seção 11.1.3).
- No comando `int(S,var)`, que é usado para integração de expressões com muitas variáveis simbólicas, a integração é tomada com relação à variável `var`.

Alguns exemplos:

```
>> syms x y t
```
Declara x, y e t como variáveis simbólicas.

```
>> S=2*cos(x)-6*x;
```
Atribui a S a expressão $2\cos(x) - 6x$.

```
>> int(S)
```
Usa o comando `int(S)` para integrar S.

```
ans =
2*sin(x)-3*x^2
```
A resposta $2\operatorname{sen}(x) - 3x^2$ é exibida.

```
>> int(x*sin(x))
```
Usa o comando `int(S)` para integrar $x\operatorname{sen}(x)$.

```
ans =
sin(x)-x*cos(x)
```
A resposta $\operatorname{sen}(x) - x\cos(x)$ é exibida.

```
>>R=5*y^2*cos(4*t);
```
Atribui a R a expressão $5y^2\cos(4t)$.

```
>> int(R)
```
Usa o comando `int(R)` para integrar R.

```
ans =
(5*y^3*cos(4*t))/3
```
O MATLAB integra R com relação a y (a variável simbólica padrão); a resposta $5y^3\cos(4t)/3$ é exibida.

```
>> int(R,t)
```
Usa o comando `int(R,t)` para integrar R com relação a t.

```
ans =
(5*y^2*sin(4*t))/4
```
A resposta $5y^2\operatorname{sen}(4t)/4$ é exibida.

Para a integração definida, a forma do comando é:

> int(S,a,b)   ou   int(S,var,a,b)

- a e b são os limites de integração. Os limites podem ser números ou variáveis simbólicas.

Por exemplo, a determinação da integral definida $\int_0^\pi (\operatorname{sen} y - 5y^2)dy$ com o MATLAB é feita da seguinte forma:

```
>> syms y
>> int(sin(y)-5*y^2,0,pi)
ans =
2 - (5*pi^3)/3
```

- É possível utilizar o comando `int` digitando-se diretamente a expressão a ser integrada como uma string no comando, sem ter que declarar previamente as variáveis simbólicas como objetos simbólicos. Contudo, como já mencionado anteriormente, as variáveis simbólicas da expressão integrada não têm existência isolada como objetos simbólicos independentes.

- Às vezes, a tarefa de realizar uma integração é muito difícil. Uma forma fechada da solução pode não existir, ou, se existir, o MATLAB pode ser incapaz de determiná-la. Quando isso acontece, o MATLAB retorna `int(S)` e a seguinte mensagem: `Explicit integral could not be found`.

11.6 RESOLVENDO UMA EQUAÇÃO DIFERENCIAL ORDINÁRIA

No MATLAB, uma equação diferencial ordinária (EDO) é resolvida simbolicamente com o comando `dsolve`. Esse comando pode ser utilizado tanto para resolver uma única equação, como para resolver um sistema de equações diferenciais. Não resolveremos sistemas de EDOs neste livro. No Capítulo 9 discutimos o uso do MATLAB para resolver numericamente EDOs de primeira ordem. Será assumido que os leitores já estão familiarizados com as EDOs. O propósito desta seção é mostrar como utilizar o MATLAB para resolver tais equações.

Uma EDO de primeira ordem é uma equação que contém a derivada da variável dependente. Se t é a variável independente e y é a variável dependente, uma EDO de primeira ordem pode ser escrita na forma:

$$\frac{dy}{dt} = f(t, y)$$

Uma EDO de segunda ordem possui a derivada segunda da variável dependente e, muitas vezes, também depende da derivada primeira dessa variável em relação t, além, é claro, de poder exibir uma dependência explícita na variável independente. A forma geral de uma EDO de segunda ordem é:

$$\frac{d^2y}{dt^2} = f\left(t, y, \frac{dy}{dt}\right)$$

A solução de uma EDO é uma função $y = f(t)$ que satisfaz a equação. A solução de uma EDO pode ser geral ou particular. A solução geral possui constantes que produzem uma família de soluções para a mesma EDO. Em uma solução particular, as constantes são determinadas com base no problema de valor inicial (PVI) ou nas condições de contorno da equação.

O comando `dsolve` pode ser utilizado para obter uma solução geral ou, quando as condições iniciais ou de contorno forem especificadas, também podemos obter uma solução particular.

Solução geral:
Para obtermos uma solução geral de uma EDO, o comando `dsolve` deve ser utilizado em uma das formas:

$$\boxed{\texttt{dsolve('eq')}} \quad \text{ou} \quad \boxed{\texttt{dsolve('eq','var')}}$$

- O argumento `eq` é a equação a ser resolvida. Ele deve ser digitado como uma string (até mesmo se as variáveis forem objetos simbólicos).
- As variáveis da equação não precisam ser primeiramente declaradas como objetos simbólicos (Se elas não forem declaradas, na solução da EDO as variáveis não serão objetos simbólicos).
- Qualquer letra (maiúscula ou minúscula), exceto D, pode ser utilizada para representar a variável dependente.
- No comando `dsolve('eq')` a variável independente é tomada por default (padrão) com sendo a variável `t`.
- No comando `dsolve ('eq','var')`, o usuário define a variável independente digitando-a no argumento `var` como uma string.
- Quando a equação estiver sendo digitada, a letra D denota diferenciação; lembre-se disso. Se y é a variável dependente e t é a variável independente, Dy representa $\frac{dy}{dt}$. Por exemplo, a equação diferencial $\frac{dy}{dt} + 3y = 100$ digitada como uma string seria: `'Dy+3*y=100'`.
- A segunda derivada deve ser digitada como D2, a terceira como D3 e assim por diante. Por exemplo, a equação $\frac{d^2y}{dt^2} + 3\frac{dy}{dt} + 5y = \text{sen}(t)$ é digitada da seguinte forma: `'D2y+3*Dy+5*y=sin(t)'`.
- As variáveis na EDO que é digitada no argumento do comando `dsolve` não precisam ser previamente declaradas.
- Na solução, o MATLAB usa C1, C2, C3, e assim por diante, para referenciar as constantes de integração.

Por exemplo, a solução geral da EDO de primeira ordem $\frac{dy}{dt} = 4t + 2y$ é obtida por:

```
>> dsolve('Dy=4*t+2*y')
ans =
C1*exp(2*t) - 2*t - 1
```

A resposta $y = C_1 e^{2t} - 2t - 1$ é exibida.

Uma solução geral para EDO de segunda ordem $\frac{d^2x}{dt^2} + 2\frac{dx}{dt} + x = 0$ é obtida por:

```
>> dsolve('D2x+2*Dx+x=0')
ans =
C1/exp(t)+(C2*t)/exp(t)
```

A resposta $x = C_1 e^{-t} + C_2 t e^{-t}$ é exibida.

Os exemplos a seguir ilustram a solução de EDOs contendo variáveis simbólicas em adição às variáveis independentes e dependentes.

```
>> dsolve('Ds=a*x^2')
```
A variável independente é t (default).
O MATLAB resolve a equação: $ds/dt = ax^2$.

```
ans =
a*t*x^2 + C1
```
A solução exibida é: $s = ax^2 t + C_1$.

```
>> dsolve('Ds=a*x^2','x')
```
A variável definida independente é x.
O MATLAB resolve a equação: $ds/dx = ax^2$.

```
ans =
(a*x^3)/3 + C1
```
A solução exibida é: $s = 1/3\, ax^3 + C_1$.

```
>> dsolve('Ds=a*x^2','a')
```
A variável definida independente é a.
O MATLAB resolve a equação: $ds/da = ax^2$.

```
ans =
(a^2*x^2)/2 + C2
```
A solução exibida é: $s = 1/2\, a^2 x^2 + C_1$.

Solução particular:
Uma solução particular de uma EDO pode ser obtida se forem especificadas condições iniciais ou condições de contorno para a equação. Uma EDO de primeira ordem requer apenas uma condição inicial, uma EDO de segunda ordem requer duas condições e assim por diante. Para determinar uma solução particular, o comando `dsolve` possui a forma:

EDO de primeira ordem: `dsolve('eq','cond1','var')`

EDOs de ordem superior: `dsolve('eq','cond1','cond2',...,'var')`

- Para que um PVI envolvendo EDOs de ordem mais elevadas seja resolvido, condições de contorno adicionais devem ser incluídas no comando. Se a quantidade de condições for menor que a ordem da equação, o MATLAB retorna uma solução que certamente incluirá constantes de integração (`C1`, `C2`, `C3` e assim por diante).

- As condições iniciais ou de contorno devem ser digitadas como strings, da seguinte forma:

Forma matemática	Forma no MATLAB
$y(a) = A$	`'y(a)=A'`
$y'(a) = A$	`'Dy(a)=A'`
$y''(a) = A$	`'D2y(a)=A'`

- O argumento `'var'` é opcional e é utilizado para definir a variável independente na equação. Se nenhuma variável for definida, o padrão é t.

Por exemplo, a EDO de primeira ordem $\dfrac{dy}{dt} + 4y = 60$, com a condição inicial $y(0) = 5$, é solucionada no MATLAB da seguinte forma:

```
>> dsolve('Dy+4*y=60','y(0)=5')
ans =
15 - 10/exp(4*t)
```

A resposta é $y = 15 - (10/e^{4t})$.

A EDO de segunda ordem $\dfrac{d^2y}{dt^2} - 2\dfrac{dy}{dt} + 2y = 0$, com as condições iniciais $y(0) = 1$ e $\left.\dfrac{dy}{dt}\right|_{t=0} = 0$, pode ser resolvida no MATLAB da seguinte forma:

```
>> dsolve('D2y-2*Dy+2*y=0','y(0)=1','Dy(0)=0')
ans =
exp(t)*cos(t)-exp(t)*sin(t)
>> factor(ans)
ans =
exp(t)*(cos(t)-sin(t))
```

A solução exibida é: $y = e^t\cos(t) - e^t\text{sen}(t)$.

A resposta pode ser simplificada com o comando `factor`.

A solução simplificada é: $y = e^t(\cos(t) - e^t\text{sen}(t))$.

Outros exemplos de solução de EDOs são mostrados no Problema Exemplo 11-5.

Se o MATLAB não puder determinar uma solução, ele retorna um objeto simbólico vazio e uma mensagem: `Warning: explicit solution could not be found`.

11.7 PLOTANDO EXPRESSÕES SIMBÓLICAS

Em muitos casos, há a necessidade de esboçar uma expressão simbólica. No MATLAB, isto pode ser feito muito facilmente com o comando `ezplot`. Para uma expressão simbólica S, que contém uma variável `var`, o MATLAB trata o problema como uma função $S(var)$ e o comando `ezplot` cria um gráfico de $S(var)$ versus *var*. Para uma expressão simbólica que contém duas variáveis simbólicas `var1` e `var2`, o MATLAB considera a expressão como uma função a duas variáveis na forma $S(var1,var2) = 0$, e o comando `ezplot` gera um gráfico de uma variável versus a outra.

Para esboçar uma expressão simbólica S, que contém uma ou duas variáveis, a forma do comando `ezplot` é

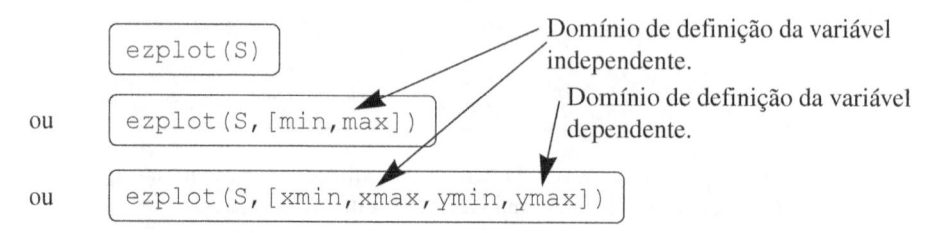

`ezplot(S)`

ou `ezplot(S,[min,max])`

ou `ezplot(S,[xmin,xmax,ymin,ymax])`

Domínio de definição da variável independente.
Domínio de definição da variável dependente.

- S pode ser uma expressão simbólica previamente declarada ou uma expressão digitada no argumento.
- É possível digitar diretamente a expressão a ser plotada como uma string no argumento do comando, sem ter que declarar previamente as variáveis simbólicas como objetos simbólicos.
- Se a expressão S possuir, entre as variáveis dela, uma variável simbólica, é criado um gráfico *S*(*var*) versus (*var*), sendo que os valores de *var* (variável independente) são dispostos nas abscissas (eixo horizontal) enquanto que os valores de *S*(*var*) são colocados nas ordenadas (eixo vertical).
- Se a expressão simbólica S tem duas variáveis simbólicas, `var1` e `var2`, a expressão é tratada como uma função na forma $S(var1,var2) = 0$. Nesse caso, o MATLAB cria um gráfico de uma variável versus a outra. A menor variável na ordem alfabética é tomada como a variável independente. Por exemplo, se as variáveis em *S* são *x* e *y*, então *x* será tomada como a variável independente, sendo, portanto, colocada nas abscissas, restando à variável *y* assumir o eixo das ordenadas. Se as variáveis são *u* e *v*, então *u* será a variável independente e *v* é a variável dependente.
- No comando `ezplot(S)`, se S depender de uma variável simbólica (*S*(*var*)), o gráfico cobrirá o domínio $-2\pi \leq var \leq 2\pi$ (domínio padrão). Se *S* depender de duas variáveis (*S*(*var1*,*var2*)), o gráfico cobre o domínio $-2\pi \leq var1 \leq 2\pi$ e $-2\pi \leq var2 \leq 2\pi$.
- No comando `ezplot(S,[min,max])`, o domínio da variável independente é definido pelos limites `min` e `max`: *min* < *var* < *max*.
- No comando `ezplot(S,[xmin,xmax,ymin,ymax])`, o domínio da variável independente é definido pelos limites `xmin` e `xmax` e o domínio da variável dependente é definido pelo limites `ymin` e `ymax`.

O comando `ezplot` também pode ser utilizado para plotar uma função escrita na forma paramétrica. Neste caso, duas expressões simbólicas `S1` e `S2` estão envolvidas, onde cada expressão é escrita em termos da mesma variável simbólica (parâmetro independente). Por exemplo, para um gráfico de *y* versus *x*, onde *x* = *x* (*t*) e *y* = *y*(*t*), a forma do comando `ezplot` é:

```
ezplot(S1,S2)
```
ou
```
ezplot(S1,S2,[min,max])
```
Domínio do parâmetro independente.

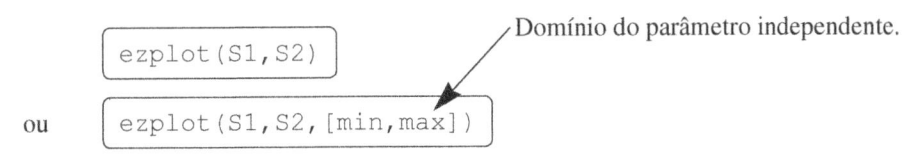

- S1 e S2 são expressões simbólicas que possuem uma mesma variável simbólica, denominada parâmetro independente. S1 e S2 podem ser os nomes de expressões simbólicas criadas previamente ou então expressões digitadas no argumento de `ezplot`.
- O comando `ezplot` cria um gráfico *S2*(*var*) versus *S1*(*var*). A expressão simbólica que for digitada primeiro no comando (S1 pela definição acima) é utilizada para o eixo horizontal e a expressão digitada a seguir (S2 pela mesma definição) é utilizada para o eixo vertical.
- No comando `ezplot(S1,S2)`, o domínio da variável independente é: $0 < var < 2\pi$ (domínio padrão).
- No comando `ezplot(S1,S2,[min,max])`, o domínio para a variável independente é definido pelos limites `min` e `max`: *min* < *var* < *max*.

Comentários Adicionais:
Uma vez gerado o gráfico na janela de saída podemos formatá-lo exatamente do mesmo modo estudado nos comandos `plot` e `fplot`. Isso pode ser feito de duas formas: através de comandos ou utilizando o Plot Editor (veja a Seção 5.4). Quando o gráfico é criado, a expressão esboçada é colocada automaticamente no topo do gráfico. O MATLAB possui outras funções gráficas fáceis de serem utilizadas para esboçar gráficos bidimensionais polares ou para plotar gráficos tridimensionais a partir de expressões simbólicas. Para maiores informações procure no menu Help do Symbolic Math Toolbox.

Alguns exemplos de utilização do comando `ezplot` são apresentados na Tabela 11-1.

Tabela 11-1 Gráficos com o comando `ezplot`

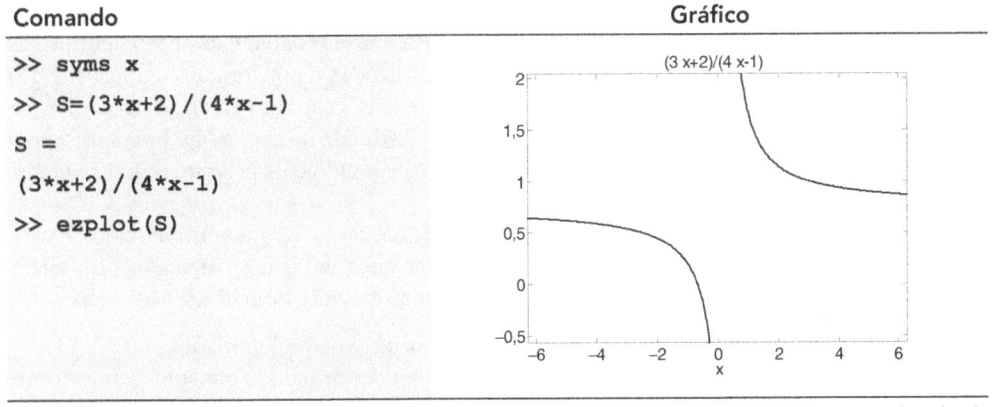

Comando	Gráfico

`>> syms x`
`>> S=(3*x+2)/(4*x-1)`
`S =`
`(3*x+2)/(4*x-1)`
`>> ezplot(S)`
	(gráfico de (3x+2)/(4x-1))

(continua)

Tabela 11-1 Gráficos com o comando `ezplot` *(continuação)*

Comando	Gráfico

`>> syms x y`
`>> S=4*x^2-18*x+4*y^2+12*y-11`
`S =`
`4*x^2-18*x+4*y^2+12*y-11`
`>> ezplot(S)`
	Gráfico de $4x^2 - 18x + 4y^2 + 12y - 11 = 0$ (elipse).

`>> syms t`
`>> x=cos(2*t)`
`x =`
`cos(2*t)`
`>> y=sin(4*t)`
`y =`
`sin(4*t)`
`>> ezplot(x,y)`
	Gráfico de $x = \cos(2t), y = \sin(4t)$ (curva de Lissajous).

11.8 CÁLCULOS NUMÉRICOS COM EXPRESSÕES SIMBÓLICAS

Uma expressão simbólica, criada pelo usuário ou resultante da saída de quaisquer operações simbólicas do MATLAB, pode ter suas variáveis simbólicas substituídas por números para que seja calculado o valor numérico da expressão. No MATLAB, esse tipo de substituição utiliza o comando `subs`. O comando `subs` possui várias formas funcionais e pode ser utilizado de diferentes modos. Esta seção descreve algumas das muitas formas fáceis de serem utilizadas na maioria das aplicações. Em uma forma, a variável (ou variáveis) é inicializada com um valor numérico em um comando separado e, então, essa variável é substituída na expressão. Em outra forma, a variável para a qual um valor numérico é substituído e os próprios valores numéricos são digitados dentro do comando `subs`.

O comando `subs` será apresentado em dois casos: no primeiro, faremos a substituição de um valor numérico para uma variável simbólica; no segundo caso, substituiremos valores numéricos para duas ou mais variáveis simbólicas.

Substituindo um valor numérico para uma variável simbólica:
Um valor (ou valores) numérico(s) pode(m) ser substituído(s) para uma variável simbólica quando uma expressão simbólica possui uma ou mais variáveis simbólicas. Nesse caso, o comando `subs` possui a forma:

$$R = \text{subs}(S, \text{var}, \text{número})$$

Nome da expressão simbólica. / A variável para a qual um valor numérico é substituído. / O valor (ou valores) numérico(s) atribuído(s) à variável `var`.

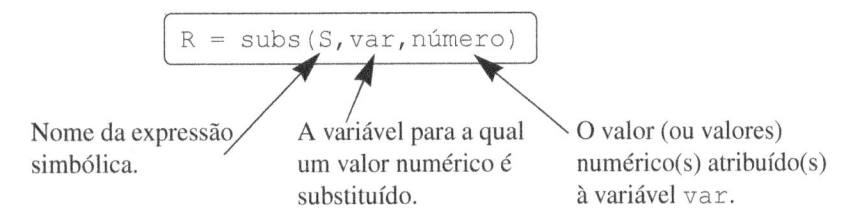

- O `número` pode ser um escalar ou um arranjo com muitos elementos (vetor ou matriz).
- O valor de `S` é calculado para cada valor de `número` e o resultado é passado à variável `R`, a qual terá a mesma dimensão de `número` (escalar, vetor ou matriz).
- Se `S` tiver apenas uma variável simbólica, a saída `R` será numérica. Se `S` tiver muitas variáveis simbólicas e o valor numérico for substituído em apenas uma delas, a saída `R` ainda será uma expressão simbólica.

Um exemplo com uma expressão que inclui uma variável simbólica é:

```
>> syms x                          Declara x como uma variável simbólica.
>> S=0.8*x^3+4*exp(0.5*x)
                                   Atribui a S a expressão:
S =                                0,8x³ + 4e^(0,5x)
4*exp(x/2) + (4*x^3)/5
>> SD=diff(S)                      Usa o comando diff(S) para diferenciar S.
SD =
                                   SD recebe a resposta: 2e^(x/2) + 12x²/5.
2*exp(x/2)+(12*x^2)/5
>> subs(SD, x, 2)                  Usa o comando subs para substituir x = 2 em SD.
ans =
    15.0366                        O valor de SD é exibido.
>> SDU=subs(SD, x, [2:0.5:4])      Usa o comando subs para substituir o
                                   vetor x = [2; 2,5; 3; 3,5; 4] em SD.
SDU =
    15.0366   21.9807   30.5634   40.9092   53.1781
```
Os valores de SD (atribuídos a SDU) para cada valor de x são exibidos em um vetor.

No último exemplo, observe que quando o valor numérico da expressão simbólica é calculado, a resposta é numérica (aparece indentada na tela). A seguir, vemos um exemplo de substituição de valores numéricos para uma variável simbólica em uma expressão com diversas variáveis simbólicas:

```
>> syms a g t v                    Declara a, g, t e v como variáveis simbólicas.
>> Y=v^2*exp(a*t)/g
                                   Cria a expressão simbólica
Y =                                v²e^(at)/g e a atribui a Y.
v^2*exp(a*t)/g
```

```
>> subs(Y,t,2)                    Usa o comando subs para substituir t = 2 em SD.
ans =
v^2*exp(2*a)/g                    É exibida a resposta v²e^(2a)/g.
>> Yt=subs(Y,t,[2:4])             Usa o comando subs para substituir
                                  o vetor t = [2, 3, 4] em Y.
Yt =
[ v^2*exp(2*a)/g, v^2*exp(3*a)/g, v^2*exp(4*a)/g]
```

A resposta é um vetor com elementos de expressões simbólicas para cada valor de t.

Substituindo um valor numérico para duas ou mais variáveis simbólicas:
Um ou mais valores numéricos podem ser substituídos para duas ou mais variáveis simbólicas quando uma expressão simbólica possuir muitas variáveis simbólicas. Nesse caso, o comando subs possui a seguinte forma (são mostradas duas variáveis, mas é claro que a quantidade pode ser muito maior que isso):

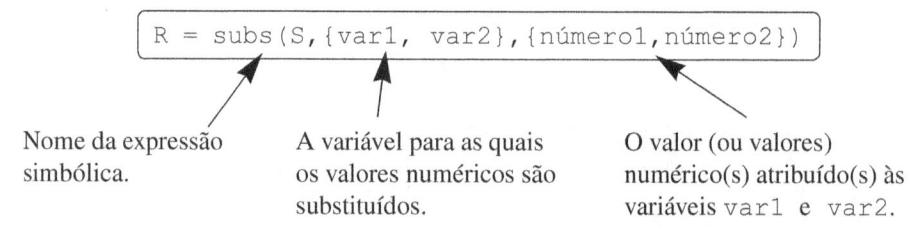

```
R = subs(S,{var1, var2},{número1,número2})
```

Nome da expressão simbólica.

A variável para as quais os valores numéricos são substituídos.

O valor (ou valores) numérico(s) atribuído(s) às variáveis var1 e var2.

- As variáveis var1 e var2 são as variáveis da expressão S para as quais os valores numéricos são substituídos. As variáveis são digitadas como um arranjo célula (dentro de chaves { }). Um arranjo célula é um arranjo de células onde cada célula pode receber um arranjo de números ou texto.

- Os números número1, número2 substituídos para as variáveis também são digitados como um arranjo célula (dentro de chaves { }). Os números podem ser escalares, vetores ou matrizes. A primeira célula do arranjo célula de números (número1) é substituída para a variável que estiver na primeira célula do arranjo célula de variáveis (var1) e assim por diante.

- Se todos os números que foram substituídos por variáveis forem escalares, o resultado será um número ou uma expressão (dependendo se algumas das variáveis ainda são simbólicas).

- Se os números substituídos estão organizados em um arranjo, as operações matemáticas realizadas são executadas elemento por elemento e o resultado é um arranjo de números ou expressões. Deve ser enfatizado que os cálculos são realizados elemento por elemento até mesmo se a expressão de S não for digitada na notação elemento por elemento. Isso significa também que todos os arranjos substituídos para as diferentes variáveis devem ser do mesmo tamanho.

- É possível substituir arranjos (do mesmo tamanho) para algumas das variáveis e escalares para outras variáveis. Nesse caso, de modo a realizar as operações elemento por elemento, o MATLAB utiliza os escalares para produzir um arranjo resultante (esse arranjo é definido por uma matriz identidade vezes o escalar).

A substituição de valores numéricos para duas ou mais variáveis é demonstrada nos próximos exemplos.

```
>> syms a b c e x                    Declara a,b,c,e, x como variáveis simbólicas.
>> S=a*x^e+b*x+c
S =                                  Cria a expressão simbólica:
a*x^e+b*x+c                          $ax^e + bx + c$ e a atribui a S.
>> subs(S,{a,b,c,e,x},{5,4,-20,2,3}) Substitui em S escalares para
                                     todas as variáveis simbólicas.
      Arranjo célula.  Arranjo célula.
ans =
    37                               O valor de S é exibido.
>> T=subs(S,{a,b,c},{6,5,7})         Substitui em S escalares para as
T =                                  variáveis simbólicas a, b e c.
5*x+ 6*x^e+7    O resultado é uma expressão com as variáveis x e e.
>> R=subs(S,{b,c,e},{[2 4 6],9,[1 3 5]})  Substitui em S um escalar para
                                          c e vetores para b e c.
R =                                  O resultado é um vetor
[   2*x+a*x+9,  a*x^3+4*x+9,  a*x^5+6*x+9]   de expressões simbólicas.
>> W=subs(S,{a,b,c,e,x},{[4 2 0],[2 4 6],[2 2 2],[1 3 5],[3 2 1]})
                    Substitui em S vetores para todas as variáveis.
W =
    20    26    8    O resultado é um vetor de valores numéricos.
```

Um segundo método para substituir valores numéricos para variáveis simbólicas em uma expressão é primeiro atribuir valores às variáveis e então usar o comando subs. Nesse método, após a declaração da expressão (neste ponto, as variáveis na expressão são simbólicas), os valores numéricos são atribuídos às variáveis. Assim, o comando subs é utilizado na forma:

```
R = subs(S)
```
Nome da expressão simbólica.

Uma vez que as variáveis simbólicas foram redefinidas como variáveis numéricas, elas não podem mais ser utilizadas como símbolos. O método é demonstrado no exemplo a seguir.

```
>> syms A c m x y          Define A,c,m,x,y como variáveis simbólicas.
>> S=A*cos(m*x)+c*y
S =                        Cria a expressão simbólica
c*y+A*cos(m*x)             $A\cos(mx) + cy$ e a atribui a S.
>> A=10; m=0.5; c=3;       Atribui valores numéricos às variáveis A, m e c.
>> subs(S)                 Usa o comando subs com a expressão S.
ans =                      Os valores numéricos das variáveis
3*y + 10*cos(x/2)          A, m e c são substituídos em S.
```

```
>> x=linspace(0,2*pi,4);          Atribui valores numéricos ao vetor x.
>> T = subs(S)                    Usa o comando subs com a expressão S.
T =
[ 3*y+10, 3*y+5, 3*y-5, 3*y-10]   Os valores numéricos das variáveis A,
                                  m, c e x são substituídos. O resultado
                                  é um vetor de expressões simbólicas.
```

11.9 EXEMPLOS DE APLICAÇÃO DO MATLAB

Problema Exemplo 11-2: Ângulo de lançamento de um projétil

Um projétil é atirado com uma velocidade inicial de 210 m/s e formando um ângulo de θ graus com o solo. O projétil é apontado para um alvo a 2600 m de distância e a 350 m acima do chão.

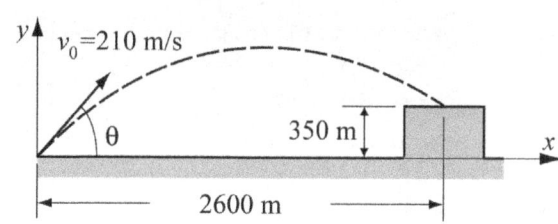

(a) Derive a equação que deve ser resolvida com o objetivo de se determinar o ângulo θ tal que o projétil irá atingir o alvo.

(b) Use o MATLAB para resolver a equação do item *a*.

(c) Para o ângulo determinado no item *b*, use o comando `ezplot` para gerar um gráfico da trajetória do projétil.

Solução

(a) O movimento do projétil pode ser analisado considerando-se as componentes horizontal e vertical. A velocidade inicial pode ser decomposta nas componentes vertical e horizontal:

$$v_{0x} = v_0 \cos(\theta) \text{ e } v_{0y} = v_0 \text{sen}(\theta)$$

Na direção horizontal, a velocidade é constante e a posição do projétil em função do tempo é dada por:

$$x = v_{0x} t$$

Substituindo $x = 2600$ m para a distância horizontal que o projétil viaja até atingir o alvo e $210\cos(\theta)$ para v_{0x}, obtemos a seguinte equação para t:

$$t = \frac{2600}{210\cos(\theta)}$$

Na direção vertical, a posição do projétil é dada por:

$$y = v_{0y} t - \frac{1}{2} g t^2$$

Substituindo nessa equação $y = 350$ m para a coordenada vertical do alvo, $210\text{sen}(\theta)$ para v_{0y}, $g = 9{,}81$ e a expressão anterior para t, temos:

$$350 = 210\,\text{sen}(\theta)\frac{2600}{210\cos(\theta)} - \frac{1}{2}9{,}81\left(\frac{2600}{210\cos(\theta)}\right)^2$$

ou

$$350 = 2600\tan(\theta) - \frac{1}{2}9{,}81\left(\frac{2600}{210\cos(\theta)}\right)^2$$

A solução dessa equação é o valor do ângulo de elevação do qual o projétil deve ser lançado.

(b) A solução da equação obtida no item a pode ser obtida utilizando o comando `solve` (na janela Command Window):

```
>> syms teta
angulo=solve('2600*tan(teta)-0.5*9.81*(2600/
(210*cos(teta)))^2=350')
angulo =
    1.2453544972374161683138135806560
     .4592528070320712127778645 2037279
   -1.8962381563523770701488298026235
   -2.6823398465577220256847788629067
```
O MATLAB exibe quatro soluções para a equação. As duas soluções positivas são relevantes, pois correspondem à situação física apresentada.

```
>> angulo1=angulo(1)*180/pi
```
Convertendo a solução no primeiro elemento de `angulo` de radianos para graus.

```
angulo1 =
224.16380950273491029648644451808/pi
```
O MATLAB exibe a resposta simbolicamente em função de π.

```
>> angulo1=double(angulo1)
angulo1 =
   71.3536
```
Usa o comando `double` para obter o valor numérico do `angulo1`.

```
>> angulo2=angulo(2)*180/pi
```
Convertendo a solução no segundo elemento de `angulo` de radianos para graus.

```
angulo2 =
82.66550526577281830001 5613667102/pi
```
O MATLAB exibe a resposta simbolicamente em função de π.

```
>> angulo2=double(angulo2)
angulo2 =
   26.3132
```
Usa o comando `double` para obter o valor numérico do `angulo2`.

(c) A solução da parte b mostra que existem dois possíveis ângulos de lançamento e, portanto, duas trajetórias. De modo a esboçar as trajetórias do projétil, as coordenadas x e y do projétil são reescritas em termos de t (forma paramétrica):

$$x = v_0\cos(\theta)t \quad \text{e} \quad y = v_0\text{sen}(\theta)t - \frac{1}{2}gt^2$$

O domínio para t é $t = 0$ até $t = \dfrac{2600}{210\cos(\theta)}$.

Essas equações podem ser utilizadas no comando `ezplot` para escrevermos um programa que traça as trajetórias solicitadas.

```
xmax=2600; v0=210; g=9.81;
teta1=1.24535; teta2=0.45925;     Atribui as duas soluções encontradas
t1=xmax/(v0*cos(teta1));           no item b) para teta1 e teta2.
t2=xmax/(v0*cos(teta2));
syms t
X1=v0*cos(teta1)*t;
X2=v0*cos(teta2)*t;
Y1=v0*sin(teta1)*t-0.5*g*t^2;
Y2=v0*sin(teta2)*t-0.5*g*t^2;
ezplot(X1,Y1,[0,t1])               Plota uma trajetória.
hold on
ezplot(X2,Y2,[0,t2])               Plota a outra trajetória.
hold off
```

Quando o programa é executado, o seguinte gráfico é gerado na Figure Window.

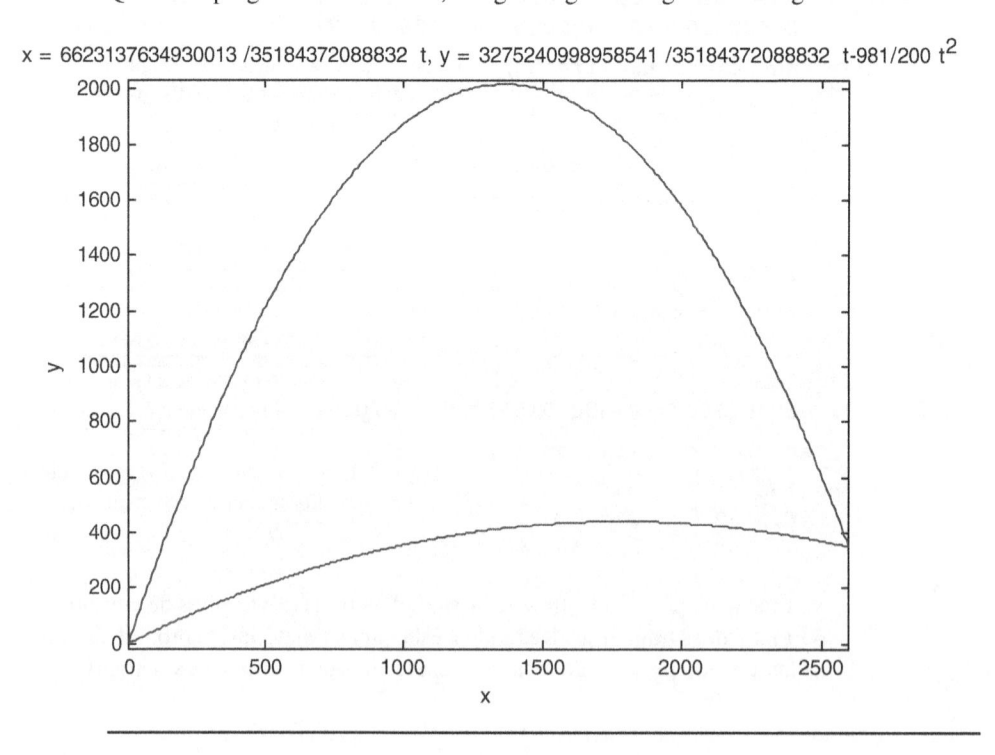

$x = 6623137634930013/35184372088832\ t,\ y = 3275240998958541/35184372088832\ t - 981/200\ t^2$

Problema Exemplo 11-3: Resistência de uma viga

A resistência de flexão de uma viga retangular de largura b e altura h é proporcional ao momento de inércia I definido por $I = bh^3/12$. Uma viga retangular foi retirada de uma peça cilíndrica original de raio R. Determine b e h (em função de R) de modo que a viga tenha o máximo valor I.

Solução

O problema é resolvido seguindo estes passos:
1. Escreva uma equação relacionando R, h e b.
2. Determine uma expressão para I em termos de h.
3. Calcule a derivada de I com relação a h.
4. Imponha $dI/dh = 0$ e resolva para h.
5. Determine o valor correspondente de b.

O primeiro passo é resolvido imediatamente a partir do triângulo destacado na figura. A relação entre R, h e b é dada pelo Teorema de Pitágoras como $\left(\dfrac{b}{2}\right)^2 + \left(\dfrac{h}{2}\right)^2 = R^2$. Resolvendo essa equação para b temos $b = \sqrt{4R^2 - h^2}$.

Os demais passos são feitos usando o MATLAB.

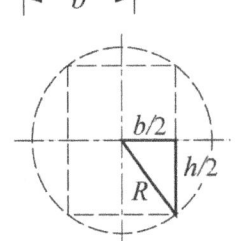

```
>> syms b h R
>> b=sqrt(4*R^2-h^2);                    Cria uma expressão simbólica para b.
>> I=b*h^3/12                            Passo 2: Cria uma expressão simbólica para I.
I =
(h^3*(4*R^2-h^2)^(1/2))/12               O MATLAB substitui b em I.
>> ID=diff(I,h)                          Passo 3: Usa o comando diff(R)
                                         para derivar I com relação a h.
ID =
(h^2*(4*R^2-h^2)^(1/2))/4-h^4/(12*(4*R^2-h^2)^(1/2))
                                         A derivada de I é exibida.
>> hs=solve(ID,h)                        Passo 4: Usa o comando solve para resolver a
hs =                                     equação ID = 0 para h. A resposta é atribuída a hs.
         0
    3^(1/2)*R                            O MATLAB exibe três soluções. A solução positiva
   -3^(1/2)*R                            $\sqrt{3}R$ é relevante para o problema.

>> bs=subs(b,hs(2))                      Passo 5: Usa o comando subs para determinar b pela
                                         substituição da solução para h na expressão para b.
bs =
    (R^2)^(1/2)                          A resposta para b é exibida. (A resposta é R,
                                         mas o MATLAB exibe $(R^2)^{1/2}$.)
```

Problema Exemplo 11-4: Nível de combustível em um tanque

O tanque cilíndrico horizontal mostrado é utilizado para armazenar combustível nos postos de gasolina. O tanque possui um diâmetro de 6 m e mede 8 m de comprimento. A quantidade de combustível no tanque pode ser estimada olhando-se um pequeno medidor de vidro posicionado na vertical e graduado com uma escala. A graduação da escala corresponde a 40, 60, 80, 120 e 160 mil litros de combustível. Determine a posição vertical (medida a partir do chão) onde devem estar localizadas as linhas da escala.

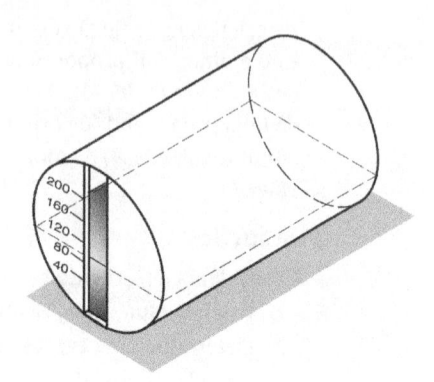

Solução

A relação entre o nível de combustível e o volume do tanque pode ser escrita na forma de uma integral definida. Uma vez realizada a integração, uma equação é obtida para o volume em termos da altura do combustível dentro do tanque. A altura correspondente a um volume específico pode, então, ser determinada resolvendo-se a equação para a altura.

O volume de combustível V pode ser determinado multiplicando-se a área da seção transversal do combustível no tanque A (área hachurada) pelo comprimento do tanque L. A área da seção transversal pode ser calculada por integração:

$$V = AL = L\int_0^h w\,dy$$

A largura w a partir do topo da superfície do combustível pode ser escrita em função de y. Do triângulo retângulo na figura à direita, as variáveis y, w e R são relacionadas por:

$$\left(\frac{w}{2}\right)^2 + (R-y)^2 = R^2$$

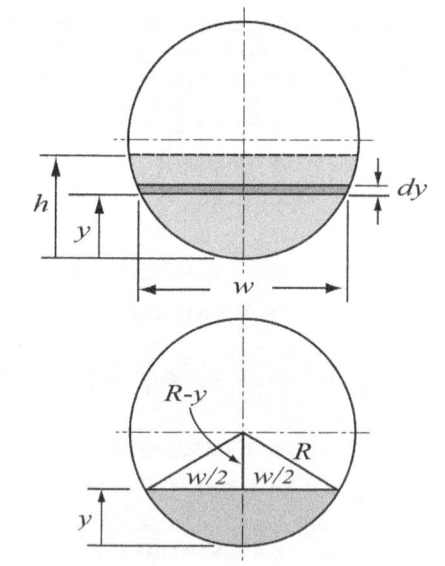

Resolvendo esta equação para w resulta:

$$w = 2\sqrt{R^2 - (R-y)^2}$$

O volume de combustível no ponto de altura h pode ser determinado substituindo-se w na integral (equação para o volume) e realizando a integração. O resultado será uma equação que relaciona o volume V com a altura h. O valor de h para um dado V é obtido resolvendo-se a equação para h. Nesse problema, os valores de h devem ser determinados para os volumes 40, 60, 80, 120 e 160 mil litros. A solução desse problema é dada pelo programa de MATLAB a seguir:

```
R=3; L=8;
syms w y h
w=2*sqrt(R^2-(R-y)^2)          Cria uma expressão simbólica para w.
S = L*w                         Cria a expressão que será integrada.
V = int(S,y,0,h)                Usa o comando int para integrar S de 0 até h.
                                O resultado fornece V em função de h.
Vscale=[40:40:200]              Cria um vetor com os valores de V na escala.
for i=1:5                       Cada passo do loop resolve h para um valor de V.
    Veq=V-Vscale(i);            Cria a equação para h que deve ser resolvida.
    h_ans(i)=solve(Veq);        Usa o comando solve para resolver para h.
end                   h_ans é um vetor (simbólico com números) com os valores
                      de h que correspondem aos valores de V no vetor Vscale.
h_scale=double(h_ans)           Usa o comando double para obter valores
                                numéricos para os elementos do vetor h_ans.
```

Quando o programa é executado, são exibidas as saídas dos comandos que não têm ponto e vírgula no final. Assim, temos o seguinte na Command Window:

```
>> w =
2*(9-(y-3)^2)^(1/2)             A expressão simbólica para w é exibida.
S =
16*(9-(y-3)^2)^(1/2)            S é a expressão que será integrada.
V =
36*pi+72*asin(h/3-1)+8*(9-(h-3)^2)^(1/2)*(h-3)
                                O resultado da integração; V em função de h.
Vscale =
   40    80   120   160   200   Os valores de V na escala são exibidos.
h_scale =
   1.3972   2.3042   3.1439   3.9957   4.9608
                                As posições das linhas na escala são exibidas.
```

Unidades: A unidade para comprimento na solução é metros, que corresponde a m^3 para o volume (1 m^3 = 1000 L).

Problema 11-5: Quantidade de remédio no corpo

A quantidade M de medicamento presente no corpo depende da taxa com que o medicamento é consumido pelo corpo e da taxa com que o medicamento entra no corpo, sendo que a taxa na qual o medicamento é consumido é proporcional à quantidade presente no corpo. A equação diferencial para M é:

$$\frac{dM}{dt} = -kM + p$$

onde k é uma constante de proporcionalidade e p é a taxa com que o medicamento é injetado no corpo.

(a) Determine k se a meia-vida de um medicamento é 3 horas.
(b) Um paciente é internado em um hospital e o medicamento é dado a ele a uma taxa de 50 mg por hora (inicialmente não havia vestígios de medicamento no corpo do paciente). Determine uma expressão para M em função do tempo.
(c) Esboce M em função do tempo para as primeiras 24 horas.

Solução

(a) A constante de proporcionalidade pode ser determinada considerando o caso em que o medicamento é consumido pelo corpo e nenhum medicamento novo é dado ao paciente. Neste caso, a equação diferencial é:

$$\frac{dM}{dt} = -kM$$

A equação pode ser resolvida sujeita à condição inicial $M = M_o$ para $t = 0$.

```
>> syms M M0 k t
>> Mt=dsolve('DM=-k*M','M(0)=M0')
Mt =
M0/exp(k*t)
```

Usa o comando `dsolve` para resolver a equação $\frac{dM}{dt} = -kM$.

Portanto, a equação que relaciona M ao tempo é:

$$M(t) = M_0 \, e^{-kt}$$

Meia-vida de 3 horas significa que em $t = 3$ horas $M(t) = \frac{1}{2} M_0$. Substituindo isso na solução resulta que $0{,}5 = e^{-3k}$ e a constante k pode ser determinada resolvendo-se essa equação:

```
ks=solve('0.5=1/exp(k*3)')
ks =
.23104906018664843647241070715273
```

Usa o comando `solve` para resolver a equação $0{,}5 = e^{-3k}$.

(b) Para esta parte do problema a equação diferencial para M é:

$$\frac{dM}{dt} = -kM + p$$

A constante k foi determinada na parte a e $p = 50$ mg/h é um dado do problema. A condição inicial é que no início não há medicamento no corpo do paciente ou $M = 0$ em $t = 0$. A solução dessa equação no MATLAB é:

```
>> syms p
>> Mtb=dsolve('DM=-k*M+p','M(0)=0')
Mtb =
(p-p/exp(k*t))/k
```

Usa o comando `dsolve` para resolver a equação $\frac{dM}{dt} = -kM + p$.

(c) Um gráfico de `Mtb` em função do tempo para $0 \leq t \leq 24$ pode ser feito usando o comando `ezplot`:

```
>> pdado=50;
>> Mtt=subs(Mtb,{p,k},{pdado,ks})
Mtt =
216.404-216.404/exp(0.231049*t)
>> ezplot(Mtt,[0,24])
```

Substitui valores numéricos para p e k.

Na saída gerada pelo MATLAB na última expressão (`Mtt =...`), os números têm mais dígitos decimais que os mostrados acima. O número de casas foi abreviado para que fosse possível colocar os números nessa página.

O gráfico gerado na saída é:

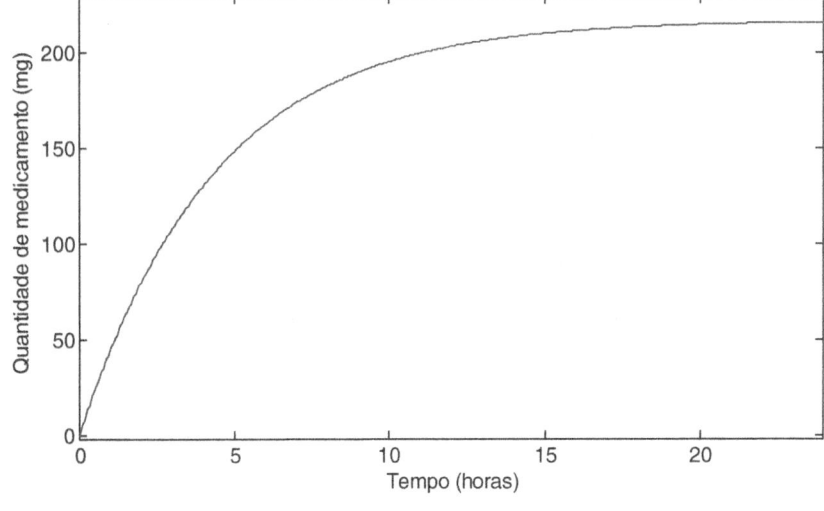

216.40425613334451110398870215029-216.40425613334451110398870215029exp(-.23104906018664843647241070715272 t)

[Gráfico: Quantidade de medicamento (mg) versus Tempo (horas), curva crescente que tende assintoticamente a aproximadamente 216 mg]

11.10 PROBLEMAS

1. Defina x como uma variável simbólica e crie as duas expressões simbólicas abaixo:

   $$S_1 = x^2(x-6) + 4(3x-2) \quad \text{e} \quad S_2 = (x+2)^2 - 8x$$

   Use operações simbólicas para determinar a forma mais simples das seguintes expressões:

   (a) $S_1 \cdot S_2$ \quad (b) $\dfrac{S_1}{S_2}$ \quad (c) $S_1 + S_2$

   (d) Use o comando `subs` para avaliar o valor numérico do resultado da parte c para $x = 5$.

2. Defina x como uma variável simbólica e crie as duas expressões simbólicas:

   $$S_1 = x(x^2 + 6x + 12) + 8 \quad \text{e} \quad S_2 = (x-3)^2 + 10x - 5$$

   Use operações simbólicas para determinar a forma mais simples das seguintes expressões:

   (a) $S_1 \cdot S_2$ \quad (b) $\dfrac{S_1}{S_2}$ \quad (c) $S_1 + S_2$

   (d) Use o comando `subs` para avaliar o valor numérico do resultado da parte c para $x = 3$.

3. Defina x e y como variáveis simbólicas e crie as duas expressões simbólicas:

   $$S = x + \sqrt{xy^2} + y^4 \quad \text{e} \quad T = \sqrt{x} - y^2$$

   Use operações simbólicas para determinar a forma mais simples de $S \cdot T$. Use o comando `subs` para determinar o valor numérico do resultado para $x = 9$ e $y = 2$.

4. Defina x como uma variável simbólica.

   (a) Derive a equação do polinômio que tem as raízes $x = -2$; $x = -0,5$; $x = 2$ e $x = 4,5$.

   (b) Determine as raízes do polinômio

   $$f(x) = x^6 - 6,5x^5 - 58x^4 + 167,5x^3 + 728x^2 - 890x - 1400$$

   usando o comando `factor`.

5. Use os comandos da Seção 11.2 para mostrar que:

   (a) $\operatorname{sen}(4x) = 4\operatorname{sen}x \cos x - 8\operatorname{sen}^3 x \cos x$

   (b) $\cos x \cos y = \dfrac{1}{2}[\cos(x-y) + \cos(x+y)]$

6. Use os comandos da Seção 11.2 para mostrar que:

   (a) $\tan(3x) = \dfrac{3\tan x - \tan^3 x}{1 - 3\tan^2 x}$

(b) $\qquad \operatorname{sen}(x+y+z) = \operatorname{sen}x\cos y\cos z + \cos x \operatorname{sen} y \cos z$
$\qquad\qquad\qquad + \cos x \cos y \operatorname{sen} z - \operatorname{sen}x \operatorname{sen}y \operatorname{sen}z$

7. O folium de Descartes é o gráfico mostrado na figura do exercício. Na forma paramétrica, a equação do folium é:

$$x = \frac{3t}{1+t^3} \quad \text{e} \quad y = \frac{3t^2}{1+t^3} \quad \text{para} \quad t \neq -1$$

   (a) Use o MATLAB para mostrar que a equação do folium de Descartes também pode ser escrita como:

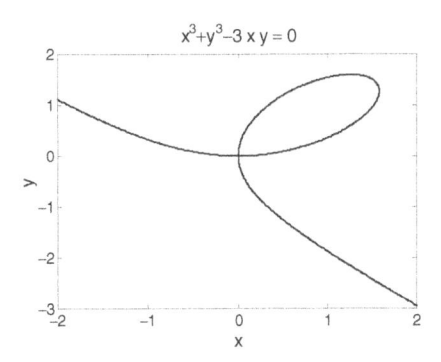

   $$x^3 + y^3 = 3xy$$

   (b) Construa um gráfico do folium para o domínio mostrado na figura. Use o comando `ezplot`.

8. Uma caixa d'água tem a geometria ilustrada na figura (a parte de baixo é um cilindro com raio R e altura h e a parte superior é um hemisfério de raio R). Determine o raio R se $h = 10$ m e o volume é 1050 m^3. (Escreva uma equação para o volume em termos do raio e da altura. Resolva a equação para o raio e use o comando `double` para obter um valor numérico).

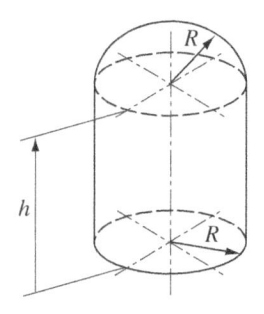

9. A relação entre a tensão T e a velocidade de encurtamento (ou de contração) v em um músculo é dada pela equação de Hill:

   $$(T+a)(v+b) = (T_0+a)b$$

   onde a e b são constantes positivas e T_0 é a tensão isométrica, i.e., a tensão no músculo quando $v = 0$. A velocidade de encurtamento máxima ocorre quando $T = 0$.

   (a) Usando operações simbólicas, crie a equação de Hill como uma expressão simbólica. Após, use o comando `subs` para substituir $T = 0$ e, finalmente, resolva para v e mostre que $v_{max} = (bT_0)/a$.

   (b) Use v_{max} da parte a para eliminar a constante b da equação de Hill e mostrar que $v = \dfrac{a(T_0 - T)}{T_0(T+a)} v_{max}$.

10. Considere duas elipses no plano xy dadas pelas equações

$$\frac{(x-1)^2}{6^2}+\frac{y^2}{3^2}=1 \quad \text{e} \quad \frac{(x+2)^2}{2^2}+\frac{(y-5)^2}{4^2}=1$$

   (a) Use o comando `ezplot` para plotar as duas elipses na mesma figura.
   (b) Determine as coordenadas dos pontos onde as elipses se interceptam.

11. Uma barra AB de 304,8 cm de comprimento está presa à parede com um pino no ponto A e ao cabo CD de 167,64 cm de comprimento. Uma carga $W = 90$ kg está presa à barra no ponto B. A tensão T no cabo e as componentes x e y da força em A (F_{Ax} e F_{Ay}) podem ser calculadas pelas equações:

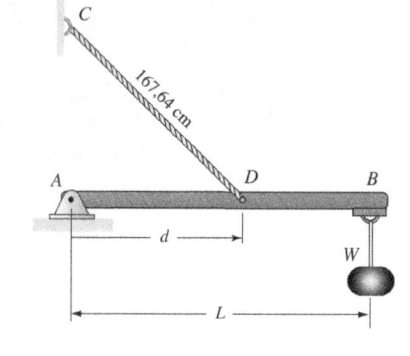

$$F_{Ax} - T\frac{d}{L_c} = 0$$

$$F_{Ay} + T\frac{\sqrt{L_c^2 - d^2}}{L_c} - W = 0$$

$$T\frac{\sqrt{L_c^2 - d^2}}{L_c}d - WL = 0$$

onde L e L_c são os comprimentos da barra e do cabo, respectivamente, e d é a distância do ponto A até o ponto D, onde o cabo o cabo está preso.

   (a) Use o MATLAB para resolver as equações para as forças T, F_{Ax} e F_{Ay} em termos de d, L, L_c e W. Determine F_A dada por $F_A = \sqrt{F_{Ax}^2 + F_{Ay}^2}$.
   (b) Use o comando `subs` para substituir $W = 90$ kg, $L = 304,8$ cm e $L_c = 167,64$ cm nas expressões derivadas no item a. O resultado são as forças em função da distância d.
   (c) Use o comando `ezplot` para plotar as forças T e F_A (ambas na mesma figura como função de d, para d no intervalo entre 50,8 e 177,8 cm).
   (d) Determine a distância d para a qual a tensão no cabo é a menor possível. Determine o valor dessa força (tensão mínima).

12. Uma caixa de massa m está sendo puxada através de uma corda, como ilustra a figura do problema. A força F na corda em função de x pode ser calculada a partir das equações:

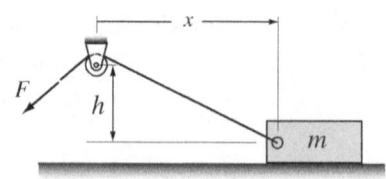

$$-F\frac{x}{\sqrt{x^2 + h^2}} + \mu N = 0$$

$$-mg + N + F\frac{h}{\sqrt{x^2 + h^2}} = 0$$

onde N e μ são a força normal e o coeficiente de atrito entre a caixa e a superfície, respectivamente. Considere o caso em que $m = 18$ kg, $h = 10$ m, $\mu = 0{,}55$ e $g = 9{,}81$ m/s^2.

(a) Use o MATLAB para determinar uma expressão para F, em termos de x, h, m, g e μ.

(b) Use o comando `subs` para substituir $m = 18$ kg, $h = 10$ m, $\mu = 0{,}55$ e $g = 9{,}81$ m/s^2 na expressão obtida no item a. O resultado fornecerá a força em função da distância x.

(c) Use o comando `ezplot` para plotar F em função de x, para x variando entre 5 e 30 m.

(d) Determine a distância x para a qual a força necessária para puxar a caixa é a menor possível. Determine o módulo dessa força.

13. A potência mecânica de saída P associada a um músculo contraído é dada por:

$$P = Tv = \frac{kvT_0\left(1 - \dfrac{v}{v_{max}}\right)}{k + \dfrac{v}{v_{max}}}$$

onde T é a tensão muscular, v é a velocidade de encurtamento (ou de contração – valor máximo igual a v_{max}), T_0 é a tensão isométrica (i.e., tensão para $v = 0$) e k é uma constante adimensional que varia entre 0,15 e 0,25 para a maior parte dos músculos. A equação pode ser escrita na forma adimensional:

$$p = \frac{ku(1-u)}{k+u}$$

onde $p = (Tv) / (T_0 v_{max})$ e $u = v / v_{max}$. Considere o caso em que $k = 0{,}25$.

(a) Plote p versus u para $0 \leq u \leq 1$.

(b) Use diferenciação para determinar o valor de u para o qual p é máximo.

(c) Determine o valor máximo de p.

14. A equação de uma circunferência (centrada na origem) é $x^2 + y^2 = R^2$, onde R é o raio da circunferência. Escreva um programa que primeiro derive a equação (simbolicamente) da linha tangente à circunferência no ponto (x_0, y_0) na parte superior da circunferência (i.e., para $-R < x_0 < R$ e $y_0 > 0$). Após, para valores específicos de R, x_0 e y_0, o programa deve fazer um gráfico (como o apresentado à direita) da circunferência e da reta tangente. Execute o programa com $R = 10$ e $x_0 = 7$.

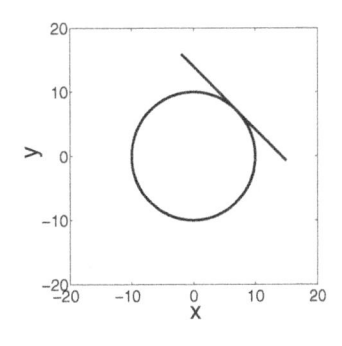

15. Um radar está rastreando um avião voando a uma altitude constante de 5 km e a uma velocidade constante de 540 km/h. O avião viaja ao longo de um percurso que passa exatamente sobre o radar. O radar começa a rastrear o avião quando ele está a 100 km de distância do posto onde se encontra instalado o radar.

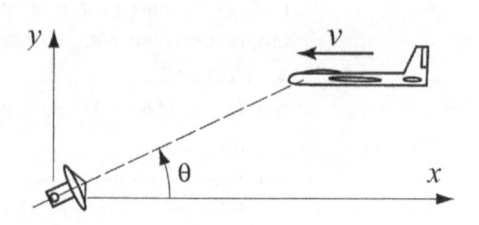

   (a) Determine uma expressão para o ângulo θ do radar em função do tempo.
   (b) Determine uma expressão para a velocidade angular da antena, $d\theta/dt$, em função do tempo.
   (c) Construa dois gráficos na mesma janela de saída. Um para θ versus t e outro para $\dfrac{d\theta}{dt}$ versus t, onde o ângulo está em graus e o tempo em minutos para o intervalo $0 \leq t \leq 20$ min.

16. Calcule as seguintes integrais indefinidas:

    (a) $I = \displaystyle\int \dfrac{x^3}{\sqrt{1-x^2}}\,dx$ (b) $I = \displaystyle\int x^2 \cos x\,dx$

17. Defina x como uma variável simbólica e crie a expressão simbólica

    $$S = \dfrac{\cos^2 x}{1 + \operatorname{sen}^2 x}$$

    Plote S no domínio $0 \leq x \leq \pi$ e calcule a integral $I = \displaystyle\int_0^\pi \dfrac{\cos^2 x}{1 + \operatorname{sen}^2 x}\,dx$.

18. As equações paramétricas de um elipsoide são:

    $x = a \cos u \operatorname{sen} v,\ y = b \cos u \operatorname{sen} v,\ z = c \cos v$

    onde $0 \leq u \leq 2\pi$ e $-\pi \leq v \leq 0$.

    Mostre que o elemento de volume diferencial de um elipsoide é dado por:

    $$dV = -\pi abc\operatorname{sen}^3 v\,dv$$

    Use o MATLAB para calcular a integral de dV de $-\pi$ até 0, simbolicamente, e mostrar que o volume do elipsóide é $V = \dfrac{4}{3}\pi abc$.

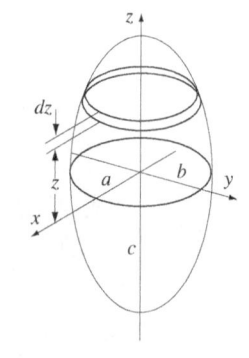

19. A equação de difusão unidimensional é dada por:

    $$\dfrac{\partial u}{\partial t} = m\dfrac{\partial^2 u}{\partial x^2}$$

Mostre que as expressões a seguir são soluções da equação de difusão.

(a) $u = A\dfrac{1}{\sqrt{t}}\exp\left(\dfrac{-x^2}{4mt}\right) + B$, onde A e B são constantes.

(b) $u = A\exp(-\alpha x)\cos(\alpha x - 2m\alpha^2 t + B) + C$, onde A, B, C e α são constantes.

20. Um ladrilho de cerâmica tem a forma mostrada na figura. A área hachurada foi pintada de vermelho e o resto do ladrilho é branco. A linha de borda entre as áreas em vermelho e branco segue a equação:

$$y = -kx^2 + 12kx$$

Determine k de modo que as áreas das partes em branco e em vermelho sejam iguais.

21. Mostre que a localização do centroide y_c da área de um semicírculo é dada por $y_c = \dfrac{4R}{3\pi}$.

A coordenada y_c pode ser calculada por:

$$y_c = \dfrac{\displaystyle\int_A \bar{y}\,dA}{\displaystyle\int_A dA}$$

22. Para a área do semicírculo do problema anterior, mostre que o momento de inércia em relação ao eixo x, I_x, é dado por $I_x = \dfrac{1}{8}\pi R^4$.

O momento de inércia I_x pode ser calculado por:

$$I_x = \int_A y^2\,dA$$

23. O valor *rms* de uma tensão CA é definido por:

$$v_{rms} = \sqrt{\dfrac{1}{T}\int_0^T v^2(t')dt'}$$

onde T é o período da forma de onda.

(a) Uma tensão é dada por $v(t) = V\cos(\omega t)$. Mostre que o valor *rms* é $v_{rms} = \dfrac{V}{\sqrt{2}}$ e é independente de ω. (A relação entre o período T e a frequência angular ω é: $T = 2\pi/\omega$).

(b) Um tensão é dada por $v(t) = 2{,}5\cos(350t) + 3$ V. Determine o valor v_{rms}.

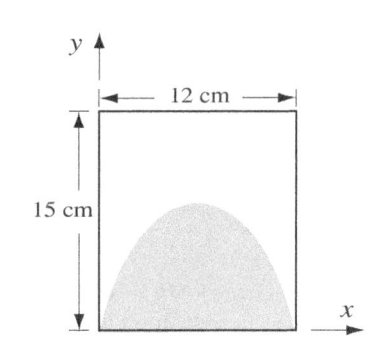

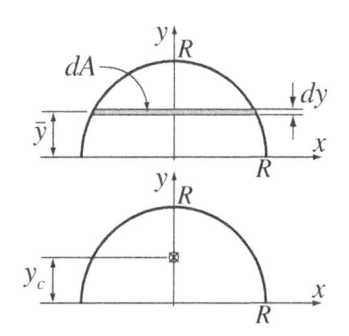

24. A disseminação de uma infecção de um único indivíduo para uma população de N pessoas não infectadas pode ser descrita pela equação

$$\frac{dx}{dt} = -Rx(N + 1 - x)$$ com a condição inicial $x(0) = N$

onde x é o número de pessoas não infectadas e R é uma taxa constante positiva. Resolva essa equação diferencial simbolicamente para $x(t)$. Também, determine simbolicamente o instante t para o qual a taxa de infecção dx/dt é máxima.

25. A função densidade de probabilidade de Maxwell-Boltzmann $f(v)$ é dada por

$$f(v) = \sqrt{\frac{2}{\pi}\left(\frac{m}{kT}\right)^3} \, v^2 \exp\left(\frac{-mv^2}{2kT}\right)$$

onde m (kg) é a massa de cada molécula, v (m/s) é a velocidade, T (K) é a temperatura e $k = 1{,}38 \times 10^{-23}$ J/K é a constante de Boltzmann. A velocidade com maior probabilidade associada, v_p, corresponde ao máximo valor de $f(v)$ e pode ser determinada de $\frac{df(v)}{dv} = 0$. Crie uma expressão simbólica para $f(v)$, derive-a em relação a v e mostre que $v_p = \sqrt{\frac{2kT}{m}}$. Calcule v_p para as moléculas de oxigênio ($m = 5{,}3 \times 10^{-26}$ kg) em $T = 300$ K. Faça um gráfico de $f(v)$ versus v para $0 \le v \le 2500$ m/s.

26. A velocidade de um paraquedista quando o paraquedas ainda está fechado pode ser modelada assumindo que a resistência do ar é proporcional à velocidade. Pela segunda lei de movimento de Newton, a relação entre a massa m do paraquedista e a velocidade v é dada por (sentido para baixo é positivo):

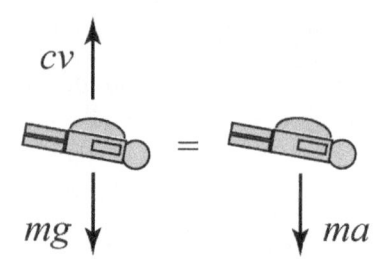

$$mg - cv = m\frac{dv}{dt}$$

onde c é uma constante de atrito e g é a aceleração da gravidade ($g = 9{,}81 \text{m/s}^2$).

(a) Resolva a equação para v em termos de m, g, c e t, assumindo que a velocidade inicial do paraquedista é zero.

(b) Foi observado que 4 s após o salto de um paraquedista de 90 kg do avião, a velocidade dele é 28 m/s. Determine c.

(c) Construa um gráfico da velocidade em função do tempo para o paraquedista no intervalo de tempo $0 \le t \le 30$ s.

27. Um resistor R ($R = 0{,}4\ \Omega$) e um indutor L ($L = 0{,}08$ H) foram conectados de acordo com a figura do problema. Inicialmente, a chave está conectada na posição A e não há corrente no circuito. Em $t = 0$, a chave é deslocada para a posição B, de forma que o resistor e o indutor são conectados à fonte v_S ($v_S = 6$ V) e uma corrente começa a circular pelo circuito. A chave permanece conectada ao polo B até que a tensão do resistor atinja 5 V. Nesse instante (t_{BA}), a chave é deslocada novamente para a posição A.

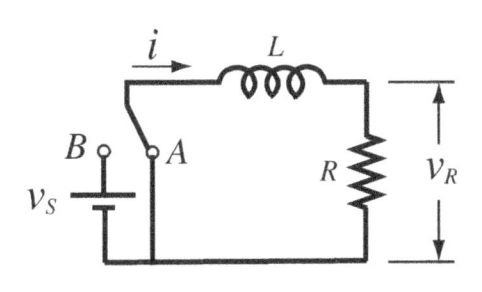

    A corrente i no circuito pode ser calculada resolvendo as equações diferenciais:

    $iR + L\dfrac{di}{dt} = v_S$ durante o intervalo de tempo entre $t = 0$ e t_{BA} (instante de tempo quando a chave é deslocada de volta para posição A).

    $iR + L\dfrac{di}{dt} = 0$ do instante de tempo que a chave retorna para posição A em diante.

    A tensão através do resistor v_R é dada, em qualquer instante de tempo, por $v_R = iR$.

    (a) Determine uma expressão para a corrente i em termos de R, L, v_s e t para $0 \le t \le t_{BA}$ resolvendo a primeira equação diferencial.

    (b) Substitua os valores de R, L e v_s na solução para i e determine o tempo t_{BA} quando a tensão através dos terminais do resistor é 5 V.

    (c) Determine uma expressão para a corrente i em termos de R, L e t, para $t \ge t_{BA}$ resolvendo a segunda equação diferencial.

    (d) Construa dois gráficos (na mesma página), um para v_R versus t, no intervalo $0 \le t \le t_{BA}$, e outro para v_R versus t para $t_{BA} \le t \le 2t_{BA}$.

28. Determine a solução geral da equação diferencial

    $$\dfrac{dy}{dx} = \dfrac{x^4 - 2y}{2x}$$

    Mostre que a solução está correta. (Determine a derivada primeira da solução e após substitua o resultado na equação diferencial.)

29. Determine a solução da equação diferencial a seguir, que satisfaz às condições iniciais dadas. Plote a solução para $0 \le t \le 7$.

    $$\dfrac{d^2y}{dt^2} - 0{,}08\dfrac{dy}{dy} + 0{,}6t = 0, \quad y(0) = 2, \quad \left.\dfrac{dy}{dx}\right|_{x=0} = 3$$

30. A corrente i em um circuito RLC série, quando a chave é fechada em $t = 0$, pode ser determina a partir da solução da EDO de segunda ordem

$$L\frac{d^2i}{dt^2} + R\frac{di}{dt} + \frac{1}{C}i = 0$$

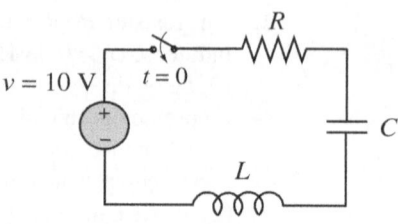

onde R, L e C são a resistência do resistor, a capacitância do capacitor e a indutância do indutor, respectivamente.

(a) Resolva a equação para i em termos de L, R, C e t assumindo que em $t = 0$ temos $i = 0$ e $di/dt = 8$.

(b) Use o comando subs para substituir $L = 3$ H, $R = 10$ Ω e $C = 80$ μF na expressão derivada no item a. Faça um gráfico de i versus t para $0 \le t \le 1$ s (Resposta superamortecida).

(c) Use o comando subs para substituir $L = 3$ H, $R = 200$ Ω e $C = 1200$ μF na expressão derivada no item a. Faça um gráfico de i versus t para $0 \le t \le 2$ s (Resposta subamortecida).

(d) Use o comando subs para substituir $L = 3$ H, $R = 201$ Ω e $C = 300$ μF na expressão derivada no item a. Faça um gráfico de i versus t para $0 \le t \le 2$ s (Resposta criticamente amortecida).

31. Oscilações amortecidas podem ser modeladas através do oscilador massa-mola amortecido. Da segunda lei de Newton, o deslocamento x de uma massa (m) em função do tempo pode ser determinado resolvendo-se a equação diferencial:

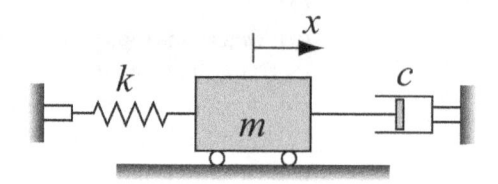

$$m\frac{d^2x}{dt^2} + c\frac{dx}{dt} + kx = 0$$

onde k é a constante da mola e c é o coeficiente de atrito ou de amortização. Se a massa é deslocada da posição de equilíbrio e, então, liberada de volta, inicia-se uma oscilação da mesma. A natureza das oscilações depende da massa e dos valores de c e k.

Para o sistema mostrado na figura, $m = 10$ kg e $k = 28$ N/m. No tempo $t = 0$, considere que a massa está posicionada em $x = 0,18$ m e, então, é liberada do repouso. Determine uma expressão para o deslocamento x e outra para a velocidade v da massa em função do tempo. Considere os seguintes casos:

(a) $c = 3$ N·s/m

(b) $c = 50$ N·s/m

Para cada caso, esboce a posição x e a velocidade v em função do tempo (os dois gráficos na mesma página). Para o caso (a), tome $0 \le t \le 20$ s e para o caso (b) $0 \le t \le 10$ s.

Apêndice

Lista de Caracteres, Comandos e Funções

As tabelas a seguir listam os caracteres, comandos e funções do MATLAB que são abordados neste livro. Os itens estão agrupados por assunto.

Caracteres e operadores aritméticos

Caractere	Descrição	Página
+	Adição	11-12, 64
–	Subtração	11-12, 64
*	Multiplicação de escalares e arranjos	11-12, 65
.*	Multiplicação de arranjos elemento por elemento	72
/	Divisão à direita	11-12, 71
\	Divisão à esquerda	11-12, 70-71
./	Divisão à direita elemento por elemento	72
.\	Divisão à esquerda elemento a elemento	72
^	Exponenciação	11-12
.^	Exponenciação elemento por elemento	72
:	Dois pontos; cria vetores com elementos igualmente espaçados; representa a faixa de elementos no arranjo	37, 44
=	Operador de atribuição	16-17
( )	Parênteses; determina precedência em operações; especifica argumentos de entrada em funções; permite endereçar elementos de arranjos	11-12, 42, 44, 224-225
[ ]	Colchetes; forma arranjos; especifica os argumentos de saída em funções	37, 38-39, 224-225
,	Vírgula; separa arranjos e argumentos de funções; separa comandos na mesma linha	9-10, 17-18, 42-45, 224-225
;	Ponto e vírgula; suprime a exibição de algum comando; termina linhas de arranjos	10-11, 38-39
'	Aspas simples; transposta de uma matriz; inicia e termina a declaração de strings	41, 53-55

(*continua*)

Caracteres e operadores aritméticos (*continuação*)

Caractere	Descrição	Página
...	Reticências; continuação da linha	9-10
%	Percentagem; denota uma linha de comentário; especifica algum formato de saída	10-11

Operadores lógicos e relacionais

Caractere	Descrição	Página
<	Menor que	174
>	Maior que	174
<=	Menor que ou igual a	174
>=	Maior que ou igual a	174
==	Igual a	174
~=	Diferente de	174
&	AND lógico	177
|	OR lógico	177
~	NOT lógico	177

Comandos de controle

Comando	Descrição	Página
cd	Muda o diretório (ou pasta) corrente	23-24
clc	Limpa a janela Command Window	10-11
clear	Limpa todas as variáveis da memória	19-20
clear x y z	Limpa as variáveis x, y, e z da memória	19-20
close	Fecha a janela Figure Window ativa	158-159
fclose	Fecha um arquivo	109-110
figure	Abre uma janela Figure Window	158-159
fopen	Abre um arquivo	108-109
global	Declara variáveis globais	227-228
help	Exibe o help de qualquer funcionalidade específica do MATLAB	226-227
iskeyword	Exibe as palavras-chave (palavras reservadas pelo MATLAB)	19-20
lookfor	Procura por uma palavra especificada em todas as entradas do help	226-227
who	Exibe as variáveis residentes na memória	19-20, 96
whos	Exibe informações detalhadas sobre variáveis na memória	19-20, 96

Variáveis predefinidas

Variável	Descrição	Página
ans	Valor da última expressão, operação, etc	19-20
eps	A menor diferença entre dois números	19-20
i	$\sqrt{-1}$	19-20

(*continua*)

Variáveis predefinidas (*continuação*)

Variável	Descrição	Página
inf	Infinito	19-20
j	Idêntico ao i	19-20
NaN	Not a Number	19-20
pi	O número π	19-20

Formatação dos resultados da janela Command Window

Comando	Descrição	Página
format bank	Dois algarismos decimais	13-14
format compact	Elimina as linhas em branco nos resultados	13-14
format long	Formato de ponto fixo com 14 algarismos decimais	13-14
format long e	Notação científica com 15 algarismos decimais	13-14
format long g	Melhor de 15 algarismos entre a notação de ponto fixo ou flutuante	13-14
format loose	Adiciona linhas em branco ao resultado	13-14
format short	Formato de ponto fixo com 4 algarismos decimais	13-14
format short e	Notação científica com 4 algarismos decimais	13-14
format short g	Melhor de 5 algarismos entre a notação de ponto fixo ou flutuante	13-14

Funções matemáticas elementares

Função	Descrição	Página
abs	Valor absoluto	14-15
exp	Exponencial	14-15
factorial	Função fatorial	15-16
log	Logaritmo natural	14-15
log10	Logaritmo base 10	14-15
nthroot	n-ésima raiz real de um número real	14-15
sqrt	Raiz quadrada	14-15

Funções trigonométricas

Função	Descrição	Página
acos	Inversa do cosseno	15-16
acot	Inversa da cotangente	15-16
asin	Inversa do seno	15-16
atan	Inversa da tangente	15-16
cos	Cosseno	15-16
cot	Cotangente	15-16
sin	Seno	15-16
tan	Tangente	15-16

Funções hiperbólicas

Função	Descrição	Página
cosh	Cosseno hiperbólico	15-16
sinh	Seno hiperbólico	15-16
coth	Cotangente hiperbólica	15-16
tanh	Tangente hiperbólica	15-16

Arredondamento

Função	Descrição	Página
ceil	Arredonda para o inteiro na direção de $+\infty$	15-16
fix	Arredonda para o inteiro na direção de zero	15-16
floor	Arredonda para o inteiro na direção de $-\infty$	15-16
rem	Retorna o resto da divisão de x por y	15-16
round	Arredonda para o inteiro mais próximo	15-16
sign	Função sinal	16-17

Criação de arranjos

Função	Descrição	Página
diag	Cria uma matriz diagonal a partir de um vetor. Cria um vetor da diagonal de uma matriz	50
eye	Cria uma matriz identidade	40, 68
linspace	Cria um vetor com elementos igualmente espaçados	38
ones	Cria uma matriz de um's	40
rand	Cria um arranjo com números aleatórios	76-78
randi	Cria um arranjo com números inteiros aleatórios	77-78
randn	Cria um arranjo com números normalmente distribuídos	79-80
randperm	Cria um vetor a partir de permutação de inteiros	77-78
zeros	Cria um arranjo de zeros	40

Manipulação de arranjos

Função	Descrição	Página
length	Retorna o número de elementos no vetor	49
reshape	Rearranja uma matriz	49
size	Retorna a dimensão de um arranjo	49

Funções de arranjo

Função	Descrição	Página
cross	Calcula o produto vetorial de dois vetores	76-77
det	Calcula o determinante de uma matriz	70-71, 76-77
dot	Calcula o produto escalar de dois vetores	69, 76-77
inv	Calcula a inversa de uma matriz	69, 76-77
max	Retorna o(s) valor(es) máximo(s)	76
mean	Calcula o(s) valor(es) médio(s)	76

(*continua*)

Funções de arranjo (*continuação*)

Função	Descrição	Página
`median`	Calcula o(s) valor(es) mediano(s)	76
`min`	Retorno o(s) valor(s) mínimo(s)	76
`sort`	Arranja os elementos de uma matriz em ordem crescente	76
`std`	Calcula o(s) desvio(s) padrão(ões)	76-77
`sum`	Calcula a(s) soma(s) dos elementos	76

Entrada e saída

Comando	Descrição	Página
`disp`	Mostra o resultado de saída	101-102
`fprintf`	Mostra ou salva o resultado de saída	103-111
`input`	Fornece o controle do prompt para o usuário entrar com dados	99-100
`load`	Carrega (recupera) variáveis para o workspace	112-113
`save`	Salva variáveis no workspace	111-112
`uiimport`	Inicializa o assistente de importação	116-117
`xlsread`	Importa dados do Excel	114-115
`xlswrite`	Exporta dados para o Excel	115-116

Gráficos bidimensionais

Comando	Descrição	Página
`bar`	Cria um gráfico em barras verticais	152
`barh`	Cria um gráfico em barras horizontais	152
`errorbar`	Cria um gráfico com barras de erro	151-152
`fplot`	Plota uma função	139-140
`hist`	Cria um histograma	154-157
`hold off`	Desliga (ou finaliza) o `hold on`	142
`hold on`	Mantém o gráfico atual aberto	142
`line`	Adiciona curvas a um gráfico existente	142-143
`loglog`	Cria um gráfico com escalas logarítmicas em ambos os eixos	149
`pie`	Cria um gráfico de pizza	153
`plot`	Plota um gráfico	134-135
`polar`	Cria um gráfico polar	156-157
`semilogx`	Cria um gráfico com escala logarítmica no eixo *x*	149
`semilogy`	Cria um gráfico com escala logarítmica no eixo *y*	149
`stairs`	Cria um gráfico em degraus	153
`stem`	Cria um gráfico de hastes	153

Gráficos tridimensionais

Comando	Descrição	Página
`bar3`	Cria um gráfico de barras verticais 3-D	333-334
`contour`	Cria as curvas de nível de uma superfície	332-333
`contour3`	Cria as órbitas de uma superfície	332-333

(*continua*)

Gráficos tridimensionais (*continuação*)

Comando	Descrição	Página
cylinder	Plota um cilindro	333-334
mesh	Cria um gráfico em malhas	329-331
meshc	Cria um gráfico em malhas e as curvas de nível correspondentes	334-332
meshgrid	Cria um grid para um gráfico 3-D	327
meshz	Cria um gráfico em malhas e desenha cortinas laterais	331-332
pie3	Cria um gráfico em pizza 3-D	334-335
plot3	Cria um gráfico 3-D	325
pol2cart	Converte um grid em coordenadas polares para um grid em coordenadas cartesianas	335-336
scatter3	Cria um gráfico em dispersão	334-335
sphere	Plota uma esfera	333-334
stem3	Cria um gráfico de hastes 3-D	334-335
surf	Cria uma superfície	329-330, 331-332
surfc	Cria uma superfície e desenha as curva de nível	331-332
surfl	Cria uma superfície em degrade	332-333
waterfall	Cria uma malha com um efeito de queda d'água	332-333

Formatação de gráficos

Comando	Descrição	Página
axis	Define limites para os eixos	147-148
colormap	Define cores	330-331
grid	Adiciona grid (grade) ao gráfico	148, 330-331
gtext	Adiciona texto ao gráfico	145-146
legend	Adiciona legenda ao gráfico	145-146
subplot	Cria múltiplos gráficos numa única saída	157-158
text	Adiciona texto ao gráfico	145-146
title	Adiciona título ao gráfico	144
view	Controla o ângulo de visão de um gráfico 3-D	335-336
xlabel	Adiciona rótulo (título) ao eixo x	144
ylabel	Adiciona rótulo (título) ao eixo y	144

Funções matemáticas (criar, avaliar e resolver)

Comando	Descrição	Página
feval	Determina o valor de uma função matemática	240
fminbnd	Determina o mínimo de uma função	300-301
fzero	Resolve uma equação com uma variável	298-299
inline	Cria uma função inline	235

Integração numérica

Função	Descrição	Página
quad	Integra uma função	302
quadl	Integra uma função	303
trapz	Integra uma função	304

Equações diferenciais ordinárias

Comando	Descrição	Página
ode113	Resolve uma EDO de primeira ordem	306
ode15s	Resolve uma EDO de primeira ordem	307
ode23	Resolve uma EDO de primeira ordem	306
ode23s	Resolve uma EDO de primeira ordem	307
ode23t	Resolve uma EDO de primeira ordem	307
ode23tb	Resolve uma EDO de primeira ordem	307
ode45	Resolve uma EDO de primeira ordem	306

Funções lógicas

Função	Descrição	Página
all	Determina se todos os elementos de um arranjo são diferentes de zero	180
and	Lógica AND	179
any	Determina se algum elemento de um arranjo é diferente de zero	180
find	Determina índices de certos elementos de um vetor	180
not	Lógica NOT	179
or	Lógica OR	179
xor	Lógica XOR (OR exclusivo)	180

Comandos de controle de fluxo

Comando	Descrição	Página
break	Termina a execução de um laço (loop)	200
case	Executa comandos condicionalmente	187
continue	Termina um passo em um laço	200
else	Executa comandos condicionalmente	184
elseif	Executa comandos condicionalmente	185
end	Termina sentenças condicionais e laços	182, 187, 191, 195
for	Repete a execução de um grupo de comandos	191
if	Executa comandos condicionalmente	182
otherwise	Executa comandos condicionalmente	187
switch	Seleciona entre vários casos, baseado numa expressão	187
while	Repete a execução de um grupo de comandos	195

Funções polinomiais

Função	Descrição	Página
conv	Multiplica polinômios	267-268
deconv	Divide polinômios	266-267
poly	Determina os coeficientes de um polinômio	266-267
polyder	Determina a derivada de um polinômio	268-269
polyval	Calcula o valor de um polinômio	264
roots	Determina as raízes de um polinômio	265-266

Ajuste de curvas e interpolação

Função	Descrição	Página
interp1	Interpolação 1-D	269-270
polyfit	Ajusta um conjunto de pontos a um polinômio	271-272

Matemática Simbólica

Comando	Descrição	Página
collect	Agrupa termos em uma expressão	356-357
diff	Diferencia uma equação	365-366
double	Converte números da forma simbólica para a forma numérica	354-355
dsolve	Resolve uma equação diferencial ordinária	369
expand	Expande uma expressão	357-358
ezplot	Plota uma expressão simbólica	371-372
factor	Fatora em produtos de polinômios de ordem mais baixa	357-358
findsym	Exibe as variáveis simbólicas em uma expressão	355-356
int	Integra uma expressão	367-368
pretty	Exibe a expressão no formato matemático	359-360
simple	Encontra uma forma de uma expressão com o menor número de caracteres	359-360
simplify	Simplifica uma expressão	358-359
solve	Resolve uma equação ou um sistema de equações	360-361
subs	Substitui números em uma expressão	374-375
sym	Cria um objeto simbólico	350-351
syms	Cria um (ou mais) objeto(s) simbólico(s)	352-353

Respostas dos Problemas Selecionados

Para manter a consistência com os resultados gerados pelo MATLAB, as respostas são apresentadas segundo a notação de números inglesa (ou seja, o ponto o separador decimal).

Capítulo 1

2. (a) 7.6412   (b) 6.8450
4. (a) 7.9842   (b) 80.0894
6. (a) 73.2258   (b) 26.0345
8. (a) 62.6899   (b) 2.1741
10. (a) 12.4378cm   (b) 11.1663cm
16. (a) $\alpha = 15.3245°$
    (b) $\beta = 31.909°$ $\gamma = 132.7665°$
18. (a) $\gamma = 82.8192°$
    (b) e (c) 66.1438 mm
20. 2.6042
22. 77
24. (a) $1678.20   (b) $1783.09
    (c) $1783.00
26. 2598960
28. 0.3815 A
32. 2.7778e-10 m
34. 193 dias
36. (a) 92.0412   (b) 7.9057
38. 1.1838e6 watts
40. 30.1497 s, 1063.3 pés, 14635 pés

Capítulo 2

2. 2.6163 32.0000 -12.1500 54.0000 40.4473
   1.2962
4. 3.1250
   0.3290
   6.1000
   6.7346
   0.0055
   11.3387
   133.0000
6. 3.5000   12.2500   −0.5469   −22.4000
   1.8708
8. 81.0000   72.3750   63.7500   55.1250
   46.5000   37.8750   29.2500   20.6250
   12.0000
10. −21.0000
    −18.6429
    −16.2857
    ....
    9.6429
    12.0000

Capítulo 3

2. 7.0000   1.0000   −0.3333   −0.5000
   −0.2000   0.3333   1.0000

4. 1.9933   10.9800   11.2161   10.8566
    10.4286   10.0259   9.6652   9.3455
    9.0616

6. 0   0.2410   0.3949   0.4669   0.4958
    0.5066   0.5106   0.5120 m/s

8. (a) e (b) 29.6184

14. (a) 1.3333   9.3750   24.6154
         47.0556 76.6957

    (b) −2   8   76   250   578

16. 42

18. 106.9541°

20.   0   0   0
    7.7863   214.42   1082.2
    15.573   428.83   2164.5
     ...   .
    70.077   1929.7   9740.1
    77.863   2144.2   10822

22. 6.000000000000000
    4.000000000000000
    3.000000000000000
    2.500000000000000
    2.100000000000000
    2.000999999999918
    2.000010000000827

24. (a) 3.141593304503081
    (b) 3.141592653595635
    (c) 3.141592653589794

26. hm=575.3948m, xhm=309.6821m

30. (c) pmax05=0.095454545454545
         pmax01=0.095491071428571
    (d) E =0.038250669386692

32. $u=-4$, $v=2.5$, $w=4$, $x=1$, $y=-2$

34. $I_{R1} = 0.5185$, $I_{R2} = 1.8642$,
    $I_{R3} = 1.7037$, $I_{R4} = 0.2716$,
    $I_{R5} = 0.4074$

Capítulo 4

2. | Anos | Pagamento mensal | Pagamento total |
    |-------|------------------|-----------------|
    | 10.00 | 1053.34 | 126400.61 |
    | 11.00 | 979.04 | 129232.91 |
    | ... | ... | ... |
    | 30.00 | 527.69 | 189969.06 |

4. | h(cm) | R1(cm) | R2(cm) | S(cm^2) |
    |-------|--------|--------|---------|
    | 8.00 | 5.73 | 6.87 | 571.23 |
    | 10.00 | 5.12 | 6.15 | 556.95 |
    | ... | ... | ... | ... |
    | 16.00 | 4.05 | 4.86 | 574.04 |

6. | Tempo (hrs) | Nr. de Bactérias |
    |-------------|------------------|
    | 0 | 1 |
    | 1 | 2 |
    | 2 | 4 |
    | ... | ... |
    | 23 | 8.3886e+006 |
    | 24 | 1.6777e+007 |

8. | Tempo | x (m) | v (m/s) |
    |--------|--------|----------|
    | 0 | 0 | 20.0000 |
    | 0.0200 | 0.3693 | 17.0407 |
    | 0.0400 | 0.6832 | 14.4510 |
    | ... | ... | ... |
    | 0.5000 | 1.7337 | −1.8957 |

10. | Taxa de juros | Rendimento |
    |---------------|------------|
    | 2.00 | 12189.94 |
    | 2.50 | 12800.85 |
    | ... | ... |
    | 6.00 | 17908.48 |

12. $a=74.5$ $b=80.931$

14. 153 pés

16. | t(s) | teta (graus) | r(m) |
    |--------|--------------|---------|
    | 0 | 90 | 500 |
    | 4.488 | 66.401 | 559.35 |
    | 8.976 | 51.029 | 707.62 |
    | ... | ... | ... |
    | 62.832 | 51.34 | 3201.6 |

18. | T (C) | p(mmHg) |
    |---------|----------|
    | 0 | 26.5741 |
    | 2.0000 | 29.6487 |
    | 4.0000 | 33.0268 |
    | ... | ... |
    | 42.0000 | 197.7684 |

20. As frações de SO2, SO3, O2 e N2 são
    0.1477, 0.4212, 0.1002 e 0.3308
    respectivamente.

22. $F_1 = 11139$ N, $F_2 = -8340.6$ N,
    $F_3 = -7876.1$ N, $F_4 = 7876.1$ N,
    $F_5 = -9567.7$ N, $F_6 = -1575.2$ N,
    $F_7 = 6600$N, $F_8 = 1575.2$ N,
    $F_9 = -2391.9$N.

24. $a = 0.5$, $b = -0.1$, $c = -10$,
    $d = -2$, $e = 10$

26. eagle 4, birdie 2, bogey -1, double -2

Capítulo 5

2.

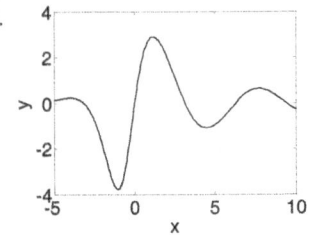

4.

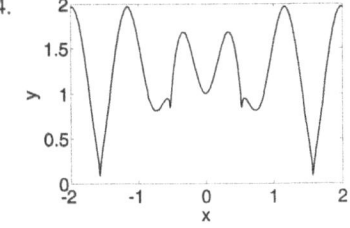

6.

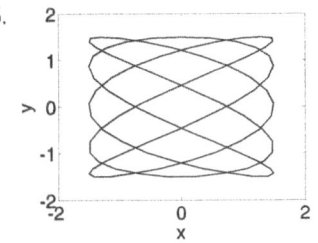

8.

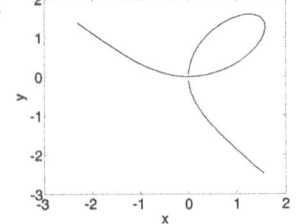

12.

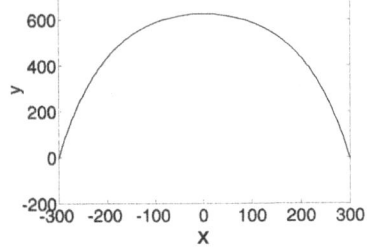

14.

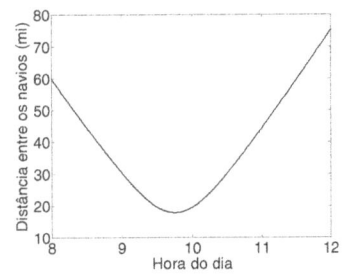

16.

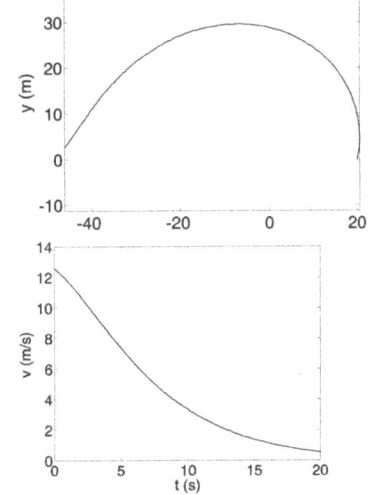

18.

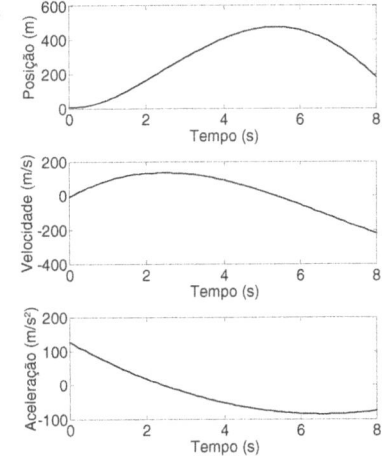

20. [gráfico: Área (cm²) vs PG (mmHG), Q=4 L/min, Q=5 L/min]

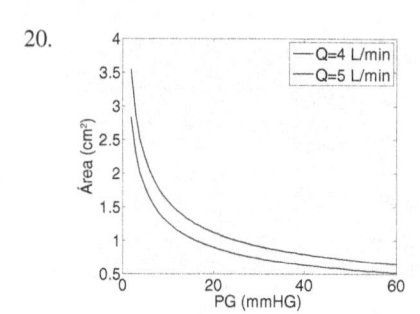

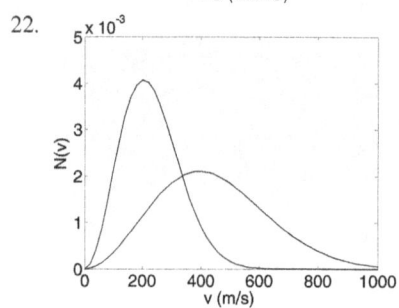

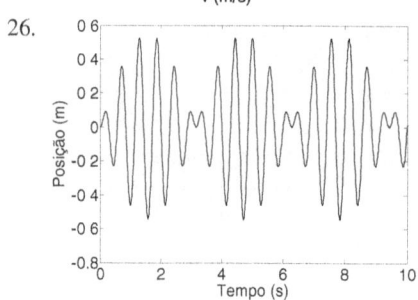

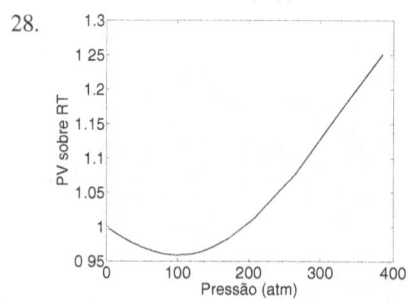

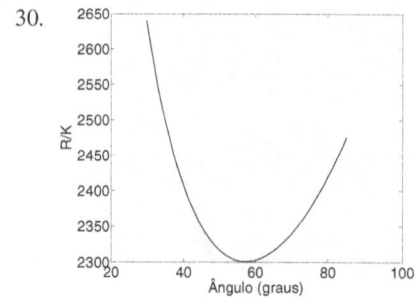

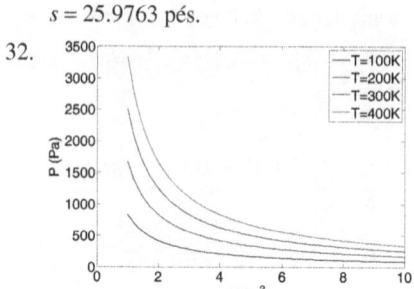

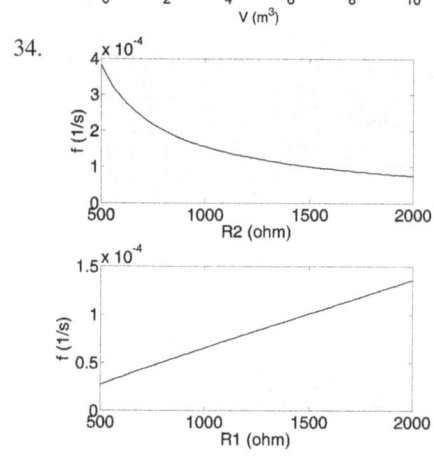

22. [gráfico: N(v) vs v (m/s)]

26. [gráfico: Posição (m) vs Tempo (s)]

28. [gráfico: PV sobre RT vs Pressão (atm)]

30. [gráfico: R/K vs Ângulo (graus)]

$s = 25.9763$ pés.

32. [gráfico: P (Pa) vs V (m³), T=100K, T=200K, T=300K, T=400K]

34. [gráficos: f (1/s) vs R2 (ohm); f (1/s) vs R1 (ohm)]

Capítulo 6

6. (a) Chicago 79.1290 °F
   São Francisco 74.5484 °F
   (b) Chicago 16
   São Francisco 113
   (c) 23 dias, nos dias: 1 2 3 4
   5 6 7 8 9 11 13 14
   15 16 17 18 19 20 22
   (d) 1 dia, no dia 30 do mês

8. 2.0000   0.7500   0.4444
   3.0000   1.0000   0.5556
   4.0000   1.2500   0.6667
   5.0000   1.5000   0.7778

12. O número requerido é: 17435

14. Para m = 100 , 3.133787490628158

18. (a) 0.707106782936867
    (b) −0.258819047933546

20. (a) 137
    (b) 165

26. (a) 10.488088482190042

(b) 3.056844778539776e+002
(c) 4.821825380515788
28. (a) 924.602 Galão americano
   (b) 7.06293 pés^3
   (c) 13.5921 m^3

Capítulo 7

2. (a) −18.5991, 52.8245
   (b) [plot]
4. 24.5872 m/s
6. (a) 9.9216
   (b) 16.3459
8. 0.013518673497095 lb
10. (a) 134°F
    (b) 195°F
12. 2.4615
14. (a) [−3.5 14.2]
    (b) [13.4 −8.1 17.2]
16. (a) [0.68457 0.72894]
    (b) [−0.23337 0.77791 −0.58343]
18. (a) 38
    (b) 87.885
20. [plot]

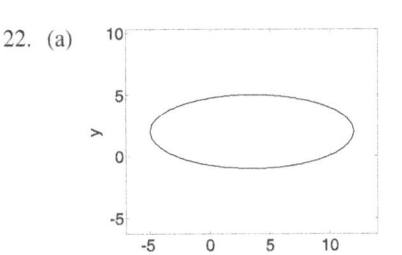

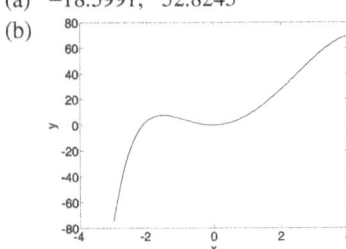

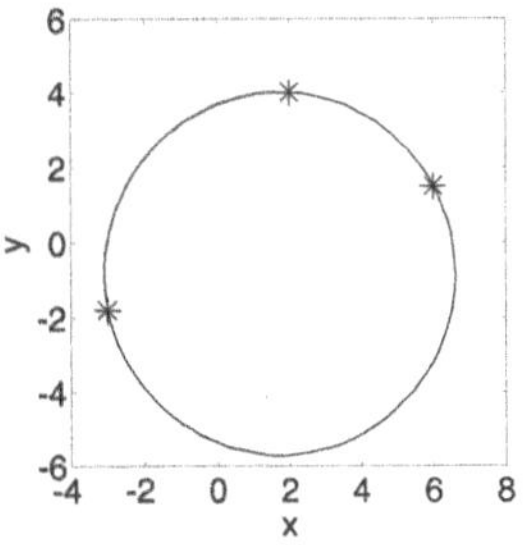

22. (a) [plot]
    (b) [plot]
24. 1.0978
28. (a) −39
    (b) −36.3
30. (a) 15.8°C, 56.7%
    (b) 29.6°C, 69.7%
34. 258.2759 mm^4
36. [plot]
38. (a) 0.722263919605908 Numérico
        0.722264296886855 Analítico
    (b) 0.386396294708275 Numérico
        0.386294361119891 Analítico

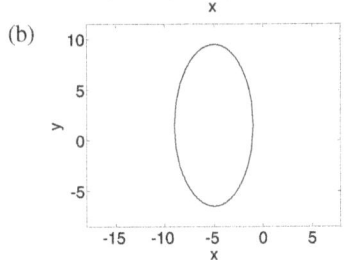

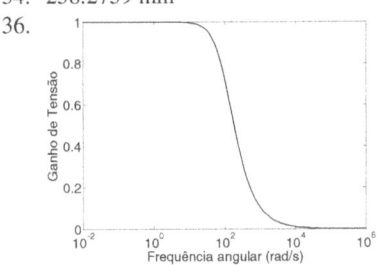

Capítulo 8

2. [plot]

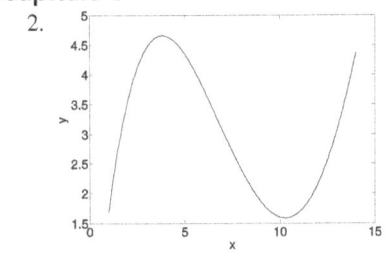

4. P = [1 0.2 −2.2 −0.392 0.4704]
   $x^4 + 0.2x^3 − 2.2x^2 − 0.392x + 0.4704$

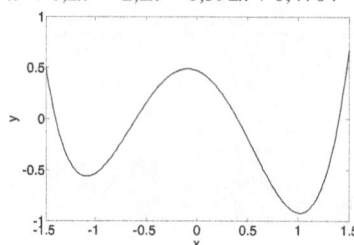

6. $x^2 − 3x + 2$
8. 8 10 12 14
10. 2.4829 cm
12. (a) p = [4 −124 880 0]
    (b) 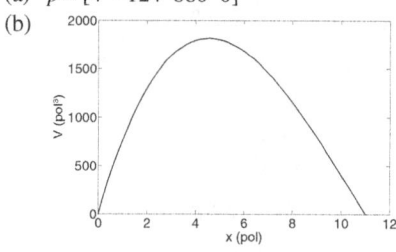
    (c) 1.4001 pol. ou 8.4374 pol.
    (d) 4.5502 pol. 1813.7 pol^3.
16. (a) p = [−9.4248 94.248 0 0]
    (b) 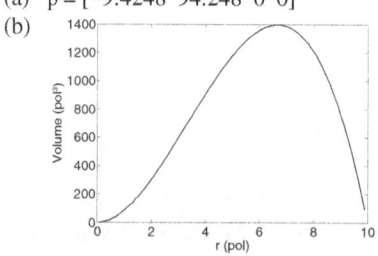
    (c) 3.6586 pol. ou 8.9373 pol.
    (d) 6.6667 pol. 1396.3 pol^3.
18. $m = −0.0017042$, $b = 211.88$
    $T_{B16000} = 184.61$

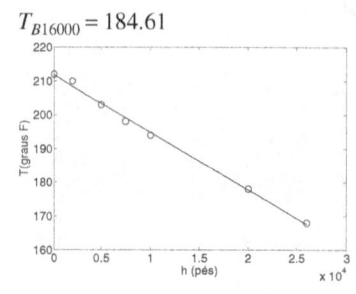

20. 1.1987 L
22. (a) 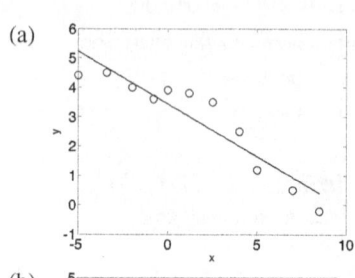
    (b) 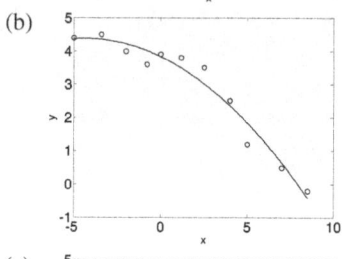
    (c) 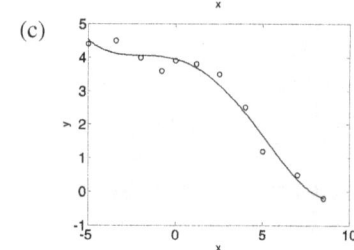
    (d) 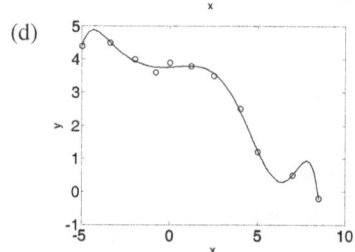
24.

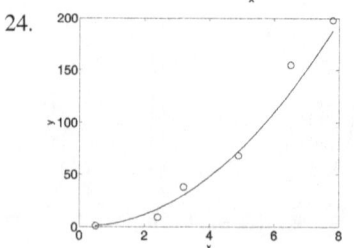

26. $C = 1.5682e+5$, $S = 148.16$

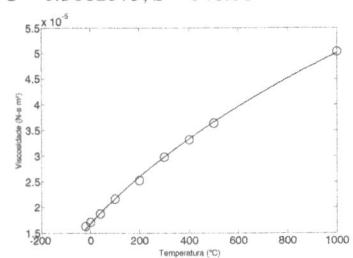

28. $m = 9.4157$, $b = 3.4418$

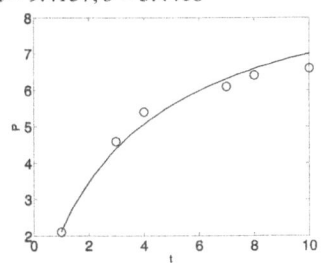

30. $m = -0.19897$ $b = 0.9062$

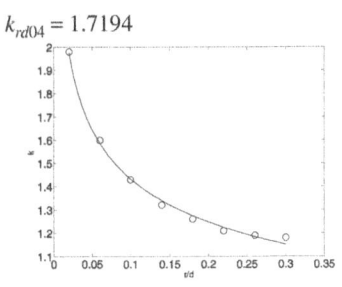

   $k_{rd04} = 1.7194$

Capítulo 9

2. 2.2112
4. 3.8011 3.4936 1.8387 1.3148
6. 0.17289 m

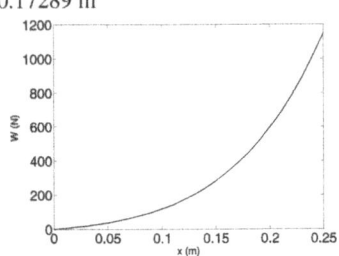

8. 0.5405 V
10. $R = 6.9632$ cm, $h = 4.9237$ cm.
12. $r = 11.431$ pol., $h = 16.166$ pol.

14. $\lambda_{max} = 1.9382 \times 10^{-6}$ m

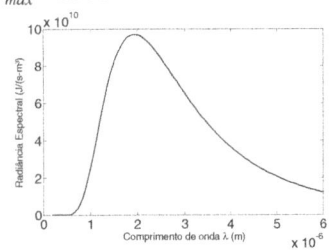

16. (a) 62.269
    (b) −0.5640
18. 236.9444 m
20. 26.2767 cm^3/s
22. 155.3261 cm
24. 3790.4440 m^2
26. 5.839 psi, 5.306 psi, 5.012 psi
28.

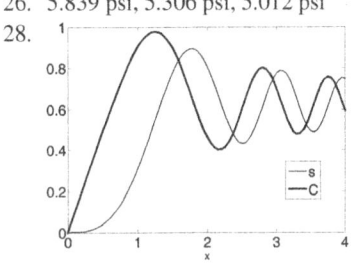

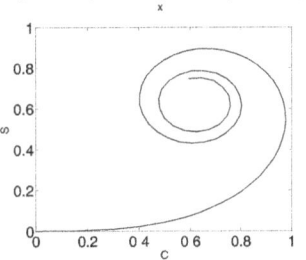

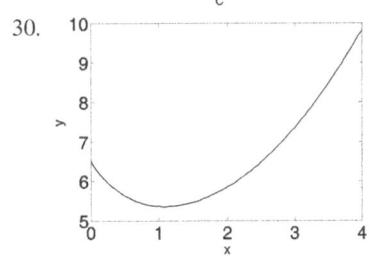

30.

32. 5642.5 s

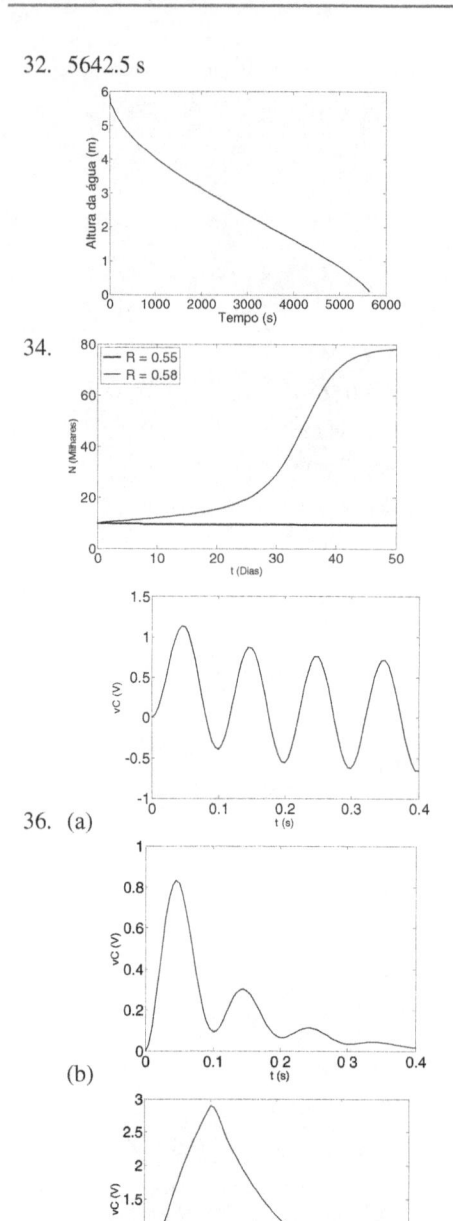

34.

36. (a)
    (b)
    (c)

38.

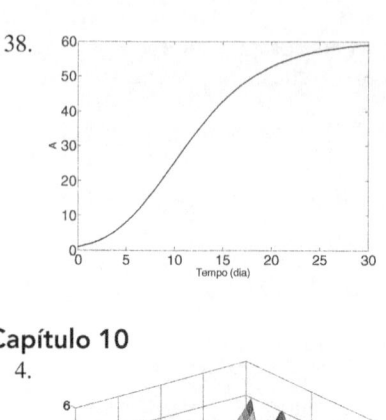

Capítulo 10

4.

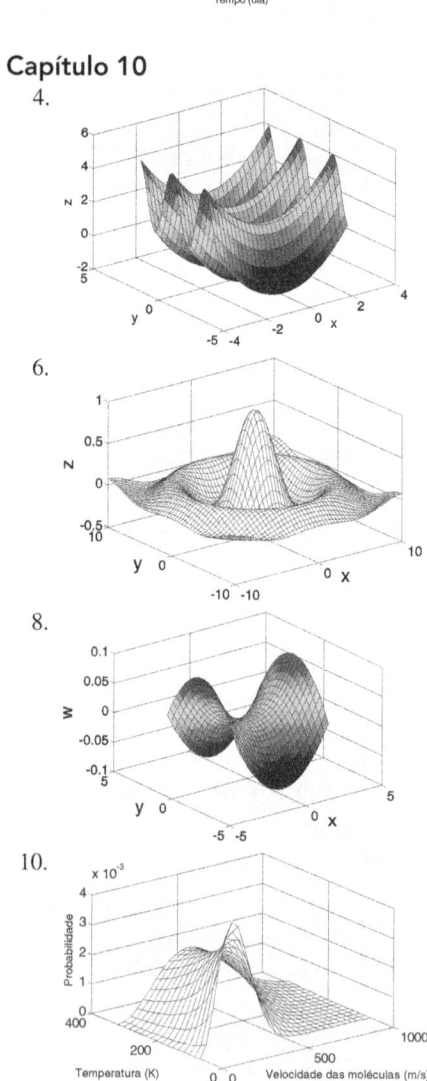

6.

8.

10.

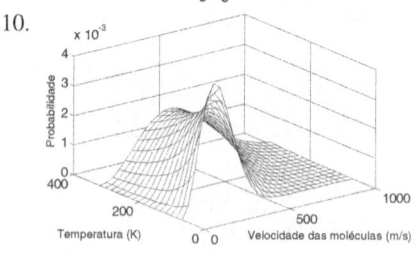

12.

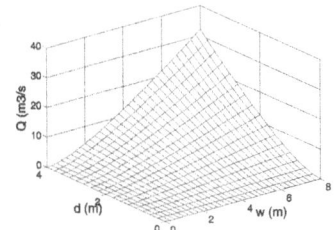

14.

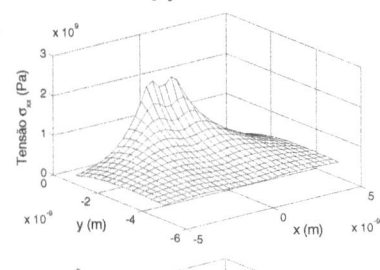

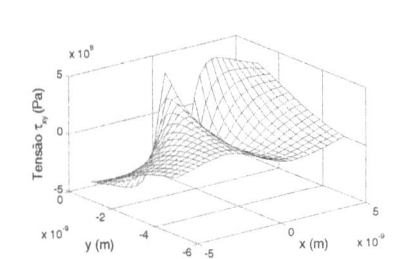

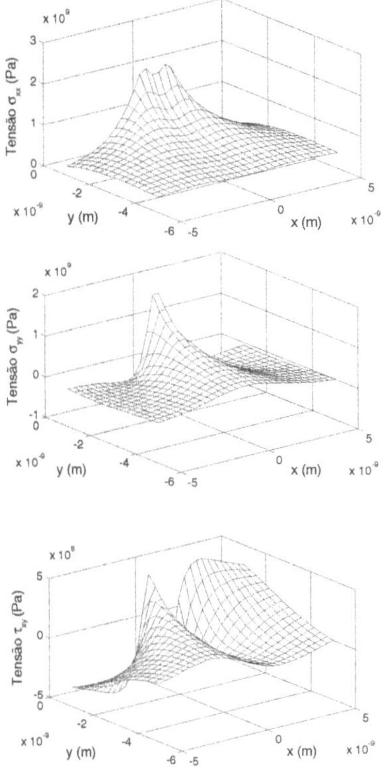

16.

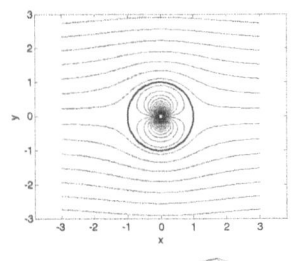

18.

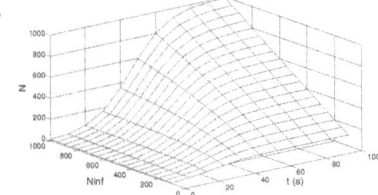

20.

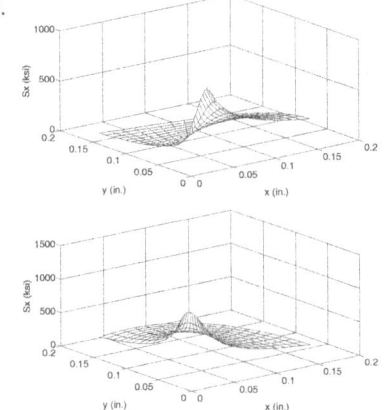

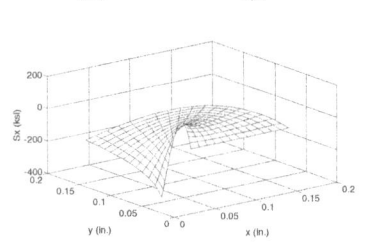

Capítulo 11

2. (a) (x + 2)^5
    (b) x + 2
    (c) (x + 2)^2*(x + 3)
    (d) 150
4. (a) x^6 - (13*x^5)/2 - 58*x^4 + (335*x^3)/2 + 728*x^2 - 890*x - 1400
    (b) -5 -3.5 -1 2 4 10
8. 5.0059 m
10. (a)

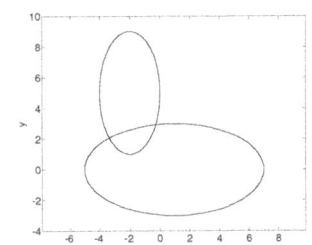

    (b) (-0.2886359424, 2.9299922102)
    (-3.3574030955, 2.0623432220)
12. (a) F =(g*m*mew*(h^2+x^2)^(12))/(x + h*mew)
    N =(g*m*x)/(x + h*mew)

(b) $(97119*(x^2 + 100)^{(1/2)})/(1000*(x + 11/2))$

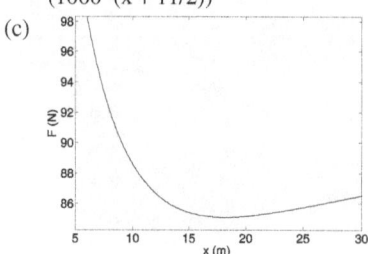

(c)

(d) 200/11 m, 85.0972 N

14. $y = -(x*x0 - R^2)/((R + x0)^{(1/2)} * (R - x0)^{(1/2)})$

16. (a) $-((1 - x^2)^{(1/2)}*(x^2 + 2))/3$
    (b) $x^2*\sin(x) - 2*\sin(x) + 2*x*\cos(x)$

20. 1/4

24. $x = \exp(-R*(N+1)*t)*N*(N+1)/(1 + \exp(-R*(N+1)*t)*N)$
    $t\_max = \log(N)/R/(N+1)$

26. (a) $g/c*m - \exp(-c/m*t)*g/c*m$
    (b) 16.1489 kg/s
    (c)

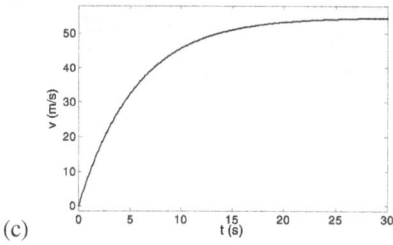

(b)

(c)

(d)

28. $C2/x + x^4/10$

30. (a) $10*C - (C*(8*L + 5*(C^2*R^2 - 4*C*L)^{(1/2)} - 5*C*R))/(\exp((t*((C^2*R^2 - 4*C*L)^{(1/2)} + C*R))/(2*C*L))*(C^2*R^2 - 4*C*L)^{(1/2)}) - (C*\exp((t*((C^2*R^2 - 4*C*L)^{(1/2)} - C*R))/(2*C*L))*(5*(C^2*R^2 - 4*C*L)^{(1/2)} - 8*L + 5*C*R))/(C^2*R^2 - 4*C*L)^{(1/2)}$

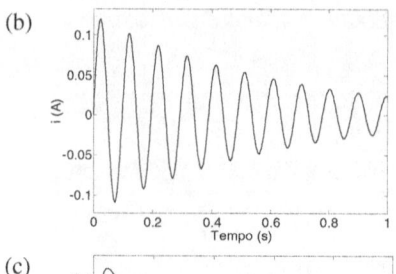

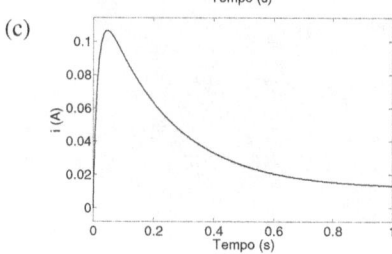

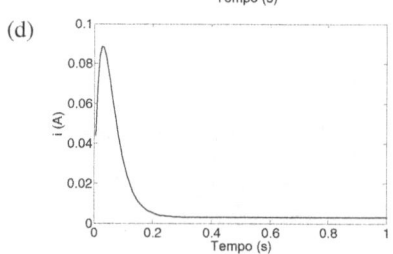

Índice

A

abs, 14-15, 397-398
acos, 15-16, 397-398
acot, 15-16, 397-398
ajuste de curvas, 263, 269-270
    função exponencial, 273-274
    função logarítmica, 273-274
    função recíproca, 273-274
    potência, 273-274
all, 180, 401-402
and, 179, 401-402
ans, 19-20, 396-397
any, 180, 401-402
arquivo função (function file)
    argumentos de entrada e saída, 224-225
    declarando, 222
    estrutura, 223
    linha de definição da função, 224-225
    linha H1, 226-227
    linhas de texto help, 226-227
    salvando, 227-228
    usando, 228-229
arranjo lógico, 174
arranjos
    adição, subtração, 64
    bidimensionais (matrizes), 38-39
    declarando, 35-36
    divisão, 68
    endereçamento, matriz, 43
    endereçamento, vetor, 42
    multiplicação, 65
    operações elemento por elemento, 72
    unidimensionais (vetor), 35-36
asin, 15-16, 397-398
assistente de importação, 116-117
atan, 15-16, 397-398
axis, 147-148, 400-401

B

BackgroundColor, 147-148
bar, 152, 399-400
bar3, 333-334, 399-400
barh, 152, 399-400
barras de erro, 150
break, 200, 401-402

C

caractere de escape, 104-105
caracteres gregos, 146-147
case, 187, 401-402
cd, 23-24, 396-397
ceil, 15-16, 397-398
clc, 10-11, 396-397
clear, 19-20, 396-397
close, 158-159, 396-397
collect, 356-357, 401-402
color, 137, 147-148
colormap, 330-331, 400-401
comandos de saída, 100-101
comentários, 10-11
Command History Window, 5, 10-11
Command Window, 5, 9-10
continue, 200, 401-402
contour, 332-333, 399-400

contour3, 332-333, 399-400
conv, 267-268, 401-402
cos, 15-16, 397-398
cosh, 15-16, 397-398
cot, 15-16, 397-398
coth, 15-16, 397-398
cross, 76-77, 398-399
Current Directory Window, 22-23
cylinder, 333-334, 399-400

D

deconv, 267-268, 401-402
det, 70-71, 76-77, 398-399
determinante, 70-71
diag, 50, 398-399
diff, 363, 400
diferenciação simbólica, 365-366
diretório atual, 22-23
disp, 101-102, 398-399
divisão à direita, 71
divisão à esquerda, 270-271
dois pontos, 44
dot, 66, 76-77, 398-399
double, 354-355, 402
dsolve, 369, 402

E

EdgeColor, 147-148
Editor Window, 7
Editor/Debugger Window, 21-22
else, 184, 401-402
elseif, 185, 401-402
end, 182, 187, 191, 195, 401-402
eps, 19-20, 396-397
equação, resolvendo, 297, 350-351
equação diferencial, 305-306, 368-369
equações lineares, sistema de, 71
errorbar, 151-152, 399-400
exp, 14-15, 397-398
expand, 357-358, 402
exportando dados, 114-115
eye, 40, 68, 398-399
ezplot, 398-399, 402

F

factor, 357-358, 402
factorial, 15-16, 397-398
fclose, 109-110, 396-397
feval, 240, 400-401
fid (identificador de arquivo), 108-109

Figure Window, 6
Figure Window (múltiplas), 157-158
figure, 158, 394
finalizando loop infinito, 196
find, 180, 401-402
findsym, 355-356, 402
fix, 15-16, 397-398
floor, 15-16, 397-398
fminbnd, 300-301, 400-401
FontAngle, 147-148
FontName, 147-148
FontSize, 147-148
FontWeight, 147-148
fopen, 108-109, 396-397
for, 191, 401-402
format, 12-13, 396-397
formatando texto, 145-147
formato de números, 105-106
formatos de exibição, 12-13
fplot, 139-140, 399-400
fprintf, 103-111, 398-399
função
　aninhada, 244
　anônima, 232-233
　função-função, 236
　handle (identificador), 237
　inline, 235
　personalizada, 221
　subfunções, 242-243
função nativa, 13-14
fzero, 298-299, 400-401

G

global, 227-228, 396-397
gráfico
　barras de erro, 150
　cilindro, 333-334
　curvas de nível, 332-333
　de uma expressão simbólica, 371-372
　degraus, 152
　direção de visualização (3-D), 335-336
　dispersão (3-D), 334-335
　eixos logarítmicos, 149
　especiais, 152
　especificadores, 136
　especificadores de cor, 136
　especificadores de linha, 135, 137
　especificadores de marcadores, 136
　formatando, 144-148
　graduação dos eixos, 147-148

gráfico de barras, 152
gráfico de barras 3-D, 333-334
grid, 148
grid gráfico 3-D, 327
grid polar, 334-335
hastes, 152
hastes 3-D, 334-335
histogramas, 153-157
legenda, 145-146
linha (3-D), 325
malhas (3-D), 330-331
malhas e cortina (3-D), 331-332
malhas e curvas de nível (3-D), 331-332
mesh (3-D), 329-330
múltiplos numa figura, 140-141-144
múltiplos numa saída, 157-158
órbitas, 332-333
pizza, 153
pizza 3-D, 334-335
Plot Editor, 148
polar, 156-157
propriedades, 136
queda d'água (3-D), 332-333
rótulo (título) dos eixos, 144
superfície (3-D), 329-332
superfície em degrade (3-D), 332-333
texto, 145-146
título, 144
tridimensional, 325
`grid`, 148, 330-331, 400-401
`gtext`, 145-146, 400-401

H

handle (function), 237
help, 226-227
`help`, 226-227, 396-397
Help Window, 7
`hist`, 154-157, 399-400
histogramas, 153-157
`hold off`, 142, 399-400
`hold on`, 142, 399-400

I

`i`, 19-20, 396-397
`if`, 182, 401-402
importando dados, 114-115
importando uma função, 238
`inf`, 19-20, 396-397
`inline`, 235, 400-401
`input`, 99-100, 398-399

input para string, 100-101
`int`, 367-368, 402
integração numérica, 302
integração simbólica, 367-368
interface de ajuste de curvas, 279-280
`interp1`, 277-278, 401-402
interpolação, 276
  linear, 277-278
  nearest, 277-278
  spline cúbica, 277-278
`inv`, 69, 76-77, 398-399
`iskeyword`, 19-20, 396-397

J

`j`, 19-20, 396-397

L

laço (loop)
  aninhados, 198
  for-end, 190
  while, 195
laço infinito, 196
`legend`, 145-146, 400-401
`length`, 49, 398-399
`line`, 142-143, 399-400
`linestyle`, 137
`linewidth`, 137
`LineWidth`, 147-148
`linspace`, 38, 398-399
`load`, 112-113, 398-399
`log`, 14-15, 397-398
`log10`, 14-15, 397-398
`loglog`, 149, 399-400
`lookfor`, 226-227, 396-397

M

`marker`, 137
`markeredgecolor`, 137
`markerfacecolor`, 137
`markersize`, 137
matemática simbólica
  cálculos numéricos com, 374-375
  diferenciação, 365-366
  expressão, 352-353
  integração, 367-368
  objeto, 350-351
  plotando expressão, 371-372
  resolvendo uma equação, 360-361
  solução da EDO, 369
  variável, 351-353

variável padrão, 355-356
matriz
  adicionando elementos, 47
  apagando elementos, 48
  determinante, 70-71
  dimensão, 38-39
  identidade, 68
  inversa, 69
`max`, 76, 398-399
`mean`, 76, 398-399
`median`, 76, 398-399
`mesh`, 329-331, 399-400
`meshc`, 331-332, 399-400
`meshgrid`, 327, 399-400
`meshz`, 331-332, 399-400
M-file, 20-21, 231-232
`min`, 76, 398-399
mínimos quadrados, 270-271
modificadores de texto, 146-147
múltiplas Figure Windows, 157-158

N

`NaN`, 18-19, 330-331
nome da propriedade, 137, 146-147
`not`, 179, 401-402
`nthroot`, 14-15, 397-398
números aleatórios, 76-77

O

`ode113`, 306, 400-401
`ode15s`, 307, 400-401
`ode23`, 306, 400-401
`ode23s`, 307, 400-401
`ode23t`, 307, 400-401
`ode23tb`, 307, 400-401
`ode45`, 306, 400-401
`ones`, 40, 398-399
operações aritméticas com escalares, 10-11
operações elemento por elemento, 72
operador lógico, 177
operador de atribuição, 16-17
operador transposta, 41
operadores relacionais, 174
`or`, 179, 401-402
ordem de precedência, 11-12, 176, 178
`otherwise`, 187, 401-402

P

passando uma função, 238
`pi`, 19-20, 396-397
`pie`, 153, 399-400
`pie3`, 334-335, 399-400
`plot`, 134-135, 399-400
`plot3`, 325, 399-400
plotando uma função, 138-141
`pol2cart`, 335-336, 399-400
`polar`, 156-157, 399-400
polinômio
  adição, 266-267
  derivada, 268-269
  divisão, 267-268
  multiplicação, 267-268
  raízes, 265-266
  representação no MATLAB, 263
  valor do, 264
`poly`, 266-267, 401-402
`polyder`, 268-269, 401-402
`polyfit`, 271-272, 401-402
`polyval`, 264, 401-402
ponto e vírgula, 10-11, 17-18
`pretty`, 359-360, 402
programa
  declarando, 21-22
  entradas para o, 97-101
  executando, 22-23
  saídas do, 100-111
  salvando, 22-23
programa (script file), 20-21

Q

`quad`, 302, 400-401
`quadl`, 303, 400-401

R

`rand`, 76-78, 398-399
`randi`, 77-79, 398-399
`randn`, 78-79, 398-399
`randperm`, 77-78, 398-399
`rem`, 15-16, 397-398
`reshape`, 49, 398-399
reticências, 9-10
`roots`, 265-266, 401-402
Rotation, 147-148
`round`, 15-16, 397-398

S

salvando a área de trabalho, 111-112
salvar num arquivo, 108-109
`save`, 111-112, 398-399
`scatter3`, 334-335, 399-400
`semilogx`, 149, 399-400
`semilogy`, 149, 399-400

sentença condicional
   if-else-end, 184
   if-elseif-else-end, 185
   if-end, 182
sentença switch-case, 187
seta de edição do Windows, 97-98
sign, 16-17, 397-398
símbolo de percentagem, 10-11
simple, 359-360, 402
simplify, 358-359, 402
sin, 15-16, 397-398
sinh, 15-16, 397-398
size, 49, 398-399
sobrescrito, 146-147
solve, 360-361, 402
sort, 76, 398-399
sphere, 333-334, 399-400
sqrt, 14-15, 397-398
stairs, 153, 399-400
std, 76-77, 398-399
stem, 153, 399-400
stem3, 334-335, 399-400
string, entrada, 100-101
strings, 53-54-55
subfunções, 242-243
subplot, 157-158, 400-401
subs, 374-375, 402
subscrito, 146-147
sum, 76, 398-399
surf, 329-332, 399-400
surfc, 331-332, 399-400
surfl, 332-333, 400-401
switch, 187, 401-402
sym, 350-351, 402
syms, 352-353, 402

T

tabela, exibição, 86, 102-103
tabela verdade, 181
tan, 15-16, 397-398
tanh, 15-16, 397-398
tecla de navegação, 9-10
text, 145-146, 400-401
texto, modificadores, 146-147
title, 144, 400-401

trapz, 304, 400-401

U

uiimport, 116-117, 398-399

V

valor da propriedade, 137, 146-147
variável
   declarando, escalar, 16-17
   declarando, matriz, 38-39-41
   declarando, vetor, 36-38
   global, 227-228
   local, 226-227
   nome, 18-19
   predefinida, 18-19
vetor
   adicionando elementos, 46
   apagando elementos, 48
   declarando, 36
   espaçamento constante, 37, 38
vetores lógicos, 176
vetorização, 75
view, 335-336, 400-401

W

waterfall, 332-333, 400-401
while, 195, 401-402
who, 19-20, 96, 396-397
whos, 19-20, 96, 396-397
Workspace (área de trabalho), 96
Workspace Window, 97-98

X

xlabel, 144, 400-401
xlsread, 114-115, 398-399
xlswrite, 115-116, 399-400
xor, 180, 401-402

Y

ylabel, 144, 400-401

Z

zeros, 40, 398-399